ATLAS ICHTHYOLOGIQUE.

This special reprint project has been undertaken in honor of the late Dr. Leonard P. Schultz, former Curator of Fishes at the Smithsonian Institution.

Funds derived from the sale of this reprint accrue to the Dr. Leonard P. Schultz Fund at the Smithsonian Istitution and are used to advance our knowledge of fishes.

Notice: Plates CCCLV to CCCLX, although seemingly missing from *Atlas* volume VIII, were originally issued with volume IX and will appear in that volume.

Distributed by the Smithsonian Istitution Press
Washington, D.C. and London
Library of Congress Catalog Number 82-80033
ISBN 0-87474-224-2
Printed in Taiwan
1988

ATLAS

ICHTHYOLOGIQUE

DES

INDES ORIENTALES NÉÊRLANDAISES,

PUBLIÉ

SOUS LES AUSPICES DU GOUVERNEMENT COLONIAL NÉÊRLANDAIS

PAR

P. BLEEKER.

TOME VIII.

PERCOÏDES II (SPARIFORMES).

BOGODOÏDES, CIRRHITÉOÏDES.

AMSTERDAM.

FRÉDERIC MULLER ET C^{o}.

1876—1877.

IMPRIMERIE DE DE BREUK & SMITS à LEIDE.

FAMILIA PERCOIDEI.

(Continuatio.)

Subfamilia SPARIFORMES.

Percoidei corpore oblongo vel subelongato, squamis imbricatis vulgo ctenoideis rarissime cycloideis vestito; capite superne et lateribus vel lateribus tantum squamato, superne cristis vel rugis osseis nudis nullis; dentibus maxillis liberis, rarissime nullis; inguinibus squama elongata; pinnis radiis et spinis laevibus; dorsali unica vel bipartita; ventralibus sub parte basali pectoralium insertis; anali spinis 2 vel 3.

Phalanx *Pristipomatini.*

Spariformes corpore oblongo; capite superne fronte et vertice squamato; dentibus maxillis simplicibus conicis vel setaceis acutis, caninis nullis; vomere et ossibus palatinis edentulis; praeoperculo serrato; pinna dorsali unica indivisa; anali spinis 3.

SCOLOPSIS Cuv. = Scolopsides CV. = Lycogenis K. v. H.

Dentes maxillis pluriseriati graciles acuti. Caput vertice fronte et ossibus opercularibus tantum squamatum. Os praeorbitale postice spina libera postrorsum spectante. Maxilla superior protractilis. Operculum spina parva. Squamae ctenoideae, trunco 35 ad 50 in serie longitudinali. Pinnae; dorsalis alepidota parte spinosa parte radiosa longiore, spinis 10 validis et radiis 9 ad 11; pectorales acutae; analis radiis 6 ad 8; caudalis emarginata. B. 5.

Rem. On connaît maintenant 14 espèces de Scolopsis de l'Inde archipélagique dont une seulement ne fait point partie de mon cabinet. Ces espèces sont presque toutes assez nettement distinguées, mais plusieurs des caractères employés par les auteurs n'ont qu'une valeur relative ou individuelle. Tels sont la proportion de la longueur du museau, de la hauteur du préorbitaire, les dents sur le bord postérieur du préorbitaire, l'échancrure du préopercule, la hauteur du corps, la longueur des yeux, etc. Toutefois on peut utiliser la plupart de ces caractères en tenant compte de l'âge des individus.

Pour les espèces de Scolopsis on trouve d'excellents caractères dans le nombre des écailles dans la ligne latérale et au-dessus de la ligne latérale, dans l'écaillure plus ou moins étendue du front et du haut du museau, dans l'écaillure du préopercule, dans la force et la longueur relatives des épines anales et généralement aussi dans le système de coloration. C'est en employant ces caractères ainsi que d'autres d'une valeur secondaire que j'ai dressé l'exposé suivant.

I. D. 10/9 ou 10/10. A. 3/7 ou 3/8.

1. Moins de 40 (37 à 39) écailles dans la ligne latérale. Hauteur du corps $2^1/_2$ à 3 fois dans sa longueur sans la caudale. Maxillaire lisse.

A. 4 ($3^1/_2$) rangées longitudinales d'écailles au-dessus de la ligne latérale. Épine préorbitaire forte. Préopercule à 4 ou 5 rangées courbées d'écailles.

a. Écailles du front s'avançant jusque fort en avant des orbites. Préopercule à bord postérieur concave et à limbe plus ou moins squammeux. Tête aussi haute que longue ou plus haute que longue. Écailles du corps à gouttelette nacrée ou jaune.

1. *Scolopsis margaritifer* CV.

b. Écailles du front ne s'avançant pas en avant des orbites. Préopercule à bord postérieur non concave et à limbe denué d'écailles. Tête plus longue que haute Une large bande oculo caudale nacrée ou jaunâtre bordée en-dessus et en-dessous d'une bandelette noirâtre.

2. *Scolopsis leucotaenia* Blkr.

B. 3 ($2^1/_2$) rangeés longitudinales d'écailles au-dessus de la ligne latérale. Épine sousorbitaire rudimentaire.

a Écailles du front ne s'avançant qu'au-dessus du milieu des orbites. Préopercule à bord postérieur non concave et à limbe dénué d'écailles. Tête aussi haute que longue. Corps sans bandes ou à bandes transversales diffuses.

3. *Scolopsis inermis* Schl.

2. Plus de 40 écailles dans la ligne latérale. Épine préorbitaire bien développée.

A. 3 ($2^1/_2$) rangées longitudinales d'écailles au-dessus de la ligne laterale. Maxillaire lisse. 44 écailles dans la ligne latérale.

a. Écailles du front ne s'avançant qu'au-dessus du milieu des orbites. Préopercule à bord postérieur peu ou non concave, à 4 ou 5 rangées d'écailles et à limbe nu. Hauteur du corps 3 fois dans sa longueur sans la caudale. Dessus du corps à trois bandelettes longitudinales nacrées ou jaunâtres.

4. *Scolopsis trilineatus* Kner.

B. 4 ($3^1/_2$) rangées longitudinales d'écailles au-dessus de la ligne latérale.

a. Écailles du front ne s'avançant pas en avant des orbites. Maxillaire lisse. 42 ou 43 écailles dans la ligne latérale. Préopercule à 3 ou 4 rangées d'écailles. Hauteur du corps 3 fois dans sa longueur sans la caudale. Corps à deux ou trois bandelettes longitudinales nacrées ou jaunâtres. Seconde épine anale plus forte et plus longue que la troisième.

5. *Scolopsis cancellatus* CV.

b. Écailles du front s'avançant en avant des orbites.

aa. Maxillaire à crête dentelée. Hauteur du corps 3 fois dans sa longueur sans la caudale. Préopercule à 4 rangées d'écailles et à limbe squammeux. 43 ou 44 écailles dans la ligne latérale. Dessus du corps à bandelette longitudinale nacrée.

6. *Scolopsis ciliatus* Günth.

bb. Maxillaire lisse. Préopercule à 4 ou 5 rangées d'écailles. 2e épine anale plus longue que la 3e.

† 45 écailles dans la ligne latérale. Tête aussi haute que longue. Hauteur du corps $2^1/_3$ à $2^3/_4$ fois dans sa longueur sans la caudale. Corps à bandelettes longitudinales obliques. Dorsale et anale à large nuage noirâtre.

7. *Scolopsis bilineatus* CV.

†' 41 à 43 écailles dans la ligne latérale. Tête plus haute que longue. Hauteur du corps 2 à $2^1/_3$ fois dans sa longueur sans la caudale. Écailles du front s'avançant jusqu'entre les narines. Une bande nucho-operculaire nacrée.

♂ Profil droit. Yeux $2^2/_3$ à 3 fois dans la longueur la tête. Largeur de la tête $1^3/_5$ à $1^3/_4$ fois dans sa longueur. Anale plus haute que longue. Corps à bande longitudinale nacrée.

8. *Scolopsis Vosmaeri* CV.

♂' Profil convexe. Yeux 2 à $2^1/_2$ fois dans la longueur de la tête. Largeur de la tête $1^2/_5$ à $1^1/_2$ fois dans sa lon-longueur. Anale aussi haute que longue. Corps sans bandelette longitudinale nacrée.

9. *Scolopsis torquatus* CV.

†'' 46 à 49 écailles dans la ligne latérale. Seconde épine anale pas plus longue qua la troisième. Hauteur du corps 3 fois dans sa longueur sans la caudale. Tête environ aussi haute que longue Préopercule à 4 ou 5 rangées d'écailles.

♂ Tête pointue. Mâchoire supérieure 3 fois dans la longueur de la tête. Écailles du front ne s'avançant presque pas en avant des orbites. Les 3e 4e et 5e épines dorsales plus longues que les suivantes. Corps à large bande oculo-caudale jaune. Dorsale sans bandelette.

10. *Scolopsis personatus* CV.

ç' Tête obtuse. Mâchoire supérieure $2^3/_4$ fois dans la longueur de tête. Écailles du front s'avançant fort en avant des orbites. Dorsale à bandelette longitudinale bleuâtre ou nacrée. Les 7 épines dorsales postérieures d'égale longueur.

11. *Scolopsides taeniopterus* CV.

C. 5 ($4^1/_2$) rangées longitudinales d'écailles au-dessus de la ligne latérale. Mâchoire supérieure 3 fois dans la longueur de la tête. Les 7 épines dorsales postérieures d'égale longueur. Ordinairement une bande ou grande tache oblongue latérale brunâtre.
a. Écailles du front s'avançant fort en avant des orbites.
aa. Tête pointue, aussi haute que longue, $3^1/_5$ à $3^1/_3$ fois dans la longueur du corps sans la caudale. Hauteur du corps $2^3/_4$ à 3 fois dans sa longueur sans la caudale.

12. *Scolopsis bimaculatus* CV.

bb. Tête obtuse, plus haute que longue, $3^1/_2$ fois dans la longueur du corps sans la caudale. Hauteur du corps $2^1/_3$ fois dans sa longueur sans la caudale.

13. *Scolopsis monogramma* K. V. H.

D. 6 rangées longitudinales d'écailles au-dessus de la ligne latérale.
a. Écailles du front s'avançant en avant des orbites mais non sur les orbites. Museau aussi long que l'œil. Région temporale à anneau violet.

14. *Scolopsis temporalis* CV.

Scolopsis margaritifer CV., Poiss. V p. 254; Blkr, Verh. Bat. Gen. XXIII Sciaen. p. 30, Espèc. Scolopsis, Ned. T. Dierk. IV p. 349. Günth., Catal. Fish. I p. 355; Kner, Zool. Novara, Fisch. p. 58. — Atl. Tab. 317. Perc. tab. 39 fig. 2.

Scolops. corpore oblongo compresso, altitudine $2^1/_2$ ad $2^4/_5$ in ejus longitudine absque-, $3^1/_4$ ad $3^3/_4$ in ejus longitudine cum pinna caudali; latitudine corporis 2 ad 2 et paulo in ejus altitudine; capite obtuso $3^1/_4$ ad $3^3/_5$ in longitudine corporis absque-, $4^2/_5$ ad $4^2/_3$ in longitudine corporis cum pinna caudali, aeque alto ac longo ad paulo altiore quam longo; latitudine capitis $1^3/_5$ ad $1^3/_4$ in ejus longitudine; linea rostro-frontali convexiuscula vel rectiuscula; fronte usque conspicue ante oculos squamata; oculis diametro $2^3/_5$ ad $2^2/_3$ in longitudine capitis, diametro $^2/_3$ ad $^4/_5$ distantibus; rostro obtuso apice ante oculi partem inferiorem sito, oculo multo breviore; osse praeorbitali parte humillima oculi diametro longitudinali triplo ad plus triplo humiliore, inferne leviter emarginato, postice inferne rotundato, margine posteriore toto vel ex parte dentibus conspicuis serrato superne spina libera valida pupilla non ad multo breviore; maxillis aequalibus superiore sub oculi margine anteriore vel vix ante oculum desinente $3^1/_4$ ad $3^2/_5$ in longitudine capitis; osse supramaxillari obtuse carinato laevi; labiis carnosis; praeoperculo squamis in series 4 vel 5 obliquas curvatas dispositis, limbo plus minusve squamulato, margine posteriore inferne concavo dentibus conspicuis interdum plus minusve extrorsum directis serrato, dentibus angularibus aliquot ceteris multo majoribus spinaeformibus; operculo postice spina plana parva; linea laterali mediocriter curvata; squamis corpore 38 vel 39 in linea laterali, 19 in serie transversali quarum 4 ($3^1/_2$) lineam lateralem inter et dorsalem spinosam mediam; pinna dorsali spinis mediocribus 3^a 4^a et 5^a sequentibus longioribus 2 et paulo ad 3 et paulo in altitudine corporis, membrana inter singulas spinas vix emarginata; dorsali radiosa dorsali spinosa altiore, sat multo longiore quam alta, obtuse rotundata; pectoralibus ventralibus non-, capite non ad paulo longioribus; radio ventrali 1° filigero vel subfiligero; anali spina 3^a spina 2^a longiore radio 1° breviore, parte radiosa paulo altiore quam longa convexa postice obtuse vel obtusiuscule rotundata; caudali tota fere squamata, profunde emarginata, lobis acutis, lobo superiore lobo inferiore longiore capite non ad paulo longiore; colore corpore superne olivaceo, inferne margaritaceo vel flavescente-margaritaceo; iride flavescente; vittulis oculo-rostrali et suboculo-maxillari margaritaceis; squamis dorso lateribusque superne singulis macula oblonga margaritacea; squamis lateribus inferne et postice singulis vulgo guttula flava; pinnis; dorsali violascente- vel roseo-hyalina superne flavo marginata; pectoralibus, ventralibus analique flavescentibus, ventralibus margine anteriore et postice albidis; caudali dimidio superiore flavescente, dimidio inferiore rosea.

B. 5. D. 10/9 vel 10/10. P. 2/14. V. 1/5. A. 3/7 vel 3/8. C. 1/15/1 et lat. brev.

Syn. *Scolopsides pectinatus* K. V. H. ap. CV., Poiss. V. p. 260; Günth., Cat. Fish. I p. 362.
Passir-passir Mal.

Hab. Sumatra (Telokbetong); Batu; Singapura; Biliton; Java (Batavia, Bantam); Duizend-ins.; Celebes (Macassar, Kema); Halmahera (Sindangole); Buro (Kajeli); Amboina; Waigiu; in mari.

Longitudo 20 speciminum 160''' ad 250'''.

Rem. Cette espèce n'a pas encore été trouvée hors l'Inde archipélagique. Elle est du reste assez commune, surtout sur les récifs des îles de la baie de Batavia. Elle est des plus faciles à reconnaître par le nombre peu considérable des écailles dans la ligne latérale, par les 4 rangées d'écailles au-dessus de cette ligne, par la forte épine sousorbitaire et par la tache nacrée qui se dessine nettement sur chaque écaille du dos et du haut des flancs.

Je note ici que les nombres des écailles sur une rangée transversale au-dessus de la ligne latérale sont pris, pour toutes mes espèces de Scolopsis, sous le milieu de la dorsale épineuse. En les comptant sous la 1e épine dorsale on voit dans plusieurs espèces une ou deux écailles de plus. Pris sous le milieu de la nageoire le nombre est rigoureusement constant pour une espèce donnée.

Le Scolopsides pectinatus K. V. H., dont j'ai examiné l'individu type à Leide, n'est autre qu'un individu empaillé et mutilé du margaritifer.

Scolopsis leucotaenia Blkr, Espèc. Scolops., Ned. T. Dierk. IV p. 351; Günth., Cat. Fish. I p. 263; Day, Fish. India p. 88 fig. 4. — Atl. Tab. 294, Perc. tab. 16 fig. 4.

Scolops. corpore oblongo compresso, altitudine 3 fere ad 3 in ejus longitudine absque-, $3^1/_2$ ad 4 in ejus longitudine cum pinna caudali; latitudine corporis 2 fere ad 2 in ejus altitudine; capite acutiusculo 3 et paulo in longitudine corporis absque-, 4 circ. in longitudine corporis cum pinna caudali, paulo longiore quam alto; latitudine capitis $1^3/_4$ ad 2 fere in ejus longitudine; linea rostro-frontali convexiuscula; fronte usque inter oculos squamata, ante oculos alepidota; oculis diametro $2^1/_3$ ad 3 fere in longitudine capitis, diametro $^1/_2$ ad $^3/_5$ distantibus; rostro obtusiusculo convexiusculo, apice ante oculi partem inferiorem sito, oculo multo breviore; osse praeorbitali parte humillima oculi diametro longitudinali quadruplo ad plus quadruplo humiliore, inferne leviter emarginato, postice inferne rotundato, margine posteriore dentibus conspicuis nullis superne spina libera mediocri pupilla breviore; maxillis subaequalibus, superiore 3 ad 3 et paulo in longitudine capitis; osse supramaxillari obtuse carinato laevi; labiis carnosis; praeoperculo squamis in series 4 vel 5 curvatas transversas dispositis, limbo alepidoto, margine posteriore non concavo denticulis conspicuis serrato denticulis angularibus ceteris majoribus; operculo spina parva plana; linea laterali mediocriter curvata; squamis trunco 37 vel 38 in linea laterali, 16 vel 17 in serie transversali quarum 4 ($3^1/_2$) lineam lateralem inter et dorsalem spinosam mediam; pinna dorsali spinis mediocribus, 3a 4a et 5a ceteris longioribus 2 ad 2 et paulo in altitudine corporis, membrana inter singulas spinas mediocriter incisa; dorsali radiosa dorsali spinosa altiore, non multo longiore quam alta, obtusa, rotundata; pectoralibus ventralibus paulo longioribus, capite paulo brevioribus; radio ventrali 1o non filigero; anali spinis 2a et 3a vulgo subaequalibus radio 1o brevioribus, parte radiosa altiore quam longa, obtusa, rotundata; caudali majore parte squamata, sat profunde emarginata, lobis acutis superiore inferiore longiore capite non ad paulo breviore; colore corpore superne roseo-viridi, inferne aurantiaco vel margaritaceo; iride rubra vel flava; fascia oculo-caudali lata margaritacea vel flavescente superne et inferne vitta nigro-violacea limbata vitta superiore dorsum caudae- vitta inferiore mediam basin pinnae caudalis attingente; pinnis roseis vel roseo-aurantiacis vel flavescentibus, dorsali antice spinam 1m inter et 4m vulgo macula nigricante.

B. 5. D. 10/9 vel 10/10. P. 2/14 vel 2/15. V. 1/5. A. 3/7 vel 3/8. C 1/15/1 et lat. brev.

Syn. *Scolopsides leucotaenia* Blkr, Bijdr. ichth. Banka, Nat. T. Ned. Ind. XII p. 451 (variatio macula dorsali nulla spinaque anali 2a spina 3a longiore).

Scolopsides leucotaenioides Blkr, Zevende bijdr. ichth. Celebes, Nat. T. Ned. Ind. VIII p. 439.

Scolopsis leucotaenioides Günth., Cat. Fish. I p. 263.

Hab. Bangka; Celebes (Manado); Ceram (Wahai); Amboina; Nussalaut; in mari.

Longitudo 3 speciminum 70‴ ad 111‴.

Rem. Je ne possède plus l'individu, qui a servi à la description du Scolopsis leucotaenia, publiée il y déjà plus de vingt ans, mais je ne doute point maintenant que le leucotaenioides ne soit de la même espèce et que l'absence de tache noire à la dorsale et la longueur relativement plus grande de la seconde épine anale, décrites autrefois comme caractères du leucotaenia, ne soient à conconsidérer que comme des variations individuelles. L'espèce se fait reconnaître au premier coup d'oeil par la large bande oculo-caudale nacrée bordée en-dessus et en-dessous d'une bandelette noirâtre. M. Day en a retrouvé un seul individu a Bombay.

Scolopsis inermis Schl., Faun. Jap. Poiss. p. 65 tab. 28 fig. 1; Blkr, Verh. Bat. Gen. XXVI Nal. ichth. Japan p. 83; Espèc. Scolopsis, Ned. T. Dierk. IV p. 352. Günth., Cat. Fish. I p. 357 (nec Rich.). — Atl. Tab. 341, Perc. tab. 63 fig. 5.

Scolops. corpore oblongo compresso, altitudine $2^2/_3$ ad $2^1/_5$ in ejus longitudine absque-, $3^1/_4$ ad $3^3/_5$ in ejus longitudine cum pinna caudali; latitudine corporis 2 circ. in ejus altitudine; capite obtusiusculo 3 et paulo in longitudine corporis absque-, 4 fere ad 4 et paulo in longitudine corporis cum pinna caudali, aeque alto circ. ac longo; latitudine capitis $1^3/_4$ ad $1^4/_5$ in ejus longitudine; linea rostro-frontali convexiuscula vel rectiuscula; fronte majore parte alepidota, post medias orbitas tantum squamata; oculis diametro 3 fere ad 3 et paulo in longitudine capitis, diametro $^2/_3$ ad $^3/_4$ distantibus; rostro acutiusculo apice ante oculi partem inferiorem sito, oculo multo breviore; osse praeorbitali parte humillima oculi diametro longitudinali plus duplo ad triplo humiliore, inferne leviter emarginato, postice inferne rotundato, margine posteriore toto vel ex parte denticulato superne spina libera debili brevi parum conspicua; maxillis subaequalibus, superiore sub oculi dimidio anteriore desinente $2^3/_4$ ad 3 in longitudine capitis; osse supramaxillari obtuse carinato edentulo; labiis gracilibus; praeoperculo squamis in series 4 vel 5 obliquas curvatas dispositis limbo alepidoto, margine posteriore recto non concavo dentibus parvis serrato dentibus angularibus ceteris vix majoribus; linea laterali valde curvata; squamis corpore 37 in linea laterali, 16 vel 17 in serie transversa quarum 3 ($2^1/_2$) lineam lateralem inter et dorsalem spinosam mediam; pinna dorsali spinis mediocribus 4a 5a et 6a ceteris longioribus $2^1/_3$ ad $2^1/_2$ in altitudine corporis, membrana inter singulas spinas mediocriter incisa; dorsali radiosa dorsali spinosa non ad paulo altiore, sat multo longiore quam alta, obtusa, rotundata; pectoralibus ventralibus non ad paulo longioribus capite paulo brevioribus; radio ventrali 1e filigero vel subfiligero; anali spinis 2a et 3a subaequalibus radio 1° brevioribus, parte radiosa aeque alta ac longa ad paulo longiore quam alta, convexa, postice angulata; caudali majore parte squamata leviter emarginata lobis acutis superiore inferiore vulgo paulo longiore capite non multo breviore; colore corpore superne violascente-roseo lineam dorsalem versus dilutiore, inferne roseo-margaritaceo vel flavescente-margaritaceo; iride rosea vel flava; fasciis corpore interdum latis diffusis transversis 5 vel 6 violascentibus; pinnis roseis vel flavescentibus.

B. 5. D. 10/9 vel 10/10 vel 10/11. P. 2/13 vel 2/14. V. 1/5. A. 3/7 vel 3/8. C. 1/15/1 et lat. brev.

Hab. Sangir; Kiusiu (Nagasaki); in mari.

Longitudo 4 speciminum 175''' ad 230'''.

Rem. L'épine sousorbitaire libre, dans cette espèce, est moins développée que dans les autres et souvent rudimentaire. L'inermis est du reste voisin du margaritifer, mais se fait aisément distinguer par les trois ($2^1/_2$) rangées d'écailles au-dessus de la ligne latérale et par les écailles frontales qui ne s'avancent que jusqu'au haut du milieu des orbites.

Scolopsis trilineatus Kner, Folg. n. Fisch. Mus. Godeffr., Sitzber. k. Akad. Wiss. naturw. Cl. Bd LVIII p. 301 tab. 2 fig. 2; Blkr, Espèc. Scolops. Ned. T. Dierk. IV p. 353; Günth., Fisch. Südsee p. 31 tab. 25 fig. A. — Atl. Tab. 331, Perc. tab. 53 fig. 2.

Scolops. corpore oblongo compresso altitudine 3 et paulo in ejus longitudine absque-, 4 circ. in ejus longitudine cum pinna caudali; latitudine corporis 2 fere in ejus altitudine; capite obtusiusculo 3 et paulo in longitudine corporis absque-, 4 circ. in longitudine corporis cum pinna caudali, paulo longiore quam alto; latitudine capitis $1^1/_3$ ad $1^3/_4$ in ejus longitudine; linea rostro-frontali convexa; fronte usque supra medios oculos alepidota; oculis diametro $2^1/_2$ circ. in longitudine capitis, diametro $^2/_3$ circ. distantibus; rostro obtuso convexo apice ante oculi partem inferiorem sito, oculo multo breviore; osse suborbitali parte humillima oculi diametro longitudinali plus triplo humiliore inferne non vel vix emarginato, postice inferne plus minusve rotundato margine posteriore dentibus 2 vel 3 sat magnis armato et superne spina valida pupilla sat multo ad paulo breviore; maxillis subaequalibus superiore sub oculi margine anteriore desinente 3 circ. in longitudine capitis; osse supramaxillari obtuse carinato sed non denticulato; labiis carnosis; praeoperculo squamis in series 4 vel 5 obliquas curvatas dispositis, limbo alepidoto, margine posteriore vix emarginato dentibus conspicuis serrato dentibus angularibus ceteris paulo majoribus; linea laterali mediocriter curvata; squamis trunco 44 in linea laterali, 17 vel 18 in serie transversa quarum 3 ($2^1/_2$) lineam lateralem inter et dorsalem spinosam mediam; pinna dorsali spinis mediocribus 4ª 5ª et 6ª ceteris longioribus 2 circ. in altitudine corporis, membrana inter singulas spinas sat profunde incisa; dorsali radiosa dorsali spinosa paulo altiore, multo longiore quam alta, obtusa, rotundata; pectoralibus ventralibus non et capite absque rostro vix longioribus; radio ventrali 1° subfiligero; anali spina 3ª spina 2ª longiore radio 1° breviore, parte radiosa altiore quam longa, obtusa, rotundata; caudali majore parte squamata profunde incisa lobis acutis subaequalibus capite paulo brevioribus; colore corpore superne violascente-olivaceo, inferne flavescente-argenteo; iride flava; vitta interoculari et vitta fronto-dorsali linea mediana flavescentibus vel margaritaceis; vittis insuper utroque latere margaritaceis vel flavis longitudinalibus obliquis 3, vitta superiore supra-oculo-dorsali antice bifurcata postice basin dorsalis spinosae posteriorem attingente, vitta media oculo-dorsali antice quam postice multo latiore basin radii dorsalis postici attingente, vitta inferiore rostro-oculo-laterali supra apicem pinnae pectoralis curvatura cum vitta media unita; pinnis roseis vel flavescentibus.

B. 5. D. 10/9 vel 10/10. P. 2/13. V. 1/5. A. 3/7 vel 3/8. C. 1/15/1 et lat. brev.

Hab. Ternata; Amboina; in mari.

Longitudo 2 speciminum 108''' et 111'''.

Rem. La figure publiée par Kner mesurant 180''' et prise sur un individu provenant des îles Samoa (Savay), indique que l'espèce devient notablement plus grande que les deux individus de mon cabinet. La disposition des bandelettes nacrées paraît ne pas se changer avec l'âge, mais je ne vois pas sur la figure de Kner la dilatation de la moitié antérieure de la bandelette latérale médiane, dilatation qui est très-prononcée sur mes deux individus. L'espèce est voisine du Scolopsis ghanam de la Mer rouge, mais dans celui-ci il y a 4 rangées d'écailles au-dessus de la ligne latérale et 48 écailles dans la ligne latérale, et les bandelettes nacrées y sont disposées d'une manière différente. Le trilineatus a en commun avec l'inermis que les écailles du front ne s'étendent en avant que jusqu'au-dessus du milieu des orbites, mais son système de coloration est fort différent, les écailles dans la ligne latérale sont plus nombreuses et son épine sousorbitaire est beaucoup plus forte.

Le Scolopsis trilineatus habite aussi les îles Viti.

Scolopsis cancellatus CV., Poiss. V p. 264; Blkr, Verh. Bat. Gen. XXIII Sciaen. p. 28; Espèc. Scolops. Ned. T. Dierk. IV p. 354; Günth., Cat. Fish. I p. 361, Fisch. Südsee p. 30; Day, Fish. India p. 86 tab. 22 fig. 6. — Atl. Tab. 309, Perc. tab. 31 fig. 2.

Scolops. corpore oblongo compresso, altitudine $2^5/_6$ ad 3 in ejus longitudine absque-, $3^3/_5$ ad 4 in ejus longitudine cum pinna caudali; latitudine corporis $1^2/_3$ ad 2 in ejus altitudine; capite obtuso 3 fere ad $3^1/_3$ in longitudine corporis absque, $3^3/_4$ ad $4^2/_5$ in longitudine corporis cum pinna caudali, paulo longiore quam alto ad aeque alto ac longo; latitudine capitis $1^2/_3$ ad 2 fere in ejus longitudine; linea rostro-frontali convexa; fronte usque inter oculos squamata, ante oculos alepidota; oculis diametro $2^1/_3$ ad $2^1/_2$ in longitudine capitis, diametro $^3/_5$ ad $^4/_5$ distantibus; rostro obtuso convexo, apice ante oculi partem inferiorem sito, oculo multo breviore; osse suborbitali parte humillima oculi diametro longitudinali quadruplo vel plus quadruplo humiliore, inferne leviter emarginato, postice inferne rotundato margine posteriore valde obliquo adolescentibus et aetate provectis dentibus 3 vel 4 sat magnis armato superne spina valida libera pupilla non ad sat multo breviore; maxillis subaequalibus, superiore sub oculi margine anteriore desinente 3 ad $3^1/_2$ in longitudine capitis; osse supramaxillari obtuse carinato sed non denticulato; labiis carnosis; praeoperculo squamis in series 3 vel 4 obliquas curvatas dispositis, limbo toto vel toto fere alepidoto, margine posteriore juvenilibus non aetate provectis leviter concavo denticulis conspicuis serrato denticulis angularibus ceteris majoribus adultis subspinaeformibus; linea laterali leviter curvata; squamis corpore 42 vel 43 in linea laterali, 17 in serie transversa quarum 4 ($3^1/_2$) lineam lateralem inter et dorsalem spinosam mediam; pinna dorsali spinis validis, 4a 5a et 6a ceteris longioribus 2 ad $2^1/_3$ in altitudine corporis, membrana inter singulas spinas sat profunde incisa; dorsali radiosa dorsali spinosa paulo altiore ad paulo humiliore, multo longiore quam alta, obtusa, rotundata; pectoralibus ventralibus non ad paulo longioribus, capite non ad paulo brevioribus; radio ventrali 1° subfiligero; anali spina 2a spina 3a fortiore et vulgo paulo longiore radio 1° non vel paulo breviore, parte radiosa altiore quam longa convexa rotundata; caudali majore parte squamata profunde emarginata lobis acutis superiore inferiore longiore capite non ad paulo breviore; colore corpore superne fusco-violaceo vel violascente-olivaceo aetate provectis maculis dilutioribus quasi eroso, inferne flavescente vel margaritaceo; iride flavescente vel rosea; vitta interoculari angulata et vitta rostro-dorsali linea mediana gracili flavis vel margaritaceis; vittis corpore 2 vel 3 flavis vel margaritaceis longitudinalibus, vitta superiore fronte incipiente et radios dorsales posteriores attingente, vitta media oculo-caudali juvenilibus dorsum caudae attingente aetate provectis medio latere interrupta vel desinente, vitta inferiore operculo-caudali cum flavescente-margaritaceo laterum plus minusve confluente; lateribus inferne postice et cauda inferne frequenter insuper vitta longitudinali rosea; pinnis dilute roseis vel flavescentibus, dorsali radiosa et anali radiosa antice vulgo plaga magna rosea; dorsali juvenilibus tantum spinam 1m inter et 3m macula fusca; pectoralibus basi superne vittula transversa coerulea vel violacea.

B. 5. D. 10/9 vel 10/10. P. 2/14. V. 1/5. A. 3/7 vel 3/8. C. 1/15/1 et lat. brev.

Syn. *Ikan Terbaris* Valent., Amb. fig. 386?
Bonte hoen ou *Poularde marquetée* Ren., Poiss. Mol. II tab. 26 fig. 131?
Scolopsis lineatus Q., Zoöl. Voy. Uranie p. 322 tab. 60 fig. 3? (nec Blkr).
Scolopsides lerol et *burukuarem* Thioll. in Montroz. Faune Woodlark p. 159?
Scolopsis Bleekeri Atl. ichth. tab. 294 Perc. tab. 16 fig. 1 (nec Günth.).
Passir-passir Mal.

Hab. Sumatra (Trussan); Cocos (Nova-selma); Java (Batavia); Bawean; Celebes (Macassar, Badjoa, Manado); Sangir; Solor (Lawajong); Timor (Atapupu); Ternata; Batjan (Labuha); Amboina; Ceram (Wahai); Buro (Kajeli); Goram; Guebeh; Waigiu; Rawak; in mari.

Longitudo 42 speciminum 51''' ad 201'''.

Rem. Les bandelettes longitudinales du corps, dans le cancellatus, sont beaucoup plus nettement dessinées et beaucoup plus régulières dans les individus du jeune âge que dans les adultes. Les jeunes montrent aussi constamment une tache noirâtre entre les premières épines dorsales, tache qu'on ne voit que rarement après l'adolescence. On pourrait confondre les jeunes du cancellatus avec les jeunes du bilineatus, où les bandes longitudinales ne sont pas encore courbées et où il existe aussi une tache noirâtre sur le devant de la dorsale épineuse. La distinction reste cependant assez facile, puisque les bandelettes, droites dans le cancellatus, montent obliquement en arrière dans les jeunes du bilineatus. Les derniers ont en outre le haut du milieu de la dorsale et la moitié antérieure de l'anale brunes ou noirâtres, les écailles frontales s'avançant jusque fort en avant des orbites, etc.

Le cancellatus s'étend à l'est jusqu'aux îles Woodlark, Samoa, Uléa et Sandwich, et à l'ouest jusqu'aux îles Andaman.

Scolopsis ciliatus Günth., Cat. Fish. I p. 355; Blkr, Espèc. Scolops. Ned. T. Dierk. IV p. 357; Day. Fish. India p. 89 tab. 23 fig. 5. — Atl. Tab. 316, Perc. tab. 38 fig. 2.

Scolops. corpore oblongo compresso, altitudine $2^4/_5$ ad 3 in ejus longitudine absque-, $3^3/_5$ ad 4 in ejus longitudine cum pinna caudali; latitudine corporis 2 circ. in ejus altitudine; capite obtusiusculo 3 ad 4 in longitudine corporis absque-, 4 ad 5 in longitudine corporis cum pinna caudali, paulo humiliore ad paulo altiore quam longo; latitudine capitis $1^2/_3$ ad 2 fere in ejus longitudine; linea rostro-frontali convexiuscula; fronte usque conspicue ante oculos squamata; oculis diametro $2^1/_3$ ad $2^2/_3$ in longitudine capitis, diametro $^2/_3$ ad $^4/_5$ distantibus; rostro convexo apice ante oculi partem inferiorem sito, oculo multo breviore; osse suborbitali parte humillima oculi diametro longitudinali triplo ad quadruplo humiliore, inferne leviter emarginato, postice inferne obtuse rotundato margine posteriore valde obliquo ex parte tantum dentato superne spina libera mediocri pupilla breviore; maxillis subaequalibus, superiore sub oculi margine anteriore desinente 3 ad $3^1/_2$ in longitudine capitis; osse supramaxillari carina elevata juvenilibus scabra aetate provectis dentibus valde conspicuis serrata; labiis carnosis; praeoperculo squamis in series 4 obliquas curvatas dispositis, limbo toto squamato, margine posteriore non emarginato dentibus conspicuis serrato dentibus angularibus ceteris paulo majoribus non spinaeformibus; operculo postice spina parva plana; linea laterali valde curvata; squamis corpore 43 vel 44 in linea laterali, 19 in serie transversa quarum 4 ($3^1/_2$) lineam lateralem inter et dorsalem spinosam mediam; pinna dorsali spinis mediocribus, 3a 4a et 5a sequentibus longioribus 2 ad $2^1/_3$ in altitudine corporis, membrana inter singulas spinas mediocriter incisa; dorsali radiosa dorsali spinosa altiore, non multo longiore quam alta, obtusa, rotundata; pectoralibus ventralibus non ad vix longioribus capite non ad vix brevioribus; radio ventrali 1° filigero vel subfiligero; anali spina 3a spina 2a paulo vel vix longiore radio 1° breviore, parte radiosa aeque alta circ. ac longa, convexa, postice rotundata vel angulata; caudali tota fere squamata, profunde incisa, lobis acutis subaequalibus vel superiore inferiore paulo et capite non vel vix longiore; colore corpore superne coerulescente-olivaceo vel violascente-olivaceo vel olivaceo, inferne flavescente vel margaritaceo; iride argentea roseo vel flavo tincta; vitta oculo-rostrali flavescente; lateribus superne vitta longitudinali obliqua nitide margaritacea medio quam antice et postice latiore, valde juvenilibus regione suprascapulari infra lineam incipiente et basi caudalis superne desinente, adolescentibus

et adultis quam valde juvenilibus multo breviore, adolescentibus adhuc lineam lateralem secante, adultis sat longe supra lineam lateralem sub spinis dorsi 4a 5a vel 6a incipiente et basi radii 3i vel 4i desinente; squamis lateribus singulis guttula flava; pinnis roseo-hyalinis, dorsali superne flavo marginata, pectoralibus basi vittula transversa coerulescente; ventralibus albidis radiis 2 anterioribus flavis; — *valde juvenilibus insuper* vittula nucho-dorsali gracili lineae dorsali approximata flavescente.
B. 5. D. 10/9 vel 10/10. P. 2/15. V. 1/5. A. 3/7 vel 3/8. C. 1/15/1 et lat. brev.
Syn. *Holocentrus ciliatus* Lac., Poiss. IV p. 333.
Lycogenis argyrosoma K. V. H., Ic. ined.
Scolopsides lycogenis CV., Poiss. V p. 261 tab. 127; Blkr, Verh. Bat. Gen. XXIII Sciaen. p. 27.
Passir-passir Mal.
Hab. Sumatra (Trussan, Ulacan, Siboga); Batu; Nias; Singapura; Java (Batavia); Bawean; Celebes (Macassar, Badjoa, Manado); Sumbawa (Bima); Halmahera (Sindangole); Ternata; Batjan (Labuha); Obi-major; Buro (Kajeli); Amboina; Nova-Guinea; in mari.
Longitudo 20 speciminum 53''' ad 185'''.

Rem. La bandelette nacrée, dans cette espèce, a ceci de fort particulier qu'elle se déplace avec l'âge. Dans les individus de 53''' de long elle commence à la région surscapulaire au-dessus de la ligne latérale, traverse cette ligne sous le milieu de la dorsale molle et ne finit que sur le dos de la queue tout près la caudale. Dans les individus d'une longueur de 85''' elle commence encore au-dessus de la ligne latérale, mais la traverse déjà sous le milieu de la dorsale épineuse pour finir près la base des rayons dorsaux postérieurs; mais dans les individus de 110''' de long elle se trouve déjà entièrement au-dessus de la ligne latérale quoique la touchant presque; et dans les adultes elle n'occupe que les deux rangées supérieures des écailles du dos. L'espèce est encore nettement caractérisée par la crête dentelée de l'os maxillaire, caractère qui ne se retrouve dans aucune des autres espèces de Scolopsis connues.

Hors l'Inde archipélagique et la Nouvelle-Guinée le ciliatus n'est connu que des îles Andaman et de Vanicolo. A Batavia il n'est pas rare.

Scolopsis bilineatus CV., Poiss. V p. 253; Blkr, Verh. Bat. Gen. XXIII Sciaen. p. 28; Espèc. Scolopsis, Ned. T. Dierk. IV p. 359; Günth., Catal. Fish. I p. 357, Day, Fish. India p. 85 tab. 22 fig. 3. — Atl. Tab. 323 Perc. tab. 45 fig. 2; Tab. 342 Perc. tab. 64 fig. 1.

Scolops. corpore oblongo compresso, altitudine $2^1/_3$ ad $2^3/_4$ in ejus longitudine absque-, 3 et paulo ad $3^2/_3$ in ejus longitudine cum pinna caudali; latitudine corporis 2 ad 2 et paulo in ejus altitudine; capite obtuso $3^1/_4$ ad $3^1/_2$ in longitudine corporis absque-, $4^1/_4$ ad $4^3/_5$ in longitudine corporis cum pinna caudali, aeque alto circ. ac longo; latitudine capitis $1^3/_4$ ad 2 in ejus longitudine; linea rostro-frontali convexa; fronte usque conspicue ante oculos squamata; oculis diametro $2^1/_3$ ad $2^2/_3$ in longitudine capitis, diametro $^1/_2$ ad 1 fere distantibus; rostro obtuso convexo apice ante oculi partem anteriorem sito, oculo multo breviore; osse suborbitali parte humillima oculi diametro longitudinali plus triplo ad quadruplo humiliore, inferne leviter emarginato, margine posteriore valde obliquo dentibus 2 ad 4 conspicuis armato et superne spina sat valida libera pupilla non ad multo breviore; maxillis subaequalibus, superiore sub oculi margine anteriore desinente 3 ad $3^1/_2$ in longitudine capitis; osse supramaxillari obtuse carinato sed non denticulato; labiis carnosis; praeoperculo squamis in series 4 vel 5 obliquas curvatas dispositis limbo squamulato, margine posteriore juvenilibus non aetate provectis leviter concavo denticulis conspicuis serrato dentibus angularibus ceteris majoribus adultis subspinaeformibus; linea laterali mediocriter curvata; squamis corpore 45 in linea laterali, 19 vel 20 in serie transversa quarum 4 ($3^1/_2$) lineam lateralem inter et dorsalem spinosam mediam; pinna dorsali spinis validis 4a 5a 6a ceteris longioribus, 2 ad 3 in altitudine corporis, membrana inter singulas spinas mediocriter incisa; dorsali radiosa dorsali spinosa altiore, sat multo ad non longiore quam alta, junioribus obtuse rotundata aetate provectis acutiuscule rotundata vel acutangula; pectoralibus ventralibus non longioribus capite non ad vix brevioribus; radio ventrali 1° filigero vel subfiligero; anali spina 2a spina 3a longiore et fortiore radio 1° paulo vel non breviore, parte radiosa junioribus obtuse rotundata non multo altiore quam longa aetate provectis acutangula duplo circ altiore quam longa; caudali majore parte squamata, lobis acutis superiore inferiore longiore (aetate provectioribus praesertim) capite non ad vix breviore; colore corpore superne violascente-coeruleo vel violascente-olivaceo, inferne flavescente vel margaritaceo; iride flava vel rosea; vitta interoculari et vitta fronto dorsali linea mediana flavescentibus; vittulis utroque latere 2 supra- et postoculo-dorsalibus obliquis flavescentibus vel margaritaceis juvenilibus basin dorsalis attingentibus vel subattingentibus aetate provectis nucha vel dorso antice desinentibus; vitta insuper rostro-suboculo-dorsali lata margaritacea superne et inferne vittula fusca vel nigricante limbata juvenilibus oblique parum curvata, aetate provectis valde curvata radium dorsalem primum attingente; dorso sub dorsalis radiosae dimidio posteriore macula magna margaritacea vel lutea aetate provectioribus praesertim conspicua; pinnis roseis vel roseo-hyalinis; dorsali superne medio plaga lata fusca vel rubro-fusca, parte spinosa flavo vel aurantiaco tincta et antice juvenilibus et adolescentibus tantum macula fusca; anali dimidio anteriore fusca vel fusco-rubra; pectoralibus superne et ventralibus antice flavo-, caudali superne et inferne rubro vel violascente marginatis.
B. 5. D. 10/9 vel 10/10. P. 2/15 vel 2/16. V. 1/5. A. 3/7 vel 3/8. C. 1/15/1 et lat. brev.
Syn. *Ceramsche Carper* Valent., Amb. fig. 482.
Anthias bilineatus Bl., Ausl. Fisch. VII p. 1 tab. 325 fig. 1; Bl. Schn., Syst. p. 306.
Lutjanus ellipticus Lac., Poiss. IV p. 213.
Scolopsides lineatus Blkr, Bijdr. ichth. Solor, Nat. T. Ned. Ind. V p. 73 (nec Q.G) (junior).
Scolopsis Bleekeri Günth., Catal. Fish. I p. 361 (nec Blkr, Atl. Tab. 254 Perc. tab. 16 fig. 1).
Passir-passir Mal.
Hab. Sumatra (Trussan); Java (Batavia); Bawean; Celebes (Macassar, Manado, Badjoa); Sangir; Halmahera (Sindangole); Ternata; Ceram (Piru, Wahai); Amboina; Saparua; Banda (Neira); Solor (Lawajong); Waigiu; Nova-Guinea; in mari.
Longitudo 22 speciminum 90''' ad 199'''.

Rem. C'est un individu du jeune âge de l'espèce actuelle que j'ai décrit autrefois, bien qu'avec un point de doute, comme le Scolopsis lineatus Q. Depuis M. Günther a fait de ce lineatus une espèce distincte qu'il a eu l'obligeance de nommer Scolopsis Bleekeri. Je puis maintenant constater sur une belle série d'individus de 90''' jusqu'à 199''' de long, que mon lineatus d'alors n'est autre que le bilineatus, fait qu'on ne saurait point supposer en ne connaissant que des individus du jeune âge et des adultes. En effet, la belle bande nacrée bordée doublement de noirâtre, qui, dans les adultes, monte du dessous de l'oeil en forte courbure pour finir sous les premiers rayons divisés de la dorsale, est presque droite dans les jeunes et ne se termine que beaucoup plus en arrière en se confondant avec la grande tache nacrée qui, dans les adultes, se trouve sous la fin de la dorsale. Les autres bandelettes du dos sont aussi moins courbées et plus prolongées en arrière dans les jeunes que dans les adultes.

L'espèce, commune dans l'Insulinde, ne paraît pas avoir été trouvée ailleurs, qu'aux îles Andaman.

Scolopsis Vosmaeri CV., Poiss. V p. 250; Blkr; Verh. Bat. Gen. XXIII Sciaen. p. 27; Espèc. Scolopsis, Ned. T. Dierk; IV p. 361. Day, Fish. India p. 87 ex parte et tab. 23 fig. 3. — Atl. Tab. 339, Perc. tab. 61 fig. 5.

Scolops. corpore oblongo compresso, altitudine 2 et paulo ad $2^1/_3$ in ejus longitudine absque-, $2^3/_4$ ad 3 in longitudine corporis cum pinna caudali; latitudine corporis $2^2/_5$ ad $2^1/_2$ in ejus altitudine; capite obtuso $3^2/_5$ ad $3^3/_5$ in longitudine corporis absque-, $4^1/_3$ ad $4^2/_3$ in longitudine corporis cum pinna caudali, conspicue altiore quam longo; latitudine capitis $1^3/_5$ ad $1^3/_4$ in ejus longitudine; linea rostro-frontali recta vel concaviuscula; fronte conspicue ante oculos usque inter nares squamata; oculis diametro $2^2/_3$ ad 3 in longitudine capitis, diametro $^3/_5$ ad 1 fere distantibus; rostro obtuso, apice ante oculi partem inferiorem sito, oculo multo ad duplo fere breviore; osse suborbitali parte humillima oculi diametro longitudinali duplo ad plus duplo sed minus triplo humiliore, inferne leviter emarginato, postice inferne rotundato, margine posteriore toto vel ex parte dentibus conspicuis serrato superne spina libera mediocri pupilla non ad sat multo breviore; maxillis subaequalibus, superiore sub oculi margine anteriore desinente 3 et paulo ad $3^1/_2$ in longitudine capitis; osse supramaxillari obtuse carinato sed non denticulato; labiis carnosis; praeoperculo squamis in series 5 obliquas curvatas dispositis, limbo toto squamato, margine posteriore junioribus recto aetate provectis plus minusve concavo dentibus conspicuis ex parte extrorsum spectantibus serrato dentibus angularibus dentibus ceteris paulo ad non majoribus; linea laterali valde curvata; squamis corpore 41 ad 43 in linea laterali, 17 vel 18 in serie transversa quarum 4 ($3^1/_2$) lineam lateralem inter et dorsalem spinosam mediam; pinna dorsali spinis validis 4^a 5^a et 6^a ceteris longioribus 3 ad $3^1/_2$ in altitudine corporis, membrana inter singulas spinas mediocriter incisa; dorsali radiosa dorsali spinosa non altiore, multo sed multo minus duplo longiore quam alta, obtusa, rotundata; pectoralibus ventralibus non longioribus capite paulo brevioribus; radio ventrali 1° filigero vel subfiligero; anali spina 2^a spina 3^a longiore et fortiore parte radiosa altiore, parte radiosa altiore quam longa convexa postice rotundata vel angulata; caudali majore parte squamata, sat profunde incisa, lobis acutis superiore inferiore longiore capite non ad vix breviore; colore corpore roseo vel purpureo-roseo; iride flavescente vel rosea; fascia lata nucho-suboperculari margaritacea vel flavescente; lateribus vitta longitudinali regione suprascapulari incipiente sub linea laterali decurrente et sub dorsali radiosa desinente; squamis dorso lateribusque singulis basi vulgo macula profundiore purpurascente; pinnis roseis vel roseo-flavescentibus.

B. 5. D. 10/9 vel 10/10. P. 2/16 vel 2/17. V. 1/5. A. 3/7 vel 3/8. C. 1/15/1 et lat. brev.

Syn. *Anthias Vosmeri* et *Vosmari* Bl., Ausl. Fisch. VI p. 120 tab. 321 (1792); Bl. Schn., Syst. p. 304.
Perca aurata Mungo Park, Descr. eight n. fish. Sumatra, Trans. Linn. Soc. III p. 35 (1797).
Lutjanus Vosmeri, *Lutjanus aureovittatus* et *Pomacentrus enneadactylus* Lac. Poiss. IV 213, 216, 505, 508.
Scolopsides kate CV., Poiss. V p. 247? (nec synon.).
Scolopsis aurata et *auratus* Cant., Cat Mal. Fish. p. 81; Günth., Cat. Fish. I p. 356.
Scolopsis argyrosomus (*zonus*) K. V. H. ap CV., Poiss. V p. 250.
Passir-passir, *Betok lawut* Mal.

Hab. Sumatra (Benculen, Ulacan); Pinang; Singapura; Bangka (Karanghadji); Duizend ins.; Java (Batavia, Bantam); Celebes (Macassar, Badjoa); Sumbawa; in mari.

Longitudo 22 speciminum 118''' ad 210'''.

Rem. Cuvier, dans sa description du Scolopsides kate, parlant d'une bande argentée au-dessous de la ligne latérale et n'indiquant d'autres caractères qui justifieraient une séparation du Vosmaeri, il me paraît probable que son kate soit de la même espèce que l'actuelle, et que la synonymie qu'il donne du kate doive être supprimée. Si cette supposition venait d'être prouvée juste, le Vosmaeri ne serait point borné à l'Insulinde, les individus du kate, décrits par Cuvier, provenant de la côte de Pondichéry.

Scolopsis torquatus CV, Poiss. V p. 252; Blkr, Verh. Bat. Gen. XXIII Sciaen. p. 28; Espèc. Scolopsis Ned. T. Dierk. VI p. 363; Kner, Zoöl. Reis. Novara, Fisch. p. 59. — Atl. Tab. 318, Perc. tab. 40 fig. 1.

Scolops. corpore oblongo compresso, altitudine 2 ad $2^1/_2$ in ejus longitudine absque-, $2^2/_3$ ad 3 in ejus longitudine cum pinna caudali; latitudine corporis 2 ad $2^1/_4$ in ejus altitudine; capite obtuso 3 ad $3^1/_2$ in longitudine capitis absque-, 4 ad $4^1/_5$ in longitudine corporis cum pinna caudali, altiore quam longo; latitudine capitis $1^2/_5$ ad $1^1/_2$ in ejus longitudine; linea rostro-frontali convexa rarius rectiuscula; fronte conspicue ante oculos usque inter nares squamata; oculis diametro 2 ad $2^1/_2$ in longitudine capitis, diametro $^2/_3$ ad $^4/_5$ distantibus; rostro obtuso apice ante vel paulo infra oculi marginem inferiorem sito, oculo multo ad duplo breviore; osse suborbitali parte humillima oculi diametro longitudinali plus duplo ad quadruplo humiliore, inferne leviter emarginato, postice inferne rotundato, margine posteriore toto vel ex parte denticulato superne spina libera valida pupilla multo ad non breviore; maxillis subaequalibus, superiore sub oculi margine anteriore desinente 3 ad $3^1/_3$ in longitudine capitis; osse supramaxillari obtuse vel non carinato, edentulo; labiis carnosis; praeoperculo squamis in series 5 obliquas curvatas dispositis, limbo toto squamato, margine posteriore junioribus recto aetate provectis conspicue concavo dentibus conspicuis ex parte extrorsum spectantibus serrato dentibus angularibus ceteris paulo majoribus; linea laterali valde curvata; squamis corpore 42 vel 43 in linea laterali, 17 vel 18 in serie transversa quarum 4 ($3^1/_2$) lineam lateralem inter et dorsalem spinosam mediam; pinna dorsali spinis validis 3ª 4ª et 5ª ceteris longioribus $2^1/_2$ ad 3 in altitudine corporis, membrana inter singulas spinas mediocriter incisa; dorsali radiosa dorsali spinosa non altiore, duplo vel duplo fere longiore quam alta, obtuse rotundata; pectoralibus ventralibus non ad paulo longioribus capite paulo brevioribus; radio ventrali 1° filigero vel subfiligero; anali spina 2ª spina 3ª longiore et fortiore, parte radiosa parte spinosa humiliore, aeque alta circ. ac longa, convexa, postice angulata; caudali majore parte squamata mediocriter incisa lobis acutis superiore inferiore longiore capite paulo breviore; colore corpore roseo vel purpureo-roseo; iride flavescente vel rosea; fascia lata nucho-suboperculari margaritacea vel flavescente; fascia corpore longitudinali nulla; squamis dorso lateribusque singulis basi vulgo macula profundiore purpurescente; pinnis roseis vel aurantiacis, pectoralibus basi superne macula triangulari fusca vel purpurea, ventralibus antice violascente marginatis.

B. 5. D. 10/9 vel 10/10. P. 2/16 vel 2/17. V. 1/5. A. 3/7 vel 3/8. C. 1/15/1 et lat brev.

Syn. *Scolopsis japonicus* Day, Fish. Malab. p. 25 (nec Günth.).
Scolopsis Vosmeri Day, Fish. India p. 87 ex parte et tab. 23 fig. 1, 2.
Passir-passir, *Betok-lawut* Mal.

Hab. Sumatra (Ulacan); Java (Batavia); Celebes (Macassar); in mari.

Longitudo 15 speciminum 108‴ ad 175‴.

Rem. Fort voisine du Scolopsis Vosmaeri, l'espèce actuelle s'en distingue constamment par un profil plus convexe, par une tête plus large, par des yeux plus grands et par une anale moins haute. La différence spécifique est encore traduite dans les couleurs par l'absence de bande latérale nacrée et par la présence au contraire d'une tache triangulaire pourpre ou brune sur la base de la pectorale. Je ne connais pas d'après nature l'Anthias japonicus Bl. ou le Scolopsis kurite Rüpp., espèce extrêmement voisine du Vosmaeri et du torquatus, mais sans aucunes bandes nacrées. Outre l'absence de ces bandes cette espèce, devenue le Scolopsis japonicus du Catalogue de M. Günther, ne paraît se distinguer essentiellement que par un nombre supérieur (21) de rangées longitudinales d'écailles dont cinq se trouveraient au-dessus de la ligne latérale.

Le torquatus habite, hors l'Insulinde, les côtes de Malabar, de Zanzibar et de Chine.

Scolopsis personatus CV., Poiss. V p. 259; Blkr, Diagn. n. vischs. Sumatra, Nat. T. Ned. Ind. III p. 575; Esp. Scolops. Ned. T. Dierk. IV p. 364; Günth., Cat. Fish. I p. 360. — Atl. Tab. 341 Perc. tab. 63 fig. 4.

Scolops. corpore oblongo compresso, altitudine 3 fere ad 3 in ejus longituddine absque-, $3^3/_4$ ad 4 in ejus longitudine cum pinna caudali; latitudine corporis 2 circ. in ejus altitudine; capite acutiusculo 3 et paulo ad $3^1/_4$ in longitudine corporis absque-, $4^1/_4$ ad $4^1/_5$ in longitudine corporis cum pinna caudali, vix longiore quam alto ad aeque alto ac longo; latitudine capitis $1^3/_4$ ad 2 in ejus longitudine; linea rostro-frontali convexiuscula vel rectiuscula; fronte usque vix ante oculos squamata; oculis diametro $2^1/_2$ ad 3 et paulo in longitudine capitis, diametro $^3/_5$ ad 1 fere distantibus; rostro acutiusculo apice ante pupillae marginem inferiorem sito, oculo breviore; osse suborbitali parte humillima oculi diametro longitudinali plus duplo ad plus triplo humiliore, inferne leviter emarginato postice inferne rotundato, margine posteriore dentibus conspicuis toto vel ex parte serrato superne spina libera valida pupilla vix breviore; maxillis aequalibus, superiore sub oculi margine anteriore vel vix ante oculum desinente 3 circ. in longitudine capitis; osse supramaxillari obtuse carinato sed non denticulato; labiis sat carnosis; praeoperculo squamis in series 5 obliquas curvatas dispositis, limbo squamulato, margine posteriore concavo dentibus conspicuis serrato dentibus angularibus aliquot ceteris multo majoribus aetate provectis spinaeformibus; linea laterali mediocriter curvata; squamis corpore 46 ad 48 in linea laterali, 17 vel 18 in serie transversa quarum 4 ($3^1/_2$) lineam lateralem inter et dorsalem spinosam mediam; pinna dorsali spinis mediocribus 3ª 4ª et 5ª ceteris longioribus $2^1/_5$ ad $2^2/_3$ in altitudine corporis, membrana inter singulas spinas leviter emarginata, parte radiosa parte spinosa paulo altiore, multo longiore quam alta, obtusa, rotundata; pectoralibus ventralibus non vel paulo longioribus capite paulo brevioribus; radio ventrali 1° filigero vel subfiligero; anali spina 3ª spina 2ª vix longiore radio 1° breviore, parte radiosa non ad paulo longiore quam alta, convexa, postice angulata; caudali tota squamosa, profunde emarginata lobis acutis superiore inferiore longiore capite non ad paulo breviore; colore corpore superne olivascente vel roseo-olivascente, inferne flavescente-margaritaceo; iride flavescente vel rosea; rostro profunde olivaceo; vitta interoculari coerulescente; fascia oculo-caudali lata flava; pinnis flavescentibus vel flavescente-roseis, caudali medio postice vulgo violascente marginata; — *valde juvenilibus* vitta oculo-caudali recta diffusa fuscescente.

B. 5. D. 10/9 vel 10/10. P. 2/15 vel 2/16. V. 1/5. A. 3/7 vel 3/8. C. 1/15/1 et lat. brev.

Syn. *Passir-passir* Mal.

Hab. Sumatra (Siboga Padang); Singapura; Java (Batavia); Celebes (Macassar, Manado); Ternata; Amboina; in mari.

Longitudo 22 speciminum 80‴ ad 260‴.

Rem. L'espèce actuelle et celles de mon cabinet dont la description va suivre ont les écailles de la ligne latérale plus nombreuses que les autres, leur nombre variant entre 46 et 49. Elles ont en outre les épines dorsales faibles et la membrane entre les épines non échancrée. Deux de ces espèces, le personatus et le taeniopterus, se distinguent par les 4 ($3^1/_2$) rangées d'écailles au-dessus de la ligne latérale et par les 4 ou 5 rangées d'écailles préoperculaires. L'espèce actuelle se fait reconnaître par la forme pointue de la tête, par les écailles frontales qui ne descendent presque pas en avant des orbites, par les épines dorsales dont la 3e, la 4e et la 5e sont plus longues que les suivantes, par la large bande oculo-caudale jaunâtre et par l'absence de bandelette sur la dorsale. La bande du corps s'efface par une conservation prolongée dans la liqueur, mais on voit que l'espèce est parfaitement reconnaisable, aussi sans avoir recours aux couleurs.

Scolopsis taeniopterus CV., Poiss. V p. 260; Blkr, Verh. Bat. Gen. XXIII Sciaen. p. 29; Espèc. Scolops. Ned. T. Dierk. IV p. 366. — Atl. Tab. 343 Perc. tab. 65 fig. 5.

Scolops. corpore oblongo compresso, altitudine 3 fere ad 3 in ejus longitudine absque-, $3^1/_5$ circ. in ejus longitudine cum pinna caudali; latitudine corporis 2 circ. in ejus altitudine; capite obtuso $3^2/_5$ ad $4^2/_5$ in longitudine corporis absque-, $4^1/_3$ ad $5^1/_3$ in longitudine corporis cum pinna caudali, aeque alto circ. ac longo; latitudine capitis $1^1/_5$ circ. in ejus longitudine; linea rostro-frontali convexiuscula; fronte usque conspicue ante oculos squamata; oculis diametro $2^3/_4$ ad 3 in longitudine capitis, diametro $^3/_4$ ad 1 fere distantibus; rostro valde obtuso apice sat longe infra oculi marginem inferiorem sito, oculo breviore; osse suborbitali parte humillima oculi diametro longitudinali duplo fere ad non multo humiliore, inferne leviter emarginato, postice inferne rotundato, margine posteriore superne denticulis aliquot parvis vel nullis et spina libera mediocri pupilla breviore; maxillis aequalibus, superiore sub oculi parte anteriore desinente $2^3/_4$ circ. in longitudine capitis; osse supramaxillari obtuse carinato sed non denticulato; labiis sat carnosis; praeoperculo squamis in series 4 vel 5 obliquas curvatas dispositis, limbo ex parte squamulato, margine posteriore leviter concavo dentibus parvis serrato dentibus angularibus ceteris paulo majoribus; linea laterali mediocriter curvata; squamis corpore 47 circ. in linea laterali, 18 in serie transversa quarum 4 ($3^1/_2$) lineam lateralem inter et dorsalem spinosam mediam; pinna dorsali spinis gracilibus posterioribus 7 subaequalibus 3 circ. in altitudine corporis, membrana inter singulas spinas vix emarginata; dorsali radiosa dorsali spinosa altiore, paulo longiore quam alta, obtusa, rotundata; pectoralibus ventralibus non ad vix longioribus capite paulo brevioribus; radio ventrali 1° subfiligero; anali spina 3a spina 2a longiore radio 1° breviore, parte radiosa aeque alta circ. ac longa, convexa, postice angulata; caudali tota fere squamosa profunde emarginata lobis acutis superiore inferiore paulo longiore, capite non ad paulo tantum breviore; colore corpore coerulescente-roseo vel roseo, inferne margaritaceo; iride flava vel rosea; vitta interoculari coerulescente superne et inferne flavo limbata; vittis 2 oculo-maxillaribus flavis; vitta oculo-caudali coerulescente vel olivascente lineae laterali proxima; lateribus postice vulgo vittis pluribus parallelis obliquis antrorsum descendentibus flavis; pinnis imparibus roseis vel roseo-hyalinis, dorsali superne flavo marginata et medio vitta longitudinali obliqua coerulescente vel margaritacea; caudali basi medio plaga margaritacea; pectoralibus flavis superne coeruleo marginatis et basi superne macula triangulari sanguinea; ventralibus antice margaritaceis postice roseis.
B. 5. D. 10/9 vel 10/10. P. 2/15 vel 2/16. V. 1/5. A. 3/7 vel 3/8. C. 1/15/1 et lat. brev.
Syn. *Passir-passir* Mal.
Hab. Bangka; Java (Batavia); in mari.
Longitudo 22 speciminum 165''' ad 230'''.

Rem. Le taeniopterus est une espèce bien valide, dont la place naturelle est tout près du personatus. On la distingue du premier coup-d'oeil du personatus par son profil beaucoup plus obtus, et, à l'état frais, aussi par la belle bandelette longitudinale et médiane de la dorsale. Bien qu'assez commune à Batavia, l'espèce doit être rare dans les autres mers de l'Insulinde. — Elle n'a pas encore été trouvée hors l'Archipel.

Scolopsis bimaculatus Rüpp., Atl. Reis. Fisch. p. 8, Atl. tab. 2 fig. 2; N. Wirb. Fisch. p. 126; Günth., Cat. Fish. I p. 357 ?; Klunz., Syn. Fisch. R. M., Verh. zoöl. bot. Ges. Wien XX p. 740; Blkr, Espèc. Scolops. Ned. T. Dierk. IV p. 367; Day, Fish. India p. 85 tab. 22 fig. 1. — Atl. Tab. 314 Perc. tab. 36 fig. 1.

Scolops. corpore oblongo compresso, altitudine 2 ad 3 in ejus longitudine absque-, $3^3/_5$ ad 4 fere in ejus longitudine cum pinna caudali; latitudine corporis 2 ad 2 et paulo in ejus altitudine; capite acutiusculo $3^1/_5$ ad $3^1/_3$ in longitudine corporis absque-, 4 et paulo ad $4^1/_2$ fere in longitudine corporis cum pinna caudali, aeque alto circ. ac longo; latitudine capitis $1^3/_4$ ad 2 in ejus longitudine; linea rostro-frontali rectiuscula; fronte usque conspicue ante oculos squamata; oculis diametro 3 fere ad $3^1/_3$ in longitudine capitis, diametro $^2/_3$ ad 1 et paulo distantibus; rostro acutiusculo apice ante oculi marginem inferiorem sito, oculo breviore ad paulo longiore; osse suborbitali parte humillima oculi diametro longitudinali multo ad plus duplo humiliore, inferne vix emarginato, postice inferne rotundato, margine posteriore toto vel ex parte dentibus conspicuis serrato superne spina libera valida pupilla non ad non multo graciliore; maxillis aequalibus, superiore sub oculi margine anteriore vel vix ante oculum desinente 3 circ. in longitudine capitis; osse supramaxillari obtuse carinato sed non denticulato; praeoperculo squamis in series 6 vel 7 obliquas curvatas dispositis, limbo plus minusve squamulato, margine posteriore concavo dentibus conspicuis serrato dentibus angularibus ceteris majoribus aetate provectis spinaeformibus; linea laterali mediocriter curvata; squamis corpore 47 vel 48 in linea laterali, 20 in serie transversa quarum 5 ($4^1/_2$) lineam lateralem inter et dorsalem spinosam mediam; pinna dorsali spinis mediocribus, posterioribus 7 subaequalibus 3 ad $3^1/_2$ in altitudine corporis, membrana inter singulas spinas vix emarginata; dorsali radiosa dorsali spinosa altiore, sat multo longiore quam alta, obtuse rotundata; pectoralibus ventralibus non longioribus capite paulo brevioribus; radio ventrali 1° filigero vel subfiligero; anali spina 3a spina 2a paulo longiore radio 1° breviore, parte radiosa aeque alta circ. ac longa, convexa, postice angulata; caudali lobis acutis lobo superiore lobo inferiore et capite longiore; colore corpore superne roseo-olivascente, inferne flavescente-margaritaceo; iride rosea vel flava; vitta oculo-caudali fusca vel fusco-olivacea juvenilibus bene conspicua medio quam antice et postice latiore, aetate provectis diffusa vel mediis lateribus plaga longitudinali diffusa tantum notata; pinnis imparibus roseis, paribus roseo-hyalinis vel flavescentibus, pectoralibus basi vitta transversa sanguinea vel violacea.

B. 5. D 10/9 vel 10/10. P. 2/16. V. 1/5. A. 3/7 vel 3/8. C. 1/15/1 et lat. brev.

Syn. *Scolopsides bimaculatus* CV. Poiss., V p. 256.
Scolopsis taeniatus Ehr., CV., Poiss. V p. 255.
Scolopsides inermis Rich., Rep. Ichth. China in Rep. 15h meet. Brit. Assoc. p. 236 (nec Schl.).
Scolopsides monogramma Blkr, Verh. Bat. Gen. XXIII Sciaen. p. 29 ex parte (nec K.V.H., CV.)
Passir-passir Mal., *Tontong* Bat., *Sidemo* Amb.

Hab. Singapura; Bintang (Rio); Bangka; Java (Batavia); Bali (Boleling); Celebes (Macassar, Bonthain, Bulucomba, Tanawanko); Ternata; Batjan (Labuha); Amboina, in mari.

Longitudo 24 speciminum 120''' ad 301'''.

Rem. L'espèce actuelle, voisine, par les formes générales et par l'écaillure, du personatus, se distingue cependant essentiellement par une rangée d'écailles de plus au-dessus de la ligne latérale et par les 6 ou 7 rangées d'écailles préoperculaires. La figure du Scolopsis bimaculatus Rüpp. va fort bien à mes individus, mais elle ne montre que 4 ($3^1/_2$) rangées d'écailles au-dessus de la ligne latérale, ce qui peut-être n'est qu'une erreur puisqu'aussi les rangées d'écailles au-dessous de la ligne latérale y sont représentées trop peu nombreuses.

M. Günther décrit un Scolopsis bimaculatus qui est dit n'avoir que 4 rangées d'écailles au-dessus de la ligne latérale. C'est la formule du taeniopterus et du personatus, mais peut-être que M. Günther n'a point compris dans son nombre la demi-écaille tout près de la base de la dorsale, qui ordinairement n'est que peu visible. M. Günther constate que le Scolopsides inermis Rich., dont un specimen se trouve au British Museum, n'est point l'inermis de la Faune du Japon, mais le bimaculatus.

Le bimaculatus habite, hors l'Inde archipélagique, la Mer rouge, et les côtes de Mossambique, de Zanzibar, de Ceylon, de Madras et de Chine.

Scolopsis monogramma K.V.H., CV., Poiss. V p. 254; Günth., Catal. Fish. I pag. 358; Blkr, Espèc. Scolopsis, Ned. Tijdschr. Dierk. IV p. 369 (nec Day). — Atl. Tab. 369. Perc. tab. 57 fig. 3.

Scolops. corpore oblongo compresso, altitudine $2^1/_3$ circ. in ejus longitudine absque-, $3^1/_3$ ad $3^1/_2$ in ejus longitudine cum pinna caudali; latitudine corporis $2^1/_4$ circ. in ejus altitudine; capite obtuso $3^1/_2$ circ. in longitudine corporis absque-, $4^3/_5$ ad 5 fere in longitudine corporis cum pinna caudali, paulo altiore quam longo; latitudine capitis $1^3/_4$ ad $1^1/_5$ in ejus longitudine; linea rostro-frontali convexiuscula; fronte usque conspicue ante oculos squamata; oculis diametro 3 fere ad 3 in longitudine capitis, diametro $^4/_5$ ad 1 distantibus; rostro valde obtuso, apice infra oculi marginem inferiorem sito, oculo breviore; osse suborbitali parte humillima oculi diametro longitudinali duplo fere humiliore, inferne vix emarginato, postice inferne rotundato, margine posteriore toto vel ex parte dentibus conspicuis serrato superne spina libera valida pupilla non ad paulo breviore; maxillis aequalibus superiore sub oculi margine anteriore desinente 3 circ. in longitudine capitis; osse supramaxillari obtuse carinato sed non denticulato; labiis sat carnosis; praeoperculo squamis in series 6 obliquas curvatas dispositis, limbo plus minusve squamulato, margine posteriore concavo dentibus conspicuis serrato dentibus angularibus ceteris majoribus; linea laterali mediocriter curvata; squamis corpore 48 vel 49 in linea laterali, 20 in serie transversa quarum 5 ($4^1/_2$) lineam lateralem inter et dorsalem spinosam mediam; pinna dorsali spinis mediocribus, posterioribus 7 subaequalibus 3 circ. in altitudine corporis, membrana inter singulas spinas vix emarginata; dorsali radiosa dorsali spinosa altiore, sat multo longiore quam alta, obtusa, rotundata; pectoralibus ventralibus non longioribus capite paulo brevioribus; radio ventrali 1° filigero vel subfiligero; anali spina 3ª spina 2ª paulo longiore radio 1° breviore, parte radiosa aeque alta circ. ac longa convexa postice angulata; caudali tota fere squamata profunde emarginata lobis acutis lobo superiore lobo inferiore et capite longiore; colore corpore superne roseo-olivascente, inferne flavescente-margaritaceo; iride flava vel rosea; rostro violascente; vitta interoculari margaritacea vel flavescente; lateribus sub linea laterali fascia longitudinali diffusa violascente aetate provectis non conspicua; pinnis imparibus roseis, ceteris roseo-hyalinis vel albidis; pectoralibus basi vitta transversa sanguinea vel violacea; caudali margine posteriore coerulescente..

B. 5. D. 10/9 vel 10/10. P. 2/16 vel 2/17. V. 1/5. A. 3/7 vel 3/8. C. 1/15/1 et lat. brev.

Syn. *Passir-passir* Mal.; *Sidemo* Amb.

Hab. Java (Batavia, Bantam, Anjer); Bangka (Muntok); Timor; Celebes (Macassar); Amboina; in mari.

Longitudo 3 speciminum 190''' ad 260'''.

Rem. Cette espèce est extrêmement voisine du bimaculatus et ne s'en distingue presque pas que par son corps plus haut, par le profil fort obtus du museau et de la tête, laquelle est aussi plus haute que longue et plus courte que dans le bimaculatus. Ces différences s'observent très-nettement en comparant des individus des deux espèces d'égale longueur, tant jeunes que d'un âge avancé. J'ai douté autrefois de la validité de cette espèce en croyant n'y voir qu'une variété du bimaculatus, mais aujourd'hui je la crois bien établie. Mes individus ont bien positivement 5 ($4^1/_2$) rangées d'écailles au-dessus de la ligne latérale, tout comme le bimaculatus. M. Günther n'en donne que 4 aux deux espèces.

Le monogramma est beaucoup moins commun que le bimaculatus et connu seulement de localités extra-archipélagiques.

L'espèce figurée par M. Day (Fish. Ind. tab. 22 fig. 5) sous le non de Scolopsis monogramma, paraît se distinguer de l'espèce actuelle par la bandelette nettement marquée du corps, par quelques rangées transversales d'écailles de moins, par une forme différente du sousorbitaire, etc. Si elle serait prouvée en effet être différente elle pourrait être nommée Scolopsis Dayi.

Scolopsis temporalis CV.; Poiss. V p. 257; Zoöl. Voy. Coquille, Poiss. tab. 26; Günth., Cat. Fish. I p. 360.

Descriptio Güntheriana sequens.

»The snout is as long as the diameter of the eye; the praeorbital two-thirds as high as the eye, with a flat spine and some denticulations beneath the praeoperculum with the posterior limb oblique and coarsely denticulated, and with the angle projecting backwards. The spines of the fins rather slender; the second anal spine shorter and not thicker than the third; caudalis deeply forked, with the lobes produced into filaments, the upper being the longest. The first ray of the ventrals produced into a short filament. Upper part of the head, between the scaly crown and the tip of the snout, violet, with three cross-bands of yellowish colour (in a dried state); the upper band continued behind the eye, and forming there a violet ring with yellowish centre. Body and fins uniform" (adult). »D. 10/8 vel 10/9. A. 3/7. Lin. lat. 47. L. transv. 6/17."
Hab. Waigiu; Nova-Guinea; Louisiad.; Vanicolo.

Rem. La description dans la grande Histoire naturelle des Poissons contient en outre le trait caractéristique suivant. »Ce nu du museau se prolonge sur le sourcil et même un peu sur la tempe." Les couleurs, décrites par M. Günther d'après un individu empaillé, sont données par Cuvier-Valenciennes comme suit:

»Il y a trois bandes transverses bleues sur le front, dont la plus élevée se prolonge jusqu'à la tempe, et y forme un anneau. Une quatrième, sur le bord inférieur du museau, se prolonge sous l'oeil, traverse l'opercule et va finir sur l'épaule; elle est argentée sur une partie de sa longueur. Dans l'état frais le dos est légèrement verdâtre, avec des lignes longitudinales oranges. Une large bande jaune règne le long du flanc. Beaucoup de ses écailles ont une tache argentée et ces taches sont disposées en lignes longitudinales. Le lobe supérieur de la caudale est jaune, l'inférieur rougeâtre. Les autres nageoires ont aussi des teintes rougeâtres."

Le temporalis est voisin du taeniopterus et du bimaculatus. Il est bien caractérisé par le système de coloration et par les 23 rangées longitudinales d'écailles du corps dont six au-dessus de la ligne latérale. N'ayant pas observé l'espèce moi-même, j'ai dû me borner à transcrire les caractères donnés par les auteurs.

LOBOTES Cuv.

Dentes maxillis et pharyngeales pluriseriati acuti, maxillis serie externa fortiores. Caput fronte et ossibus opercularibus tantum squamatum. Squamae trunco ctenoideae 40 circ. in serie longitudinali. Pinna dorsalis squamata, parte spinosa parte radiosa multo longiore et humiliore, spinis 12 et radiis 15 vel 16. Pectorales rotundatae radiis mediis ceteris longioribus Analis radiis 11 vel 12. Caudalis convexa. B. 6.

Lobotes surinamensis CV., Poiss. V p. 239; De Kay, Faun. N. York, Fish. p. 88 tab. 18 fig. 49; Holbrook, Ichth. S. Carol. p. 159 tab. 23 fig. 2; Day, Fish. Malab p. 24, Fish. India p. 84 tab. 21 fig. 5. — Atl. Tab. 311, Perc. tab. 33 fig. 4.

Lobot corpore oblongo compresso, altitudine 2 fere ad $2^2/_5$ in ejus longitudine absque-, $2^1/_3$ ad 3 fere in ejus longitudine cum pinna caudali; latitudine corporis $2^1/_3$ ad 3 in ejus altitudine; capite 3 fere in longitudine corporis absque-, $3^1/_2$ ad $2^2/_3$ in longitudine corporis cum pinna caudali; altitudine capitis 1 et paulo-, latitudine capitis $1^3/_4$ ad 2 in ejus longitudine; oculis diametro 4 ad 7 in longitudine capitis, diametro 1 ad 2 distantibus; linea rostro-nuchali fronte concava; naribus rotundis anterioribus valvatis posterioribus paulo minoribus; osse suborbitali sub oculo pupillae diametro humiliore; maxilla superiore maxilla inferiore breviore sub oculi dimidio posteriore desinente, 3 circ. in longitudine capitis; dentibus maxillis pluriseriatis, serie externa ceteris majoribus conicis acutis subaequalibus; praeoperculo postice et inferne serrato angulo juvenilibus spinis magnis divergentibus aetate provectis dentibus aliquot spinaeformibus; squamis praeoperculo in series 16 ad 18 transversas, operculo in series 8 ad 10 transversas dispositis; operculo angulo spinis 2 planis parvis aetate provectioribus tabescentibus vel nullis; ossibus suprascapulari et scapulari denticulatis; linea laterali valde curvata apice curvaturae anterioris spinae dorsi 6ae circ. opposito; squamis corpore 40 vel 41 in linea laterali angulum aperturae branchialis superiorem inter et basin pinnae caudalis, 26 vel 27 in serie transversa basin pinnae ventralis inter et vaginam pinnae dorsalis squamosam, 7 lineam lateralem inter et vaginam squamosam sub spina dorsi 6a; pinna dorsali parte spinosa basi vagina squamosa humili inclusa, spinis mediocribus mediis ceteris longioribus $2^3/_4$

ad $3^1/_3$ in altitudine corporis, parte radiosa parte spinosa multo altiore basi valde squamosa, obtuse vel acute rotundata radiis longissimis 2 circ. in altitudine corporis; pectoralibus obtusis rotundatis capitis parte postoculari non ad non multo brevioribus; ventralibus acutis capite absque rostro non ad paulo brevioribus; anali basi valde squamata spinis mediocribus 3a ceteris longiore, parte radiosa obtusa vel acutiuscula dorsali radiosa non ad vix humiliore; caudali rotundata basi valde squamata capitis parte postoculari longiore; colore corpore superne fuscescente-violaceo vel nigricante-fusco vel violaceo-ferreo vel fuscescente-aurantiaco, inferne dilutiore; iride flava; lateribus frequenter plagis vel nebulis profundioribus; pinnis pectoralibus aurantiacis, ceteris aurantiaco-fuscis vel fuscis vel griseo-fuscis, caudali postice vulgo flavo vel aurantiaco marginata; dorsali basi junioribus vulgo guttulis distantibus fuscis vel nigricantibus.

B. 6. D. 12/15 vel 12/16. P. 2/14. V. 1/5 A. 3/11 vel 3/12. C. 1/15/1 et lat. brev.

Syn. *Holocentrus surinamensis* Bl., Ausl. Fisch. IV p. 98 tab. 243; Bl. Schn, Syst. p. 316.
Bodianus triurus Mitch., Trans. Phil. Soc. N. York I p. 418 tab. 3 fig. 10.
Lobotes erate CV., Poiss. V p. 242; Règn. an. ed. ill. Poiss tab. 31 fig. 1; Blkr, Verh. Bat. Gen. XXIII Sciaen. p. 26; Cant. Catal. Mal. Fish. p. 86.
Lobotes Farkharii et *somnolentus* CV., Poiss. V p. 243.
Lobotes incurvus et *citrinus* Rich., Rep. 15h meet. Brit. Assoc. p. 237.
Lobotes auctorum Günth., Catal. Fish. I p. 338.
Kakap batu, *Sampang* Mal., *Pelabatu*, *Kakap telassi*, *Tjabeh watu* Jav.

Hab. Java (Batavia, Samarang, Surabaya, Pasuruan); Madura (Kammal); Sumatra (Telokbetong); Pinang; Singapura; Bintang, (Rio); Bangka (Muntok); Borneo (Pamangkat, Sinkawang); Celebes (Macassar, Badjoa); Ceram (Wahai); Amboina; Waigiu; in mari

Longitudo 17 speciminum 96''' ad 345'''.

Rem. Il paraît que l'espèce de l'Inde archipélagique, de la côte orientale de l'Afrique et de l'Inde et de Chine ne se distingue point de l'espèce des côtes Atlantiques de l'Amérique et qu'elle est la seule connue du genre. — Les couleurs, dans les jeunes, sont beaucoup plus vives que dans les adultes et les épines préoperculaires, fort développées dans les jeunes, s'usent avec l'âge et ne sont plus que de fortes denticulations dans les adultes.

HAPALOGENYS Rich.

Dentes maxillis et pharyngeales pluriseriati acuti. Caput superne, rostro, maxillis et ossibus opercularibus squamatum. Maxillae, superior vix protractilis, inferior antice cirrato-villosa. Squamae trunco ctenoideae 50 ad plus quam 100 in serie longitudinali. Pinna dorsalis dimidio basali squamata, parte spinosa parte radiosa multo longiore, spinis 11 ad 14 et radiis 15 ad 18, antice spina procumbente. Pectorales acutiusculae radiis subsuperioribus ceteris longioribus. Analis radiis 9 vel 10. B. 6.

Rem. La seule espèce indo-archipélagique connue habite les îles Philippines et ne fait pas partie de mes collections. Elle est fort distincte de ses congénères par les caractères suivants.

I. Environ 103 écailles sur une rangée longitudinale. Dorsale à 14 épines. Caudale profondément échancrée.

Hapalogenys Meyenii Peters, Neue Amphib. Fisch. Monatsber. k. Ak. Wiss. 1866 p. 96.

(Descriptio Petersiana sequens.)

Körperhöhe zur Totällange wie 1 : $3^2/_3$, Kopflänge wie 1 : $4^2/_3$; Augendurchmesser 4 Mal in der Kopflänge und $1^1/_8$ Mal in der Schnauzenlänge. Der Oberkiefer ragt bis unter dem vordern Rand des Auges. Das hintere Nasenloch liegt um $^2/_3$ des Augendurchmessers vor dem Auge und die Profillinie ist zwischen den Nasenlöchern etwas concav. Der hintere Rand des Vordeckels ist etwas wellenförmig und regelmässig gezähnelt. Die Unterlippe dicht sammetförmig mit kleinen Bartfasern besetzt, welche aber kurzer sind als bei H nigripinnis. Die Rückenflosse ist in ihrem vorderen Stacheltheile am höchsten und der längste 4 Stachel ist gleich $1^2/_3$ des Augendurchmessers. Von den Analstacheln ist der erste sehr kurz, der zweite und dritte dagegen von gleicher Länge und nur wenig kürzer als die Rückenflossenstacheln. Die Schwanzflosse ist am hinteren Rande tief ausgeschnitten. Die Brustflossen sind zugespitzt und ragen über die Bauchflossen hinaus. Die Rücken- und Afterflosse sind abgerundet. Die Schuppen sind in der mittleren Körpergegend am grössten Farbe braun, metallisch gelbglanzend; dunklere Linien, durch die Mitte der Schuppen verlaufend, steigen schräge nach hinten gegen den Rücken hinauf. B. 6. D. 14/8. A. 3/10. Lin. lat. 103. Lin. transv. $\frac{11}{1}$."
»Hab. Manilla."

PLECTORHYNCHUS Lac. = Diagramma Cuv.

Dentes maxillis et pharyngeales pluriseriati, maxillis acuti, pharyngeales acuti vel obtusi. Caput valde obtusum convexum superne lateribusque squamatum. Maxillae, superior parum protractilis alepidota, inferior cirris nullis. Labia carnosa. Squamae trunco 50 ad 125 in serie longitudinali. Pinna dorsalis squamata sed vagina squamosa libera nulla, spinis 9 ad 14 et radiis 15 ad 23, antice spina procumbente nulla. Pectorales acutiusculae radiis subsuperioribus ceteris longioribus. Analis radiis 6 ad 9. B. 7.

Rem. Je connais actuellement treize espèces de Plectorhynchus de l'Inde archipélagique qui toutes font partie de mes collections. Les belles séries d'individus que je possède ont démontré que plusieurs espèces des auteurs ne sont que nominales et n'ont été établies que sur des caractères d'âge. Les couleurs, dans quelques espèces, varient beaucoup avec l'âge des individus et finissent même quelquefois à présenter, dans les adultes, un système tout différent de celui qu'on observe dans les jeunes.

Les espèces insulindiennes sont aisément à reconnaître par les caractères dont l'exposé va suivre. Ces caractères se trouvent, outre les couleurs, dans la forme de la nageoire dorsale et dans le nombre, la force et la longueur relative de ses épines, dans la forme de la caudale, et surtout dans la formule des écailles.

I. 62 à 65 rangées transversales d'écailles au dessus, 50 à 52 rangées au-dessous de la ligne latérale. Dorsale échancrée à épines fortes et inégales au nombre de 13 ou 14. A. 3/7 ou 3/8.

A. Hauteur du corps deux fois dans sa longueur sans la caudale. Corps et nageoires brunâtres sans bandelettes jaunes ou nacrées et sans ocelles.

1. *Plectorhynchus crassispina* Blkr.

II. 85 à 90 rangées transversales d'écailles au-dessus, 65 à 70 rangées au-dessous de la ligne latérale. 36 à 38 ecailles sur une rangée transversale dont 12 à 14 entre la ligne latérale et la dorsale.

A. 85 rangées transversales d'écailles au-dessus, 65 au-dessous de la ligne latérale.

a. Dorsale non ou très-peu échancrée à 13 épines faibles dont les onze postérieures d'égale longueur. Corps à bandelettes longitudinales. Mâchoire supérieure plus longue que l'inférieure. A. 3/7 ou 3/8.

aa. Corps bleuâtre à huit bandelettes jaunes. Nageoires jaunes, la dorsale à bandelettes longitudinales bleuâtres. Caudale convexe sans bandes. D. 13/19 à 13/21.

2. *Plectorhynchus chrysotaenia* Blkr.

bb. Corps brunâtre à trois bandelettes nacrées Nageoires verticales brunes à bandelettes jaunes. Caudale tronquée ou échancrée. D. 13/18 ou 13/19.

3. *Plectorhynchus albovittatus* Blkr.

b. Dorsale profondément échancrée à 11 ou 12 épines fortes, dont la 3e 4e et 5e beaucoup plus longues que les postérieures.

aa. Corps à larges bandes brunes transversales et irregulières anastomosées changeant avec l'âge en gouttelettes couvrant densément la tête, le dos, les flancs et les nageoires verticales. Mâchoires égales. Caudale échancrée. Lèvres très-charnues. A. 3/8 ou 3/9.

4. *Plectorhynchus chaetodontoides* Lac.

B. 90 rangées transversales d'écailles au-dessus, 70 au-dessous de la ligne latérale. Dorsale à 12 ou 13 épines médiocres dont les 3e 4e et 5e notablement plus longues que les postérieures Corps brunâtre ou violâtre à bandelettes longitudinales jaunes ou nacrées. A. 3/7 ou 3/8.

a. Dorsale non échancrée. Caudale échancrée. Environ 32 écailles sur une rangée transversale. Corps à huit bandelettes dorées. Nageoires sans taches ni bandes.

5. *Plectorhynchus celebicus* Blkr.

b. Dorsale échancrée. Environ 36 écailles sur une rangée transversale. Corps à bandelettes jaunes ou nacrées dont les supérieures fortement courbées en bas sur le devant de la tête.

aa. Caudale convexe. Dorsale et caudale brunes ou noirâtres, la dorsale à large bande longitudinale, la caudale à bandelettes obliques jaunes. Milieu de la pectorale à large tache ou à taches noirâtres.

6. *Plectorhynchus lineatus* Blkr.

bb. Caudale tronquée ou échancrée. Dorsale et caudale jaunes, la dorsale épineuse à larges taches, la dorsale molle et la caudale à bandelettes ou à ocelles ou taches irrégulières noirâtres. Base supérieure de la pectorale à tache brunâtre.

7. *Plectorhynchus Lessoni* Blkr.

III. 100 rangées transversales d'écailles au-dessus, 80 à 85 au-dessous de la ligne latérale. Dorsale échancrée à 12 jusqu'à 14 épines médiocres dont les 3e 4e et 5e notablement plus longues que les postérieures. Corps à bandelettes longitudinales jaunes ou nacrées. A. 3/7 ou 3/8.

A. 80 rangées transversales d'écailles au-dessous de la ligne latérale. 38 écailles sur une rangée transversale. 13 épines dorsales.

a. Caudale convexe. Les trois bandelettes supérieures du corps fortement courbées en bas sur le devant de la tête.

8. *Plectorhynchus radja* Blkr.

b. Caudale tronquée. Les bandelettes supérieures du corps traversant horizontalement la nuque et le devant de la tête.

9. *Plectorhynchus Cuvieri* Blkr.

B. 85 rangées transversales d'écailles au-dessous de la ligne latérale.

a. 44 écailles sur une rangée transversale, dont 14 ou 15 entre la ligne latérale et la dorsale. 12 ou 13 épines dorsales. Caudale tronquée ou échancrée. Bandelettes du corps obliques au nombre de 8 à 18. Nageoires verticales à gouttelettes noirâtres ou brunâtres. Pectorale à tache rouge au haut de la base.

10. *Plectorhynchus Goldmani* Blkr.

b. 37 ou 38 écailles sur une rangée transversale, dont 12 à 14 entre la ligne latérale et la dorsale.

aa. Caudale convexe arrondie. 13 ou 14 épines dorsales. Jeunes à larges taches nacrées et arrondies se changeant avec l'âge en bandes irrégulières. Nageoires impaires et pectorales à bordure ou à bandes jaunâtres ou blanchâtres. Une large tache sousoculaire brune ou noire.

11. *Plectorhynchus orientalis* Swns.

bb. Caudale tronquée non arrondie. 12 épines dorsales. Corps rouge-brunâtre à 5 jusqu'à 9 bandelettes nacrées bordées de violâtre. Nageoires jaunâtres, les impaires dans les moins âgés à bandes brunâtres.

12. *Plectorhynchus polytaenia* Blkr.

IV. 122 à 125 rangées transversales d'écailles au-dessus, 100 au-dessous de la ligne latérale. 50 écailles sur une rangée transversale, dont 20 entre la ligne latérale et la dorsale. Dorsale fort échancrée à 9 ou 10 épines, les 2e et 3e plus longues que les postérieures et presque de la hauteur du corps dans les très-jeunes. A. 3/7 ou 3/8.

A. Corps brunâtre dans le jeune âge à bandelettes longitudinales nacrées et souvent ocellées, bleuâtre dans les plus âgés et couvert ainsi que la dorsale et la caudale de gouttelettes brunâtres ou dorées.

13. *Plectorhynchus pictus* Blkr.

Plectorhynchus crassispina Blkr, Onz. not. ichth. Ternate, Ned. T. Dierk. I p. 232; Révis. Plectorh. Ned. T. Dierk. IV p. 277. — Atl. Tab. 342, Perc. tab. 64 fig. 1.

Plectorh. corpore oblongo compresso altitudine 2 fere ad $2^1/_6$ in ejus longitudine absque-, $2^2/_5$ ad $2^2/_3$ in ejus longitudine cum pinna caudali; latitudine corporis 2 ad 3 fere in ejus altitudine; capite valde obtuso convexo 3 ad $3^2/_5$ in longitudine corporis absque-, $3^3/_4$ ad 4 et paulo in longitudine corporis cum pinna caudali, altiore quam longo; latitudine capitis $1^2/_3$ ad 2 in ejus longitudine; linea rostro-nuchali fronte rectiuscula vel convexiuscula; oculis diametro 3 ad 4 in longitudine capitis, diametro $^1/_2$ ad 1 distantibus; naribus approximatis subaequalibus anterioribus conspicue valvatis; osse suborbitali anteriore oculi diametro duplo ad vix humiliore; maxilla superiore maxilla inferiore non vel vix longiore sub oculi parte anteriore vel (aetate provectis) vix ante oculum desinente 3 circ. in longitudine capitis; labiis valde carnosis; praeoperculo subrectangulo obtuse rotundato margine posteriore rectiusculo anguloque dentibus parvis serrato; squamis corpore angulum aperturae branchialis superiorem inter et basin pinnae caudalis supra lineam lateralem in series 62 ad 65 circ. transversas-, infra lineam lateralem in series 50 ad 53 transversas dispositis; squamis 30 circ. in serie transversa basin pinnae ventralis inter et pinnam dorsalem quarum 10 vel 11 supra lineam lateralem; cauda parte libera breviore quam postice alta; pinna dorsali aetate provectis praesertim valde emarginata, parte spinosa parte radiosa vulgo paulo altiore, spinis validis crassis 3a 4a et 5a ceteris longioribus 2 ad $2^1/_4$ in altitudine corporis, spina 1a spina 2a duplo circ. breviore, spinis 2 posticis subaequilongis oculo paulo ad non brevioribus; dorsali radiosa omni aetate multo minus duplo longiore quam alta, obtuse rotundata; pectoralibus acutiuscule vel obtusiuscule rotundatis ventralibus acutis vel acutiuscule rotundatis et capite absque rostro paulo brevioribus; anali spina 2a spina 3a fortiore et multo longiore oculo minus ad plus duplo longiore, parte radiosa obtuse vel obtusiuscule rotundata dorsali radiosa non humiliore; caudali extensa convexa vel convexiuscula capite absque rostro non ad paulo breviore; colore corpore fuscescente-griseo vel fusco; iride aurantiaca vel flava; membrana operculari rubra; dorso lateribusque singulis seriebus squamarum longitudinalibus vittula fusca profundiore aetate provectis vulgo magis conspicua; pinnis fuscescente-aurantiacis vel fuscis, caudali juvenilibus basi fusca dimidio posteriore aurantiaca, dorsali radiosa aurantiaco limbata.

B. 7. D. 13/16 ad 13/18 vel 14/15 ad 13/17. P. 2/14 vel 2/15. V. 1/5. A. 3/7 vel 3/8. C. 1/15/1 et lat. brev.

Syn. *Pristipoma unicolor* K. V. H. Icon ined.

Pristipoma nigrum Mertens, CV., Poiss. V p 192?; Cant., Cat. Mal. Fish. p. 74; Günth., Cat. Fish. I p. 289.

Diagramma crassispinum Rüpp., N. Wirbelth Fisch. p. 125, tab. 30 fig. 4; Blkr, Verh. Bat. Gen. XXIII Sciaen. p. 26; Günth., Cat. Fish. I p. 319; Klunz., Syn. Fisch. R. M. Verh. zoöl. bot. Ges. Wien XX p. 738; Day, Fish. India. p 78 tab. 20 fig. 4.

Diagramma affine Günth., Catal. Fish. I p. 319.

Diagramma nigrum Day, Fish. Malabar p. 23.

Diagramma altum Day, Fish. Calcutta Mus. Proc. Zool. Soc. 1869 p. 514.

Biber-tebel Mal.; *Pelabatu* Jav.

Hab. Sumatra (Trussan, Padang, Ulacan, Siboga, Singkel); Batu; Pinang; Singapura; Bangka (Muntok, Karanghadji, Tandjong-biat); Borneo (Pontianak, Sampit); Java (Batavia, Samarang); Celebes (Macassar, Bonthain, Bulucomba); Ternata; Obi-major; Amboina; Goram; Waigiu; Luzon (Manilla); in mari.
Longitudo 29 speciminum 67''' ad 320'''.

Rem. Cette espèce forme comme une transition entre les Plectorhynques ordinaires et les Pristipomes à corps élevé et à tête obtuse, tant par ses formes générales que par les fortes épines dorsales et les écailles relativement grandes. Il est probable qu'elle ne soit pas distincte du Pristipoma nigrum Mert., dont cependant la description se borne à quelques mots sav. »très-semblable au (Pristipoma) guoraca pour les formes; noirâtre; écailles petites; D. 14/16. A. 3/7''. Elle est cependant un vrai Plectorhynchus par l'absence d'écailles préorbitaires et mandibulaires, par les trois pores sur le devant de chaque branche de la mâchoire inférieure, par l'absence de fossette inframaxillaire médiane, par les écailles de la dorsale et de l'anale molles (outre celles de la gaîne squammeuse basale de ces nageoires). La figure publiée par Rüppell représente le pédoncule caudal moins haut et les écailles plus nombreuses que je ne les vois dans mes individus, mais elle y correspond du reste parfaitement en sorte qu'il n'y ait pas lieu à douter de l'identité spécifique. Le Diagramma gibbosum Hombr. Jacq. de Samoa (Voy. pôl. Sud Poiss. p 46 tab. 5 fig. 2) mérite d'être comparé à l'espèce actuelle. Il me semble qu'il put bien n'en être pas distinct.

Le crassispina est connu habiter, hors l'Inde archipélagique, la Mer rouge, les côtes de Zanzibar, des Seychelles, de Madras, d'Akyab, de Chine et de la Nouvelle-Hollande septentrionale.

Plectorhynchus chrysotaenia Blkr, Revis. Plectorh., Ned. T. Dierk. IV p. 279. — Atl. Tab. 329, Perc. tab. 51 fig. 1.

Plectorh. corpore oblongo compresso altitudine $2^3/_4$ circ. in ejus longitudine absque-, $3^2/_5$ circ. in ejus longitudine cum pinna caudali; latitudine corporis $2^1/_4$ circ. in ejus altitudine; capite obtuso leviter convexo 3 et paulo in longitudine corporis absque-, 4 circ. in longitudine corporis cum pinna caudali, aeque alto circ. ac longo; latitudine capitis 2 circ. in ejus longitudine; linea rostro-nuchali fronte rectiuscula; oculis diametro 3 fere in longitudine capitis, diametro $^2/_3$ circ. distantibus; naribus sat distantibus subaequalibus inferioribus tantum valvatis; osse suborbitali anteriore oculo diametro multo humiliore; maxilla superiore maxilla inferiore paulo longiore sub oculi margine anteriore desinente 3 circ. in longitudine capitis; labiis mediocribus; praeoperculo subrectangulo angulo obtuse rotundato margine posteriore rectiusculo anguloque dentibus parvis bene conspicuis; squamis corpore angulum aperturae branchialis superiorem inter et basin pinnae caudalis supra lineam lateralem in series 85 circ. transversas-, infra lineam lateralem in series 65 circ. transversas dispositis; squamis 36 circ. in serie transversa basin pinnae ventralis inter et pinnam dorsalem quarum 12 vel 13 circ. supra lineam lateralem; cauda parte libera paulo altiore quam longa; pinna dorsali parte spinosa parte radiosa paulo humiliore spinis mediocribus 1ª et 2ª ceteris brevioribus, ceteris subaequilongis oculo longioribus $2^1/_2$ circ. in altitudine corporis, spina 1ª spina 3ª duplo breviore; dorsali radiosa obtusa rotundata; pectoralibus acutiuscule rotundatis et ventralibus acutis capite absque rostro non ad vix brevioribus; anali spina 2ª spina 3ª paulo longiore et multo fortiore oculo minus duplo longiore, parte radiosa obtusa rotundata dorsali radiosa non humiliore; caudali extensa truncata vix convexa angulis acutiuscula capite absque rostro longiore; colore corpore superne lateribusque dilute coeruleo, inferne margaritaceo; pinnis, dorsali margaritaceo-coerulea, ceteris flavis vel aurantiacis; iride flavescente; vittis corpore 8 longitudinalibus flavo-aurantiacis vel aureis, vittis 2 superioribus fronto-dorsalibus dorsalem radiosam intrantibus, vitta 3ª supra-oculo-caudali dorsum caudae attingente, vittis 4ª et 5ª oculo caudalibus, vitta 6ª rostro-suboculo-caudali, vittis 7ª et 8ª maxillo-analibus; pinnis, dorsali vittis 2 vel 3 longitudinalibus aurantiacis, ceteris vittis vel maculis nullis.
B. 7. D. 13/19 vel 13/20 vel 13/21. P. 2/14 vel 2/15. V. 1/5. A. 3/7 vel 3/8. C. 1/15/1 et lat. brev.
Syn. *Diagramma chrysotaenia* Blkr, Achtste bijdr. ichth. Celebes, Nat. T. Ned Ind. IX p. 303; Günth., Cat. Fish. I. p. 333.
Hab. Singapura; Celebes (Macassar); in mari.
Longitudo 2 speciminum 108''' et 113'''.

Rem. Le Plectorhynchus actuel et le Plectorhynchus albovittatus se distinguent des autres espèces indo-archipélagiques par la longueur égale des onze épines postérieures de la dorsale, par le profil peu convexe et par la formule des écailles $= \frac{85}{65}$. Le chrysotaenia est en outre éminemment caractérisé par les huit bandelettes longitudinales jaunâtres ou dorées du corps et par les deux ou trois bandelettes longitudinales oranges de la nageoire dorsale.

Plectorhynchus albovittatus Blkr, Révis. Plectorh. Ned. T. Dierk. IV p. 280. — Atl. Tab. 329, Perc. tab. 5 fig. 2.

Plectorh. corpore oblongo compresso, altitudine $2^2/_3$ ad $2^3/_4$ in ejus longitudine absque-, $3^2/_5$ ad $3^3/_5$ in ejus longitudine cum pinna caudali; latitudine corporis $2^1/_4$ circ. in ejus altitudine; capite valde obtuso convexo $3^1/_5$ circ. in longitudine corporis absque-, 4 ad 4 et paulo in longitudine corporis cum pinna caudali, aeque alto circ. ac longo; latitudine capitis 2 circ. in ejus longitudine; linea rostro-nuchali fronte vix convexa; oculis diametro $2^3/_4$ ad 3 in longitudine capitis, diametro $^2/_3$ ad $^3/_4$ distantibus; naribus sat distantibus subaequalibus inferioribus tantum valvatis; osse suborbitali anteriore oculi diametro duplo circ. humiliore; maxilla superiore maxilla inferiore vix longiore sub oculi parte anteriore desinente 3 circ. in longitudine capitis; labiis mediocribus; praeoperculo subrectangulo angulo obtuse rotundato margine posteriore rectiusculo anguloque dentibus parvis conspicuis serrato; squamis corpore angulum aperturae branchialis superiorem inter et basin pinnae caudalis supra lineam lateralem in series 85 circ. transversas-, infra lineam lateralem in series 65 circ. transversas dispositis; squamis 38 circ. in serie transversa basin pinnae ventralis inter et pinnam dorsalem quarum 13 circ. supra lineam lateralem; cauda parte libera aeque longa circ. ac postice alta; pinna dorsali parte spinosa parte radiosa humiliore, spinis mediocribus 1a et 2a ceteris brevioribus, ceteris subaequilongis oculo longioribus $2^{1}/_{2}$ circ. in altitudine corporis, spina 1a spina 3a duplo ad plus duplo breviore; dorsali radiosa obtuse rotundata; pectoralibus acutiuscule rotundatis et ventralibus acutis capite absque rostro non ad paulo brevioribus; anali spina 2a spina 3a paulo longiore et multo fortiore oculo minus duplo longiore, parte radiosa obtuse rotundata dorsali radiosa non humiliore; caudali extensa truncata vix emarginata angulis rotundata capite absque rostro longiore; colore corpore superne fusco, inferne aurantiaco; iride aurea margine orbitali coerulescente; vittis utroque latere 3 longitudinalibus margaritaceis, vitta superiore fronto-dorsali antice deorsum curvata et media fronte cum vitta lateris oppositi unita postrorsum radiis dorsalibus anterioribus desinente, vitta media rostro-supraoculo-caudali dorsum caudae vel radios caudales superiores attingente, vitta inferiore rostro-suboculo-caudali radios caudales inferiores attingente; pinnis dorsali spinosa, pectoralibus et ventralibus aurantiacis maculis nigris vel fuscis nullis; pinnis ceteris fuscis, dorsali radiosa medio vitta longtudinali obliqua aurantiaca et basi postice aurantiaca; caudali superne et inferne vittis 2 obliquis vel dimidio inferiore vitta vel vittula unica tantum aurantiacis; anali postice tantum aurantiaca.

B. 7. D. 13/18 vel 13/19. P. 2/15. V. 1/5. A. 3/6 vel 3/7 vel 3/8. C. 1/15/1 et lat. brev.

Syn. *Diagramma albovittatum* Rüpp., N. Wirb. Fisch. p. 125 tab. 31 fig. 2; Blkr, Act. Soc. Scient. Ind. Neerl. I, Beschr. vischs. Manado p. 46; Günth., Catal. Fish. I p. 330; Klunz., Syn. F. R. M. Verh. zoöl. bot. Ges. Wien XX p. 736.

Diagramma lineatum var. *albovittatum* Day, Fish. India p. 79 tab. 20 fig. 5.

Hab. Celebes (Manado), in mari.

Longitudo 2 speciminum 110‴ et 118‴.

Rem. Cette espèce, réunie dans les derniers temps à tort au Plectorhynchus lineatus, est assez facile à reconnaître aux caractères combinés de trois bandelettes grêles et nacrées sur un fond brun, de nageoires paires sans taches, d'une dorsale épineuse sans taches ni bordure noire et d'épines dorsales (excepté les deux premières) d'environ égale longueur. A ces caractères se joignent encore un profil frontal peu ou point convexe, une caudale tronquée ou même un peu échancrée et à angles arrondis et la formule des écailles dont les rangées transversales au-dessus de la ligne latérale montent à 85 tandis que celles au-dessous de cette ligne ne dépassent guère le nombre de 65. Dans les très-jeunes individus de 68‴ à 78‴ de long du Plectorhynchus lineatus il y a aussi trois bandelettes nacrées placées de parfaitement la même manière que dans l'espèce actuelle, mais outre qu'elles sont plus larges il y existe encore une quatrième bandelette occupant le bas du ventre. Du reste on ne pourrait pas confondre ces individus avec l'albovittatus, puisqu'ils ont déjà bien développées la large bordure noire de la dorsale, les taches noires de la pectorale et de la ventrale, les épines postérieures de la dorsale notablement plus courtes que les 3e 4e et 5e, la caudale fort convexe et les rangées transversales d'écailles au-dessus et au-dessous de la ligne latérale $= \frac{80}{70}$.

On ne connaît l'espèce, hors l'Insulinde, que de la Mer rouge et de Madras.

Plectorhynchus chaetodontoides Lac., Poiss. III p. 135, II tab. 13 fig. 2; Blkr, Révis. Plectorh. Ned. T. Dierk. IV p. 282. — Atl. Tab. 301 Perc. tab. 23 fig. 3, Tab. 303 Perc. tab. 25 fig. 2.

Plectorh. corpore oblongo compresso, altitudine 2 et paulo ad $2^{1}/_{2}$ in ejus longitudine absque, $2^{1}/_{5}$ ad $3^{1}/_{6}$ in ejus longitudine cum pinna caudali; latitudine corporis 2 fere ad 3 fere in ejus altitudine; capite valde obtuso convexo 3 ad $3^{1}/_{5}$ in longitudine corporis absque-, 4 fere ad $4^{1}/_{5}$ in longitudine corporis cum pinna caudali, sat multo altiore quam longo; latitudine capitis $1^{1}/_{2}$ ad 2 in ejus longitudine; linea rostro-nuchali fronte convexa; oculis diametro $2^{2}/_{3}$ ad $3^{1}/_{2}$ in longitudine capitis, diametro $^{1}/_{3}$ ad 1 fere distantibus; naribus parvis sat approximatis, anterioribus tantum valvatis; osse suborbitali anteriore oculi diametro humiliore ad altiore; maxillis aequalibus, superiore sub oculi parte anteriore desinente $2^{1}/_{3}$ ad 3 in longitudine capitis; labiis valde carnosis; praeoperculo subrectangulo, angulo obtuse rotundato, margine posteriore rectiusculo anguloque dentibus parvis conspicuis serrato; squamis corpore angulum aperturae branchialis superiorem inter et basin pinnae caudalis supra lineam lateralem in series 80 circ. transversas-, infra lineam lateralem in series 65 circ. transversas dispositis; squamis 38 circ. in serie transversa basin pinnae ventralis inter et pinnam dorsalem quarum 12 vel 13 supra lineam lateralem; cauda parte libera aeque longa ac alta ad paulo longiore quam alta; pinna dorsali medio profunde emarginata parte spinosa parte radiosa vulgo humiliore, spinis mediocribus 3a 4a et 5a spinis posterioribus multo longioribus 2 ad $3^{1}/_{3}$ in altitudine corporis, spina 1a spina 2a duplo vel minus duplo breviore, spina postica spina penultima paulo longiore oculo paulo ad non breviore; dorsali radiosa junioribus aeque alta ac longa, aetate provectis longiore quam alta obtuse rotundata; pectoralibus acute rotundatis et ventralibus acutis capite absque rostro longioribus; anali spina 2a spina 3a fortiore junioribus spina 3a paulo longiore aetate provectis spina 3a paulo breviore oculo duplo ad minus duplo longiore, parte radiosa obtusa rotundata dorsali radiosa non humiliore; caudali extensa postice leviter emarginata angulis juvenilibus obtusa rotundata aetate provectioribus acuta, capite absque rostro longiore; coloribus *junioribus* (specim. long. 95‴ ad 175‴) corpore margaritaceo fasciis 5 transversis irregularibus fuscis fusco profundiore limbatis; fascia 1a oculari post oculum cum fascia 3a unita, fascia 2a thoracica, fascia 3a latissima dorso-ventrali medio postice cum fascia 4^a confluente; fascia 4^a dorso-anali, fascia 5^a caudali; pinnis dorsali et caudali flavis plagis magnis vel guttis pluribus fuscis; pinnis ceteris fuscis interdum flavescente variegatis (margaritaceo corpore plagas vulgo 7 vel 8 magnas vulgo rotundatas efficiente plagis interdum fusco guttatis, plagis anteriore rostrali, 2^a 3^a et 4^a nuchali, operculari et thoraco-ventrali, 5^a postaxillari, 6^a et 7^a dorsali et pleuro-anali, 8^a caudali); — coloribus *aetate provectioribus* (specim. long. 190‴ ad 210‴) ut supra circ. sed fasciis fuscis tabescentibus et magna parte in maculas majores et minores fuscas mutatis, pinnis imparibus guttis fuscis sed adhuc parcis; — coloribus *aetate provectis* (specim. long. 300‴ ad 450‴) corpore superne coerulescente-griseo, inferne margaritaceo, fasciis nullis, sed superne lateribusque ubique guttis et guttulis numerosis sat confertis fuscis; pinnis imparibus flavis guttis numerosis confertis fuscis, pinnis paribus fusco-aurantiacis vel violascentibus vel fuscis interdum fusco profundiore guttulatis; — axillis et pinnis pectoralibus postice omni aetate fuscis; iride juvenilibus fusca aetate provectioribus rubra vel flava; labiis, cute postmaxillari et membrana operculari vulgo carmosinis.

B. 7. D. 11/19 vel 11/20 vel 12/18 ad 12/21. P. 2/14 vel 2/15. V. 1/5. A. 3/8 vel 3/9. C. 1/15/1 et lat. brev.

Syn. *Lutjanus chaetodonoides* Lac., Poiss. IV pp. 195, 243.

Chaetodon plectorhynchus Shaw, Zool. IV p. 356 tab. 49.

Diagramma plectorhynchus CV., Poiss. V p. 220; Blkr, Verh. Bat. Gen. XXIII Sciaen p. 24.

Diagramma pardalis (K. V. H.) CV., Poiss. V p. 224; Günth., Cat. Fish. I. p. 323.

Diagramma chaetodonoides Blkr, Act. Soc. Scient. Ind. Neerl. VI Enum. Pisc. p. 30; Günth., Cat. Fish. I p. 326.

Gadji Mal.

Hab. Singapura; Java (Batavia); Celebes (Manado); Ternata; Amboina; Haruko; in mari.

Longitudo 13 speciminum 95‴ ad 450‴.

Rem. Le changement du système de coloration avec l'âge des individus, dans l'espèce actuelle, est plus complet que dans aucune autre espèce du genre. Les bandes brunes transversales plus ou moins courbées et réunies et laissant la couleur du fond comme de très-larges taches nacrées et arrondies, disparaissent complètement avec l'âge, et dans les individus de plus de 300‴ de long le corps et les nageoires impaires ne montrent que des taches rondes brunâtres nombreuses sur un fond bleuâtre ou grisâtre sans aucun vestige de bandes. L'espèce est caractérisée en outre par la profonde échancrure de la dorsale, par la hauteur de la dorsale molle, par la mâchoire inférieure qui n'est pas plus courte que la supérieure, par la forme plus ou moins échancrée de la caudale, par les huit ou neuf rayons mous à l'anale et par la formule de l'écaillure. Je trouve encore que la 2e épine anale, un peu plus longue que la 3e dans les jeunes, est plus courte que la 3e dans tous les individus de plus de 300‴ de long.

Le Plectorhynchus punctatissimus (Diagramma punctatissimum Playf.) doit être voisin du chaetodontoides, mais il paraît se distinguer par des écailles plus petites, par un profil moins convexe, par un rayon de moins à l'anale, par la forme plus allongée de la partie libre de la queue, et, à en juger d'après la figure (prise sur un individu de $16^1/_2$ pouces de long) par des taches plus petites et ressemblant plus à celles des individus âgés du pictus. — Le Plectorhynchus cinctus (Diagramma cinctum Schl.) du Japon est une autre espèce fort voisine du chaetodontoides, mais suffisamment distincte, non seulement par les deux bandes obliques nuchale et dorso-caudale, mais aussi par un à trois rayons de moins à la dorsale et surtout par la formule des écailles, le nombre des rangées transversales au-dessus de la ligne latérale y montant à 90 et celui des rangées longitudinales entre la ligne latérale et la dorsale à 20, ou le total des écailles sur une rangée transversale à 45.

Plectorhynchus celebicus Blkr, Révis. Plectorh. Ned. T. Dierk. IV p. 285. — Atl. Tab. 329, Perc. tab. 51 fig. 3.

Plectorh. corpore oblongo compresso altitudine $2^2/_3$ ad $2^3/_4$ in ejus longitudine absque-, $3^1/_3$ ad $3^2/_5$ in ejus longitudine cum pinna caudali; latitudine corporis $2^1/_3$ ad $2^1/_4$ in ejus altitudine; capite obtuso valde convexo $3^3/_4$ ad $3^4/_5$ in longitudine corporis absque-, $4^2/_3$ circ. in longitudine corporis cum pinna caudali, paulo altiore quam longo; latitudine capitis 2 fere in ejus longitudine; linea rostro-nuchali fronte convexiuscula; oculis diametro 3 et paulo in longitudine capitis, diametro 1 circ. distantibus; naribus sat distantibus subaequalibus anterioribus tantum valvatis; osse suborbitali anteriore oculo diametro sat multo humiliore; maxilla superiore maxilla inferiore paulo longiore sub oculi margine anteriore desinente, 3 et paulo in longitudine capitis; labiis carnosis; praeoperculo subrectangulo angulo obtuse rotundato margine posteriore rectiusculo angulo dentibus parvis bene conspicuis; squamis corpore angulum aperturae branchialis superiorem inter et basin pinnae caudalis supra lineam lateralem in series 90 circ., infra lineam lateralem in series 70 circ transversas dispositis; squamis 32 circ. in serie transversa basin pinnae ventralis inter et pinnam dorsalem quarum 12 supra lineam lateralem; cauda parte libera aeque longa circ. ac postice alta; pinna dorsali parte spinosa parte radiosa non vel vix altiore spinis mediocribus 4^a 5^a et 6^a ceteris longioribus $2^3/_4$ ad 3 in altitudine corporis, spina 1^a spina 2^a duplo fere breviore, spina postica spina penultima et radio 1° vix breviore oculo non longiore; dorsali radiosa plus duplo longiore quam alta, obtusa, convexa; pectoralibus et ventralibus acutis subaequalibus capite absque rostro vix longioribus; anali spina 2^a spina 3^a fortiore sed non vel vix longiore oculo duplo fere longiore, parte radiosa acute rotundata dorsali radiosa multo altiore; caudali extensa leviter emarginata angulis acuta capite non ad paulo breviore; colore corpore coerulescente-violaceo, ventre flavescente-margaritaceo; iride aurea fusco tincta; vittis corpore 8 longitudinalibus aureis vel flavis quarum 3 supra, ceteris infra lineam lateralem, vittis 3 superioribus fronte verticeque incipientibus cum vittis lateris oppositi non unitis; pinnis flavis vel aurantiacis vittis vel maculis nullis.

B. 7. D. 13/19 vel 13/20 vel 13/21. P. 2/15. V. 1/5. A. 3/7 vel 3/8. C. 1/15/1 et lat. brev.

Hab. Celebes (Macassar); in mari.
Longitudo 2 speciminum 268''' et 270'''.

Rem. Cette belle espèce tient le milieu entre le Plectorhynchus chrysotaenia et le Plectorhynchus Lessoni. Elle a le système de coloration du corps et l'absence d'échancrure dorsale du premier et la forme de la dorsale épineuse et de la caudale ainsi que la formule des rangées transversales d'écailles du dernier, et elle se distingue de tous les deux par le nombre des rangées longitudinales d'écailles qui ne sont qu'au nombre de 52. Elle ne présente pas non plus les bandelettes longitudinales oranges qu'on voit sur la dorsale du chrysotaenia.

Plectorhynchus lineatus Blkr, Onzième notice ichth. Ternate, Ned. T. Dierk. I p. 232; Révis. Plectorh. ib. IV p. 286. — Atl. Tab. 306, Perc. tab. 28 fig. 4.

Plectorh. corpore oblongo compresso altitudine 2³/₄ ad 3 in ejus longitudine absque-, 3²/₅ ad 4 fere in ejus longitudine cum pinna caudali; latitudine corporis 2 et paulo in ejus altitudine; capite obtuso valde convexo 3 fere ad 3²/₃ in longitudine corporis absque-, 4 fere ad 4¹/₂ in longitudine corporis cum pinna caudali, aeque alto ac longo ad paulo altiore quam longo; latitudine capitis 2 fere ad 2 in ejus longitudine; linea rostro-nuchali fronte convexa; oculis diametro 3 fere ad 3 in longitudine capitis, diametro ²/₃ ad ³/₄ distantibus; naribus sat approximatis subaequalibus valvatis; osse suborbitali anteriore oculi diametro humiliore; maxilla superiore maxilla inferiore paulo longiore sub oculi parte anteriore desinente 3 et paulo in longitudine capitis; labiis mediocribus; praeoperculo subrectangulo angulo obtuse rotundato margine posteriore rectiusculo anguloque dentibus conspicuis serrato; squamis corpore angulum aperturae branchialis superiorem inter et basin pinnae caudalis supra lineam lateralem in series 90 circ transversas-, infra lineam lateralem in series 70 circ. transversas dispositis; squamis 36 circ. in serie transversa basin pinnae ventralis inter et pinnam dorsalem quarum 13 vel 14 supra lineam lateralem; cauda parte libera altiore quam longa ad aeque longa ac postice alta; pinna dorsali parte spinosa parte radiosa paulo ad non humiliore, spinis mediocribus 3ª 4ª et 5ª ceteris longioribus 2 et paulo in altitudine corporis, spina 1ª spina 2ª duplo vel minus duplo breviore, spinis 2 posticis subaequalibus oculo paulo brevioribus ad paulo longioribus; dorsali radiosa obtusiuscule rotundata; pectoralibus acutiuscule rotundatis et ventralibus acutis capite absque rostro vulgo paulo longioribus; anali spina 2ª spina 3ª paulo longiore et multo fortiore, oculo sat multo ad duplo longiore, parte radiosa obtuse rotundata dorsali radiosa non humiliore; caudali extensa postice convexa capite absque rostro longiore; coloribus, *valde juvenilibus* (specim. long. 42''' ad 78'''); corpore pinnisque fuscis; vittis corpore 4 longitudinalibus margaritaceis vel flavis, vitta superiore linea nucho-dorsali mediana gracili media fronte desinente, vitta 2ª rostro-supraoculo-caudali caudalem superne intrante et marginem ejus posteriorem attingente, vitta 3ª infraoculo-caudali caudalem inferne intrante et marginem ejus posteriorem attingente, vitta 4ª ventrali; pinna dorsali vitta flava vel albida basi antice incipiente et parte radiosa superne postice desinente; caudali superne et inferne angulum versus vitta obliqua albida vel flava; pectoralibus et ventralibus flavescente vel albo marginatis; anali vitta longitudinali alba vel flava; — coloribus *aetate provectioribus* (specim. long. 83''' ad 135''') ut supra, sed vittis corpore 5 vel 6, flavo pinnis praevalente, caudali vittis obliquis flavis 4, fusco pinnis pectoralibus et anali in maculas majores dissoluto, ventralibus interdum totis flavis.

B. 7. D. 12/20 vel 12/21 vel 13/18 ad 13/20. P. 2/15. V. 1/5. A. 3/7 vel 3/8 C. 1/15/1 et lat brev.

Syn. *Chaetodon oblongus lineis utrinque duabus albis longitudinalibus* Seb., Thes. III p. 72 tab. 26 fig. 32.
Perca maxilla superiore longiore lineis longitudinalibus varia Seb., Ibid. p 79 tab. 27 fig. 18.
Sciaena lineata L., Mus. Frid. t. 31 fig. 4.
Perca lineata L., Syst. nat. ed. 10ª I p. 293; L.Gm., Syst. Nat. ed. 13ª I p. 1319.
Grammistes lineatus Bl. Schn., Syst. p. 186.
Diagramma lineatum CV., Poiss. V. p. 231; Blkr, Derde bijdr. ichth. Amb., Nat. T. Ned. IV p. 112; Günth., Cat. Fish. I p. 330; Day, Fish. India p. 75 (nec. var. nec fig. nec syn. plur.; nec Rüpp., Atl. Fisch. p. 125).
Radja-bau Mal. Mol.

Hab. Celebes (Badjoa, Manado, Tanawanko); Sangir; Timor (Kupang); Halmahera (Sindangole); Ternata; Buro (Kajeli); Amboina; Saparua; Haruko; Goram; Banda (Neira); in mari.
Longitudo 17 speciminum 42''' ad 135'''.

Rem. Les individus du très-jeune âge de cette espèce présentent un même système de coloration que ceux du pictus, mais ils se distinguent constamment par la dorsale épineuse qui est beaucoup moins élevée et soutenue par 3 ou 4 épines de plus dont les 2e 3e et 4e ne sont pas beaucoup plus longues que les épines postérieures. On pourrait confondre les individus d'un âge plus avancé avec le Plectorhynchus radja, que l'on peut reconnaître cependant par l'absence de tache ou de taches noirâtres au milieu des pectorales et des ventrales, mais surtout à la formule des écailles, qui sont plus petites.

L'espèce habite, hors l'Insulinde, les côtes de l'Inde. Dans les derniers temps d'autres espèces ont été confondues avec elle, ce qui a produit une confusion aussi par rapport à sa véritable distribution géographique.

Plectorhynchus Lessoni Blkr, Révis. Plectorh. Ned. T. Dierk. IV p. 288. — Atl. Tab. 317, Perc. tab. 39 fig. 3.

Plectorh. corpore oblongo compresso, altitudine 2³/₄ ad 3 in ejus longitudine absque-, 3¹/₄ ad 3¹/₂ in ejus longitudine cum pinna caudali; latitudine corporis 2 et paulo in ejus altitudine; capite obtuso valde convexo 3²/₃ ad 4 in longitudine corporis absque-, $4^2/_5$ ad $4^2/_3$ in longitudine corporis cum pinna caudali, paulo altiore quam longo; latitudine capitis $1^1/_2$ ad 2 fere in ejus longitudine; linea rostro-nuchali fronte convexa; oculis diametro 3 fere ad 3 in longitudine capitis, diametro $^3/_4$ ad 1 fere distantibus; naribus sat approximatis subaequalibus valvatis; osse suborbitali anteriore oculi diametro humiliore; maxilla superiore maxilla inferiore paulo longiore, vix ante oculum vel sub margine oculi anteriore desinente $3^1/_4$ ad $3^1/_2$ in longitudine capitis; labiis carnosis; praeoperculo subrectangulo angulo obtuse rotundato margine posteriore rectiusculo anguloque denticulis conspicuis serrato; squamis corpore angulum aperturae branchialis superiorem inter et basin pinnae caudalis supra lineam lateralem in series 90 circ. transversas-, infra lineam lateralem in series 70 circ. transversas dispositis; squamis 36 circ. in serie transversa basin pinnae ventralis inter et pinnam dorsalem quarum 13 vel 14 supra lineam lateralem; cauda parte libera aeque longa circ. ac postice alta; pinna dorsali parte spinosa parte radiosa paulo ad non humiliore, spinis sat validis 3a 4a et 5a ceteris longioribus $2^1/_3$ ad 3 in altitudine corporis, spina 1a spina 2a duplo fere ad duplo breviore, spina postica spina penultima paulo-oculo non ad vix longiore; dorsali radiosa obtusa rotundata; pectoralibus acute rotundatis et ventralibus acutis capite absque rostro longioribus; anali spina 2a spina 3a paulo longiore et multo fortiore, oculo duplo circ longiore, parte radiosa obtusa rotundata dorsali radiosa non humiliore; caudali extensa truncata non convexa, aetate provectis leviter emarginata angulis acuta vel acutiuscula capite absque rostro non ad paulo longiore; colore capite, dorso lateribusque superne fuscescente vel umbrino, corpore inferne margaritaceo-roseo vel griseo; iride flava; vittis corpore longitudinalibus 5 margaritaceis vel flavescentibus, vittis 2 superioribus fronto-dorsalibus antice deorsum curvatis et angulo acuto cum vittis lateris oppositi unitis postrorsum dorsali radiosa desinentibus, vittis 3a rostro-supra-oculo-caudali radios caudales superiores-, 4a oculo-caudali radios caudales medios-, 5a rostro-suboculo-caudali radios caudales inferiores attingentibus; capite inferne insuper vittis 2 ejusdem coloris rostro- et maxillo-thoracicis; pinnis imparibus flavis vel aurantiacis, dorsali late fusco vel nigricante limbata, parte spinosa membrana majore parte nigricante vel fusca, parte radiosa maculis irregularibus longitudinaliter biseriatis vel vittis 2 longitudinalibus ex parte interruptis nigricantibus vel fuscis; anali maculis triseriatis vel vittis 3 longitudinalibus nigricante-fuscis; caudali junioribus vittis 6 obliquis-, aetate provectioribus maculis irregularibus nigricante-fuscis; pinnis pectoralibus et ventralibus albidis, pectoralibus basi superne macula fuscescente, ventralibus antice plaga majore fusco-violacea.

B. 7. D. 12/20 vel 12/21 vel 13/19 vel 13/20. P. 2/15. V. 1/5. A. 3/7 vel 3/8. C. 1/15/1 et lat. brev.

Syn. *Diagramma Lessonii* CV., Poiss. V p. 234; Less., Zool. Voy. Coquille II p. 199, Poiss. tab. 24; Blkr, Diagn. n. visch. Batav., Nat. T. Ned. Ind. IV p. 463 (nec Günth.).

Radja-bau Mal. Molucc.

Hab. Java (Batavia); Ternata; Amboina; Waigiu; in mari.

Longitudo 3 speciminum 200''' ad 360'''.

Rem. Le Plectorhynchus Lessoni est extrêmement voisin du lineatus et pourrait bien n'en représenter que l'âge plus avancé. Mes plus grands individus du lineatus ne mesurant que 135''' et le plus petit du Lessoni ayant une longueur de 200''' il reste à démontrer par des individus d'un taille intermédiaire si les deux espèces doivent ou ne doivent pas être réunies. Les formules des écailles et des rayons étant les mêmes dans les deux espèces, il y a raison de plus à douter de leur différence spécifique et je ne continue donc à tenir séparées les deux formes qu'avec réserve. Le Diagramma Lessonii des »Fische der Südsee" est l'espèce du Plectorhynchus Cuvieri Blkr. L'espèce s'étend à l'ouest jusqu'aux côtes d'Aden et de Zanzibar.

Plectorhynchus radja Blkr, Onzièm. not. ichth. Ternate, Ned, T. Dierk. I p. 232; Révis. Plectorh. Ibid. IV p. 289. — Atl. Tab. 292, Perc. tab. 14 fig. 1.

Plectorh. corpore oblongo compresso, altitudine $2^3/_4$ ad 3 fere in ejus longitudine absque-, $3^2/_5$ ad $3^3/_5$ in ejus longitudine cum pinna caudali; latitudine corporis 2 et paulo in ejus altitudine; capite valde obtuso convexo $3^1/_2$ ad $3^2/_3$ in longitudine corporis absque-, $4^1/_3$ ad $4^1/_2$ circ. in longitudine corporis cum pinna caudali, paulo altiore quam longo; latitudine capitis 2 fere in ejus longitudine; linea rostro-nuchali fronte convexa; oculis diametro $2^1/_2$ ad 3 in longitudine capitis, diametro $^2/_3$ ad $^3/_4$ distantibus; naribus subaequalibus valvatis; osse suborbitali anteriore oculi diametro humiliore; maxilla superiore maxilla inferiore paulo longiore, sub oculi parte anteriore desinente, 3 et paulo in longitudine capitis; labiis valde carnosis; praeoperculo subrectangulo angulo obtuse rotundato margine posteriore rectiusculo anguloque denticulis parvis serrato; squamis corpore angulum aperturae branchialis superiorem inter et basin pinnae caudalis supra lineam in series 100 circ. transversas-, infra lineam lateralem in series 80 circ. transversas dispositis; squamis 38 circ. in serie transversa basin pinnae ventralis inter et pinnam dorsalem quarum 13 vel 14 supra lineam lateralem; cauda parte libera aeque longa circ. ac postice alta; pinna dorsali parte spinosa parte radiosa non altiore, spinis mediocribus, 3a 4a et 5a ceteris longioribus $2^1/_3$ ad 3 fere in altitudine corporis, spina 1a spina 2a minus duplo breviore, spinis 2 posticis subaequalibus oculo vix vel non brevioribus; dorsali radiosa obtuse rotundata; pectoralibus acutis vel acute rotundatis et ventralibus acutis capite paulo tantum brevioribus; anali spina 2a spina 3a paulo longiore et multo fortiore oculo duplo ad duplo fere longiore, parte radiosa rotundata dorsali radiosa non humiliore; caudali extensa convexa angulis acuta capite paulo breviore; colore corpore superne nigricante vel fusco, inferne griseo vel flavescente, fusco vel nigricante vittis 6 ad 8 margaritaceis longitudinalibus percurso; vittis 3 superioribus nucho- et fronto-dorsalibus capite antice deorsum curvatis et angulo acuto cum vittis lateris oppositi unitis, vitta superiore basi dorsalis spinosae approximata, vittis 2a et 3a dorsalem radiosam intrantibus, vitta 4a medium oculum inter et mediam basin pinnae caudalis, vitta 5a rostro-suboculo-caudali, vittis 6a et 7a ventralibus; fusco capite inferne interdum e maculis rotundis vel oblongis composito; iride flava vel rosea; pinnis pectoralibus basi superne tantum interdum macula profunda; ventralibus macula nulla; dorsali fusco vel nigricante marginata parte spinosa basi inter singulas spinas macula nigricante, dorsali radiosa fasciis longitudinalibus 2 fuscis vel nigricantibus interdum e maculis compositis; caudali maculis rotundis et irregularibus ex parte vittas obliquas efficientibus; anali maculis irregularibus fuscis vel nigricantibus.

B. 7. D. 13/18 vel 13/19 vel 13/20. P. 2/14 vel 2/15. V. 1/5. A. 3/7 vel 3/8. C. 1/15/1 et lat. brev. (spec. unic. D. 12/18 vel 12/19. A. 2/8 vel 2/9).

Syn. *Diagramma radja* Blkr, Vierde bijdr. ichth. Amboina, Nat. T. Ned. Ind. V p. 336; Günth., Cat. Fish. I p. 33.

Radja-bau Mal. Molucc.

Hab. Celebes (Manado); Halmahera (Sindangole); Ternata; Buro; (Kajeli); Amboina; Goram; in mari.
Longitudo 8 speciminum 141''' ad 190'''.

Rem. Le Plectorhynchus radja est extrêmement voisin du lineatus, tant par la physionomie que par son système de coloration, mais il se distingue par l'écaillure, les rangées transversales d'écailles tant au-dessus qu'au-dessous de la ligne latérale étant plus nombreuses; caractères, dans mes individus, se combinant à des ventrales et à des pectorales sans taches. C'est le caractère de l'écaillure surtout qui a déterminé à ne pas réunir le radja au lineatus. Quant aux couleurs, ne possédant que des individus entre 140 et 190 millimètres de long, je ne saurais pas dire si elles subissent, dans cette espèce, d'aussi grands changements que dans le lineatus et dans plusieurs autres espèces.

Plectorhynchus Cuvieri Blkr, Révis. Plectorh., Ned. T. Dierk. IV p. 291. — Atl. Tab. 305, Perc. tab. 27 fig. 3.

Plectorh. corpore oblongo compresso altitudine 3 ad 3 et paulo in ejus longitudine absque-, 3½ ad 4 fere in ejus longitudine cum pinna caudali; latitudine corporis 2 fere ad 2 in ejus altitudine; capite valde obtuso convexo 3⅓ circ. in longitudine corporis absque-, 4⅖ circ. in longitudine corporis cum pinna caudali, aeque alto circ. ac longo; latitudine capitis 1⅖ ad 1¾ in ejus longitudine; linea rostro-nuchali fronte convexa; oculis diametro 2⅘ ad 3 et paulo in longitudine capitis, minus diametro 1 distantibus; naribus subaequalibus valvatis; osse suborbitali anteriore oculi diametro humiliore; maxilla superiore maxilla inferiore paulo longiore sub oculi parte anteriore desinente 3 ad 3½ in longitudine capitis; labiis valde carnosis; praeoperculo subrectangnlo angulo obtuse rotundato margine posteriore rectiusculo anguloque denticulis parvis serrato; squamis corpore angulum aperturae branchialis superiorem inter et basin pinnae caudalis supra lineam lateralem in series 100 circ. transversas-, infra lineam lateralem in series 80 circ. transversas dispositis; squamis 38 circ. in serie transversa basin pinnae ventralis inter et pinnam dorsalem quarum 12 ad 14 supra lineam lateralem; cauda parte libera longiore quam postice alta; pinna dorsali parte spinosa parte radiosa longiore sed non vel vix altiore, spinis mediocribus 2ª 3ª et 4ª ceteris longioribus 2 et paulo ad 3 in altitudine corporis, spina 1ª spina 2ª minus duplo breviore, spinis 2 posticis subaequalibus oculo non longioribus; dorsali radiosa obtuse rotundata; pectoralibus et ventralibus acutis capite absque rostro vix vel non brevioribus; anali spina 2ª spina 3ª fortiore et paulo longiore oculo minus duplo longiore, parte radiosa obtusa rotundata dorsali radiosa altiore; caudali extensa truncata non vel vix emarginata capite absque rostro longiore; colore corpore superne fusco vel fusco-aurantiaco, ventre margaritaceo vel griseo; iride flava vel rosea; membrana operculari et macula axillari et inguinali rubris; vittis corpore margaritaceis vel flavescentibus longitudinalibus 5 vel 6 capite antice cum vittis lateris oppositi unitis ibique vittas totidem transversas horizontales efficientibus; pinnis flavis, dorsali basi et superne vitta vel fascia irregulari longitudinali nigricante vel fusca, vitta basali postice aetate provectis e maculis distinctis formata; pectoralibus medio interdum macula fusca; anali junioribus vitta mediana et vitta marginali fuscis, aetate provectis maculis fuscis varia; caudali junioribus vittis 2 medianis longitudinalibus et superne et inferne vittis 2 obliquis fuscis, aetate provectis guttis fuscis vel nigris varia et postice fusco vel nigro marginata.

B. 7. D. 13/18 vel 13/19 vel 13/20. P. 2/16. V. 1/5. A. 3/7 vel 3/8. C. 1/15/1 et lat. brev.

Syn. *Tijgervisschen* Ruysch, Coll. nov Pisc. Amboin p. tab. 12 fig. 8, 9.
Groote tijger Ren., Poiss. Mol. II tab. 31 fig. 146.
Ikan Amas, *Geele Attalas visch* Valent., Amb. fig. 415, 419.
Ikan Kamatian Valent., Amb fig. 242?
Pera maxilla superiore longiore lineis longitudinalibus varia aculeis dorsi tredecim Seb., Thesaur. III p. 78 tab. 27 fig. 17.
Bodian Cuvier Benn., Ceyl Fish. p. 13 tab. 13.
Diagramma Sebae Blkr, Verh. Bat. Gen. XXIII Sciaen. p. 24; Günth., Cat. Fish. I p. 331, Kner; Zoöl Reis Novara, Fisch p. 54.
Plectorhynchus Sebae Blkr, Enum. esp poiss. Amboine, Ned. T. Dierk. II p. 279; Atl. ichth. Tab. 305, Perc. tab. 27 fig. 3.
Diagramma Lessonii Günth., Cat. Fish. I. p. 329; Fisch. Südsee p. 28 tab. 23 (nec CV).
Diagramma Cuvieri Playf., Fish. Zanzib. p. 28.
Gadji Mal.

Hab. Java (Batavia, Prigi); Sumatra (Siboga), Batu; Amboina; Banda (Neira); in mari.
Longitudio 6 speciminum 182''' ad 380'''.

Rem. Le Plectorhynchus Cuvieri se fait aisément reconnaître des espèces voisines à bandes longitudinales nacrées on jaunâtres sur un fond brunâtre, à ce que les bandes supérieures se réunissent, sur le devant de la tête, horizontalement à celles du côté opposé et y forment autant de bandes transversales et horizontales. — L'espèce a été trouvée aussi sur les côtes de Ceylon, de Zanzibar et des îles des Navigateurs.

Plectorhynchus Goldmani Blkr, Onzième notic. ichth. Ternate, Ned. T. Dierk. I p. 232; Révis. Plectorh. Ib. IV p. 192. — Atl. Tab. 295, Perc. tab. 17 fig. 2.

Plectorh. corpore oblongo compresso, altitudine 2¾ ad 3 fere in ejus longitudine absque-, 3⅖ ad 3¾ in ejus longitudine cum pinna caudali; latitudine corporis 2 ad 2⅓ in ejus altitudine; capite obtuso valde convexo 3⅖ ad 3⅔ in longitudine corporis absque-, 4⅕ ad 4½ in longitudine corporis cum pinna caudali, aeque alto ac longo ad paulo altiore quam longo; latitudine capitis 1½ ad 2 in ejus longitudine; linea rostro-nuchali fronte convexa; oculis diametro 3 fere ad 3½ in longitudine capitis, diametro ½ ad 1 distantibus; naribus sat approximatis subaequalibus valvatis; osse suborbitali anteriore oculi diametro longitudinali duplo fere ad vix humiliore; maxilla superiore maxilla inferiore paulo longiore, vix ante oculum vel sub oculi margine anteriore desinente 3 circ. in longitudine capitis; labiis valde carnosis; praeoperculo subrectangulo angulo obtuse rotundato, margine posteriore rectiusculo vel concaviusculo anguloque denticulis conspicuis serrato; squamis corpore angulum aperturae branchialis superiorem inter et basin pinnae caudalis supra lineam lateralem in series 100 circ. transversas-, infra lineam lateralem in series 85 circ. transversas dispositis; squamis 44 circ. in serie transversa basin pinnae ventralis inter et pinnam dorsalem quarum 14 vel 15 supra lineam lateralem; cauda parte libera paulo longiore quam postice alta; pinna dorsali parte spinosa parte radiosa non altiore, spinis sat validis 3a 4a et 5a ceteris longioribus $2^1/_2$ ad $2^2/_3$ in altitudine corporis, spina 1a spina 2a duplo vel minus duplo breviore, spina postica spina penultima paulo breviore et oculo paulo ad non breviore; dorsali radiosa obtusa rotundata; pinnis pectoralibus acute rotundatis vel acutis et ventralibus acutis capite absque rostro longioribus; anali spina 2a spina 3a paulo longiore et multo fortiore oculo minus duplo longiore, parte radiosa obtuse rotundata dorsali radiosa non humiliore; caudali extensa truncata sed aetate provectis leviter emarginata angulis acuta capite absque rostro longiore; colore corpore superne lateribusque nigricante vel fusco, inferne griseo vel margaritaceo, pinnis flavo; iride flava; membrana postmaxillari carmosina; vittis corpore flavis vel margaritaceis longitudinalibus, *junioribus* (specim. long. 182''' ad 236''') 8 vel 9, *aetate provectioribus* (spec. long. 300''') 11, *aetate valde provectis* (spec. long. 390''' ad 425''') 14 ad 18; vittis inferioribus aetate *minus provectis* subhorizontalibus rostro caudalibus, ceteris leviter oblique postrorsum adscendentibus; vittis *aetate valde provectis* (specim. long. 390''' ad 425''') omnibus sed superioribus praesertim valde obliquis, inferioribus ex parte tabescentibus vel in maculas distinctas decompositis; — vittis superioribus omni aetate capite superne antice deorsum curvatis et cum vittis lateris oppositi unitis; — vittis dorsalem attingentibus *junioribus* 5 vel 6 tantum, *aetate provectioribus* 8, *aetate valde provectis* 12 ad 14; — pinna pectorali basi superne macula trangulari carmosina vel sanguinea; pinnis imparibus guttis majoribus et minoribus nigricantibus vel fuscis pinnis mollibus irregulariter bi- ad quadriseriatis, dorsali spinosa uniseriatis ex parte valde magnis usque ad marginem pinnae superiorem extensis; dorsali superne-, caudali postice nigricante vel fusco marginatis.

B. 7. D. 12/19 ad 12/21 vel 13/19 ad 13/21. P. 2/14 vel 2/15. V. 1/5. A. 3/7 vel 3/8. C. 1/15/1 et lat. brev.

Syn. *Ikan Nuniali* Valent., Amb. fig. 466.

Capitano Ren., Poiss. Mol. I tab. 34 fig. 183.

Diagramma Goldmanni Blkr., N. bijdr. ichth. Ternate, Nat. T. Ned. Ind. IV p. 602; Günth., Catal. Fish. I p. 331.

Diagramma haematochir Blkr, Diagr. haemat. n. soort van Ternate, Nat. T. Ned. Ind. VI p. 176; Günth., Cat. Fish. I p. 332.

Plectorhynchus haematochir Blkr, Atl. ichth. Tab. 297, Perc. tab. 19 fig. 3.

Radja-bau Ternat.

Hab. Celebes (Manado); Ternata; Obi-major; Timor (Atapupu); in mari.

Longitudo 6 speciminum 182''' ad 428'''.

Rem. La belle série d'individus que je possède de cette espèce prouve que les bandelettes du corps, horizontales ou presque horizontales dans les individus moins âgés, deviennent plus nombreuses et plus obliques avec l'âge. C'est sur un individu de 243''' de long et à neuf à dix bandelettes seulement que j'ai établi l'espèce. Plus tard un individu de 428''' de long et à dix-sept bandelettes fort obliques me fit croire avoir affaire à une espèce distincte que je décrivis sous le nom de Diagramma haematochir. Maintenant je puis démontrer, par les transitions que montrent mes individus, que les deux formes ne représentent que des âges différents d'une même espèce. Après avoir constaté ces grands changements dans le nombre et dans la direction des bandelettes de cette espèce, j'avais droit à supposer qu'elle pourrait bien n'être pas distincte du radja où le nombre des rangées transversales d'écailles tant au-dessus qu'au-dessous de la ligne latérale ne diffère pas, mais où les bandelettes atteignant la nageoire dorsale ne sont qu'au nombre de trois. Or, je puis constater par la comparaison d'individus du radja et du Goldmani d'égale longueur qu'en effet ces espèces sont distinctes non seulement par le nombre des bandelettes, mais aussi par d'autres caractères, le profil, dans le radja, étant plus convexe, les yeux plus grands et la caudale convexe. Je trouve aussi dans tous mes individus du radja quelques rangées longitudinales d'écailles de moins (38 seulement.)

Plectorhynchus orientalis Swns., Nat. Hist. Fish. II p. 218; Blkr, Révis. Plectorh. Ned. T. Dierk. IV p. 295. — Atl. Tab. 306, Perc. tab. 28 fig. 3.

Plectorh. corpore oblongo compresso, altitudine 3 fere ad 3 et paulo in ejus longitudine absque-, 4 fere ad 4 et paulo in ejus longitudine cum pinna caudali; latitudine corporis 2 circ. in ejus altitudine; capite valde obtuso convexo $3^1/_2$ ad 4 fere in longitudine corporis absque-, $4^2/_3$ ad 5 fere in longitudine corporis cum pinna caudali, aeque alto circ. ac longo; latitudine capitis $1^3/_4$ ad 2 in ejus longitudine; linea rostro-nuchali fronte convexa; oculis diametro $2^1/_2$ ad 3 in longitudine capitis, diametro $^2/_3$ ad $^3/_4$ distantibus; naribus subaequalibus valvatis; osse suborbitali anteriore oculo diametro longitudinali multo humiliore; maxilla superiore maxilla inferiore paulo longiore, sub oculi parte anteriore desinente, $3^1/_2$ circ. in longitudine capitis; labiis sat carnosis; praeoperculo subrectangulo angulo obtuse rotundato, margine posteriore rectiusculo anguloque denticulis parvis serrato; squamis corpore angulum aperturae branchialis superiorem inter et basin pinnae caudalis supra lineam lateralem in series 100 circ. transversas-, infra lineam lateralem in series 85 circ. transversas dispositis; squamis 38 circ. in serie transversa basin pinnae ventralis inter et pinnam dorsalem quarum 13 vel 14 supra lineam lateralem; cauda parte libera longiore quam postice alta; pinna dorsali parte spinosa parte radiosa longiore sed non vel vix altiore, spinis mediocribus 2a 3a et 4a ceteris longioribus 2 ad $2^1/_3$ in altitudine corporis, spina 1a spina 2a duplo ad minus duplo breviore, spinis 2 posticis subaequalibus oculo paulo ad sat multo brevioribus; dorsali radiosa obtusa rotundata; pectoralibus acutiuscule rotundatis et ventralibus acutis capite absque rostro non ad paulo longioribus; anali spina 2a spina 3a paulo longiore et fortiore oculo multo sed minus duplo longiore, parte radiosa obtusa rotundata dorsali radiosa paulo ad non altiore; caudali extensa valde convexa capite paulo ad non longiore; corpore pinnisque, ventralibus tantum exceptis, fuscis vel nigricante-fuscis, plagis margaritaceis vel flavis irregularibus variegatis; iride flavescente vel rosea; pinnis ventralibus albidis vel flavidis basi interdum macula fusca; regione infraoculari omni aetate nigricante vel fusca; — *juvenilibus* (specim. long. 60''' ad 90''') fusco corpore pinnisque praevalente; corpore maculis vel plagis margaritaceis vel flavescentibus 6 vel 7, anteriore rostrali, 2 sequentibus superiore nuchali inferiore operculo-ventrali, 4ª dorsali spinas dorsales posteriores amplectente, 5ª postaxillo-ventrali, 6ª caudali caudam magna parte et radios dorsales posteriores amplectente, 7ª quum adest supra-anali; pectoralibus totis fuscis, anali late albo limbata; caudali superne et inferne plagis 2 latis albidis; *aetate provectioribus* (specim long 136''' ad 152''') fusco corpore superne tantum praevalente; plagis capite albidis vel flavis circ. ac in juvenilibus, sed nuchali et operculo-ventrali cum plagis posterioribus plus minusve coalescentibus vittas longitudinales irregulares efficientibus; dorsali superne late albido marginata; pectoralibus basi et apice albidis; anali albida fascia longitudinali irregulari fusca.

B. 7. D. 13/18 vel 13/19 vel 14/17 vel 14/18. P. 2/15 vel 2/16. V. 1/5. A. 3/7 vel 3/8. C. 1/15/1 et lat. brev.

Syn. *Chaetodon oblongus maculis aliquot magnis albis varius* Seb., Thes. III p. 72 tab. 26 fig. 31.
Anthias orientalis Bl., Ausl. Fisch. VII p. 10 tab. 326 fig. 3; Bl. Schn., Syst. p. 306.
Lutjanus aurantius Lac., Poiss. IV p. 239.
Serranus orientalis CV., Poiss. II p. 237.
Diagramma pica CV. Poiss. V p. 222; Günth., Cat. Fish. I p. 326 (nec Fisch. Südsee p. 27 tab. 22 fig. A.)
Diagramma orientale CV., Poiss. V. p. 223 tab. 124; Blkr, Verh Bat. Gen. XXIII Sciaen. p. 23; Günth., Cat. Fish. I p. 327; Fisch. Südsee p. 28 tab. 22 fig. C; Day, Fish. India p. 80 tab. 20 fig. 6.
Diagramma Sibbaldi Benn., Fish. Ceylon, Proc. Comm. Zool. Soc. II 1832 p. 182.

Hab. Sumatra (Benculen); Bali (Boleling); Timor (Kupang?); Ternata; Buro (Kajeli); Amboina; in mari.

Longitudo 7 speciminnm 60''' ad 152'''.

Rem. Mes individus montrent parfaitement la transition des couleurs et prouvent que le Diagramma pica CV. n'est que le jeune âge de l'orientalis. On reconnaît l'espèce fort bien à son système de coloration et surtout à la large tache ou bande sousoculaire noirâtre ou brunâtre et aux parties blanchâtres en avant et en arrière de cette tache.

L'espèce habite, hors l'Insulinde, le côtes de Ceylon et de Samoa.

Plectorhynchus polytaenia Blkr, Onzième notice ichth. Ternate, Ned. T. Dierk. I p. 232; Révis. Plectorh. Ibid. IV p. 296. — Atl. Tab. 295, Perc. tab. 17 fig. 3.

Plectorh. corpore oblongo compresso altitudine $2^3/_4$ ad 3 in ejus longitudine absque-, $3^2/_5$ ad $3^3/_4$ in ejus longitudine cum pinna caudali; latitudine corporis 2 circ. in ejus altitudine; capite valde obtuso convexo $3^1/_2$ ad $3^3/_5$ in longitudine corporis absque-, $4^2/_5$ ad $4^1/_2$ in longitudine corporis cum pinna caudali, aeque alto circ. ac longo; latitudine capitis $1^3/_4$ ad 2 in ejus longitudine; linea rostro-nuchali fronte convexa; oculis diametro 3 fere ad 3 et paulo in longitudine capitis, diametro $^2/_3$ ad 1 fere distantibus; naribus sat approximatis subaequalibus valvatis; osse suborbitali anteriore oculi diametro longitudinali humiliore; maxilla superiore maxilla inferiore paulo longiore, sub oculi limbo anteriore desinente, 3 circ. in longitudine capitis; labiis carnosis; praeoperculo subrectangulo angulo obtuse rotundato, margine posteriore rectiusculo anguloque dentibus parvis conspicuis serrato; squamis corpore angulum aperturae branchialis superiorem inter et basin pinnae caudalis supra lineam lateralem in series 100 circ. transversas, infra lineam lateralem in series 85 circ. transversas dispositis; squamis 37 circ. in serie transversa basin pinnae ventralis inter et pinnam dorsalem quarum 12 vel 13 supra lineam lateralem; cauda parte libera aeque alta ac longa ad paulo longiore quam postice alta; pinna dorsali parte spinosa parte radiosa vix ad non altiore, spinis mediocribus 3ª 4ª et 5ª ceteris longioribus $2^2/_5$ ad $2^2/_3$ in altitudine corporis, spina 1ª spina 2ª duplo ad multo minus duplo breviore, spinis 2 posticis subaequilongis oculo non ad vix longioribus; dorsali radiosa obtuse rotundata; pectoralibus acute vel acutiuscule rotundatis et ventralibus acutis capite absque rostro longioribus; anali spina 2ª spina 3ª paulo longiore et multo fortiore oculo duplo vel minus duplo longiore; caudali extensa truncata junioribus convexiuscula aetate provectis concaviuscula angulis acuta capite absque rostro longiore; corpore fuscescente umbrino vel aurantiaco, vittis longitudinalibus horizontalibus vel subhorizontalibus margaritaceis percurso; iride flavescente vel rosea; — *junioribus* (specim. long. 160''' ad 190''') vittis corpore 5, vittis superioribus 2 fronto-supraoculo-caudalibus capite antice deorsum curvatis et cum vittis lateris oppositi unitis postice pinnam dorsalem radiosam intrantibus, vitta 3ª oculo-caudali mediam basin caudalis intrante, vitta 4ª suboculo-caudali, vitta 5ª postmaxillo-anali; pinnis dorsali spinosa, pectoralibus et ventralibus flavis vel aurantiacis, ceteris umbrinis vel fuscescente-aurantiacis, pectoralibus maculis 2 oblongis fuscis, dorsali et anali radiosis vittis 2 longitudinalibus flavis, caudali superne et inferne vittis 3 obliquis margaritaceis vel flavis; — *aetate provectioribus* (spec. long. 220'''), vittis corpore 7 violascente limbatis, vittis pinnis tabescentibus vix conspicuis; — *aetate provectis* (spec. long. 235''' ad 330'''), vittis corpore 7 ad 9 violascente limbatis, pinnis omnibus aurantiacis vel flavis, vittis vel maculis nullis.

B. 7. D. 12/21 ad 12/23. P. 2/14 vel 2/15. V. 1/5. A 3/7 vel 3/8. C. 1/15/1 et lat. brev.

Syn. *Diagramma polytaenia* Blkr, Derde bijdr. ichth. Celebes, Nat. T. Ned. Ind. III p. 755; Günth., Catal. Fish. I p. 332
Diagramma polytaenioides Blkr, N. soort Solor, Nat. T. Ned. Ind. VI p. 377; Günth., Cat. Fish. I p. 333.
Plectorhynchus polytaenioides Blkr, Enum. esp. poiss. Amboine, Ned. Tijdschr. Dierk. II p. 278. — Atl. ichth. Tab. 293, Perc. tab. 15 fig. 2.

Hab. Celebes (Macassar); Solor (Lawajong); Ternata; Batjan (Labuha); Amboina; in mari.

Longitudo 9 speciminum 160''' ad 330'''

Rem. Dans cette espèce, comme dans les Plectorhynchus lineatus et Goldmani, les bandelettes longitudinales du corps deviennent plus nombreuses avec l'âge des individus; mais elle est remarquable par le changement des couleurs des nageoires où il ne reste plus de vestige des bandes ou des taches dans l'âge plus avancé. Le Diagramma polytaenia d'autrefois n'a pour type qu'un tel individu de 301''' de long, et le Diagramma polytaenioides, établi sur un individu d'une longueur de 217''' n'en est pas spécifiquement distinct, mais montre encore les bandelettes des nageoires. Mes plus petits, individus ont la couleur du fond plus foncée et ressemblent beaucoup, par le système de coloration, aux Plectorhynchus lineatus et radja, dont cependant ils se distinguent constamment par l'absence de bandes ou taches et de bordure noire à la dorsale épineuse. Par la formule des écailles l'espèce est plus voisine encore du radja que du lineatus, mais comparant des individus du radja et du polytaenia, on voit constamment que dans le radja les bandelettes du corps sont plus nombreuses (au nombre de 6 à 8) et la dorsale épineuse largement bordée de noir et à taches noirâtres sur la base formant une bande longitudinale.

Plectorhynchus pictus Blkr, Révis. Plectorh. Ned. T. Dierk. IV p. 298. — Atl. Tab. 329, Perc. tab. 51 fig. 4; Tab. 333, Perc. tab. 55 fig. 2.

Plectorh. corpore oblongo compresso, altitudine $2^3/_5$ ad 3 et paulo in ejus longitudine absque-, $3^1/_5$ ad 4 et paulo in ejus longitudine cum pinna caudali; latitudine corporis 2 ad $2^1/_2$ in ejus altitudine; capite valde obtuso convexo 3 ad $3^2/_3$ in longitudine corporis absque-, 4 ad $4^3/_5$ in longitudine corporis cum pinna caudali, paulo longiore quam alto ad paulo altiore quam longo; latitudine capitis 2 circ. in ejus longitudine; linea rostro-nuchali fronte non ad vix convexa; oculis diametro 3 ad $3^2/_5$ in longitudine capitis, diametro $^1/_3$ ad 1 fere distantibus; naribus sat approximatis subaequalibus valvatis; osse suborbitali anteriore oculi diametro longitudinali multo ad non humiliore; maxilla superiore maxilla inferiore paulo ad vix longiore sub oculi parte anteriore ad vix ante oculum desinente, 3 circ. in longitudine capitis; labiis carnosis; praeoperculo subrectangulo angulo obtuse rotundato, margine posteriore rectiusculo anguloque dentibus parvis serrato; squamis corpore angulum aperturae branchialis superiorem inter et basin pinnae caudalis supra lineam lateralem in series 122 ad 125-, infra lineam lateralem in series 100 circ. transversas dispositis; squamis 50 circ. in serie transversa basin pinnae ventralis inter et pinnam dorsalem, quarum 20 circ. supra lineam lateralem; cauda parte libera aeque alta ac longa ad multo longiore quam postice alta; pinna dorsali juvenilibus valde aetate provectis mediocriter emarginata, parte spinosa parte radiosa valde juvenilibus multo aetate provectis paulo ad non altiore, spinis mediocribus 2ª ceteris longiore valde juvenilibus corpore non ad paulo tantum humiliore aetate provectis $2^1/_3$ ad $2^2/_3$ in altitudine corporis, spina 1ª spina 2ª omni aetate plus duplo breviore, spinis 2 posticis subaequilongis oculo non ad non multo longioribus; dorsali radiosa obtusa rotundata juvenilibus minus duplo longiore quam alta et dorsali spinosa vulgo humiliore, aetate valde provectis multo plus duplo longiore quam alta et dorsali spinosa vulgo altiore; pinnis pectoralibus acute rotundatis et ventralibus acutis capite absque rostro non ad paulo longioribus; anali spina 2ª spina 3ª fortiore valde juvenilibus spina 3ª paulo longiore aetate provectioribus spina 3ª paulo breviore oculo non multo longiore, parte radiosa obtuse vel acutiuscule rotundata dorsali radiosa non humiliore; caudali extensa valde juvenilibus sublanceolata acute rotundata, aetate provectioribus truncata, aetate magis provectis emarginata angulis acuta capite paulo longiore ad paulo breviore; coloribus; — *valde juvenilibus* (specim. long. 50‴ ad 90‴) corpore superne lateribusque fusco vel aurantiaco-fusco; vittis 3 vel 4 longitudinalibus margaritaceis; vitta superiore basi pinnae dorsalis contigua nucha cum vitta lateris opposita unita et tunc linea capitis mediana usque ad maxillam superiorem descendente; vitta 2ª supra-oculo-caudali radios caudales superiores attingente; vitta 3ª infra-oculo-caudali radios caudales inferiores attingente; vitta 4ª ventrali (non semper conspicua); pinnis pectoralibus flavis, ceteris fuscis, dorsali superne medio late flavescente vel margaritaceo limbata, caudali superne et inferne vitta longitudinali margaritacea vel flava; ventralibus analique postice tantum flavis; — *juventute provectis* (specim. long. 110‴ ad 155‴) colore corpore praevalente margaritaceo vel dilute coerulescente; fasciis vel vittis corpore longitudinalibus fuscis 4 ad 6, latioribus et gracilioribus vulgo alternantibus, gracilioribus totis vel ex parte e guttulis seriatis compositis; pinnis fere ut in valde juvenilibus sed dorsali antice et postice plagis flavis, caudali vulgo superne et inferne vittis 2 obliquis irregularibus flavis fusco in maculas subdecomposito; — *aetate provectioribus* (specim. long. 170‴ ad 390‴) colore praevalente margaritaceo-coeruleo, griseo-coeruleo vel griseo, pinnis flavo; corpore superne lateribusque vittis vel fasciis continuis nullis sed maculis oblongis vel guttis et guttulis numerosis fuscis vel fuscescente-aurantiacis vel aureis aetate minus provectis in series 6 ad 10 longitudinales-, aetate magis provectis vulgo multo crebrioribus et irregulariter multiseriatis; pinnis vulgo flavis vel aurantiacis, dorsali superne vulgo late nigricante vel fusco limbata; ventralibus analique aetate minus provectis magna parte fuscis, dorsali caudali et aetate valde provectis interdum etiam anali guttis vel guttulis confertis plus minusve numerosis fuscis vel fuscescente-aurantiacis; — *adultis* colore corpore griseo, pinnis luride flavo vel griseo, vittis vel maculis conspicuis nullis; — iride omni aetate flavescente vel rosea.

B. 7. D. 10/21 vel 10/22 ad 10/24 vel 10/25 (2 specim. 9/23 vel 9/24). P. 2/15 vel 2/16. V. 1/5. A 3/7 vel 3/8. C. 1/15/1 et lat brev.

Syn. *Getekende Kabelaauw* Ruysch, Coll. nov. pisc. Amboin. p. 28 tab. 15 fig. 2?

Garopa ongoe biroe, *Ikan Sasawar* Valent., Amb. fig. 247, 250?

Stompneus, *Espèce de Cabillau de la Rique* Ren., Poiss. Mol. I. tab. 37 fig. 147?; II tab. 55 fig. 237?

Sciaena abu-mgaterin Forsk., Descr. anim. p. 51 nº. 59ᵇ?

Perca picta Thunb., Atsk. fôrut okânde Fisk. of Abbor-slâgtet, K. Vet. Ac. nya Handl. XIII, 1792 p. 142 tab. 5 fig. 1.

Holocentrus radjabou et *Lutjanus pictus* Lac., Poiss. IV p. 334, 374; V p. 687.

Grammistes pictus Bl. Schn, Syst. p. 190.

Diagramma punctatum (Ehr.) CV., Poiss. V p. 226; Rüpp., Atl. Fisch. p. 126 tab. 32 fig. 2; N. Wirb. Fisch. p 125; Q.G., Zoöl. Voy. Astrol. Poiss. p. 699 tab. 12 fig. 2; Val., Règn. anim. éd. ill. Poiss. tab. 30 fig. 3; Schl., Faun Jap. Poiss. p. 60; Blkr, Verh. Bat. Gen. XXIII Sciaen. p. 25; Günth., Cat Fish I p. 323; Kner, Zoöl. Reis. Novara Fisch. p. 54; Day, Fish. India p. 83 tab. 21 fig. 4.

Diagramma ocellatum K. V. H. ap. CV., Poiss. V p. 227.

Diagramma cinerascens CV., Poiss. V p. 233; Rüpp., Atl. Reise, Fisch. p. 127.

Diagramma centurio CV., Poiss. V p 231; Günth., Cat. Fish. I p. 322; Playf., Fish. Zanzib p. 27.

Diagramma poecilopterum CV, Poiss. V p 235; Schleg., Faun. Japon. Poiss. p. 61; Günth., Catal. Fish. I p. 329.

Diagramma balteatum K.V.H. ap. CV., Poiss V p. 237.

Diagramma pictum CV., Poiss. V p. 236; Schleg., Faun. Japon. Poiss. p. 62; Rich., Rep. ichth. Chin. Rep. 15ʰ meet. Brit. Assoc. p. 227; Günth., Cat. Fish. I p. 327; Day, Fish. India p. 81 tab. 21 fig. 3.

Diagramma lineatum Rüpp., Atl. Reise, N. Afr. Fisch. p. 125.

Plectorhynchus Blochii Cant., Cat. Mal. Fish. p. 77

Plectorhynchus balteatus Cant., Cat. Mal. Fish. p. 78.
Plectorhynchus punctatus Blkr, Enum. esp. poiss. Céram, Ned T. Dierk. II p. 187 ; Atl. ichth. Tab. 300, Perc. tab. 22 fig. 1.
Gadji Mal. Batav., *Radjabau* Molucc.
Hab. Sumatra (Priaman); Nias; Pinang; Siugapura; Bintang (Rio); Bangka (Muntok, Karanghadji; Gussong-assam); Java (Batavia, Bantam); Duizend-ins.; Bawean; Celebes (Macassar, Bulucomba, Badjoa); Batjan (Labuha); Ternata; Ceram (Ora meridion., Wahai); Amboina; in mari.
Longitudo 43 speciminum 50‴ ad 393‴.

Rem. La belle série d'individus que je possède de cette espèce montre les changements considérables qu'elle subit avec l'âge par rapport à ses couleurs et à la forme de la dorsale et de la caudale En ne connaissant de l'espèce que des individus du fort jeune âge et de l'âge avancé on ne saurait pas y supposer une même espèce. La couleur brune du fond change en nacré ou grisâtre et les bândelettes disparaissent complètement, le corps et les nageoires impaires, dans les individus âgés, n'étant couvertes que de gouttelettes dorées ou brunâtres. — La dorsale, fort élevée et pointue dans les jeunes et à épines fortement décroissantes en arrière, perd, avec l'âge, cette forme, les épines antérieures ne se développant pas autant que les suivantes ce qui fait diminuer l'échancrure de la nageoire. La caudale enfin, de pointue et fort convexe, devient plus ou moins échancrée et à angles pointus. — Les très-jeunes individus ressemblent beaucoup aux très-jeunes du Plectorhynchus lineatus, mais on les distingue aisément puisque dans le lineatus la dorsale épineuse est beaucoup moins haute et soutenue par 12 ou 13 épines

Les caractères les plus essentiels du pictus, et ne dépendant point de l'âge, se trouvent dans les formules de l'écaillure, dans les 10 ou 9 épines dorsales dont la seconde (ou rarement la troisième) est la plus longue, et dans les 7 ou 8 rayons de l'anale. Je retrouve les formules des écailles et de la dorsale du pictus dans le Plectorhynchus pertusus (= Perca pertusa Thunb. = Diagramma Thunbergii CV. = Diagramma pertusum Günth), mais cette espèce est dite n'avoir que 6 rayons mous (6 ou 7) à l'anale et le corps (même dans les individus de six pouces de long) entièrement brun clair avec les membranes des nageoires d'un brun plus foncé. La 2e épine dorsale y est peinte aussi (Playfair, Fish. Zanzib. tab. 4 fig. 2) notablement plus courte que la 3e et la 1e épine moins du double plus courte que la 2e. Le Diagramma centurio CV. me paraît fondé sur un individu du pictus à 26 (27) rayons à la dorsale; ce nombre, dans les individus de mon cabinet, variant entre 21 et 25, il est probable qu'il y ait aussi des individus où ce nombre va à un ou deux rayons de plus.

Si la synonymie que je donne actuellement est juste, dont je ne doute pas, il en résulte que Cuvier et Valenciennes ont fait six espèces du pictus dont quatre figurent encore comme telles dans le Catalogue de M. Günther.

Le pictus habite, hors l'Insulinde, la Mer rouge, les côtes de Zanzibar, des Seychelles, de Pondichéri, de Ceylon, de Chine, du Japon et de Vanicolo.

POMADASYS Lac. = Pristipoma Cuv. = Polotus Blyth = Genytremus, Genyatremus, Anisotremus, Pristocantharus, Brachydeuterus Gill = Haemulopsis Steind.

Dentes maxillis et pharyngeales pluriseriati, maxillis acuti, pharyngeales ex parte obtusi. Caput superne lateribusque squamatum. Maxilla superior parum protractilis alepidota. Squamae trunco ctenoideae 40 ad 80 in serie longitudinali. Pinna dorsalis basi excepta alepidota, parte spinosa parte radiosa longiore et altiore, spinis 11 ad 13 et radiis 12 ad 18, antice spina procumbente nulla. Pectorales acutae. Analis radiis 7 ad 13. B. 7.

Rem. Le nom générique de Pomadasys, proposé par Lacepède pour le genre du Sciaena argentea Forsk., espèce qui est devenue le Pristipoma argenteum CV., a droit de priorité sur celui de Pristipoma et mérite d'être rétabli. Les espèces du genre sont assez nombreuses, mais l'Inde archipélagique n'est connu en nourrir plus de neuf. Moi-même je n'y ai trouvé que sept espèces, parfaitement reconnaissables par les caractères, résumés ci-dessous.

I. Opercule ne s'étendant pas en arrière de la base de la pectorale. Épines dorsales fortes. Dorsale molle moins du double plus longue que haute. 2e épine anale beaucoup plus forte et plus longue que la 3e. Tête obtuse, 3 fois à $3^2/_5$ fois dans la longueur du corps sans la caudale.

1. 55 écailles dans la ligne latérale. Environ 24 écailles sur une rangée transversale, dont 7 au-dessus de la ligne latérale. A. 3/8 à 3/10, à 2e épine du double ou plus du double plus longue que l'oeil. Corps à bandes longitudinales brunâtres. Nageoires sans taches.

1. *Pomadasys furcatus* Blkr = Pristipoma paikeeli CV.

2. 42 à 49 écailles dans la ligne latérale. Bord postérieur du préopercule concave. Caudale tronquée. A. 3/7 ou 3/8.
A. 46 à 49 écailles dans la ligne latérale. Les deux épines dorsales postérieures d'égale longueur, les 3e et 4e $1^2/_3$ à 2 fois dans la hauteur du corps.
a. 18 ou 19 écailles sur une rangée transversale dont 5 ou 6 au-dessus de la ligne latérale. 2e épine anale beaucoup moins du double plus longue que l'oeil. Dos à larges taches brunes. Dorsale épineuse à large tache brune. Profil frontal convexe.

2. *Pomadasys maculatus* Blkr = Pristipoma maculatum Günth.

b. 16 écailles sur une rangée transversale, dont 4 ou 5 au-dessus de la ligne latérale. 2e épine anale du double ou plus du double plus longue que l'oeil. Moitié supérieure du tronc et dorsale à rangées longitudinales de petites taches brunâtres. Profil frontal droit.

3. *Pomadasys hasta* Blkr = Pristipoma hasta CV.

B. 42 ou 43 écailles dans la ligne latérale, 14 à 16 sur une rangée transversale dont 4 ou 5 au-dessus de la ligne latérale.
a. Épine dorsale postérieure plus longue que la pénultième. Dos et dorsale à taches brunâtres, celles de dorsale disposées sur des rangées longitudinales, celles du dos formant de 8 à 10 rangées transversales. Profil frontal peu convexe.

4. *Pomadasys nageb* Blkr = Pristipoma nageb Rüpp.

b. Les deux épines dorsales postérieures d'égale longueur. Tronc sans taches ni bandes.
aa. Diamètre de l'oeil $2^2/_3$ à 3 fois dans la longueur de la tête.
† 2e épine anale du double plus longue que l'oeil. Profil peu obtus. Dorsale épineuse à large tache brune. Point de tache operculaire.

5. *Pomadasys therapon* Blkr = Pristipoma therapon Blkr.

†' 2e épine anale beaucoup moins du double plus longue que l'oeil. Profil très-obtus. Dorsale sans tache. Opercule à tache olivâtre ou bleuâtre.

6. *Pomadasys argyreus* Blkr = Pristipoma argyreum CV.

bb. Diamètre de l'oeil $3^1/_2$ à 4 fois dans la longueur de la tête. 2e épine anale du double ou plus du double plus longue que l'oeil. Profil fort obtus Dorsale et opercule sans tache.

7. *Pomadasys guoraca* Blkr = Pristipoma guoraca CV.

Pomadasys furcatus Blkr. — Atl. Tab. 352, Perc. tab. 74 fig. 2.

Pomad. corpore oblongo compresso, altitudine $2^1/_5$ ad $2^1/_2$ in ejus longitudine absque-, $2^3/_4$ ad 3 et paulo in ejus longitudine cum pinna caudali; latitudine corporis $2^1/_4$ ad $2^1/_2$ in ejus altitudine; capite obtuso 3 ad $3^1/_4$ in longitudine corporis absque-, $3^4/_5$ ad 4 longitudine corporis cum pinna caudali, aeque alto ac longo ad altiore quam longo; altitudine capitis $1^3/_4$ ad 2 in ejus longitudine; linea rostro-nuchali fronte rectiuscula vel concaviuscula; fronte usque ante medios oculos squamata; oculis diametro $2^2/_3$ ad $3^1/_3$ in longitudine capitis, diametro $^3/_5$ ad 1 fere distantibus; rostro obtuso convexo oculo breviore; naribus approxinatis anterioribus valvatis posterioribus non vel vix minoribus; osse suborbitali anteriore squamato oculi diametro longitudinali plus duplo ad minus duplo humiliore; maxillis subaequalibus, superiore sub oculi parte anteriore desinente, 3 circ. in longitudine capitis; dentibus maxillis serie externa ceteris longioribus; praeoperculo ubique squamato squamis 12 circ. in serie longitudinali maxillam inter et marginem posteriorem, margine libero postice concavo angulo obtuse rotundato postice et inferne denticulato dentibus angularibus ceteris paulo majoribus; operculo angulo non post basin pectoralis producto spina vera nulla; ossibus, suprascapulari denticulato, scapulari edentulo; linea laterali mediocriter curvata singulis squamis tubulo simplice notata; squamis corpore 55 circ. in linea laterali angulum aperturae branchialis superiorem inter et basin pinnae caudalis, 27 circ. in serie transversa basin pinnae ventralis inter et pinnam dorsalem, 7 lineam lateralem inter et vaginam dorsalis squamosam sub spina 7^a vel 8^a; squamis gulo-ventralibus 24 circ. in serie longitudinali aperturam branchialem inter et basin pinnae ventralis; cauda parte libera aeque longa ac ad paulo longiore quam postice alta; pinna dorsali parte spinosa parte radiosa altiore spinis validis crassis 4a ceteris longiore 2 circ. in longitudine capitis, 2 ad $2^2/_3$ in altitudine corporis, spinis 2 posticis subaequilongis radio 1° sat multo brevioribus; dorsali radiosa obtusa convexa minus duplo longiore quam alta; pectoralibus valde acutis capite non ad vix brevioribus; ventralibus acutis capite absque rostro non ad paulo longioribus; anali spina 2a spina 3a multo longiore et crassiore oculo duplo vel plus duplo longiore, parte radiosa dorsali radiosa duplo circ. breviore sed non humiliore margine inferiore concava; caudali extensa leviter emarginata angulis acuta capite absque rostro paulo ad non breviore; colore corpore superne viridescente- vel coerulescente-viridi, inferne argenteo; iride flava vel rubra; vittis corpore longitudinalibus 6 fuscescentibus, plerisque aetate provectis antice bifidis, superioribus 3 nucho-dorsalibus, ceteris operculo caudalibus; pinnis flavescentibus, dorsali spinosa fuscescente nebulata vel marginata.

B. 7. D. 12/15 vel 12/16 vel 13/15 vel 13/16. P. 2/15. V. 1/5. A. 3/8 vel 3/9 vel 3/10. C. 1/15/1 et lat. brev.

Syn. *Grammistes furcatus* Bl. Schn., Syst. p. 187 tab. 43.

Paikeeli Russ., Fish. Corom. II p. 16 tab. 121.

Pristipoma paikeeli CV., Poiss. V p. 193; Cant., Catal. Mal. Fish. p. 74; Blkr, Verh. Bat. Gen. XXIII, Sciaen. p. 20; Günth., Cat Fish I. p. 292.

Pristipoma furcatum Blkr, Révis. Plectorh. Pristip. Ned. T. Dierk. IV p. 304; Day, Fish. India p. 73 tab. 19 fig. 2. — Atl. ichth. Tab. 352 Perc. tab. 74 fig. 2.

Hab. Sumatra (Benculen); Java (Batavia), in mari.

Longitudo 3 speciminum 90''' ad 228'''.

Rem. Cette espèce est voisine du Pomadasys virginicum (Pristipoma virginicum Günth.), tant par son port que par l'écaillure et par le système de coloration, mais elle se distingue suffisamment par le nombre fort inférieur des rangées d'écailles au-dessus de la ligne latérale, par les détails de la coloration, etc. Les dents pharyngiennes, en partie coniques et pointues et en partie graniformes, décrites du virginicum, se retrouvent dans l'espèce actuelle ainsi que dans toutes mes espèces archipélagiques et dans le Pomadasys Jubelini (Pristipoma Jubelini CV.) de la côte de Guinée. M. Day a retrouvé l'espèce à Madras.

Pomadasys maculatus Blkr. — Atl. Tab. 306, Perc. tab. 30 fig. 2.

Pomad. corpore oblongo compresso altitudine $2^3/_5$ ad $2^3/_4$ in ejus longitudine absque-, 3 et paulo ad $3^1/_3$ in ejus longitudine cum pinna caudali, latitudine corporis 2 fere ad 2 et paulo in ejus altitudine; capite obtuso $3^1/_4$ ad $3^2/_5$ in longitudine corporis absque-, 4 ad $4^1/_5$ in longitudine corporis cum pinna caudali, aeque alto circ. ac longo; latitudine capitis $1^3/_4$ ad 2 in ejus longitudine; linea rostro-nuchali fronte convexiuscula; fronte usque ante medios oculos fere squamata; oculis diametro $2^2/_3$ ad 3 in longitudine capitis, diametro $^2/_3$ ad $^3/_4$ distantibus; rostro obtuso convexo oculo breviore; naribus approximatis anterioribus brevivalvatis posterioribus non minoribus; osse suborbitali anteriore squamato, oculi diametro multo humiliore; maxillis subaequalibus, superiore sub oculi parte anteriore desinente 3 ad $3^1/_3$ in longitudine capitis; maxilla inferiore postice tantum squamata; dentibus maxillis serie externa ceteris majoribus; praeperculo ubique squamato squamis magnitudine inaequalibus, postice concavo angulo rotundato, postice et inferne denticulato dentibus angularibus ceteris paulo majoribus; operculo angulo non post basin pectoralis producto spina vera nulla; ossibus, suprascapulari denticulato, scapulari edentulo; linea laterali mediocriter curvata singulis squamis tubulo simplice vel dichotomo notata; squamis corpore 48 vel 49 in linea laterali angulum aperturae branchialis superiorem inter et basin pinnae caudalis, 18 vel 19 in serie transversa basin pinnae ventralis inter et pinnam dorsalem, 5 vel 6 lineam lateralem inter et spinas dorsales medias; cauda parte libera paulo longiore quam postice alta; pinna dorsali spinosa dorsali radiosa altiore spinis validis 3a 4a et 5a ceteris longioribus $1^2/_3$ circ. in longitudine capitis, $1^3/_4$ ad 2 in altitudine corporis, spinis 2 posticis subaequilongis radio 1° sat multo brevioribus; dorsali radiosa obtusa non emarginata minus duplo longiore quam alta; pectoralibus valde acutis capite paulo brevioribus ad paulo longioribus; ventralibus acutis capite absque rostro non ad paulo brevioribus; anali spina 2a spina 3a fortiore et longiore oculo multo minus duplo longiore, parte radiosa dorsali radiosa multo breviore sed non humiliore; caudali extensa truncata vix vel non emarginata angulis acuta vel acutiuscula capite absque rostro non ad vix breviore; colore corpore superne griseo- vel coerulescente-viridi, inferne griseo vel argenteo; iride flava; rostro fusco; dorso vulgo plagis 4 fuscis fascias transversas obliquas transversas similantibus, plagis vel fasciis interdum, anteriore nuchali excepta, ex maculis 2 vel 3 contiguis vel subcontiguis compositis; pinnis flavis, verticalibus fusco plus minusve arenatis, dorsali spinosa spinam 3m inter et 7m macula magna nigricante vel fusca.

B. 7. D. 12/14 vel 12/15. P. 2/15. V. 1/5. A 3/7 vel 3/8. C. 1/15/1 et lat. brev.

Syn. *Anthias maculatus* Bl., Ausl. Fisch. VII p. 9 tab. 326 fig. 2; Bl. Schn., Syst. p. 306.

Lutjanus maculatus Lac., Poiss. VI p. 233.

Caripe Russ., Fish. Corom. II p. 18 fig. 124.

Pristipoma caripa CV., Poiss V p. 195; Rüpp., N. Wirb. Fisch. p. 124; Cant., Catal. Mal. Fish. p. 75; Blkr, Verh. Bat. Gen. XXIII Sciaen. p. 21.

Pristipoma maculatum Günth., Catal. Fish. I. p. 293; Kner, Zoöl. Reis. Novara Fisch. p. 52; Day, Fish. Malab. p. 21, Fish. India p. 74 tab. 19 fig. 5. Blkr, Révis. Plectorh. Pristip. Ned. T. Dierk. IV p. 306; Klunz., Syn. Fisch. R. M. Verh. zoöl. bot. Ges. Wien XX p. 735. — Atl. ichth. Tab. 308, Perc. tab. 30 fig. 2.

Krot-krot Mal.

Hab. Sumatra (Benculen, Priaman, Siboga); Nias; Singapura; Bangka (Muntok); Java (Batavia, Bantam, Anjer, Samarang); Bawean; Bali (Boleling); Celebes (Macassar, Badjoa, Kema); Amboina; Waigiu; in mari.

Longitudo 46 speciminum 75''' ad 182'''.

Rem. Cette espèce habite, hors l'Inde archipélagique, la Mer rouge, la côte orientale d'Afrique, les côtes de Malabar et de Coromandel et le détroit de Torres. A Batavia elle est très-commune, mais fort peu estimée.

Pomadasys hasta Blkr. — Atl. Tab. 325, Perc. tab. 47 fig. 3.

Pomad. corpore oblongo compresso, altitudine $2^2/_5$ ad $2^4/_5$ in ejus longitudine absque-, 3 ad $3^1/_2$ in ejus longitudine cum pinna caudali; latitudine corporis 2 ad $2^1/_3$ in ejus altitudine; capite obtusiusculo 3 ad $3^1/_4$ in longitudine corporis absque-, $3^2/_3$ ad 4 in longitudine corporis cum pinna caudali, aeque alto circ. ac longo; latitudine capitis 2 circ. in ejus longitudine; linea rostro-nuchali fronte rectiuscula; fronte usque ante medios oculos squamata; oculis diametro 3 fere ad 4 et paulo in longitudine capitis, diametro $^2/_3$ ad 1 fere distantibus; rostro convexiusculo oculo multo ad non breviore; naribus approximatis anterioribus brevivalvatis posterioribus non vel vix minoribus; osse suborbitali anteriore squamato, oculi diametro duplo ad non humiliore; maxillis subaequalibus, superiore sub oculi parte anteriore desinente 3 ad $3^1/_2$ in longitudine capitis; maxilla inferiore postice squamata; dentibus maxillis serie externa ceteris majoribus; praeoperculo ubique squamato squamis magnitudine inaequalibus, postice concavo angulo rotundato, postice et inferne denticulato dentibus angularibus ceteris majoribus; operculo angulo non post basin pectoralis producto, spina vera nulla; ossibus, suprascapulari denticulato, scapulari edentulo; linea laterali mediocriter curvata singulis squamis tubulo simplice vel dichotomo notata; squamis corpore 46 ad 48 in linea laterali angulum aperturae branchialis superiorem inter et basin pinnae caudalis, 16 circ. in serie transversa basin pinnae ventralis inter et pinnam dorsalem, 4 vel 5 lineam lateralem inter et spinas dorsales medias; cauda parte libera aeque longa circ. ac postice alta; pinna dorsali spinosa dorsali radiosa altiore spinis validis 3ª et 4ª ceteris longioribus $1^1/_2$ ad $1^4/_5$ in longitudine capitis, $1^2/_3$ ad 2 in altitudine corporis, spinis 2 posticis subaequilongis radio 1° non multo brevioribus; dorsali radiosa obtusa convexa multo minus duplo longiore quam alta; pectoralibus valde acutis capite non ad vix brevioribus; ventralibus acutis capite absque rostro non ad vix brevioribus; anali spina 2ª spina 3ª multo longiore et crassiore oculo duplo fere ad plus duplo longiore, parte radiosa breviore sed non humiliore, non vel paulo emarginata; caudali extensa truncata vix vel non emarginata angulis acuta vel acutiuscula capite absque rostro non ad paulo breviore; colore corpore superne griseo- vel coerulescente-viridi, inferne argenteo; iride flava; squamis dorso lateribusque superne singulis macula vel guttula fuscescente, maculis vel guttulis interdum contiguis vittulas longitudinales efficientibus; pinnis flavescentibus, dorsali inter singulas spinas radiosque maculis vel guttulis 2 ad 4 series pinna longitudinales efficientibus.

B. 7. D. 12/13 vel 12/14 vel 12/15. P. 2/14 vel 2/15. V. 1/5. A. 3/7 vel 3/8. C. 1/15/1 et lat. brev.

Syn. *Lutjanus hasta* Bl., Ausl. Fisch. IV p. 109 tab. 246 fig. 1; Bl. Schn., Syst. p. 324; Lac., Poiss. IV p. 229.
Labrus Commersoni Lac., Poiss. III p. 431, 477 tab. 23 fig. 1; Shaw, Gen. Zool. IV p. 493??
Lutjanus microstoma Lac., Poiss IV p. 181, 216; III tab. 34 fig. 2?
Cojus gudgutia Ham. Buch., Fish. Gang. p. 94.
Pristipoma hasta CV., Poiss. V p. 184; Bélang., Voy. Ind. Or. p 362; Blkr, Verh. Bat. Gen. XXIII Sciaen. p. 20; Günth., Catal. Fish. I p. 289; Day, Fish. India p. 73 (nec fig.); Blkr, Révis. Plectorh. Pristip. Ned. T. Dierk. IV p. 308; Klunz., Syn. Fish. R. M., Verh. zoöl. bot. Ges. Wien, XX p. 733. — Atl. ichth. Tab. 325, Perc. tab. 47 fig. 3.
Pristipoma kakaan CV., Poiss. V p. 182; Rüpp., N. Wirb. Fisch. p. 123 tab 20 fig. 1; Rich., Rep. ichth. Chin. in Rep. 15h meet. Brit. Assoc. p. 227.
Pristipoma Commersonii CV., Poiss. V. p. 188??; Cant., Catal. Mal. Fish. p 72.
Pristipoma chrysobalion (K V.H.) CV., Poiss. V, p. 185.
Polotus nitidus Blyth, Journ. Asiat. Soc. Beng. 1858 p. 282, 1860 p. 111.
Krot Mal., *Krokot* Jav., *Mengantih* Jav. Mad.

Hab. Sumatra (Telokbetong, Siboga); Singapura; Pinang; Bintang (Rio); Java (Batavia, Anjer, Bantam, Samarang, Tjilatjap, Patjitan, Surabaya, Banjuwangi, Pasuruan, Probolingo, Bezuki); Madura (Kammal); Bali (Boleling); Celebes (Macassar, Bulucomba, Badjoa); Sumbawa (Bima); Obi-major; Buro (Kajeli); Ceram (Wahai); Amboina; Waigiu; Insul. Philippin.; in mari.

Longitudo 19 speciminum 76‴ ad 245‴.

Rem. Le Pomadasys hasta habite, hors l'Insulinde, la Mer rouge, les côtes de Bagamoia (Afrique orientale), de Madagascar, de l'Inde, de Chine et de la Nouvelle-Hollande. A Batavia, l'espèce est, avec le nageb, celle du genre dont on fait le plus de cas, quoiqu'elle ne compte pas parmi les espèces dont la chair est estimée par les Européens.

Pomadasys manadensis Blkr.

Syn. *Pristipoma manadense* Günth., Report sever. Collect. Fishes, Proc. Zoöl. Soc. 1871 p. 657.

Descriptio Güntheriana sequens.

»The height of the body is contained twice and two thirds in the total length (without caudal), the length of the head twice and one fifth. The diameter of the eye is one fifth of the length of the head, or two thirds of that of the snout. Upper jaw scarcely longer than lower; maxillary not extending to the front margin of the orbit The posterior limb of the praeoperculum emarginate, with the angle rounded, denticulated, but not produced. Spines of the fins very strong; the two anterior of the dorsal very short, the second not half as long as the third, wich is the longest and nearly half as long as the head. The other spines become gradually shorter, the last being only half as long as the first ray The second anal spine is much stronger and longer than the third, and nearly as long as the third dorsal spine. Caudal fin truncated. Pectoral pointed, extending to the vent. Silvery; upper half of the body with small blackish spots, which occupy the base of the scales. Dorsal fin with two rather irregular series of round blackish spots, each of the size of the pupil The other fins immaculate, or with a slight blackish tinge."

»D. 11/15. A. 3/7. L. lat 50., L. transv. 6/13".

»One specimen, 13 inches long, obtained at Manado, by Dr B Meyer".

Rem. Cette espèce doit être voisine du Pomadasys hasta CV., tant par le système d'écaillure que par le système de coloration, mais elle est dite n'avoir que onze épines dorsales et la tête d'une longueur extraordinaire ($2^1/_2$ fois dans la longueur du corps sans la caudale). Elle se distingue encore du hasta par la brièveté des deux épines dorsales antérieures et de l'épine dorsale postérieure, laquelle est dite mesurer deux fois dans la longueur du premier rayon de la dorsale molle, etc.

Pomadasys nageb Blkr. — Atl. Tab. 351, Perc. tab. 73 fig. 4.

Pomadas. corpore oblongo compresso, altitudine 2$^1/_2$ ad 3 et paulo in ejus longitudine absque-, 3 ad 3$^1/_5$ in ejus longitudine cum pinna caudali; latitudine corporis 2 circ. in ejus altitudine; capite obtusiusculo 3 fere ad 3 et paulo in longitudine corporis absque-, 3$^1/_2$ ad 4 fere in longitudine corporis cum pinna caudali, aeque alto circ. ac longo; latitudine capitis 2 circ. in ejus longitudine; linea rostro-nuchali fronte eonvexiuscula; fronte usque ante medios oculos squamata; oculis diametro 3 ad 4 in longitudine capitis, diametro $^1/_2$ ad 1 distantibus; rostro convexiusculo oculo multo ad non breviore; naribus approximatis anterioribus brevivalvatis posterioribus non vel vix minoribus; osse suborbitali anteriore squamato oculi diametro multo ad vix humiliore; maxillis subaequalibus, superiore sub oculi parte anteriore desinente 3 ad 3$^1/_2$ in longitudine capitis; maxilla inferiore postice squamata; dentibus maxillis serie externa ceteris majoribus; praeoperculo ubique squamato, squamis magnitudine valde inaequalibus, postice concavo angulo rotundato, postice et inferne denticulato dentibus angularibus ceteris fortioribus; operculo angulo non post basin pectoralis producto spina vera nulla; ossibus, suprascapulari denticulato, scapulari edentulo; linea laterali mediocriter curvata, singulis squamis tubulo simplice vel dichotomo notata; squamis corpore 42 vel 43 in linea laterali angulum aperturae branchialis superiorem inter et basin pinnae caudalis, 16 circ. in serie transversa basin pinnae ventralis inter et pinnam dorsalem, 4 vel 5 lineam lateralem inter et spinas dorsales medias; cauda parte libera aeque longa ac ad longiore quam postice alta; pinna dorsali spinosa dorsali radiosa altiore spinis validis 3^a et 4^a ceteris longioribus 1$^1/_2$ ad 2 in longitudine capitis, 1$^2/_3$ ad 2 in altitudine corporis, spina postica spina penultima conspicue longiore radio 1° breviore; dorsali radiosa obtusa convexa multo minus duplo longiore quam alta; pectoralibus valde acutis capite paulo brevioribus ad paulo longioribus; ventralibus acutis capite absque rostro non ad paulo brevioribus; anali spina 2^a spina 3^a multo longiore et crassiore, oculo minus duplo ad plus duplo longiore, parte radiosa dorsali radiosa multo breviore sed non humiliore; caudali extensa truncata vix vel non emarginata angulis acuta vel acutiuscula capite absque rostro paulo breviore; colore corpore superne griseo- vel coerulescente-viridi, inferne argenteo; iride flava; dorso lateribusque superne vulgo maculis squamis majoribus in series 8 ad 10 transversas subaequidistantes dispositis; pinna dorsali inter singulas spinas radiosque maculis vel guttulis 2 vel 3 fuscescentibus

B 7. D. 12/14 vel 12/15 vel 13/13 vel 13/14. P. 2/14 vel 2/15. V. 1/5 A. 3/7 vel 3/8. C. 1/15/1 et lat. brev.

Syn. *Pristipoma nageb* Rüpp., N. Wirb. Fisch. p. 124 tab. 30 fig. 2; Rich, Rep. ichth. Chin. Rep. 15^h meet. Brit. Assoc. p. 227; Blkr, Verh. Bat. Gen. XXIII Sciaen. p. 21; Révis. Plectorh. Pristip. Ned. T. Dierk. IV p. 310; Günth., Catal. Fish. I p. 290 (nec Pristipoma nageb CV., Poiss. V p. 185); Kner, Zoöl. Reis. Novara Fisch. p. 51. — Atl. Ichth. Tab. 351, Perc. tab. 73 fig 4.

Pristipoma argenteum, var. *nageb* Klunz, Syn. Fisch. R. M., Verh. zoöl. bot. Ges. Wien. XX p. 733.

Pristipoma hasta Day, Fish. Malab. p. 20; Fish. India p. 74 tab. 19 fig. 3 (nec fig. 4).

Krot Mal.; *Towoito* Madur.

Hab. Sumatra (Padang); Singapura; Bintang (Rio); Bangka (Muntok, Toboali); Java (Batavia, Bantam, Samarang, Surabaya, Prigi, Pasuruan); Madura (Kammal); Borneo (Sampit); Celebes (Macassar, Bonthain, Badjoa); Amboina; in mari.

Longitudo 32 speciminum 80''' ad 340'''.

Rem. Le nageb est tellement voisin du hasta, qu'on ne l'en distingue aisément du premier coup d'oeil que par la maculature, les taches du dos et du haut des flancs étant plus grandes, beaucoup moins nombreuses et disposées sur des rangées transversales. Ce caractère se joigne à celui d'un nombre inférieur d'écailles dans la ligne latérale et de la longueur inégale des deux dernières épines dorsales, la postérieure étant notablement plus longue que la pénultième. M. Klunzinger ne voit, dans le nageb, qu'une variété du Pomadasys argenteus (Pristipoma argenteum CV.), espèce cependant qui est dite avoir 50 écailles dans la ligne latérale, la seconde épine anale beaucoup moins forte, les taches du corps irrégulières, et une seule rangée de taches sur la base de la dorsale.

Le nageb n'est connu, hors l'Inde archipélagique, que de la Mer rouge, de l'Inde et de Chine.

Pomadasys therapon Blkr. — Atl. Tab. 341, Perc. tab. 65 fig. 1.

Pomad. corpore oblongo compresso altitudine 2$^4/_5$ circ. in ejus longitudine absque-, 3$^1/_2$ circ. in ejus longitudine cum pinna caudali; latitudine corporis 2 circ. in ejus altitudine; capite obtusiusculo 3 et paulo in longitudine corporis absque-, 4 fere in longitudine corporis cum pinna caudali, aeque alto circ. ac longo; latitudine capitis 2 fere in ejus longitudine; linea rostro-nuchali fronte rectiuscula; fronte usque ante medios oculos squamata; oculis diametro 3 circ. in longitudine capitis, diametro $^3/_5$ circ. distantibus; rostro obtuso convexo oculo multo breviore; naribus approximatis anterioribus brevivalvatis posterioribus non vel vix majoribus; osse suborbitali anteriore squamato oculo diametro multo humiliore; maxillis subaequalibus, superiore sub oculi margine anteriore desinente, 3 et paulo in longitudine capitis; maxilla inferiore squamata; dentibus maxillis serie externa ceteris majoribus; praeoperculo ubique squamato squamis magnitudine inaequalibus, postice oblique concavo angulo rotundato, postice et inferne denticulato dentibus angularibus ceteris conspicue majoribus; operculo angulo non post basin pectoralis producto, spina vera nulla; ossibus, suprascapulari denticulato, scapulari edentulo; linea laterali mediocriter curvata singulis squamis tubulo simplice notata; squamis corpore 43 circ. in linea laterali angulum aperturae branchialis inter et basin pinnae caudalis, 15 circ. in serie transversa basin pinnae ventralis inter et pinnam dorsalem, 5 lineam lateralem inter et spinas dorsales medias; cauda parte libera paulo ad non longiore quam postice alta; pinna dorsali spinosa dorsali radiosa altiore, spina validis 3^a 4^a et 5^a ceteris longioribus 1$^2/_5$ circ. in longitudine capitis, 1$^1/_2$ circ. in altitudine corporis, spinis 2 posticis subaequilongis radio 1° brevioribus; dorsali radiosa obtusa convexa minus duplo longiore quam alta; pinnis pectoralibus valde acutis capite non vel vix brevioribus;

ventralibus acutis capite absque rostro vix brevioribus; anali spina 2ª spina 3ª multo longiore et crassiore oculo duplo fere longiore, parte radiosa dorsali radiosa multo breviore sed non humiliore margine inferiore convexa; caudali extensa truncata vel leviter emarginata angulis acuta capite absque rostro paulo breviore; colore corpore superne griseo- vel coerulescente-viridi, inferne argenteo; iride flava; pinnis flavescentibus, dorsali spinosa spinam 3m inter et 7m macula magna fusca.

B. 7. D. 12/13 vel 12/14 vel 12/15. P. 2/14. V. 1/5. A. 3/7 vel 3/8. C. 1/15/1 et lat. brev.

Syn. *Pristipoma therapon* Blkr, Verh. Bat. Gen. XXIII Sciaen. p. 22; Révis. Plectorh. Pristip Ned. T. Dierk. IV p. 312. Günth., Cat. Fish. I. p. 293. — Atl Ichth. Tab. 341, Perc. tab. 63 fig. 1.

Krot Mal.

Hab. Java (Batavia); Bangka (Muntok); Celebes (Bulucomba); in mari.

Longitudo 3 speciminum 60''' ad 114'''.

Rem. Le Pomadasys therapon est fort voisin du guoraca et de l'argyreus, et surtout du dernier, mais il se fait distinguer du premier coup-d'oeil par la large tache brune de la dorsale épineuse, par le museau qui est moins obtus, par le sousorbitaire antérieur qui est moins haut, et surtout par la seconde épine anale qui est beaucoup plus forte. L'espèce est la seule archipélagique du genre que j'ai pu introduire dans la science comme inédite.

Pomadasys argyreus Blkr, Atl. Tab. 320, Perc. tab. 42 fig. 4.

Pomadas. corpore oblongo compresso, altitudine $2^1/_2$ ad $2^4/_5$ in ejus longitudine absque-, 3 et paulo ad $3^1/_3$ in ejus longitudine cum pinna caudali; latitudine corporis $1^3/_4$ ad 2 in ejus altitudine; capite obtuso 3 fere in longitudine corporis absque-, $3^1/_2$ ad $3^3/_5$ in longitudine corporis cum pinna caudali, aeque alto circ. ac longo; latitudine capitis $1^3/_4$ ad 2 in ejus longitudine; linea rostro-nuchali fronte convexiuscula; fronte usque ante medios oculos squamata; oculis diametro $2^2/_5$ ad 3 fere in longitudine capitis, diametro $^2/_3$ circiter distantibus; rostro obtuso convexo oculi diametro sat multo breviore; naribus approximatis anterioribus brevivalvatis posterioribus non vel vix minoribus; osse suborbitali anteriore squamoso, oculi diametro multo humiliore; maxillis subaequalibus, superiore sub oculi parte anteriore desinente 3 circ. in longitudine capitis; maxilla inferiore squamata; dentibus maxillis serie externa ceteris paulo majoribus; praeoperculo ubique squamato squamis magnitudine valde inaequalibus, postice oblique emarginato angulo rotundato, postice et inferne denticulato dentibus angularibus ceteris vix majoribus; operculo angulo non post basin pectoralis producto, spina vera nulla; ossibus suprascapulari denticulato, scapulari edentulo; linea laterali mediocriter curvata singulis squamis tubulo simplice vel bifido notata; squamis corpore 43 circ. in linea laterali angulum aperturae branchialis superiorem inter et basin pinnae caudalis, 15 circ. in serie transversa basin pinnae ventralis inter et pinnam dorsalem, 5 lineam lateralem inter et spinas dorsales medias; cauda parte libera non ad paulo longiore quam postice alta; pinna dorsali spinosa dorsali radiosa altiore spinis mediocribus 3ª et 4ª ceteris longioribus $1^1/_2$ ad $1^2/_3$ in longitudine capitis, $1^1/_2$ ad $1^2/_3$ in altitudine corporis, spinis 2 posticis subaequilongis radio 1° sat multo brevioribus; dorsali radiosa obtusa convexa minus duplo longiore quam alta; pinnis pectoralibus valde acutis capite non ad paulo longioribus; ventralibus acutis capite absque rostro brevioribus; anali spina 2ª spina 3ª multo longiore et crassiore oculo multo minus duplo longiore, parte radiosa dorsali radiosa multo breviore sed non humiliore, margine inferiore convexo vel convexiusculo; caudali extensa truncata non emarginata angulis obtusata capite absque rostro breviore; colore corpore superne griseo- vel coerulescente-viridi, inferne argenteo; iride flava; operculo macula olivacea vel violascente-coerulea (non semper conspicua); pinnis flavescentibus.

B. 7 D. 12/13 vel 12.14 vel 13/13 vel 13/14. P. 2/13 vel 2/14. V. 1/5. A. 3/7 vel 3/8. C. 1/15/1 et lat. brev.

Syn. *Pristipoma argyreum* CV., Poiss. IX p. 359?; Blkr, Verh. Bat. Gen. XXIII Sciaen. p. 22; Révis. Plectorh. Pristip. Ned. T. Dierk. IV p. 330; Atl. Ichth. Tab. 320 Perc. tab. 42 fig. 4; Günth., Catal. Fish. I p. 292; Day, Fish. Andaman, Proc. Zool. Soc. 1870 p. 683.

Pristipoma guoraka Day, Fish. India Tab. 20 fig. 1.

Krot-krot Mal.; *Popondok* Sundan.

Hab. Sumatra (Benculen, Padang, Priaman); Nias; Java (Batavia, Bantam, Anjer); Borneo (Sampit); in mari.

Longitudo 23 speciminum 70''' ad 130'''.

Rem. Cette espèce se distingue constamment du guoraca, dont du reste elle est fort voisine, par le profil qui est plus obtus et plus convexe, par les yeux qui sont notablement plus grands et par la seconde épine anale qui est plus faible et plus courte.

Le Pristipoma argyreum de la grande Histoire naturelle des poissons n est probablement point distinct, mais les auteurs ne disent rien par rapport à la grandeur des yeux. La description fort succincte de Cuvier-Valenciennes fut prise sur un individu de la côte de Coromandel long de sept pouces. M. Day retrouva l'espèce aux îles Andaman.

Pomadasys guoraca Blkr. — Atl. Tab. 323, Perc. tab. 45 fig. 1.

Pomadas. corpore oblongo compresso, altitudine $2^2/_5$ ad $2^3/_5$ in ejus longitudine absque-, 3 ad $3^1/_5$ in ejus longitudine cum pinna caudali; latitudine corporis 2 ad 2 et paulo in ejus altitudine; capite obtuso 3 fere in longitudine corporis absque-, $3^1/_2$ ad $3^3/_5$ in longitudine corporis cum pinna caudali, aeque alto circiter ac longo; latitudine capitis $1^4/_5$ ad 2 in ejus longitudine; linea rostro-nuchali fronte convexiuscula vel rectiuscula; fronte usque ante medios oculos squamata; oculis diametro $3^1/_2$ ad 4 in longitudine capitis, diametro 1 fere ad 1 distantibus; rostro obtuso convexo junioribus oculo breviore aetate provectis oculo non breviore; naribus approximatis anterioribus brevivalvatis posterioribus non vel vix minoribus; osse suborbitali anteriore squamato juvenilibus oculi diametro humiliore, aetate provectis oculo diametro non humiliore; maxillis subaequalibus, superiore sub oculi parte anteriore desinente 3 ad $3^1/_3$ in longitudine capitis; maxilla inferiore squamata; dentibus maxillis serie externa

ceteris majoribus; praeoperculo ubique squamato squamis magnitudine valde inaequalibus, postice obliquo vel emarginato angulo rotundato, postice et interne denticulato dentibus angularibus ceteris paulo majoribus; operculo angulo non post basin pectoralis producto, spina vera nulla; ossibus, suprascapulari denticulato, scapulari edentulo; linea laterali mediocriter curvata singulis squamis tubulo simplice vel bifido notata; squamis corpore 43 circ. in linea laterali angulum aperturae branchialis superiorem inter et basin pinnae caudalis, 15 vel 16 in serie transversa basin pinnae ventralis inter et pinnam dorsalem, 5 lineam lateralem inter et spinas dorsales medias; cauda parte libera paulo longiore quam postice alta; pinna dorsali spinosa dorsali radiosa altiore spinis validis 3ª et 4ª ceteris longioribus $1^2/_3$ ad $1^3/_4$ in longitudine capitis, $1^3/_4$ ad $2^1/_3$ altitudine corporis, spinis 2 posticis subaequilongis radio 1° sat multo brevioribus; dorsali radiosa obtusa convexa minus duplo longiore quam alta; pinnis pectoralibus valde acutis capite non ad paulo longioribus; ventralibus acutis capite absque rostro non ad vix longioribus; anali spina 2ª spina 3ª multo longiore et crassiore oculo duplo ad plus duplo longiore, parte radiosa dorsali radiosa multo breviore sed non humiliore margine inferiore rectiuscula vel convexa; caudali extensa truncata non emarginata angulis acutiuscula capite absque rostro breviore; colore corpore superne griseo- vel coerulescente-viridi, inferne argenteo; iride flava; pinnis flavescentibus.
B. 7. D. 12/13 vel 12/14 vel 13/13 vel 13/14. P. 2/15. V. 1/5. A. 3/7 vel 3/8. C. 1/15/1 et lat. brev.
Syn. *Perca grunniens* J. R. Forst., Descr. animal. ed. Lichtenst. p. 294?
Anthias grunniens Bl. Schn, Syst. p. 308??
Guoraca Russ, Fish. Corom. II p. 24 fig. 132?
Pristipoma guoraca CV., Poiss. V p. 191?; Voy. Ind. Or. Belang. p. 363; Cant., Catal. Mal. Fish. p. 73; Blkr, Verh. Bat. Gen. XXIII Sciaen. p. 23; Révis. Plectorh. Pristip. Ned. T. Dierk. IV p. 315; Kner, Zoöl. Reis. Novara, Fisch. p. 53; Day, Fish. Malab. p. 22; Fish. India p. 75 (nec fig.) Atl. Ichth. Tab. 323, Perc. tab. 45 fig. 1.
Pristipoma unicolor K. V. H. ap. CV., Poiss. V. p. 192.
Krot Mal.
Hab. Sumatra (Cauer, Padang, Priaman, Siboga); Pinang; Java (Batavia, Prigi); Celebes (Badjoa); Amboina, in mari.
Longitudo 13 speciminum 60‴ ad 198‴.

Rem. Si en effet le Guoraka de de Russel représente l'espèce actuelle, dont je ne doute point il est à remarquer que ses individus deviennent beaucoup plus grands que le plus grand de mon cabinet, Russel ayant pris sa description sur un individu de deux pieds de long. Il n'est pas rare que les individus d'une même espèce près de côtes du continent de l'Inde deviennent plus grands que ceux qu'on pêche dans les mers des îles de la Sonde près des côtes fort peuplées, ce qui fait penser que dans les mers des régions bien peuplées et à de nombreuses pêcheries, les individus de plusieurs espèces ne parviennent point à l'état adulte. M. Day doute de la diversité spécifique du guoraca et de l'argenteus. Les nombreux individus que je possède des deux espèces présentent constamment les différences indiquées et cela aussi pour les individus des deux espèces d'un même âge.

Pomadasys auritus Blkr.

Syn. *Pristipoma auritum* CV., Poiss. V p. 196; Cant., Catal. Mal. Fish. p. 76; Günth., Catal. Fish. I p. 293.

Descriptio Cuviero-Valenciennesiana sequens.

»Très-bien caractérisé par le prolongement peu ordinaire de l'angle de son opercule, qui se porte en arrière, presque jusque vis-à-vis du milieu de la pectorale, et finit cependant en s'arrondissant. La saillie arrondie de son préopercule est aussi très-considérable — Par ses formes, par la force respective de ses épines et même par ses couleurs, il ressemble beaucoup au nageb; il a de même le dos semé de points bruns et bleuâtres sur un fond argenté verdâtre. La dorsale est grise, très-foncée, avec deux rangées de taches noires sur la moitié inférieure de sa partie molle; ses autres nageoires sont pâles; il a des teintes jaunes aux joues et sous la queue." »D. 11/14. P. 17. V. 1/5. A. 3/7. C. 17."
»Longueur dix-huit pouces" (individu de Siam.).

Rem. Cantor, dans un individu d'un pied et huit pouces de long, trouva 12 épines dorsales. Il décrit la longueur de l'opercule comme à peu près la moitié de la longueur de la tête. Par ce dernier caractère l'espèce se distingue éminemment des autres espèces insulindiennes. Ni Cuvier-Valenciennes ni Cantor n'en donnent la formule des écailles.

DATNIOIDES Blkr.

Dentes maxillis pluriseriati conici acuti, pharyngeales acuti; vomerini et palatini nulli. Os praeorbitale alepidotum. Maxillae alepidotae, superior valde protractilis ramo adscendente frontem attingente. Membrana interbranchialis parum incisa. Squamae trunco ctenoideae 50 ad 80 in serie longitudinali. Pinnae; dorsalis squamata parte spinosa parte radiosa duplo circ. longiore et non humiliore, spinis 12 et radiis 13 ad 17, antice spina procumbente nulla; pectorales acutiuscule rotundatae; analis radiis 8 ad 10; caudalis convexa. B. 6.

Rem. Le genre Datnioides est remarquable par la protractilité de la mâchoire supérieure dont la tige montante atteint le haut de l'occiput. On n'en connait jusqu'ici que deux espèces, voisines l'une de l'autre par les formes générales et par le système de coloration, mais nettement distinctes par l'écaillure.

I. Environ 110 rangées transversales d'écailles au-dessus et environ 90 au-dessous de la ligne latérale. Environ 53 écailles sur une rangée transversale, dont 16 entre la ligne laterale et la 6e épine dorsale. D. 12/15 à 12/17. Corps rouge.

1. *Datnioides microlepis* Blkr.

II. Environ 72 rangées transversales d'écailles au-dessus et environ 56 au-dessous de la ligne latérale Environ 33 écailles sur une rangée transversale, dont 9 ou 10 entre la ligne latérale et la 6e épine dorsale. D. 12/13 ou 12/14 Corps vert.

2. *Datnioides quadrifasciatus* Blkr.

Datnioides microlepis Blkr, Zevende bijdr. ichth. Borneo, Nat. T. Ned. Ind. V p. 442; Günth., Catal. Fish. I p. 339. — Atl. Tab. 291, Perc. tab. 31 fig. 2.

Datnioid. corpore oblongo compresso, altitudine 2 ad $2^1/_4$ in ejus longitudine absque-, $2^1/_2$ ad $2^3/_4$ in ejus longitudine cum pinna caudali; latitudine corporis $2^1/_2$ ad 3 fere in ejus altitudine; capite $2^1/_5$ ad $3^2/_3$ in longitudine corporis absque-, 3 ad $3^2/_5$ in longitudine corporis cum pinna caudali, paulo vel non altiore quam longo; latitudine capitis 2 et paulo in ejus longitudine; linea rostro-dorsali capite junioribus rectiuscula aetate provectis concava; oculis diametro $3^1/_2$ ad 4 in longitudine capitis, diametro $^2/_3$ circ. distantibus; vertice et fronte usque supra medium oculum squamosis; rostro acuto oculo non ad vix longiore; naribus anterioribus brevicirratis naribus posterioribus paulo minoribus; maxillis aequalibus superiore valde protractili sub oculi dimidio posteriore desinente 2 et paulo ad $2^1/_3$ in longitudine capitis; dentibus maxillis pluriseriatis parvis serie externa ceteris paulo majoribus; maxilla inferiore poris symphysialibus vix conspicuis; praeoperculo squamis in series 30 circ. transversas dispositis, obtusangulo angulo rotundato margine posteriore denticulis bene conspicuis serrato; operculo squamis in series 13 circ. transversas dispositis angulo spinis 2 planis; ossibus suprascapulari et scapulari leviter denticulatis; linea laterali valde curvata apice curvaturae anterioris spinae dorsi 5ae vel 6ae opposito; squamis corpore angulum aperturae branchialis superiorem inter et basin pinnae caudalis supra lineam lateralem in series 110 circ transversas, infra lineam lateralem in series 90 circ. transversas dispositis; squamis 53 circ. in serie transversa basin pinnae ventralis inter et pinnam dorsalem, 16 circ. lineam lateralem inter et spinam dorsi 5m vel 6m; cauda parte libera altiore quam longa; pinna dorsali spinis validis 5a 6a et 7a ceteris longioribus $2^1/_2$ ad $2^2/_3$ in altitudine corporis, parte radiosa parte spinosa paulo ad non altiore obtuse rotundata; pectoralibus obtusis rotundatis radiis subsuperioribus radiis mediis longioribus et ventralibus acutis radio 1° in filum breve producto absque filo capitis parte postoculari longioribus; anali spinis validis media ceteris longiore oculo multo ad duplo fere longiore, parte radiosa obtuse rotundata dorsali radiosa non ad non multo humiliore; caudali valde convexa capitis parte postoculari longiore; colore corpore pinnisque rubro vel roseo; iride medio rubra marginibus pupillari et orbitali flava; fasciis corpore fuscis vel nigricantibus transversis obliquis 8, fascia 1a nucho-oculo-praeoperculari angulata, 2a operculo-thoracica, 3a dorso-ventrali, 4a et 5a dorso analibus, 6a dorso-caudali, 7a et 8a approximatis caudalibus, 8a basi pinnae caudalis; fasciis 4 mediis dorsalem intrantibus, fascia 5a analem intrante, fasciis plurimis interdum aetate provectioribus praesertim fusco vel nigro profundiore marginatis et parce maculatis; junioribus vittis rostro-dorsalibus 2 vittaque rostro-oculari nigris; ventralibus dimidio libero fuscis.

B. 6. D. 12/15 vel 12/16 vel 12/17. P. 2/16. V. 1/5. A. 3/9 vel 3/10 C. 1/15/1 et lat. brev.

Hab. Borneo (Pontianak, Sintang), in fluviis.

Longitudo 6 speciminum 92''' ad 202'''.

Rem. Cette belle espèce habite aussi les eaux douces de Siam. On la distingue aisément du quadrifasciatus par ses petites écailles et par la couleur rouge ou rose du corps et des nageoires. Les bandes brunes sont aussi plus nettement marquées que dans le quadrifasciatus et ne disparaissent point dans les adultes.

Datnioides quadrifasciatus Blkr. — Atl. Tab. 305, Perc. tab. 27 fig. 1.

Datnioid. corpore oblongo compresso, altitudine 2 ad $2^1/_3$ in ejus longitudine absque-, $2^2/_5$ ad $2^3/_4$ in ejus longitudine cum pinna caudali; latitudine corporis $2^1/_4$ ad $2^1/_2$ in ejus altitudine; capite $2^2/_5$ ad $2^4/_5$ in longitudine corporis absque-, 3 et paulo ad $3^1/_2$ in longitudine corporis cum pinna caudali, longiore quam alto; latitudine capitis 2 circ. in ejus longitudine; linea rostro-dorsali capite junioribus et adultis concava; oculis diametro $3^1/_2$ ad $5^1/_2$ in longitudine capitis, diametro $^2/_3$ ad 1 fere distantibus; vertice et fronte usque supra oculum squamosis; rostro acuto junioribus oculo breviore aetate provectis oculo non breviore; naribus anterioribus brevicirratis naribus posterioribus paulo minoribus; maxilla superiore valde protractili maxilla inferiore breviore, sub medio oculo circ desinente $2^1/_2$ ad 3 in longitudine capitis; dentibus maxillis pluriseriatis serie externa ceteris paulo majoribus; maxilla inferiore poris symphysi approximatis conspicuis; praeoperculo squamis in series 20 circ. transversas dispositis, obtusangulatim rotundato margine posteriore denticulis bene conspicuis serrato; operculo squamis in series 9 circ transversas dispositis, angulo spinis 2 parvis planis vix conspicuis; ossibus suprascapulari et scapulari leviter denticulatis; linea laterali valde curvata apice curvaturae anterioris spinae dorsi 5ae vel 6ae opposito; squamis corpore angulum aperturae branchialis superiorem inter et basin pinnae caudalis supra lineam lateralem in series 72 circ. transversas, infra lineam lateralem in series 56 circ. transversas dispositis; squamis 32 ad 34 in serie transversa basin pinnae ventralis inter et pinnam dorsalem, 9 vel 10 lineam lateralem inter et spinam dorsi 5m vel 6m; cauda parte libera altiore quam longa; pinna dorsali spinis validis 4a 5a et 6a ceteris longioribus $2^1/_3$ ad $2^2/_3$ in altitudine corporis, parte radiosa parte spinosa paulo ad non altiore obtuse rotundata; pectoralibus obtusiuscule rotundatis radiis subsuperioribus radiis mediis et capitis parte postoculari longioribus; ventralibus acutis radio 1o in filum breve producto, absque filo capitis parte postoculari non ad paulo brevioribus; anali spinis validis media ceteris longiore oculo duplo fere ad triplo fere longiore, parte radiosa obtuse rotundata dorsali radiosa non ad paulo humiliore; caudali valde convexa capitis parte postoculari non ad paulo breviore; colore corpore superne viridi, inferne aurantiaco vel flavo; iride violascente vel viridi margine pupillari aurea; operculo junioribus superne macula magna fusca; fasciis corpore latis fuscis vel nigricantibus transversis obliquis corpus cingentibus 8; fascia 1a nucho-oculo-praeoperculari angulata, 2a nucho-operculo-thoracica, 3a dorso-ventrali, 4a et 5a dorso-analibus, 6a dorso-caudali, 7a et 8a caudalibus, 8a basi pinnae caudalis medio vulgo interrupta; junioribus vittis rostro-dorsalibus 2 vittaque rostro-oculari nigricantibus; spatiis fascias trunci inter superne interdum vitta transversa accessoria fusca vel nigricante; pinnis aurantiacis vel flavis dimidio libero vulgo profundioribus; fasciis aetate valde provectis diffusis vel subnullis.

B. 6. D. 12/13 vel 12/14. P. 2/17 vel 2/18. V 1/5. A. 3/8 vel 3/9 vel 3/10. C. 1/15/1 et lat. brev.

Syn. *Chaetodon quadrifasciatus* Sevastian., Mém. Acad. Sc. Pétersb. I 1809 p. 448 tab. 18.

Coius polota Ham. Buch., Fish. Gang. p. 95, 370 tab 38 fig. 31; Schl., Faun. Jap. Poiss. p. 17; Rich., Voy. Sulph. Ichth. p. 83.

Coius binotatus Gr., Illustr. Ind. Zool. II Pisc. tab. 2 fig. 2.

Datnioides polota Blkr, Zevende bijdr. ichth. Borneo, Nat. T. Ned. Ind. V p. 441; Günth., Cat. Fish. I p. 339; Kner, Zool. Reis. Novara Fisch. p. 50; Day, Fish. India p 96 tab. 24 fig. 6. — Atl. Ichth. Tab. 305, Perc. tab. 27 fig. 1.

Datnia polota Cant., Catal. Malay. Fish. p. 16.

Lobotes hexazona Blkr, Bijdr. ichth. Borneo, Nat. T. Ned. Ind. I p. 9; Nieuwe bijdr. Perc. Scler., Nat. T. Ned. Ind. II p. 165.

Hab. Sumatra (Palembang); Borneo (Bandjermasin, Kahajan, Pontianak, Sinkawang, Sambas); in fluviis.

Longitudo 40 speciminum 42''' ad 270'''.

Rem. Je n'ai reçu cette espèce que de Sumatra et de Bornéo. Kner dit qu'elle habite aussi l'île de Java, mais l'individu dont il est parlé dans la Zoologie du Novara provient de mes collections et fut donné avec beaucoup d'autres poissons de mon cabinet à Von Frauenfeld lors du séjour du Novara à Batavia. Le quadrifasciatus paraît être fort commun dans les fleuves de Bornéo. C'est du reste une espèce qu'on connaissait depuis un demi-siècle du Bengale et qui habite aussi les fleuves de Siam. La figure publiée par Sevastianoff, déjà en l'an 1809, sous le nom de Chaetodon quadrifasciatus, fait parfaitement reconnaître l'espèce actuelle.

Phalanx *Maenini*.

Spariformes corpore oblongo-ovali vel subelongato; dentibus maxillis parvis acutis conicis vel setaceis, caninis nullis; dentibus vomerinis et palatinis rudimentariis vel nullis; maxilla superiore alepidota mediocriter ad valde protractili; praeoperculo non serrato; pinna dorsali indivisa spinis gracilibus; anali spinis 3. B. 6 vel 7.

PINJALO Blkr.

Dentes maxillis pluriseriati et vomerini; palatini nulli. Caput regione temporali et ossibus opercularibus tantum squamatum. Maxilla superior mediocriter protractilis. Squamae trunco ctenoideae 70 circ. in serie longitudinali, in series obliquas postrorsum adscendentes dispositae. Pinna dorsalis squamata, parte spinosa parte radiosa longiore, spinis gracilibus 11 et radiis 14 vel 15. Analis radiis 10 vel 11. B. 6.

Rem. Le genre Pinjalo bien que fort voisin du Caesio en diffère par l'absence d'écailles sur le front et l'occiput, par la mâchoire supérieure peu protractile, par la direction oblique des rangeés d'écailles du tronc et par les onze épines dorsales.

Pinjalo typus Blkr, Topogr. Batav., Nat. Geneesk. Arch. Ned. Ind. II p. 521; Révis. Caesio, Archiv. néérl. sc. nat. VIII p. 179. Atl Tab. 292, Perc. tab. 14 fig. 3.

Pinjal. corpore oblongo compresso, altitudine $2^1/_3$ ad 3 fere in ejus longitudine absque-, 3 ad $3^4/_5$ in ejus longitudine cum pinna caudali; latitudine corporis 2 et paulo ad $2^1/_2$ in ejus altitudine; capite obtuso $3^1/_5$ ad 4 in longitudine corporis absque-, $4^1/_3$ ad 5 et paulo in longitudine corporis cum pinna caudali; altitudine capitis 1 ad 1 fere-, latitudine capitis $1^4/_5$ ad 2 fere in ejus longitudine; oculis diametro $2^1/_3$ ad $3^1/_2$ in longitudine capitis, diametro $^3/_4$ ad 1 et paulo distantibus; linea rostro-frontali rectiuscula vel convexiuscula; rostro oculo multo ad paulo breviore, cum maxillis protractis oculo non ad vix longiore; naribus sat longe ante oculum ante pupillae partem inferiorem perforatis; osse praeorbitali supra angulum oris pupillae diametro humiliore; maxilla superiore sub oculi parte anteriore desinente; dentibus parvis maxillis subaequalibus, vomerinis in thurmam triangularem dispositis; squamis genis maxillam superiorem inter et limbum praeoperculi in series 10 circ. transversas dispositis; praeoperculo limbo alepidoto, margine posteriore obliquo, angulo obtuse rotundato crenato-denticulato; operculo angulo in spinulam planam spuriam desinente; linea laterali valde curvata singulis squamis tubulo simplice notata; fascia squamarum temporali valde distincta cute nuda sat lata cincta, non cum fascia lateris oppositi unita, triplo ad plus triplo longiore quam lata, squamis in series 9 ad 11 transversas et in series 2 vel 3 longitudinales dispositis; squamis corpore 70 circ. in serie longitudinali angulum aperturae branchialis superiorem inter et basin pinnae caudalis, 28 circ. in serie transversa anum inter et pinnam dorsalem, 8 lineam lateralem inter et dorsalem spinosam mediam; pinna dorsali parte spinosa parte radiosa longiore et multo altiore spinis gracilibus 3ª 4ª et 5ª ceteris longioribus $2^1/_2$ ad 3 in altitudine corporis, spina postica radio 1° non breviore; dorsali radiosa corpore quadruplo ad sextuplo humiliore, margine superiore rectiusculo vel convexiusculo, postice angulata; pectoralibus acutis capite longioribus; ventralibus acutis capite absque rostro brevioribus; anali squamosa spinis gracilibus 1ª brevi 2ª et 3ª subaequilongis spinis dorsalibus longissimis sat multo brevioribus; caudali semilunariter emarginata angulis acuta, capite longiore; colore corpore superne roseo vel fuscescente-roseo, inferne roseo-vel flavescente-argenteo; iride rosea vel flava; dorso lateribusque seriebus squamarum singulis longitudinalibus vittula violascente, vittulis dorso valde obliquis; pinnis roseis vel flavescentibus, dorsali superne late fuscescente vel nigricante, caudali postice medio et anali inferne fuscescente marginatis.

B. 6. D. 11/14 vel 11/15. P. 2/16. V. 1/5. A 3/10 vel 3/11. C. 1/15/1 et lat. brev.

Syn. *Caesio pinjalo* Blkr, Verh. Bat. Gen. XXIII Maen. p. 10; Faun. ichth. Jav. spec. nov. Nat. T. Ned. Ind. I p. 103; Günth., Cat. Fish. I p. 391; Day, Fish. India p. 94 tab. 24 fig. 4. — Atl. Ichth. Tab 292, Perc. tab. 14 fig. 3.

Mesoprion Mitchelli Günth., Ann. Nat. Hist. 3ʰ Ser. XIX p. 257 tab. 9.

Odontonectes pinjalo Day, Fish. India p. 29.

Pinjalo Mal. Batav.

Hab. Sumatra (Telokbetong, Padang); Singapura; Java (Batavia); Celebes (Macassar, Bulucomba); in mari.

Longitudo 12 speciminum 170‴ ad 455‴.

Rem. L'espèce, la seule connue du genre, devient plus grande encore que les plus grandes espèces de Caesio (l'Ekor-kuning = Caesio erythrogaster K.V.H.). Sa chair n'est pas plus estimée que celle de l'Ekor-kuning. Le Mesoprion Mitchelli Günth. étant prouvée être de la même espèce, il en resulte que le Pinjalo habite aussi la côte de Coromandel. Dans la figure de l'Atlas le dessinateur a fait, par inadvertance, des épines des deux rayons antérieurs de la dorsale.

GYMNOCAESIO Blkr.

Dentes maxillis minimi; vomerini et palatini nulli. Caput vertice, fronte, regione temporali et ossibus opercularibus tantum squamatum. Fascia squamarum temporalis distincta. Maxillae in tubum horizontalem protractiles. Squamae trunco ctenoideae 80 circ. in serie longitudinali, in series horizontales dispositae. Pinna dorsalis alepidota parte radiosa parte spinosa duplo circ. longiore, spinis 9 et radiis 15 vel 16. Analis radiis 12 vel 13. B. 6.

Rem. Le Caesio gymnopterus d'autrefois, rapporté depuis au genre Smaris Cuv. à cause de la dorsale dénuée d'écailles, ne peut pas non plus être de ce dernier type, dont il se distingue par la dorsale à neuf épines et à partie molle soutenue par 15 ou 16 rayons et du double plus longue que la partie épineuse. Il a encore 3 ou 4 rayons de plus à l'anale que les espèces européennes de Smaris. Les Smaris melanurus et balteatus CV. méritent d' être examinés de nouveau par rapport à leur vrai type générique. Le dernier est probablement un Dipterygonotus fort voisin du leucogrammicus.

Gymnocaesio gymnopterus Blkr. — Atl. Tab. 310, Perc. tab. 32 fig. 5.

Gymnoc. corpore elongato compresso, altitudine $4^3/_5$ ad $5^1/_2$ in ejus longitudine absque-, $5^1/_3$ ad $6^2/_3$ in ejus longitudine cum pinna caudali; latitudine corporis $1^1/_3$ ad $1^3/_5$ in ejus altitudine; capite acuto, $3^4/_5$ ad $4^1/_4$ in longitudine corporis absque-, $4^3/_5$ ad $5^1/_4$ in longitudine corporis cum pinna caudali; altitudine capitis $1^1/_3$ ad $1^3/_5$, latitudine capitis 2 fere ad 2 in ejus longitudine; oculis diametro 3 ad $3^1/_3$ in longitudine capitis, diametro $^2/_3$ ad 1 distantibus; fronte usque supra oculi partem anteriorem squamosa; linea rostro-frontali rectiuscula; rostro oculo breviore cum maxillis protractis oculo multo longiore; naribus distantibus posterioribus ante orbitae marginem supero-anteriorem perforatis; osse praeorbitali supra angulum oris pupillae diametro multo humiliore; maxilla superiore sub oculi margine anteriore desinente horizontaliter maxime protractili; dentibus maxillis minimis tactu magis quam visu conspicuis; squamis genis maxillam superiorem inter et limbum praeoperculi in series 9 circ. transversas dispositis; praeoperculo limbo alepidoto, margine posteriore obliquo non vel vix concavo angulo obtuse rotundato edentulo; operculo spinula nulla; fascia squamarum temporali cum fascia lateris oppositi confluente, duplo circ. longiore quam lata, squamis in series 15 circ. transversas et in series 4 ad 6 longitudinales dispositis; linea laterali non vel vix curvata singulis squamis tubulo simplice notata; squamis corpore leviter ciliatis 80 in serie longitudinali angulum aperturae branchialis superiorem inter et basin pinnae caudalis, 19 vel 20 in serie transversa anum inter et pinnam dorsalem, 7 vel 8 lineam lateralem inter et mediam dorsalem spinosam; pinna dorsali parte spinosa parte radiosa sat multo breviore sed multo altiore, corpore minus duplo humiliore, spinis gracilibus 2ª 3ª et 4ª ceteris longioribus, postica radio 1° paulo breviore; dorsali radiosa corpore triplo ad plus triplo humiliore margine superiore rectiuscula postice acutangula; pectoralibus acutis capite absque rostro paulo longioribus; ventralibus acutis capitis parte postoculari non vel vix longioribus; anali alepidota, spinis gracilibus 1ª brevissima, 2ª et 3ª aequilongis radiis anterioribus paulo brevioribus dorsali spinosa humilioribus; caudali profunde incisa lobis acutis capite brevioribus; colore corpore superne coerulescente, inferne margaritaceo; iride flavescente; vittis dimidio corporis superiore 4 vel 5 longitudinalibus aureis; rostro fuscescente; pinnis flavescentibus vel roseo-hyalinis.

B. 7. D. 9/15 vel 9/16. P. 2/19. V. 1/5. A. 3/12 vel 3/13. C. 1/15/1 et lat. brev.
Syn. *Caesio gymnopterus* Blkr, Zevende bijdr. ichth. Ternate, Nat. T. Ned. Ind. X p. 372; Günth., Cat. Fish. I p. 394. — Atl. Ichth. Tab. 310, Perc. tab. 32 fig. 5.
Smaris gymnopterus Blkr, Révis. Caesio, Archiv. néérl. sc. natur. VIII p. 181.
Hab. Flores (Larantuca); Ternata; Amboina; in mari.
Longitudo 34 speciminum 60''' ad 161'''.

CAESIO Comm.

Dentes; maxillis pluriseriati, vomerini rudimentarii vel nulli, palatini nulli. Caput vertice, fronte, regione temporali et ossibus opercularibus tantum squamatum. Fascia squamarum temporalis valde distincta. Maxilla superior mediocriter ad valde protractilis. Squamae trunco ctenoideae 55 ad 80 in serie longitudinali, in series horizontales dispositae. Pinnae, dorsalis squamata spinis 9 ad 11 gracilibus et radiis 13 ad 17 parte radiosa parte spinosa non ad non multo longiore, analis radiis 11 ad 14. B. 6.

Rem. Le genre Caesio est bien caractérisé, tant par la dorsale squammeuse à 9 jusqu'à 11 épines et à partie molle peu ou pas plus longue que la partie antérieure, que par l'écaillure du dessus de la tête. Les espèces connues de l'Insulinde sont au nombre de huit, dont l'exposé suivant résume les caractères principaux.

I. Dorsale à 10 épines
A. 56 à 65 écailles sur une rangée longitudinale. Bouche médiocrement protractile en tuyau court dirigé obliquement en bas.
a. Mâchoires à quelques dents antérieures de la rangée externe coniques et notablement plus grandes que les autres. 58 à 60 écailles dans la ligne latérale, 8 au-dessus de la ligne latérale.
aa. Bande squammeuse temporale du double seulement plus longue que large. Hauteur du corps $2^2/_5$ à presque 3 fois dans sa longueur sans la caudale. Corps et nageoires sans bandes ni taches. D. 10/15 ou 10/16. A. 3/11 ou 3/12.

1. *Caesio erythrogaster* K.V.H.

b. Mâchoires à dents de la rangée externe égales.
aa. Environ 56 écailles dans la ligne latérale, 6 ou 7 au-dessus de la ligne latérale. Bande squammeuse temporale moins du triple plus longue que large. Hauteur du corps $2^2/_3$ fois dans sa longueur sans la caudale. Corps sans bandes. Lobes de la caudale à bout noirâtre. D. 10/14 ou 10/15. A. 3/11 ou 3/12.

2. *Caesio lunaris* Ehr.

bb. 63 à 65 écailles dans la ligne latérale. Hauteur du corps 3 à 4 fois dans sa longueur sans la caudale.
†. 5 ou 6 rangées longitudinales d'écailles au-dessus de la ligne latérale. Bande squammeuse temporale 3 fois plus longue que large. Corps sans bandelettes ni taches. Caudale sans taches ni bandes. D. 10/15 à 10/17. A. 3/12 à 3/14.

3. *Caesio xanthonotus* Blkr.

†'. 7 rangées longitudinales d'écailles au-dessus de la ligne latérale. Corps sans bandelette dorée. D. 10/14 ou 10/15.
§. Lobes de la caudale à bout noirâtre. Bande squammeuse temporale 3 fois plus longue que large. A. 3/11 ou 3/12.

4. *Caesio pisang* Blkr.

§'. Lobes de la caudale à bandelette longitudinale noire. Corps semé de taches bleues. A 3/13.

5. *Caesio maculatus* CV.

†''. 8 ou 9 rangées longitudinales d'écailles au-dessus de la ligne latérale. D. 10/14 à 10/16. A. 3/12 ou 3/13. Corps à bandelette longitudinale dorée.
§. Bandelette dorée située au-dessus de la ligne latérale. Lobes de la caudale à bande longitudinale violâtre. Bande squammeuse temporale 3 fois plus longue que large.

6. *Caesio coerulaureus* Lac.

§. Bandelette dorée située au-dessous de la ligne latérale. Lobes de la caudale à bout noirâtre. Bande squammeuse temporale moins de 3 fois plus longue que large.

7. *Caesio chrysozona* K.V.H.

B. Environ 80 écailles dans la ligne latérale, 10 au-dessus de la ligne latérale. Mâchoires fortement protractiles en forme de tube dirigé horizontalement en avant.

a. Hauteur du corps environ $3^1/_2$ fois dans sa longueur sans la caudale. Bande squammeuse temporale un peu plus de deux fois plus longue que large. D. 10/14 ou 10/15. A. 3/12 ou 3/13. Corps à deux bandelettes longitudinales brunâtres. Lobes de la caudale à bout noirâtre.

8. *Caesio digramma* Blkr.

Caesio erythrogaster K. V. H., CV., Poiss. VI p. 333 tab. 166; Blkr, Verh. Batav. Gen. XXIII Maen. p. 9; Révis. Caesio, Arch. néerl. sc. nat. VIII p. 162; Kner, Zool. Reis. Novara, Fisch p. 64. — Atl. Tab. 312, Perc. tab. 34 fig. 3.

Caes. corpore oblongo compresso, altitudine $2^2/_5$ ad 3 fere in ejus longitudine absque-, $3^1/_4$ ad 4 fere in ejus longitudine cum pinna caudali; latitudine corporis 2 ad $2^1/_3$ in ejus altitudine; capite $3^1/_4$ ad 4 in longitudine corporis absque-, $4^1/_4$ ad 5 in longitudine corporis cum pinna caudali; altitudine capitis 1 et paulo ad 1 fere, latitudine capitis $1^3/_5$ ad 2 fere in ejus longitudine; oculis diametro $2^2/_3$ ad 4 fere in longitudine capitis, diametro 1 fere ad $1^1/_3$ distantibus; fronte usque supra oculi partem anteriorem squamosa; linea rostro-frontali rectiuscula vel concaviuscula; rostro oculo multo ad paulo breviore cum maxillis protractis oculo longiore; naribus sat approximatis sat longe ante oculum et infra orbitae marginem superiorem perforatis; osse praeorbitali supra angulum oris pupillae diametro humiliore; maxilla superiore sub oculi parte anteriore desinente oblique deorsum mediocriter protractili; dentibus maxillis parvis anticis utroque latere 2 vel 1 conicis ceteris conspicue majoribus, vomerinis in thurmam triangularem dispositis; squamis genis maxillam superiorem inter et limbum praeoperculi in series 8 vel 9 transversas dispositis; praeoperculo limbo alepidoto, margine posteriore non emarginato angulo obtuse rotundato non ad leviter denticulato vel crenato; operculo angulo in spinulam planam desinente; fascia squamarum temporali cum fascia lateris oppositi confluente, duplo circiter longiore quam lata, squamis in series 10 circ. transversas, in series 4 vel 5 longitudinales dispositis; linea laterali mediocriter curvata, singulis squamis tubulo simplice notata; squamis corpore leviter ciliatis, 58 ad 60 circ. in serie longitudinali angulum aperturae branchialis superiorem inter et basin pinnae caudalis, 23 circ. in serie transversa anum inter et pinnam dorsalem, 8 circ. lineam lateralem inter et mediam dorsalem spinosam; pinna dorsali parte spinosa parte radiosa paulo breviore sed multo altiore et corpore duplo ad triplo humiliore, spinis gracilibus 3ª 4ª et 5ª ceteris longioribus, postica radio 1° non humiliore; dorsali radiosa corpore plus triplo ad plus quadruplo humiliore, margine superiore rectiuscula vel convexa, postice acutangula; pectoralibus acutis capite vix ad multo longioribus; ventralibus acutis capite absque rostro non ad paulo brevioribus; anali squamosa spinis gracilibus 1ª brevissima, 2ª et 3ª subaequilongis radiis anterioribus vix brevioribus dorsali spinosa minus duplo humilioribus; caudali profunde incisa lobis acutis capite longioribus; colore capite antice et dorso antice coeruleo, dorso postice, lateribus caudaque flavo, ventre margaritaceo vel roseo; iride flavescente; pinnis dorsali et caudali flavis, ceteris roseo- vel violascente-hyalinis, dorsali superne fusco vel nigricante, anali inferne coerulescente vel albido marginatis.

B 6. D. 10/15 ad 10/17. P. 2/17. V. 1/5. A. 3/11 vel 3/12. C. 1/15/1 et lat. brev.

Syn. *Geelstaert* Nieuh., Gedenkw. Zee- en Lantr. p 269, fig.

Geelstardt i. e. *Xanthurus indicus* Will., Hist Pisc. App. p 2 tab. 3 fig 1 (Cop. ex Nieuh.).

Sparus cuning Bl., Ausl. Fisch V p. 31 tab 263 fig. 1; Lac., Poiss. IV pag. 113?

Cychla cuning Bl. Schn., Syst. p. 336?

Caesio cuning CV., Poiss. VI pag. 334?, Day, Fish. India p. 95.

Caesio erythropterus Blkr, Negende bijdr. vischf. Banka, Nat. T. N. Ind. XVIII pag. 365 (err. impress.).

Odontonectes erythrogaster Günth., Cat. Fish. I pag 265.

Ekor-kuning Mal Batav.

Hab. Sumatra (Telokbetong, Priaman, Siboga); Nias; Batu; Singapura; Bintang (Rio); Bangka (Muntok); Duizend-ins; Java (Batavia, Bantam); Bawean; Celebes (Macassar, Bulucomba, Badjoa); Halmahera (Sindangole); Amboina; Ceram (Piru); in mari.

Longitudo 22 speciminum 90''' ad 355'''.

Rem. Le Caesio erythrogaster appartient au groupe d'espèces à 10 épines dorsales, à environ 60 écailles dans la ligne latérale et à bouche médiocrement protractile, et s'y distingue par la hauteur relative du corps, par les grosses dents sur le devant des mâchoires, par la grande largeur de la bande squammeuse temporale, par les huit rangées longitudinales d'écailles au-dessus de la ligne latérale, et par l'absence de bandes ou de taches sur le corps et sur les nageoires. La présence de dents vomériennes, dans les Caesio, n'est que d'une valeur fort subordonnée. Dans l'erythrogaster le groupe de ces dents est assez développé, mais il existe aussi dans plusieurs autres espèces, bien qu'il ne soit pas toujours constant dans les individus d'une même espèce.

L'ekor-kuning est une des espèces les plus anciennement connues de l'Insulinde. On la reconnaît fort bien dans la figure de l'ouvrage de Nieuhof. A Batavia elle est assez commune, mais on ne la pêche que près les récifs des îles de la rade. Sa chair, quoique servie souvent sur les tables des Européens, est médiocrement estimée et peu savoureuse. L'espèce habite aussi les côtes de Birmah.

Caesio lunaris Ehr., CV., Poiss. VI p. 332; Less., Voy. Coq. Zoöl. II p. 186 Poiss. tab. 34; Rüpp., N. Wirb. Fisch. p. 120; Blkr, N. bijdr. Perc. Sciaen. etc., Nat. T. Ned. Ind. II p. 177; Révis. Caesio, Arch. néerl. sc. nat. VIII p. 165; Günth., Cat. Fish. I p. 390; Klunz., Syn. Fisch. R. M., Verh. zool. bot. Ges. Wien XX p. 769. — Atl. Tab. 334, Perc. tab. 56 fig. 4.

Caes. corpore oblongo compresso, altitudine $2^2/_3$ circ. in ejus longitudine absque-, $3^1/_2$ circ. in ejus longitudine cum pinna caudali; latitudine corporis $2^1/_2$ circ. in ejus altitudine; capite acutiusculo $3^1/_2$ circ. in longitudine corporis absque-, $4^2/_3$ circ. in longitudine corporis cum pinna caudali; altitudine capitis 1 circ.-, latitudine capitis $1^3/_4$ ad 2 in ejus longitudine; oculis diametro 3 circ. in longitudine capitis, diametro 1 circ. distantibus; fronte usque supra oculi partem anteriorem squamosa; linea rostro-frontali concava; rostro oculo breviore, cum maxillis protractis oculo paulo longiore; naribus sat longe ante oculi marginem superiorem perforatis; osse praeorbitali supra angulum oris pupillae diametro humiliore; maxilla superiore sub oculi parte anteriore desinente oblique deorsum mediocriter protractili; dentibus maxillis parvis conicis, vomerinis minimis in thurmam parvam dispositis; squamis genis maxillam superiorem inter et limbum praeoperculi in series 8 vel 9 transversas dispositis; praeoperculo limbo alepidoto, margine posteriore obtuse rotundato angulo crenato-denticulato; operculo angulo in spinulam planam desinente; fascia squamarum temporali cum fascia lateris oppositi non confluente, minus triplo longiore quam lata, squamis in series 9 circ. transversas et in series 3 longitudinales dispositis; linea laterali mediocriter curvata singulis squamis tubulo simplice notata; squamis corpore 56 circ. in serie longitudinali angulum aperturae branchialis superiorem inter et basin pinnae caudalis, 24 vel 25 in serie transversa anum inter et pinnam dorsalem, 6 vel 7 lineam lateralem inter et mediam dorsalem spinosam; pinna dorsali parte spinosa parte radiosa paulo breviore sed multo altiore et corpore minus triplo humiliore, spinis gracilibus 3ª 4ª et 5ª ceteris longioribus, spina postica radio 1° vix breviore; dorsali radiosa corpore plus quadruplo humiliore margine superiore convexiuscula, postice acutangula; pectoralibus acutis capite longioribus; ventralibus acutis capite absque rostro brevioribus; anali basi squamosa spinis gracilibus 1ª brevissima 2ª et 3ª subaequilongis radiis anterioribus non brevioribus dorsali spinosa humilioribus; caudali profunde incisa lobis acutis capite longioribus; colore corpore superne coeruleo, inferne roseo-argenteo; iride flava; pinnis dorsali violacea, pectoralibus, ventralibus et anali roseis, caudali coerulescente; pectoralibus basi superne macula parva nigra; caudali apice loborum nigra.

B. 9. D. 10/14 vel 10/15. P. 2/19. V. 1/5. A. 3/11 vel 3/12. C. 1/15/1 et lat. brev.

Syn. *Wackum mare* Ren., Poiss. Mol. tab. 32 fig. 174; *Bandt-hooft* Ren., Ibid. II tab. 48 fig. 199?

Pisang-pisang Mal. Bat.

Hab. Java (Batavia), in mari.

Longitudo 2 speciminum 172‴ et 224‴.

Rem. Le Caesio lunaris est voisin de l'erythrogaster, tant par les formes que par la formule des écailles et par la dentition vomérienne. Il se distingue cependant essentiellement par une ou deux rangées longitudinales d'écailles de moins au-dessus de la ligne latérale, par la moindre largeur de la bande squammeuse temporale, par l'absence de grosses dents sur le devant des mâchoires, et par la tache noire sur le bout des lobes de la caudale et sur le haut de la base de la pectorale. L'espèce est fort rare dans l'Inde archipélagique, les deux individus de mon cabinet, provenant des récifs de Batavia, étant les seuls connus de l'Insulinde. Dans la Mer rouge elle paraît être assez commune. Elle a été trouvée aussi à Zanzibar et à la Nouvelle-Irlande.

Caesio xanthonotus Blkr, Diagn. nieuw. vischs. Batav., Nat. T. Ned. Ind. IV p. 466; Révis. Caesio, Arch néerl. sc. nat. VIII p. 167; Günth., Cat. Fish. I p. 391. — Atl. Tab. 302, Perc. tab. 24 fig. 1.

Caes. corpore oblongo compresso, altitudine 3 fere ad 3 in ejus longitudine absque-, $3^3/_4$ ad 4 circ. in ejus longitudine cum pinna caudali; latitudine corporis 2 circ. in ejus altitudine; capite acuto $3^1/_3$ ad $3^1/_2$ circ. in longitudine corporis absque-, $4^1/_3$ ad $4^2/_5$ circ. in longitudine corporis cum pinna caudali; altitudine capitis $1^1/_4$ circ., latitudine capitis $1^3/_4$ ad 2 fere in ejus longitudine; oculis diametro 3 circ. in longitudine capitis, diametro 1 fere distantibus; fronte usque supra medios oculos squamosa; linea rostro-frontali leviter concava; rostro oculo multo breviore, cum maxillis protractis oculo vix breviore; naribus sat longe ante oculi partem superiorem perforatis; osse praeorbitali supra angulum oris pupillae diametro plus duplo humiliore; maxilla superiore sub oculi parte anteriore desinente, subverticaliter deorsum mediocriter tantum protractili; dentibus maxillis parvis acutis, vomerinis tactu magis quam visu conspicuis; squamis genis maxillam superiorem inter et limbum praeoperculi in series 8 vel 9 transversas dispositis; praeoperculo limbo alepidoto margine posteriore leviter concavo angulo obtuse rotundato leviter crenulato vel denticulato; operculo angulo in spinulam planam desinente; fascia squamarum temporali cum fascia lateris oppositi confluente, triplo circ. longiore quam lata, squamis in series 10 circ. transversas et in series 3 vel 4 longitudinales dispositis; linea laterali mediocriter curvata singulis squamis tubulo simplice notata; squamis corpore vix conspicue ciliatis, 65 circ. in serie longitudinali angulum aperturae branchialis superiorem inter et basin pinna caudalis, 24 vel 25 in serie transversa anum inter et pinnam dorsalem, 5 vel 6 lineam lateralem inter et mediam dorsalem spinosam; pinna dorsali parte spinosa parte radiosa paulo breviore sed multo altiore corpore plus duplo humiliore, spinis gracilibus 3ª 4ª et 5ª ceteris longioribus, spina postica radio 1° vix breviore; dorsali radiosa corpore plus quadruplo humiliore margine superiore convexiuscula postice acutangula; pectoralibus acutis capite longioribus; ventralibus acutis capite absque rostro brevioribus; anali basi squamosa spinis gracilibus 1ª brevissima, 2ª et 3ª subaequilongis radiis anterioribus non brevioribus dorsali spinosa duplo fere humilioribus; caudali profunde incisa lobis acutis capite paulo longioribus; colore corpore superne pulcherrime flavo, lateribus margaritaceo-coeruleo, inferne roseo; iride flava; vitta rostro-oculari coerulea; linea later fusca; pinnis imparibus pulchre flavis; dorsali fuscescente, caudali roseo, anali albo marginatis; pectoralibus ventralibusque roseis, pectoralibus basi superne macula triangulari violacea.

B. 6. D. 10/15 vel 10/16 vel 10/17. P. 2/19. V. 1/5. A. 3/12 vel 3/13 vel 3/14. C. 1/15/1 et lat. brev.
Syn. *Ekor-kuning-pisang* Mal. Batav.
Hab. Java (Batavia); Amboina; in mari.
Longitudo 2 speciminum 159''' et 205'''.

Rem. L'espèce actuelle et celles dont la description va suivre se distinguent des précédentes tant par leur corps plus allongé que par des écailles un peu plus nombreuses dans la ligne latérale. Elles diffèrent encore entre elles par les formules des écailles, par le degré de protractilité des mâchoires et par le système de coloration. Le xanthonotus seul a la caudale sans taches ni bandes, le dos jaune, les flancs d'un bleu nacré et le ventre rose; seul aussi il n'a que 5 ou 6 rangées longitudinales d'écailles au-dessus de la ligne latérale. Il est, dans l'Insulinde, aussi rare que le lunaris, mais on ne l'a pas trouvé jusqu'ici en dehors de l'Inde archipélagique.

Caesio pisang Blkr, Derde bijdr. ichth. Amboina, Nat. T. Ned. Ind IV p. 113; Révis. Caesio, Arch. néérl. sc. nat. VIII p. 168; Günth., Cat. Fish. I p. 391. — Atl. Tab. 334, Perc. tab. 56 fig. 2.

Caes. corpore oblongo compresso, altitudine $3^2/_5$ ad 4 fere in ejus longitudine absque-, $4^1/_2$ ad 5 fere in ejus longitudine cum pinna caudali; latitudine corporis $1^3/_4$ circ. in ejus altitudine; capite acuto $3^1/_3$ ad $3^3/_4$ in longitudine corporis absque-, $4^1/_4$ ad 5 fere in longitudine corporis cum pinna caudali; altitudine capitis $1^1/_3$ ad $1^1/_2$, latitudine capitis 2 circ. in ejus longitudine; oculis diametro 3 circ. in longitudine capitis, diametro 1 fere distantibus; fronte usque supra medios oculos squamosa: linea rostro-frontali rectiuscula; rostro oculo breviore, cum maxillis protractis oculo non breviore; naribus distantibus ante oculi partem superiorem perforatis; osse praeorbitali supra angulum oris pupillae diametro multo humiliore; maxilla superiore sub oculi parte anteriore desinente, subverticaliter deorsum mediocriter protractili; dentibus maxillis minimis, vomerinis conspicuis nullis; squamis genis maxillam superiorem inter et limbum praeoperculi in series 8 circ. transversas dispositis; praeoperculo limbo alepidoto margine posteriore non vel leviter concavo angulo rotundato non denticulato sed crenulato; operculo angulo in spinulam planam desinente; fascia squamarum temporali cum fascia lateris oppositi confluente, triplo circ. longiore quam lata, squamis in series 10 circ. transversas et in series 4 vel 5 longitudinales dispositis; linea laterali vix curvata, singulis squamis tubulo simplice notata; squamis corpore leviter ciliatis 65 circ. in serie longitudinali angulum aperturae branchialis superiorem inter et basin pinnae caudalis, 20 circ. serie transversa anum inter et pinnam dorsalem, 7 circ. lineam lateralem inter et dorsalem spinosam mediam; pinna dorsali parte spinosa parte radiosa non vel vix breviore sed multo altiore corpore minus duplo humiliore, spinis gracilibus 3ª 4ª et 5ª ceteris longioribus, spina postica radio 1° vix humiliore; dorsali radiosa corpore quadruplo humiliore margine superiore rectiuscula, postice angulata; pinnis pectoralibus acutis capite paulo brevioribus; ventralibus acutis capite absque rostro brevioribus; anali basi squamosa spinis gracilibus 1ª brevissima, 2ª et 3ª subaequilongis radio 1° non brevioribus dorsali spinosa duplo fere humilioribus; caudali profunde incisa lobis acutis capite vix brevioribus; colore corpore pinnisque roseo; iride flavescente; squamis dorso lateribusque superne singulis basi macula coerulea; linea laterali fusca; caudali apicibus nigra.
B. 6. D. 10/14 vel 10/15. P. 2/16 vel 2/17. V. 1/5. A. 3/11 vel 3/12. C. 1/15/1 et. lat. brev.
Syn. *Pisang-pisang* Mal. Bat.
Hab. Java (Batavia); Celebes (Manado); Ternata; Amboina; in mari.
Longitudo 14 speciminum 90''' ad 150'''.

Rem. Cette espèce est voisine du Caesio lunaris par l'absence de bandelette céphalo-caudale et par la présence d'une tache noirâtre sur le bout des lobes de la caudale, mais elle est du reste fort distincte par son corps notablement plus allongé, par la couleur rose du dos, par l'absence de dents vomériennes, par environ dix écailles de plus dans la ligne latérale, par la bande squammeuse temporale qui est relativement moins large, etc. On ne la connaît jusqu'ici que des mers citées.

Caesio maculatus CV., Poiss. VI p. 331; Günth., Cat. Fish. I p. 391.

Descriptio Cuviero-Valenciennesiana sequens.

»Caudale rouge, marquée d'une raie longitudinale noire sur chaque lobe. Une tache noire sur la base de la pectorale. Corps sans bande longitudinale, d'un vert métallique mélangé de teintes jaunes et semé de taches bleu de ciel, dont quelques-unes passent au verdâtre. Le ventre est argenté. Toutes les nageoires, la caudale exceptée, sont grises. L'iris est d'un beau jaune. D. 10/15. A. 3/13. Long. onze pouces. Hab. Vanicolo."

Rem. Cette espèce habite aussi les mers d'Amboine, de Chine et de Madagascar. M. Günther donne la formule des écailles = Lin. lat. 65. L. transv. 7/14, et la hauteur du corps égale à la longueur de la tête et mesurant quatre fois dans la longueur totale.

Je ne possède pas cette espèce. Elle doit être fort voisine du Caesio coerulaureus dont elle ne paraît se distinguer que par l'absence de bande céphalo-caudale, par les taches bleues du corps, par une rangée longitudinale d'écailles de moins au-dessus de la ligne latérale et par une tête relativement moins petite. Sa place naturelle me semble être entre le coerulaureus et le pisang.

Caesio coerulaureus Lac., Poiss. III p. 86; CV., Poiss. VI p. 434; Blkr, Verh. Bat. Gen. XXIII Maen. p. 8; Révis. Caesio, Archiv. néerl. sc. natur. VIII p. 171; Günth., Cat. Fish. I p. 392; Kner, Zool. Reis. Novar. Fisch. p. 65; Klunz., Syn. Fisch. R. M., Verh. zool. bot. Ges. Wien XX p. 770. — Atl. Tab. 347, Perc. tab. 69 fig. 4.

Caes. corpore oblongo compresso, altitudine 3 ad $3^3/_4$ in ejus longitudine absque-, 4 ad $4^2/_3$ in ejus longitudine cum pinna caudali; latitudine corporis $1^2/_3$ ad $1^3/_4$ in ejus altitudine; capite acuto, $3^1/_3$ ad 4 fere in longitudine corporis absque-, $4^1/_4$ ad 5 fere in longitudine corporis cum pinna caudali; altitudine capitis $1^1/_4$ ad 1 et paulo, latitudine capitis $1^3/_4$ ad 2 fere in ejus longitudine; oculis diametro 3 fere ad 3 in longitudine capitis, diametro $^3/_4$ ad 1 distantibus; fronte usque supra medios oculos squamosa; linea rostro-frontali recta vel concaviuscula; rostro oculo breviore, cum maxillis porrectis oculo non vel vix breviore; naribus sat distantibus, ante oculi partem superiorem perforatis; osse praeorbitali supra angulum oris pupillae diametro multo humiliore; maxilla superiore sub oculi parte anteriore desinente, oblique deorsum mediocriter protractili; dentibus maxillis minimis, vomerinis conspicuis nullis; squamis genis maxillam superiorem inter et limbum praeoperculi in series 10 circ. transversas dispositis; praeoperculo limbo alepidoto, margine posteriore obliquo angulo obtusiuscule rotundato denticulato-crenato; operculo angulo in spinulam planam non pungentem desinente; fascia squamarum temporali fasciae lateris oppositi contigua, triplo circ. longiore quam lata, squamis in series 12 circ. transversas et in series 4 longitudinales dispositis; linea laterali parum curvata singulis squamis tubulo simplice notata; squamis corpore leviter ciliatis, 63 circ. in serie longitudinali angulum aperturae branchialis superiorem inter et basin pinnae caudalis, 23 circ. in serie transversa anum inter et pinnam dorsalem, 8 lineam lateralem inter et mediam dorsalem spinosam; pinna dorsali parte spinosa parte radiosa sat multo breviore sed multo altiore, corpore duplo ad minus duplo humiliore, spinis gracillimis 3^a 4^a et 5^a ceteris longioribus, postica radio 1° non humiliore; dorsali radiosa corpore quadruplo ad plus quadruplo humiliore, margine superiore rectiuscula postice angulata; pectoralibus acutis capite non ad paulo longioribus; ventralibus acutis capite absque rostro brevioribus; anali squamosa spinis gracilibus 1^a brevissima, 2^a et 3^a subaequilongis radiis anterioribus vix brevioribus dorsali spinosa duplo ad minus duplo humilioribus; caudali profunde incisa lobis acutis capite paulo ad non longioribus; colore corpore superne coeruleo, inferne margaritaceo; iride flavescente; vitta sat lata cephalo-caudali aurea supra lineam lateralem decurrente eaeque maxime approximata; linea laterali fusca; pinnis dorsali, pectoralibus analique pallide roseis, ventralibus albescentibus, caudali violascente rosea; caudali utroque lobo fascia longitudinali coerulescente-violacea vel violascente-purpurea; axillis et pectoralibus basi superne macula nigra.

B. 6. D. 10/15 vel 10/16. P. 2/19. V. 1/5. A. 3/12 vel 3/13. C. 1/15/1 et lat. brev.

Syn. *Waccom-visch* Valent., Amb. fig. 132; *Losi-losi* Ibid. fig. 167?
Wackum Ren., Poiss. Mol. I tab. 27 fig. 46.
Caesio azuror Lac., Poiss. III p. 86; CV., Poiss. VI p. 327.
Smaris mauritianus QG., Zool. Voy. Freyc. p. 290 tab. 44 fig. 3.
Caesio coeruleotaeniatus Ehr.
Caesio azuraureus Rüpp., Reis. N. Afr. Atl. Fisch. p. 130.
Caesio coerulaureus var. Cant., Catal. Mal. Fish. p. 54.
Pisang-pisang Mal. Batav.

Hab. Sumatra (Telokbetong); Nias; Singapura; Java (Batavia); Bali (Boleling); Celebes (Badjoa, Manado); Halmahera (Sindangole); Ternata; Batjan (Labuha); Buro (Kajeli); Ceram (Wahai); Amboina; Banda (Neira); in mari.

Longitudo 25 speciminum 99‴ ad 250‴.

Rem. Le Caesio actuel et le Caesio chrysozona K.V.H. sont les espèces du genre les plus communes de l'Inde archipélagique. Elles se distinguent du lunaris, du xanthonotus et du pisang tant par les 8 ou 9 rangées longitudinales d'écailles au-dessus de la ligne latérale, que par la bandelette longitudinale dorée du corps. Toutes les deux présentent à-peu-près la même physionomie, mais elles se font aisément distinguer l'une de l'autre en ce que dans le coerulaureus la bandelette dorée se trouve au-dessus et dans le chrysozona au-dessous de la ligne latérale. Puis aussi la bande squammeuse temporale, dans le chrysozona, est relativement plus large et les lobes de la caudale n'y sont point marqués d'une bande longitudinale violette ou noirâtre, mais seulement d'une tache de la même couleur vers le bout des lobes. Le chrysozona, bien qu'ayant l'aisselle noire, ne montre point la tache noire sur le haut de la base de la pectorale, qui se voit si distinctement dans le coerulaureus.

Le coerulaureus est connu, hors l'Inde archipélagique, de la Mer rouge, de Zanzibar et des îles Maurice et Ceylon.

Caesio chrysozona K.V.H., CV., Poiss. VI p. 331; Blkr, Verh. Bat. Gen. XXIII Maen. p. 9; Révis. Caesio, Archiv. néerl. sc. nat. VIII p. 173; Günth., Cat. Fish. I p. 392; Kner, Zool. Reis. Novar. Fisch. p. 65; Day, Fish. India p. 95 tab. 24 fig. 5. — Atl. Tab. 307, Perc. tab. 29 fig. 2.

Caes. corpore oblongo compresso, altitudine $3^2/_3$ ad 4 in ejus longitudine absque-, $4^2/_3$ ad 5 et paulo in ejus longitudine cum pinna caudali; latitudine corporis $1^1/_2$ ad $1^3/_4$ in ejus altitudine; capite acuto $3^1/_2$ ad 4 in longitudine corporis absque-, $4^1/_2$ ad 5 in longitudine corporis cum pinna caudali; altitudine capitis $1^1/_5$ ad $1^1/_3$-, latitudine capitis $1^1/_2$ ad 2 in ejus longitudine; oculis diametro 3 fere ad 3 et paulo in longitudine capitis, diametro $^3/_4$ ad 1 distantibus; fronte usque supra medios oculos squamosa; linea rostro-frontali rectiuscula; rostro oculo breviore, cum maxillis protractis oculo longiore; naribus distantibus ante oculi partem superiorem perforatis; osse praeorbitali supra angulum oris pupillae diametro multo humiliore; maxilla superiore sub oculi parte anteriore desinente, oblique deorsum mediocriter protractili; dentibus intermaxillaribus conicis parvis, inframaxillaribus minimis, vomerinis nullis vel vix conspicuis; squamis genis maxillam superiorem inter et limbum praeoperculi in series 10 circ. transversas dispositis; praeoperculo limbo alepidoto, margine posteriore non concavo, angulo obtuse rotundato crenulato vel leviter denticulato; operculo angulo in spinulam planam vix conspicuam desinente; fascia squamarum temporali cum fascia lateris oppositi confluente, minus triplo longiore quam lata, squamis in series 12 circ. transversas et in series 5 circ. longitudinales dispositis; linea laterali leviter tantum curvata, singulis squamis tubulo simplice notata; squamis corpore leviter ciliatis 63 circ. in serie longitudinali angulum aperturae branchialis superiorem inter et basin pinnae caudalis, 23 vel 24 in serie transversa anum inter et pinnam dorsalem, 8 vel 9 lineam lateralem inter et mediam dorsalem spinosam; pinna dorsali parte spinosa parte radiosa paulo breviore sed multo altiore corpore minus duplo humiliore, spinis gracilibus 3ª 4ª et 5ª ceteris longioribus, postica radio 1° non vel vix breviore; dorsali radiosa corpore plus triplo ad quadruplo humiliore margine superiore rectiuscula postice acutangula; pectoralibus acutis capite non ad vix brevioribus; ventralibus acutis capite absque rostro brevioribus; anali squamosa spinis gracilibus 1ª brevissima, 2ª et 3ª subaequilongis radiis anterioribus non vel vix brevioribus dorsali spinosa duplo fere humilioribus; caudali profunde incisa lobis acutis capite non ad vix brevioribus; colore corpore superne profunde coeruleo, inferne roseo-argenteo; iride flavescente; fascia oculo-caudali aurea sub linea laterali eamque postice secante; pinnis dorsali, pectoralibus et caudali roseis, ventralibus et anali flavescentibns vel pallide roseis; caudali apicibus nigra; axilla nigricante; (dorso interdum insuper vitta longitudinali aurea gracili lineae dorsali multo magis quam lineae laterali approximata).

B. 6. D. 10/14 vel 10/15 vel 10/16. P. 2/18. V. 1/5. A. 3/12 vel 3/13. C. 1/15/1 et lat. brev.

Syn. *Caesio striatus* Blkr, Topogr. Batav., Nat geneesk. Arch. Ned. Ind. II p. 521 (nec Rüpp.).
Pristipomatoides striatus Day, Fish. Madras, Proc. Zool. Soc. 1867 p. 937.
Pisang-pisang Mal. Bat.

Hab. Nias; Java (Batavia, Bantam); Duizend-ins; Bawean; Celebes (Macassar, Bonthain, Badjoa); Flores (Larantuca); Ternata; Amboina; Banda (Neira); in mari.

Longitudo 29 speciminum 85‴ ad 240‴.

Rem. Cette espèce, fort commune à Batavia, et s'étendant jusque dans les Moluques, n'a pas été trouvée, hors l'Insulinde, que sur les côtes de Madras. La bandelette caractéristique dorée se trouve toujours au-dessous de la ligne latérale, mais je possède un individu presque adulte, où se trouve une seconde bandelette dorée près le profil du dos, mais qui du reste a la tache noirâtre sur le bout des lobes de la caudale et tous les autres caractères de l'espèce. Quoique fort voisin du coerulaureus, le chrysozona paraît avoir constamment, dans les individus d'égale longueur, le corps un plus allongé.

Caesio digramma Blkr, Descr. espèc. inéd. poissons Archip. des Moluques, Ned. T. Dierk. II p. 180; Révis. Caesio, Arch. néerl. sc. nat. VIII p. 175. — Atl. Tab. 334, Perc. Tab. 56 fig. 1.

Caes. corpore oblongo compresso, altitudine $3^3/_5$ circ. in ejus longitudine absque-, $4^1/_3$ circ. in ejus longitudine cum pinna caudali; latitudine corporis 2 fere in ejus altitudine; capite acuto $3^3/_5$ circ. in longitudine corporis absque-, $4^1/_3$ circ. in longitudine corporis cum pinna caudali; altitudine capitis $1^1/_4$ ad $1^1/_3$, latitudine capitis 2 circ. in ejus longitudine; oculis diametro 8 circ. in longitudine capitis, minus diametro 1 distantibus; fronte usque supra oculi partem anteriorem squamosa; linea rostro-frontali declivi rectiuscula; rostro oculo breviore, cum maxillis protractis oculo longiore; naribus parum distantibus, ante pupillae partem superiorem perforatis; osse praeorbitali supra angulum oris pupillae diametro multo humiliore; maxilla superiore sub oculi parte anteriore desinente subhorizontaliter valde protractili; dentibus maxillis minimis, vomerinis nullis; squamis genis maxillam superiorem inter et limbum praeoperculi in series 9 circ. transversas dispositis; praeoperculo limbo alepidoto, obtuse rotundato angulo denticulato-crenato; operculo angulo in spinam planam desinente; linea laterali vix curvata singulis squamis tubulo simplice notata; fascia squamarum temporali cum fascia lateris oppositi confluente, paulo plus duplo longiore quam lata, squamis in series 12 circ. transversas et in series 4 vel 5 longitudinales dispositis; squamis corpore ciliatis 80 circ. in serie longitudinali angulum aperturae branchialis superiorem inter et basin pinna caudalis, 26 circ. in serie transversa anum inter et pinnam dorsalem, 10 circ. lineam lateralem inter et mediam dorsalem spinosam; pinna dorsali parte spinosa parte radiosa paulo longiore et multo altiore, corpore duplo circ. humiliore, spinis gracilibus 2ª 3ª et 4ª ceteris longioribus; dorsali radiosa corpore triplo vel plus triplo humiliore margine superiore concaviuscula, antice et postice acutangula; pectoralibus acutis capite absque rostro longioribus; ventralibus acutis capite absque rostro brevioribus; anali basi squamosa spinis gracilibus, 1ª brevissima, 2ª et 3ª subaequilongis radiis anterioribus non brevioribus dorsali spinosa humilioribus; caudali profunde incisa lobis acutis capite absque rostro longioribus; colore corpore superne coerulescente, inferne margaritaceo-roseo; rostro maxillisque antice fuscis; iride flava superne fusca; vittis corpore utroque latere 2 fuscis, superiore nucho-dorsali lineae dorsali magis quam lineae laterali approximata et dorso caudae desinente, inferiore oculo-caudali lineae laterali maxime approximata eamque postice secante et basi pinnae caudalis superiore desinente; pinnis flavis vel flavescente-roseis; caudali apice loborum nigricante; axilla macula sat magna nigra.

B. 7. D. 10/14 vel 10/15. P. 2/19. V. 1/5. A. 3/12 vel 3/13. C. 1/15/1 et lat. brev.

Hab. Amboina, in mari.

Longitudo speciminis unici 93‴.

Rem. Le Caesio digramma est fort distinct de toutes les espèces précédentes. Il a les rangées transversales d'écailles et les rangées longitudinales d'écailles au-dessus de la ligne latérale plus nombreuses, les nageoires dorsale et anale squammeuses seulement sur leur moitié basale et la bouche beaucoup plus protractile et pouvant s'allonger horizontalement en avant en forme de tube. Il se fait du reste aisément reconnaître par les deux bandelettes longitudinales brunâtres du corps et par la tache noirâtre sur le bout des lobes de la caudale.

PTEROCAESIO Blkr.

Dentes maxillis minimi uniseriati. Caput superne, praeoperculo et operculi dimidio superiore tantum squamatum. Maxilla superior valde protractilis. Squamae trunco 70 circ. in serie longitudinali, in series horizontales dispositae. Pinna dorsalis squamata spinis gracilibus 11 et radiis 21, parte radiosa parte spinosa duplo circ. longiore. Analis radiis 13.

Rem. Je sépare des Caesio l'espèce remarquable publiée par M. Steindachner sous le nom de Caesio multiradiatus. J'y vois le type d'un genre distinct, caractérisé par la longueur extraordinaire de la partie molle de la dorsale, par les dents fort-petites et unisériales aux deux mâchoires et par l'absence d'écailles sur la moitié inférieure de l'opercule et sur le sousopercule. N'ayant jamais vu l'espèce, je suis borné ici à en donner la description d'après M. Steindachner.

Pterocaesio multiradiatus Blkr.

Descriptio Steindachneriana abbreviata sequens.

»Körpergestalt länglich.kompress. Grösste Leibeshöhe $^1/_5$-, Kopflänge $^3/_{13}$ der Totallänge. Leibesdicke $1^4/_5$ mal in der Leibeshöhe. Die Kopfbreite gleicht fast der halben Kopflänge. Der Oberkiefer reicht bis unter die Mitte des unteren Augenrandes. Kieferzähne äusserst zart, von pfriemenförmiger Gestalt; stehen nur in einer Reihe. Stiel des Zwischenkiefers etwas länger als der den oberen Mundrand bildende Theil desselben. — Durchmesser des Auges $3^2/_5$ in der Kopflänge. Entfernung beider Augen von einander = 1 Augendurchmesser. — Untere Hälfte des Operkels und Suboperculum unbeschuppt. — Circa 73 Schuppen in einer Reihe längs der Seitenlinie, 19 zwischen der Dorsale und der Ventrale. Erste Dorsalstachel $2^1/_2$ mal so kurz als der zweite, dessen Höhe der halben Körperhöhe gleicht. Der dritte und vierte Dorsalstachel die längsten. Sämmtliche Dorsalstrahlen nur an ihrer kürzeren Basalhälfte überschuppt Dritte Analstrahl ebenso hoch wie der erste gegliederte Strahl der Anale und circa $2^2/_3$ mal in der grössten Körperhöhe. Pectorale $5^1/_4$, Ventrale $7^1/_2$, Caudale etwas mehr als 5 mal in der Totallänge. Caudale tief gabelig gespalten. — Seitenlinie parallel mit der Rückenprofillinie, circa 6 Schuppenreihen von derselben entfernt. — Ein breites tief-himmelblaues Band geht von der oberen Hälfte des hinteren Augenrandes bis zur Basis der Caudale. Die oberhalb dieser Binde liegende Schuppenreihe ist bräunlich gefärbt, wodurch ein schmaler, bräunlicher Längenstreifen entsteht, da die übrigen bis zum oberen Leibesrande hinauf liegende Schuppen nur an den Rändern bräunlich gefärbt sind. Zunächst unterhalb des intensiv himmelblauen Bandes sind 2—3 Reihen von Schuppen sehr leicht himmelblau gefärbt und am hinteren Rande bräunlich eingefasst. Die übrigen Schuppenreihen der unteren Leibeshälfte bis zum Bauchrande herab, sind gleich den Seitenflächen und der Unterseite des Kopfes silberweiss. Anale, Pectorale und Ventrale gelblichweiss; ebenso die Caudale, mit Ausnahme eines braunen Längenstreifens in der Mitte des oberen so wie des unteren Caudallappens. Der obere dieser Streifen ist eine Fortsetzung des braunen schmalen Bandes, welches oberhalb des breiten intensiv himmelblauen Bandes liegt."

»D. 11/21. P. 2/21. V. 1/5. A. 3/13. C. 17 (ohne Randstrahl)."

Syn. *Caesio multiradiatus* Steind., Ichth. Mitth. (III). Verh. zool. bot. Ges. Wien XI 1861 p. 176 tab. 5 fig. 1.

»Hab. Amboina."

Phalanx *Dipterygonotini*.

Spariformes corpore oblongo-subelongato squamis ctenoideis vestito; ore in tubum horizontale protractili; dentibus maxillis minimis vel nullis; palato edentulo; pinna dorsali bipartita usque ad basin incisa vel spinis posterioribus solitariis, parte spinosa parte radiosa longiore; pinna anali radiosa dorsali radiosae subaequali vel ea breviore. B. 6.

DIPTERYGONOTUS Blkr.

Dentes maxillis minimi, vomerini rudimentarii vel nulli, pharyngeales parvi acuti. Caput vertice, fronte, regione postoculo-temporali ossibusque opercularibus squamatum, fascia temporali distincta nulla. Os supramaxillare alepidotum. Praeoperculum edentulum. Squamae trunco 80 circ. in serie longitudinali in series horizontales dispositae. Pinnae, dorsalis alepidota spinis 14 gracilibus posterioribus solitariis et radiis 10 vel 11, analis spinis 3 et radiis 10 ad 12.

Rem. Le genre Dipterygonotus est parfaitement reconnaissable par l'écaillure du dessus de la tête et par l'absence d'écailles sur le maxillaire, caractères qui le font aisément distinguer des genres Centracanthus et Erythrichthys. — Je n'en connais qu'une seule espèce.

Dipterygonotus leucogrammicus Blkr, Contr. ichth. Celeb. in Journ. Ind. Archip. 1849 — Atl. Tab. 294, Perc. tab. 16 fig. 2.

Dipteryg. corpore elongato compresso, altitudine $4^1/_2$ ad 5 in ejus longitudine absque-, $5^1/_3$ ad 6 in ejus longitudine cum pinna caudali; latitudine corporis $1^1/_2$ ad $1^2/_3$ in ejus altitudine; capite acuto 4 circ. in longitudine corporis absque-, $4^3/_4$ ad $4^4/_5$ in longitudine corporis cum pinna caudali; altitudine capitis $1^2/_5$ ad $1^3/_5$, latitudine capitis 2 circ in ejus longitudine; oculis diametro 3 ad $3^1/_8$ in longitudine capitis, diametro $^3/_4$ ad 1 distantibus; fronte usque supra oculi partem anteriorem squamata; linea rostro-frontali rectiuscula vel convexiuscula; naribus distantibus non valvatis, posterioribus oculi margini supero-anteriori approximatis; rostro oculo paulo breviore, cum maxillis protractis dimidiam capitis longitudinem aequante; osse praeorbitali margine inferiore convexo, supra angulum oris pupillae diametro humiliore; maxilla superiore sub oculi dimidio anteriore desinente, horizontaliter maxime protractili; dentibus, maxillis minimis, vomerinis parvis in thurmam ovalem dispositis; squamis maxillam superiorem inter et limbum praeoperculi in series 13 circ. transversas dispositis; praeoperculo limbo alepidoto margine posteriore rectiusculo, angulo obtuse rotundato leviter denticulato; operculo angulo spinula plana; linea laterali rectiuscula singulis squamis tubulo simplice notata; squamis corpore 80 circ. in serie longitudinali angulum aperturae branchialis superiorem inter et basin pinnae caudalis, 26 circ. in serie transversa anum inter et pinnam dorsalem, 10 circ. lineam lateralem inter et spinas dorsales medias; pinna dorsali spinis gracilibus anterioribus 10 membrana unitis 2ª 3ª et 4ª ceteris longioribus $1^1/_2$ ad $1^2/_3$ in altitudine corporis, posterioribus 4 solitariis brevibus postice membrana triangulari brevi munitis; dorsali radiosa dorsali spinosa duplo circ. breviore et duplo circ. humiliore; pectoralibus acutis capite absque rostro non vel vix brevioribus; ventralibus acutis capitis parte postoculari vix longioribus; anali spinis gracilibus 1ª brevissima, 2ª et 3ª subaequilongis radiis anterioribus paulo brevioribus; caudali profunde incisa lobis acutiusculis capitis parte postoculari vix longioribus; colore corpore superne coeruleo, inferne argenteo vel margaritaceo; dorso vittis 3 longitudinalibus albidis vel albido-roseis; iride argentea vel flava; pinnis flavescente-hyalinis.

B. 6. D. 14/10 vel 14/11. P. 2/13 ad 2/15. V. 1/5. A. 3/10 ad 3/12. C. 1/15/1 et lat. brev.

Syn. *Smaris balteatus* CV. Poiss VI p. 320 ? ? et Day, Fish. India p. 94 ? ?

Emmelichthys leucogrammicus Blkr, Verh. Bat. Gen. XXIII Maen. p. 10; Faun. ichth. Jav. spec. nov., Nat. T. Ned. Ind. I p. 103.

Erythrichthys leucogrammicus Günth., Cat. Fish. I p. 396. — Blkr, Atl. Ichth. Tab. 294, Perc. tab. 16 fig. 2.

Hab. Celebes (Macassar, Bulucumba); Buro (Kajeli); Amboina; in mari.

Longitudo 13 speciminum 55‴ ad 99‴.

Rem. Il se pourrait bien que le Smaris balteatus CV. de Ceylon fut de la même espèce. Il présente le même système de coloration et manifestement aussi les mêmes formes, mais il en est dit qu'il a 15 épines à la dorsale. Si l'identité venait d'être prouvée l'espèce habiterait aussi les côtes de Ceylon et devrait porter le nom de Dipterygonotus balteatus.

Phalanx *Lutjanini*.

Spariformes corpore oblongo vel subelongato, squamis ctenoideis vestito; ore non vel vix protractili; dentibus maxillis acutis, nunquam incisivis vel molaribus; dentibus palato vomerinis et palatinis vel vomerinis tantum; ossibus suborbitalibus inermibus; praeoperculo serrato; pinna dorsali parte spinosa parte radiosa longiore, non vel basi tantum squamata; anali radiosa dorsali radiosa breviore vel eae subaequali. B. 7.

LUTJANUS Bl. = Dipterodon Lac. = Diacope et Mesoprion CV. = Genyoroge Cant. = Macolor Blkr = Neomaenis Gir. = Proamblys, Hypoplites, Rhomboplites, Ocyurus, Evoplites, Tropidinius Giil.

Dentes acuti pluriseriati maxillis, vomerini, palatini, pharyngeales; intermaxillares antici canini, inframaxillares antici et serie externa laterales medii canini vel caninoidei. Caput regione temporali, genis ossibusque opercularibns squamatum, rostro maxillisque alepidotum. Maxillae subaequales. Squamae trunco 40 ad 90 in serie longitudinali. Pinnae dorsales et analis basi squamatae, dorsalis unica indivisa spinis 10 ad 13 et radiis 11 ad 16. Pectorales elongatae acutae. Analis spinis 3 et radiis 7 ad 12. Caudalis truncata vel biloba. B. 7.

Rem. Le genre Lutjanus est bien caractérisé, dans le groupe des Lutjanini, par les dents canines, par la dorsale non ou peu échancrée et à base squammeuse et par les pectorales allongées et en forme de faux. Il comprend les espèces des genres Diacope ou Genyoroge et Mesoprion des auteurs, à l'exception seulement de celles où la base de la dorsale et de l'anale est dénuée d'écailles.

Les espèces sont nombreuses. Abstraction faite des espèces nominales il en reste environ une centaine de bien établies, et l'Inde archipélagique en nourrit au-moins trente-deux.

J'ai réussi, pour bien reconnaître les nombreuses espèces du genre, à trouver d'excellents caractères et d'une valeur absolue, dans l'écaillure. Les nombres des rangées d'écailles, tant longitudinales que transversales, et le nombre d'écailles dans ces rangées, sont, dans les Lutjanus, d'une constance remarquable et indépendants de l'âge des individus. — La direction des rangées longitudinales d'écailles présente un caractère essentiel pour grouper les espèces. — Dans l'écaillure de la tête enfin on trouve des caractères non moins importans, plusieurs espèces ayant le front et le vertex entièrement squammeux, tandis que la plupart ont le dessus de la tête dénué d'écailles. Je trouve de bons caractères encore dans les nombres des rangées d'écailles du préopercule ou de la joue, dans la nature écailleuse ou nue de la peau sousorbitaire et de la région postoculaire supérieure, dans les formules des épines et des rayons de la dorsale et de l'anale, dans la forme de ces nageoires et dans la dentition de l'intérieur de la bouche. — Bon nombre de Lutjans aussi sont parfaitement à distinguer par le système de coloration, mais les couleurs s'altérant ou disparaissant plus ou moins par l'exposition à la lumière ou par une conservation prolongée dans la liqueur, il est essentiel de pouvoir déterminer les espèces aussi sans en connaître les détails de coloration.

Dans l'exposé diagnostique des espèces insulindiennes qui va suivre les caractères susdits ont été d'une grande utilité. Ceux des couleurs n'y sont mentionnés qu'en dernier lieu. Il est essentiel encore de noter que, lorsqu'il est parlé, dans le tableau synoptique, de la nature de l'échancrure préoperculaire et de la présence de dents linguales, cela s'entend toujours d'individus adultes ou de l'adolescence avancée.

I. Dents intermaxillaires de la rangée externe courbées en bas. Canines fortes et courbées. Dents inframaxillaires latérales externes fort-inégales en partie canines ou caninoïdes.

A. Rangées longitudinales d'écailles au-dessus de la ligne latérale parrallèles au profil du dos, celles au-dessous de la ligne latérale horizontales. 10 épines dorsales Dorsale molle obtuse et arrondie Groupe ou bande de dents vomériennes en forme de △ ou de ∧. Échancrure préoperculaire fort superficielle. Profil rostro-frontal droit ou concave. Os sousorbitaires sans écailles.

a. Dessus de la tête et région susoculaire postérieure sans écailles.

aa. 60 rangées transversales d'écailles au-dessus, 50 au-dessous de la ligne latérale. 25 écailles sur une rangée transversale dont 7 ou 8 au-dessus de la ligne latérale. Préopercule à 8 ou 9 rangées d'écailles. D. 10/15 ou 10/16. A. 3/9 ou 3/10. Le 4e rayon dorsal prolongé en filet. Corps à 6 bandelettes longitudinales bleues. Langue lisse.

1. *Lutjanus nematophorus* Blkr.

bb. 55 à 57 rangées transversales d'écailles au-dessus, 50 au-dessous de la ligne latérale. 25 écailles sur une rangée transversale dont 6 ou 7 au-dessus de la ligne latérale. Préopercule à 6 ou 7 rangées d'écailles. D. 10/13 ou 10/14. A. 3/8 ou 3/9. Langue lisse. Corps sans bandes mais à large tache latérale noirâtre sous le millieu de la dorsale molle.

2. *Lutjanus fuscescens* Blkr.

cc. 45 ou 46 rangées transversales d'écailles tant au-dessus qu'au-dessous de la ligne latérale. 20 écailles sur une rangée transversale, dont 6 au-dessus de la ligne latérale. Préopercule à 5 rangées d'écailles. Dents linguales. D 10/13 ou 10/14. A. 3/8 ou 3/9. Épine dorsale postérieure plus longue que la pénultième. Corps à grande tache latérale noirâtre située en partie sous la dorsale épineuse

3. *Lutjanus oligolepis* Blkr.

b. Partie postérieure de l'occiput et région susoculaire postérieure squammeuses.

aa. 50 rangées transversales d'écailles au-dessus, 45 au-dessous de la ligne latérale. 20 ou 21 écailles sur une rangée transversale dont 6 ou 7 au-dessus de la ligne latérale. Préopercule à 7 ou 8 rangées d'écailles. Dents linguales. D. 10/13 ou 10/14. A. 3/8 ou 3/9. Base de chaque écaille du corps à tache foncée. Corps à large tache noirâtre sous le commencement de la dorsale molle.

4. *Lutjanus Johni* Blkr.

B. Rangées longitudinales d'écailles au-dessus de la ligne latérale fort obliques, montant vers le profil dorsal.

a. Dessus de la tête (front, vertex, occiput et région susoculaire postérieure) squammeux. Rangées longitudinales d'écailles au-dessous de la ligne latérale horizontales. Dorsale molle obtuse et arrondie, plus longue que haute.

aa. Groupe de dents vomériennes en forme de ◊ ou de △. Echancrure préoperculaire presque nulle, fort superficielle. Dents linguales Os sousorbitaires sans écailles. Nageoires jaunâtres.

† 10 épines dorsales. Limbe préoperculaire plus ou moins squammeux.

♁ 80 rangées transversales d'écailles au-dessus, 70 au-dessous de la ligne latérale. 33 à 35 écailles sur une rangée transversale, dont 10 ou 11 au-dessus de la ligne latérale. Préopercule à 9 ou 10 rangées d'écailles. D. 10/15 ou 10/16. A. 3/9 ou 3/10. Corps bleuâtre à larges bandelettes longitudinales dorées.

5. *Lutjanus chrysotaenia* Blkr.

♁' 65 à 70 rangées transversales d'écailles au-dessus de la ligne latérale. D. 10/13 à 10/15. A. 3/8 ou 3/9. Préopercule à 6 ou 7 rangées d'écailles Corps rose.

♀ 60 rangées transversales d'écailles au-dessous de la ligne latérale. 22 ou 23 écailles sur une rangée transversale dont 6 ou 7 au-dessus de la ligne latérale. Corps à bandelette oculo-caudale brune.

6. *Lutjanus vitta* Blkr.

♀' 52 rangées transversales d'écailles au-dessous de la ligne latérale. 19 ou 20 écailles sur une rangée transversale dont 5 ou 6 au-dessus de la ligne latérale. Corps à stries longitudinales dorées.

7. *Lutjanus lutjanus* Bl.

†' 11 épines dorsales. D. 11/11 à 11/13. A. 3/8 ou 3/9. Préopercule à 5 ou 6 rangées d'écailles.

♁ 60 à 63 rangées transversales d'écailles au-dessous, 48 à 50 au-dessous de la ligne latérale. 17 ou 18 écailles sur une rangée transversale dont 4 ou 5 au-dessus de la ligne latérale. Limbe préoperculaire squammeux. Corps rose à stries longitudinales dorées.

8. *Lutjanus erythropterus* Bl.

♁' 65 rangées transversales d'écailles au-dessus, 52 au-dessous de la ligne latérale. 20 écailles sur une rangée transversale dont 5 au-dessus de la ligne latérale. Limbe préoperculaire dénué d'écailles. Corps violâtre à large bandelette oculo-caudale brune. Dos à tache nacrée près le milieu de la base de la dorsale épineuse et de la dorsale molle.

9. *Lutjanus biguttatus* Blkr.

bb. Bandelette de dents vomériennes en forme de ∧. Préopercule à limbe squammeux et à échancrure profonde et étroite. Point de dents linguales. Préopercule à 6 jusqu'à 8 rangées d'écailles. A. 3/7 à 3/9.

† 80 à 85 rangées transversales d'écailles au-dessus, 68 à 70 au-dessous de la ligne latérale. 28 à 30 écailles sur une rangée transversale dont 8 à 9 au-dessus de la ligne latérale. Sousorbitaires sans écailles. D. 10/15 ou 10/16 ou 11/14 ou 11/15. Corps jaune à bandelettes longitudinales bleues.

10. *Lutjanus bengalensis* Blkr.

†' 68 à 70 rangées transversales d'écailles au-dessus, 55 à 60 au-dessous de la ligne latérale. 25 écailles sur une rangée transversale dont 6 ou 7 au-dessus de la ligne latérale. Sousorbitaires à écailles. D. 10/14 à 10/16. Corps jaune à bandelettes longitudinales bleues.

11. *Lutjanus quinquelineatus* Blkr.

†'' 65 rangées transversales d'écailles au-dessus, 53 au-dessous de la ligne latérale. 24 ou 25 écailles sur une rangée transversale dont 7 ou 8 au-dessus de la ligne latérale. Sousorbitaires sans écailles. D. 11/13 ou 11/14 ou 10/14 ou 10/15. Corps rose à bandelettes longitudinales dorées.

12. *Lutjanus amboinensis* Blkr.

b. Dessus de la tête dénué d'écailles.

aa. Rangées longitudinales d'écailles au-dessous de la ligne latérale plus ou moins obliques. 10 à 12 épines dorsales. Langue sans dents. Corps rose.

† Dorsale molle obtuse et arrondie, plus longue que haute ou aussi haute que longue. Bande de dents vomériennes en forme de ∧.

♁ 74 à 80 rangées transversales d'écailles au-dessus, 63 à 70 au-dessous de la ligne latérale. 32 à 34 écailles sur une rangée transversale dont 9 ou 10 au-dessus de la ligne latérale. Préopercule à 6 ou 7 rangées d'écailles et à échancrure peu profonde. D. 11/13 à 11/15. A. 3/9 ou 3/10. Corps à stries ou bandelettes longitudinales brunâtres. Dos de la queue à tache brune ou rose.

13 *Lutjanus chirtah* Blkr.

♁' 70 à 73 rangées transversales d'écailles au-dessus, 64 à 65 au-dessous de la ligne latérale. 26 ou 27 écailles sur une rangée transversale dont 7 ou 8 au-dessus de la ligne latérale. Préopercule à 5 ou 6 rangées d'écailles et à échancrure fort profonde et étroite. D. 10/14 ou 10/15. A. 3/8 ou 3/9. Corps à stries longitudinales et obliques brunâtres. Queue violâtre ou noirâtre.

14. *Lutjanus butonensis* Blkr.

♁'' 64 à 66 rangées transversales d'écailles au-dessus, 56 à 58 au-dessous de la ligne latérale. 25 écailles sur une rangée transversale dont 6 ou 7 au-dessus de la ligne latérale. Préopercule à 6 rangées d'écailles et à échancrure peu profonde. D. 12/13 ou 12/14. A. 3/8 ou 3/9. Corps à cinq bandelettes longitudinales et obliques brunâtres.

15. *Lutjanus dodecacanthoides* Blkr.

†' Dorsale molle anguleuse et pointue, plus haute que longue. Groupe de dents vomériennes en forme de Δ. Environ 64 rangées transversales d'écailles au-dessus de la ligne latérale.

♁ 52 à 55 rangées transversales d'écailles au-dessous de la ligne latérale. 26 à 28 écailles sur une rangée transversale dont 7 ou 8 au-dessus de la ligne latérale. Preopercule à 7 jusqu'à 9 rangées d'écailles et à échancrure peu profonde. D. 11/14 ou 11/15, ou 12/13 ou 12/14. A. 3/8 ou 3/9. Corps à stries longitudinales dorées. Dos de la queue à tache nacrée.

16. *Lutjanus malabaricus* Blkr.

♁' 60 rangées transversales d'écailles au-dessus de la ligne latérale. 31 ou 32 écailles sur une rangée transversale dont 8 au-dessus de la ligne latérale. Préopercule à 6 rangées d'écailles et à échancrure assez profonde. D. 11/16 ou 11/17. A 3/10 ou 3/11. Corps à trois larges bandes brunâtres et transversales, la postérieure fortement courbée en arrière.

17. *Lutjanus Sebae* Blkr.

bb. Rangées longitudinales d'écailles au-dessous de la ligne latérale horizontales. Limbe préoperculaire dénué d'écailles. Dorsale molle obtuse et arrondie. D. 10/13 à 10/16. A. 3/8 ou 3/9.

† Groupe de dents vomériennes en forme de ⌂ ou de ◊. Dents linguales.

♁ 64 ou 65 rangées transversales d'écailles au-dessus, 52 à 54 au-dessous de la ligne latérale.

♀ 25 à 26 écailles sur une rangée transversale. Groupe vomérien en forme de Δ. Préopercule à 8 rangées d'écailles.

♄ 6 rangées d'écailles au-dessus de la ligne latérale. Préopercule à échancrure presque nulle ou fort superficielle. Corps olivâtre à 8 bandes transversales brunâtres. Queue à large tache noirâtre.

18. *Lutjanus semicinctus* Blkr.

♄' 7 rangées d'écailles au-dessus de la ligne latérale. Préopercule à échancrure profonde. Corps violâtre ou rose, à stries longitudinales brunâtres. Dos à deux taches nacrées ou roses, l'une sous les dernières épines l'autre sous les derniers rayons de la dorsale.

19. *Lutjanus bohar* Blkr.

♀' Préopercule à 6 rangées d'écailles et à échancrure presque nulle ou fort superficielle. Groupe vomérien en forme de ⌂ ou de ◊. Corps rose á bandelettes ou stries longitudinales dorées. Nageoires jaunes.

♄ 22 ou 23 écailles sur une rangée transversale dont 6 ou 7 au-dessus de la ligne latérale. Profil concave. Anale à bord inférieur droit.

20. *Lutjanus rangus* Blkr.

♄' 20 ou 21 écailles sur une rangée transversale dont 5 ou 6 au-dessus de la ligne latérale. Profil droit ou convexe. Anale à bord inférieur convexe. Une large tache latérale noirâtre et oblongue sous la moitié antérieure de la dorsale molle.

21. *Lutjanus fulviflamma* Blkr.

ȣ' Bande de dents vomériennes en forme de ∧.
ϙ 65 à 70 rangées transversales d'écailles au dessus de la ligne latérale. Préopercule à 6 ou 7 rangées d'écailles. 25 à 27 écailles sur une rangée transversale.
⛢ 52 à 55 rangées transversales d'écailles au-dessus de la ligne latérale.
♀ 7 ou 8 rangées d'écailles au-dessus de la ligne latérale. Echancrure préoperculaire presque nulle. Dents linguales. Corps rose à stries longitudinales dorées. Caudale à large bande transversale sémilunaire noirâtre.

22. *Lutjanus lunulatus* Blkr.

♀' Corps à deux bandelettes longitudinales noirâtres, la supérieure oculo-caudale, l'inférieure maxillo-anale. Langue sans dents.

23. *Lutjanus lemniscatus* Blkr.

♀'' 8 à 9 rangées d'écailles au-dessus de la ligne latérale. Langue lisse. Echancrure préoperculaire profonde et étroite. Corps à stries longitudinales dorées ou violâtres. Dorsale à large bordure noirâtre. Caudale violâtre.

24. *Lutjanus flavipes* Blkr.

⛢' 60 rangées transversales d'écailles au-dessous de la ligne latérale. 8 à 9 rangées d'écailles au-dessus de la ligne latérale. Echancrure préoperculaire fort superficielle. Dents linguales. Corps à bande oculo-caudale brunâtre. Dorsale à large bordure brunâtre. Caudale violâtre.

25. *Lutjanus lineatus* Blkr.

ϙ 60 rangées transversales d'écailles au-dessus, 50 à 52 au-dessous de la ligne latérale. 20 à 23 écailles sur une rangée transversale dont 6 à 8 au-dessus de la ligne latérale. Préopercule à échancrure peu profonde ou presque nulle.
⛢ Préopercule à 6 ou 7 rangées d'écailles. Langue lisse.
♀ Anale à bord inférieur convexe et arrondi. Corps à stries longitudinales dorées. Dorsale bordée de noirâtre. Caudale violâtre.

26. *Lutjanus marginatus* Blkr.

♀' Anale à bord inférieur droit. Corps à tache latérale noirâtre sous la partie antérieure de la dorsale molle.

27. *Lutjanus lioglossus* Blkr.

⛢' Préopercule à 7 ou 8 rangées d'écailles. Dents linguales.
♀ 7 ou 8 rangées d'écailles au-dessus de la ligne latérale. Corps à plusieurs bandelettes longitudinales et obliques dorées et à tache latérale noirâtre sous la moitié antérieure de la dorsale molle.

28. *Lutjanus Russelli* Blkr.

♀' 6 ou 7 rangées d'écailles au-dessus de la ligne latérale. Corps verdâtre à 5 bandes longitudinales brunâtres, les supérieures croisées par des bandes transversales. Queue à large tache noirâtre.

29. *Lutjanus decussatus* Blkr.

ϙ'' Moins de 60 rangées transversales d'écailles au-dessus de la ligne latérale.
⛢ 54 à 56 rangées transversales d'écailles au-dessus, 50 à 52 au-dessous de la ligne latérale. 25 écailles sur une rangée transversale dont 8 au-dessus de la ligne latérale. Préopercule à 6 ou 7 rangées d'écailles et à échancrure profonde et étroite. Langue lisse. Corps rougeâtre. Tête à plusieurs bandelettes longitudinales bleues. Ecailles du corps à gouttelette nacrée. Ligne latérale à tache nacrée cerclée de noirâtre sous la partie antérieure de la dorsale molle.

30. *Lutjanus rivulatus* Blkr.

⛢' 47 à 52 rangées transversales d'écailles au-dessus, 41 à 44 au-dessous de la ligne latérale. 20 écailles sur une rangée transversale dont 6 ou 7 au-dessus de la ligne latérale. Préopercule à 8 rangées d'écailles et à échancrure presque nulle. Dents linguales Corps verdâtre. Base des écailles à tache violâtre ou brunâtre. Région sousoculaire à une ou deux bandelettes longitudinales bleuâtres.

31. *Lutjanus argentimaculatus* Blkr.

II. Dents canines intermaxillaires et inframaxilaires antérieures coniques et presque droites. Dents intermaxillaires latérales externes courbées en avant, les inframaxillaires latérales externes petites et nombreuses. A. 3/10 à 3/12. Profil fort convexe.

A. Rangées longitudinales d'écailles obliques au-dessus, horizontales au-dessous de la ligne latérale. Dessus de la tête dénué d'écailles. Dorsale et anale molles anguleuses et pointues. D. 10/13 à 10/15, à partie épineuse largement squammeuse à la base.

a. 70 rangées transversales d'écailles au-dessus, 65 au-dessous de la ligne latérale. 28 à 30 écailles sur une rangée transversale dont 8 au-dessus de la ligne latérale. Préopercule à 6 jusqu'à 8 rangées d'écailles et à échancrure profonde et étroite. Langue lisse. Dessus du corps et nageoires noirâtres ou brunes. Dos à larges taches roses ou nacrées, disparaissant dans les adultes.

32. *Lutjanus macolor* Blkr.

Lutjanus nematophorus Blkr, Verh. Kon. Ak. Wet. XIII Révis. Lutjan. p. 12. — Atl. Tab. 285, Perc. tab. 7 fig. 3.

Lutj. corpore oblongo compresso, altitudine $2^3/_5$ circ. in ejus longitudine absque-, 3 et paulo in ejus longitudine cum pinna caudali; altitudine corporis $2^1/_2$ circ. in ejus altitudine; capite acuto $2^3/_4$ circ. in longitudine corporis absque-, $3^2/_5$ ad $3^1/_2$ in longitudine corporis cum pinna caudali; altitudine capitis $1^1/_5$ circ.-, latitudine capitis $2^1/_3$ circ. in ejus longitudine; linea rostro-frontali rectiuscula vel concaviuscula; vertice, fronte et regione supraoculari posteriore alepidotis; oculis diametro $3^3/_4$ ad 4 in longitudine capitis, diametro $^3/_4$ circ. distantibus; rostro acuto non convexo, apice paulo infra oculi marginem inferiorem sito, oculo longiore; naribus distantibus anterioribus posterioribus minoribus; osse praeorbitali sub oculo oculi diametro longitudinali minus duplo humiliore, ubique alepidoto; maxillis subaequalibus, superiore sub pupilla desinente 2 circ. in longitudine capitis; maxillis dentibus serie externa utroque latere antice caninis vel caninoideis, quorum canino intermaxillari simplice vel duplice magno, ceteris inaequalibus inframaxillaribus mediis ceteris paulo majoribus; dentibus vomerinis in vittam Λ formem-, palatinis utroque latere in vittam gracilem dispositis; lingua edentula; praeoperculo squamis in series 8 vel 9 transversas dispositis, margine libero postice et inferne denticulato dentibus angularibus ceteris majoribus, supra angulum incisura nulla vel subnulla; fascia squamarum temporali bene distincta, minus duplo longiore quam lata; squamis corpore angulum aperturae branchialis superiorem inter et basin pinnae dorsalis supra lineam lateralem in series 60 circ. transversas, infra lineam lateralem in series 50 circ. transversas dispositis; squamis 25 circ in serie transversa anum inter et pinnam dorsalem, 7 vel 8 lineam lateralem inter et dorsalem spinosam mediam, 12 vel 13 in serie longitudinali occiput inter et pinnam dorsalem; lateribus seriebus squamarum longitudinalibus supra lineam lateralem lineae dorsali parallelis non obliquis, infra lineam lateralem horizontalibus; cauda parte libera aeque longa circ. ac postice alta; dorsali spinosa spinis mediocribus validis mediis ceteris longioribus corpore plus triplo humilioribus spinis 2 posticis subaequalibus radio 1° brevioribus; dorsali radiosa basi late squamata, parte spinosa multo altiore, radio 4° in filum producto, absque radio 4° altiore quam longa, antice quam medio et postice altiore, margine superiore convexa; pectoralibus analem non attingentibus capite absque rostro vix longioribus; ventralibus acutis analem non attingentibus capite absque rostro brevioribus; anali spinis validis 3ª 2ª longiore, parte radiosa dorsali radiosa absque ejus filo non humiliore duplo circ. altiore quam longa antice quam medio et postice altiore margine inferiore convexa; caudali extensa truncata capite absque rostro non longiore; colore corpore superne viridescente-roseo, inferne dilute aurantiaco; iride rosea; fronte inter oculos vitta transversa et rostro utroque latere vitta obliqua oculum attingente coeruleis nigricante limbatis; corpore utroque latere vittis 6 longitudinalibus coeruleis vel margaritaceis nigricante limbatis, vitta superiore nucha incipiente et basi radiorum dorsalium desinente, vitta 2ª occipite incipiente et mediam basin dorsalis radiosae attingente, vitta 3ª orbita superne incipiente et basin posticam dorsalis radiosae attingente, vitta 4ª regione temporali incipiente et dorso caudae desinente, vitta 5ª osse praeorbitali inferne incipiente oculum versus adscendente et basi pinnae caudalis desinente, vitta 6ª parum conspicua axillo-caudali vittae 5ªᵉ parallela; pinnis aurantiacis, dorsali spinosa leviter violascente, ventralibus antice et apice violaceis.

B. 7. D. 10/15 vel 10/16 P. 2/14. V. 1/5. A. 3/9 vel 3/10. C. 1/15/1 et lat. brev.

Syn. *Mesoprion nematophorus* Blkr, Act. Soc. Scient. Ind. Neerl. VIII, Dertiende bijdr. vischf. Celebes p. 56.

Hab. Singapura; Celebes (Badjoa, Lagusi); in mari et in fluviis.

Longitudo 2 speciminum 86‴ et 88‴.

Rem. Le Lutjanus nematophorus et les trois espèces dont la description va suivre, se distinguent de toutes les autres espèces insulindiennes connues, par la disposition des écailles au-dessus de la ligne latérale, dont les rangées longitudinales ne montent point obliquement en arrière vers le profil dorsal mais sont disposées parallèlément à ce profil.

Les espèces extra-archipélagiques à rangées horizontales ou parallèles au profil dorsal sont assez nombreuses. M. Day en indique quelques unes des côtes de l'Inde continentale. Les Lutjanus griseus et acutirostris de l'Atlantique et les Lutjanus guineënsis, modestus et agennes (de la côte de Guinée) sont du même groupe, et une révision des Lutjans de l'Atlantique, de la Mer des Indes et de l'Océan Pacifique en fera probablement reconnaître plusieurs autres.

Pour ce qui regarde les quatre espèces insulindiennes, elles se font parfaitement distinguer les unes des autres par l'écaillure de la tête, par les formules des écailles et des rayons et par les couleurs. Le nematophorus est reconnaissable par les 60 rangées transversales d'écailles au-dessus de la ligne latérale, par les 15 ou 16 rayons de la dorsale, par les 9 ou 10 rayons de l'anale, par les bandelettes longitudinales bleues du corps, et surtout par le prolongement filiforme du 4ᵉ rayon de la dorsale, caractère que je ne trouve cité d'aucune autre espèce. Je ne sais pas si l'espèce atteint de plus grandes dimensions que celles du plus grand de mes individus, mais ceux-ci ont l'air d'appartenir à un âge déjà assez avancé. Il se pourrait bien que, dans les individus de plus grande taille, on trouvât des dents linguales, mais la présence de ces dents, bien qu'assez générale dans le groupe (je les trouve aussi dans les griseus, guineënsis, modestus et agennes), n'est point un caractère constant, puisqu'elles manquent p. e. même dans les plus grands individus que je possède du fuscescens.

Lutjanus fuscescens Blkr, Sept. notic. ichth. Céram, Ned. T. Dierk. II p. 257; Verh Kon. Ak. Wet. XIII Révis. Lutjan. p. 15. — Atl. Tab. 321, Perc. tab. 43 fig, 3.

Lutj. corpore oblongo compresso, altitudine 2²/₃ ad 2⁵/₆ in ejus longitudine absque- 3¹/₃ ad 3³/₅ in ejus longitudine cum pinna caudali; latitudine corporis 2 circ. in ejus altitudine; capite acuto 2²/₃ ad 2⁵/₆ in longitudine corporis absque-, 3¹/₃ ad 3³/₅ in longitudine corporis cum pinna caudali; altitudine capitis 1¹/₃ circ.-, latitudine capitis 2 ad 2¹/₃ in ejus longitudine; linea rostro-frontali recta vel concaviuscula; vertice, fronte et regione supraoculari posteriore alepidotis; oculis diametro 4 ad 5 in longitudine capitis, diametro ³/₄ ad 1 distantibus; rostro acuto non convexo apice ante oculi marginem inferiorem sito, oculo sat multo longiore; naribus approximatis anterioribus valvatis posterioribus oblongis vel rimaeformibus paulo ad non minoribus; osse praeorbitali sub oculo oculi diametro longitudinali duplo ad sat multo humiliore ubique alepidoto; maxillis aequalibus, superiore sub pupilla desinente 2¹/₃ ad 2³/₅ in longitudine capitis; maxillis dentibus serie externa utroque latere anticis caninis parvis vel caninoideis, ceteris mediocribus inaequalibus; dentibus vomerinis in thurmam triangularem-, palatinis utroque latere in vittam gracilem dispositis; lingua edentula; praeoperculo squamis in series 6 vel 7 transversas dispositis, limbo alepidoto, margine libero postice anguloque denticulato dentibus angulum versus ceteris majoribus, supra angulum incisura valde superficiali et valde aperta; squamis interoperculo uniseriatis; fascia squamarum temporali sat bene distincta, squamis 7 circ. in serie longitudinali, squamis 1 ad 3 in serie transversali; squamis corpore angulum aperturae branchialis superiorem inter et basin pinnae caudalis supra lineam lateralem in series 55 ad 57 transversas, infra lineam lateralem in series 50 circ. transversas dispositis; squamis 25 circ. in serie transversa anum inter et basin pinnae dorsalis, 6 vel 7 lineam lateralem inter et dorsalem spinosam mediam, 12 circ. in serie longitudinali occiput inter et pinnam dorsalem; lateribus seriebus squamarum longitudinalibus supra lineam lateralem lineae dorsali parallelis vel subparallelis, infra lineam lateralem horizontalibus; cauda parte libera aeque longa circ. ac postice alta; pinna dorsali parte spinosa non vel vix squamata, parte radiosa basi late squamata; dorsali spinosa spinis validis crassis mediis ceteris longioribus 2¹/₂ ad 3 in altitudine corporis, spina postica spina penultima et radio 1° breviore; dorsali radiosa dorsali spinosa paulo ad sat multo altiore, paulo ad non longiore quam alta, obtusa, rotundata, radiis mediis ceteris longioribus; pectoralibus analem non attingentibus capite absque rostro vix longioribus; ventralibus acutis analem fere attingentibus pectoralibus non vel paulo tantum brevioribus; anali spinis validis crassis 2ª et 3ª subaequalibus radio 1° multo brevioribus, parte radiosa dorsali radiosa non humiliore, multo altiore quam longa, obtusa, rotundata; caudali extensa truncatiuscula vel leviter emarginata angulis acutiuscula capite absque rostro vix longiore; colore corpore superne olivascente, inferne margaritaceo; iride flavescente vel rosea margine pupillari aurea; squamis dorso lateribusque singulis basi fuscescente-olivaceis; macula laterali magna rotunda obliqua sub medio dorsalis radiosae majore parte sub linea laterali sita; pinna dorsali spinosa maxima parte nigricante-fusca basi flavescente-aurantiaca; pinna dorsali radiosa pinnisque ceteris flavescente-aurantiacis, dorsali radiosa media altitudine-, anali radiosa dimidio anteriore- et caudali postice violaceis; ventralibus antice fuscescentibus; pectoralibus basi macula fuscescente.

B. 7. D. 10/13 vel 10/14. P. 2/15. A. 3/8 vel 3/9. C. 1/15/1 et lat. brev.

Syn. *Mesoprion fuscescens* CV., Poiss. VI p. 405; Blkr, Tweede bijdr. ichth. Batjan, Nat. T. Ned. Ind. IX p. 197; Günth., Cat. Fish. I p. 201.

Mesoprion hoteen Rich., Rep. ichth. China, in Rep. 15ʰ meet. Brit Assoc. p. 229.

Hab. Celebes (Manado); Batjan (Lahuha); Ceram (Ruwata); in fluviis.

Longitudo 3 speciminum 120‴ ad 280‴.

Rem. Par la physionomie cette espèce ressemble beaucoup au Psammoperca waigiensis. C'est une des rares espèces du genre qui aiment les embouchures des fleuves, et il mérite d'être noté qu'aussi le nematophorus et le Johnii, espèces à rangées d'écailles surlatérales horizontales, montent plus ou moins les eaux douces. Le fuscescens est caractérisé dans son groupe par les 55 à 57 rangées transversales d'écailles au-dessus de la ligne latérale, par l'absence de dents linguales, par les 6 ou 7 rangées d'écailles préoperculaires et par la position de la tache latérale noire sous le milieu de la dorsale molle.

Lutjanus oligolepis Blkr, Verh. Kon. Ak. Wet. XIII Révis. Lutjan. p 17. Atl. Tab. 333 Perc. Tab. 55 fig. 5.

Lutj. corpore oblongo compresso, altitudine 2³/₄ ad 3 in ejus longitudine absque-, 3¹/₂ ad 4 fere in ejus longitudine cum pinna caudali; latitudine corporis 2 ad 2¹/₄ in ejus altitudine; capite acuto 2³/₄ ad 3 fere in longitudine corporis absque-, 3¹/₂ ad 4 fere in longitudine corporis cum pinna caudali; altitudine capitis 1 et paulo-, latitudine capitis 2 ad 2¹/₄ in ejus longitudine; linea rostro-frontali rectiuscula vel concaviuscula; vertice, fronte et regione supraoculari posteriore alepidotis; oculis diametro 3 ad 3 et paulo in longitudine capitis, diametro ²/₃ ad 1 fere distantibus; rostro acuto non convexo, apice ante pupillam sito, oculo sat multo ad vix breviore; naribus distantibus non valvatis anterioribus posterioribus vulgo minoribus; osse praeorbitali sub oculo oculi diametro longitudinali triplo circ. humiliore, ubique alepidoto; maxillis subaequilongis, superiore sub pupilla desinente 2¹/₃ ad 2¹/₂ in longitudine capitis; maxillis dentibus serie externa utroque latere antice caninis vel caninoideis quorum canino intermaxillari sat magno, ceteris inaequalibus mediis ceteris conspicue majoribus; dentibus vomerinis in thurmam triangularem-, palatinis utroque latere in vittam gracillimam-, lingualibus media lingua in thurmam oblongam dispositis; praeoperculo squamis in series 5 transversas dispositis, limbo alepidoto, margine libero postice et inferne denticulato dentibus angularibus ceteris majoribus, supra angulum incisura superficiali et valde aperta; interoperculo squamis uniseriatis; fascia squamarum temporali bene distincta, squamis 6 vel 7 in serie longitudinali et 1 ad 3 in serie transversali; squamis corpore angulum aperturae branchialis superiorem inter et basin pinna caudalis supra et infra lineam lateralem in series 45 vel 46 transversas dispositis; squamis 20 in serie transversa anum inter et pinnam dorsalem, 6 lineam lateralem inter et dorsalem spinosam mediam, 9 vel 10 in serie longitudinali occiput inter et pinnam dorsalem; lateribus seriebus squamarum longitudinalibus supra lineam lateralem lineae dorsali parallelis, non obliquis, infra lineam lateralem horizontalibus; cauda parte libera aeque longa circ. ac postice alta; pinna dorsali parte spinosa alepidota vel basi spinarum tantum leviter squamata, parte radiosa basi late squamata; dorsali spinosa spinis gracilibus 4a 5a et 6a ceteris longioribus 2 ad $2^1/_4$ in altitudine corporis, spina postica spina penultima conspicue longiore radio 1° breviore; dorsali radiosa dorsali spinosa non altiore, sat multo sed multo minus duplo longiore quam alta, antice quam medio et postice vulgo altiore margine superiore convexa; pectoralibus analem attingentibus vel subattingentibus capite paulo brevioribus; ventralibus acutis capite absque rostro non longioribus; anali spinis validis 3a 2a vulgo longiore, parte radiosa dorsali radiosa altiore sat multo altiore quam longa, antice quam medio et postice altiore margine inferiore convexa vel rectiuscula; caudali extensa truncata angulis acuta capite absque rostro longiore; colore corpore superne roseo vel violascente, inferne roseo-margaritaceo; iride rosea vel flava; lateribus singulis seriebus squamarum longitudinalibus vittula aurea; macula magna rotunda nigra vel fusca aurantiaco vel flavo annulata, majore parte sub dorsalis radiosae parte anteriore sita, tertia parte inferiore linea laterali perforata; pinnis flavis vel aurantiacis.

B. 7. D. 10/13 vel 10/14. P. 2/13 vel 2/14. V. 1/5. A 3/8 vel 3/9. C. 1/15/1 et lat. brev.

Syn. *Mesoprion Ehrenbergii* Pet., N. Fisch. Berl. Zool. Mus., Monatsber. Ak. Wiss 1869, p. 704??

Diacope Ehrenbergii Klunz., Syn. Fisch. R. M., Verh. zoöl. bot. Ges. Wien XX p. 701??

Djambian Mal Batav.

Hab. Sumatra (Padang); Java (Batavia); Celebes (Macassar); Ternata; Amboina; in mari.

Longitudo 7 speciminum 116''' ad 228'''.

Rem. Il se pourrait bien que l'oligolepis n'est pas distinct du Mesoprion Ehrenbergii Pet., mais la description de cette espèce parle de 48 écailles dans la ligne latérale. Du reste il n'est rien dit, dans cette description, ni de la direction des rangées d'écailles, ni aussi de plusieurs détails qui pourraient faire juger de l'identité ou de la non-identité spécifique. L'oligolepis présente ceci de particulier que les rangées transversales d'écailles sont au nombre de 45 ou 46 seulement, tant celles au-dessus que celles au-dessous de la ligne latérale; que l'épine dorsale postérieure est plus longue que la pénultième; que la troisiéme épine anale n'est pas plus courte que la seconde et que la tache latérale noire se trouve en partie sous la dorsale épineuse. S'il vient d'être démontré que l'Ehrenbergi n'est pas distinct, l'espèce habite aussi la Mer rouge et devra conserver le nom proposé par M. Peters.

Parmi les espèces extra-archipélagiques à rangées d'écailles suslaterales horizontales, je trouve un nombre égal de rangées transversales au-dessus de la ligne latérale (45 ou 46) dans les Lutjanus agennes et modestus, mais dans ces deux espèces guinéënnes le nombre des rangées transversales sous-latérales n'est que de 40 ou de 41, et celui des rangées horizontales entre la ligne latérale et les épines dorsales médianes seulement de 5 ($4^1/_2$). Du reste ces espèces ont une physionomie assez différente de l'oligolepis et s'en distinguent aussi par les couleurs, etc.

Une autre espèce encore du même groupe, qui habite les eaux de Cuba et est représentée au Muséum de Leide par un seul individu, étiquetté Mesoprion acutirostris Cuv., espèce dont je ne trouve point de description publiée, a les écailles encore moins nombreuses. Je n'y compte que 42 rangées transversales au-dessus et que 38 au-dessous de la ligne latérale, et puis 18 écailles sur une rangée transversale dont 5 au-dessus de la ligne latérale. C'est une espèce sans tache latérale, à vertex et à région susoculaire postérieure sans écailles, à dents linguales, à groupe vomérien en forme de ⊤, à formule de rayons = D. 10/14 ou 10/15 et A. 3/8 ou 3/9, à dorsale molle arrondie et aussi haute que longue, et à 2e épine anale beaucoup plus forte que la 3e. Les écailles y présentent encore cette particularité que les rangées longitudinales au-dessous de la ligne latérale sont droites et horizontales sur la moitié antérieure et obliques et montant en arrière sur la moitié postérieure du tronc.

Lutjanus Johni Lac., Poiss. IV p. 191, 235; Blkr, Verh. Kon. Ak. Wet. XIII, Révis. Lutjan. p. 20; Day, Fish. India p. 42 tab. 13 fig. 1. — Atl. Tab. 338, Perc. tab. 60 fig. 3.

Lutj. corpore oblongo compresso, altitudine $2^1/_3$ ad $2^3/_4$ in ejus longitudine absque-, 3 et paulo ad $3^1/_3$ in ejus longitudine cum pinna caudali; latitudine corporis 2 ad $2^3/_5$ in ejus altitudine; capite obtusiusculo $2^3/_4$ ad 3 in longitudine corporis absque-, $3^1/_3$ ad $3^3/_4$ in longitudine corporis cum pinna caudali; altitudine capitis 1 ad 1 et paulo-, latitudine capitis 2 ad $2^1/_3$ in ejus longitudine; linea rostro-frontali rectiuscula vel concaviuscula; vertice antice fronteque alepidotis; regione supraoculari posteriore et occipite squamatis; oculis diametro $3^1/_2$ ad 4 in longitudine capitis, diametro $^1/_2$ ad $^2/_3$ distantibus; rostro obtusiusculo non convexo, apice ante vel infra oculi marginem inferiorem sito, oculo paulo ad non breviore; naribus distantibus anterioribus valvatis posterioribus oblongis minoribus; osse praeorbitali sub oculo oculi diametro longitudinali duplo ad multo minus duplo humiliore, ubique alepidoto; maxillis subaequalibus, superiore sub pupilla desinente $2^1/_2$ circ. in longitudine capitis; maxillis dentibus serie externa utroque latere antice caninis vel caninoideis quorum canino intermaxillari mediocri, ceteris inaequalibus mediis ceteris conspicue majoribus; dentibus vomerinis in vittam ∧ vel Δ formem, palatinis utroque latere in thurmam oblongam dispositis; cute palato medio et postice denticulis scabra; lingua adolescentibus et aetate provectis medio dentibus in thurmam oblongam dispositis, juvenilibus frequenter edentula; praeoperculo squamis in series 7 vel 8 transversas dispositis, limbo alepidoto, margine libero postice et inferne denticulato dentibus angularibus ceteris majoribus, supra angulum incisura nulla vel valde superficiali et valde aperta; interoperculo alepidoto vel squamis aliquot tantum uniseriatis; fascia squamarum temporali parum distincta, minus duplo longiore quam lata, squamis transversim et longitudinaliter pluriseriatis mediis periphericis majoribus; squamis corpore angulum aperturae branchialis superiorem inter et basin pinnae caudalis supra lineam lateralem in series 50 circ. transversas, infra lineam lateralem in series 45 circ. transversas dispositis; squamis 20 vel 21 in serie transversa anum inter et pinnam dorsalem, 6 vel 7 lineam lateralem inter et dorsalem spinosam mediam, 12 circ. in serie longitudinali occiput inter et pinnam dorsalem; lateribus seriebus squamarum longitudinalibus supra lineam lateralem lineae dorsali parrallelis non obliquis, infra lineam lateralem horizontalibus; cauda parte libera aeque longa circ. ac postice alta; pinna dorsali parte spinosa non vel basi spinarum tantum squamata, parte radiosa basi late squamata; dorsali spinosa spinis validis 4a 5a et 6a ceteris longioribus 2 ad 3 et paulo in altitudine corporis spinis 2 posticis subaequilongis radio 1° brevioribus; dorsali radiosa dorsali spinosa non ad vix altiore, non ad non multo longiore quam alta, obtusa, rotundata; pectoralibus analem attingentibus vel fere attingentibus capite vix brevioribus; ventralibus acutis analem non attingentibus capite absque rostro non longioribus; anali spinis validis 2a 3a vulgo longiore et fortiore, parte radiosa dorsali radiosa paulo ad non altiore, multo altiore quam longa, obtusa, rotundata, radiis mediis ceteris longioribus; caudali extensa truncata vel vix emarginata, angulis acuta, capite absque rostro non ad paulo longiore; colore corpore superne violascente-olivaceo vel olivascente, inferne dilutiore vel viridescente-margaritaceo; iride flavescente vel rosea; squamis dorso lateribusque singulis basi macula nigricante vel fuscescente, maculis dorso series longitudinales lineae dorsali parallelas-, maculis lateribus series longitudinales horizontales efficientibus; macula magna rotunda nigra vel fusca sub initio pinnae dorsalis radiosae annulo dilute viridi vel aurantiaco cincta et tertia parte inferiore a linea laterali percursa; pinnis viridescentibus vel aurantiacis.

B. 7. D. 10/13 vel 10/14. P. 2/15. V. 1/5. A. 3/8 vel 3/9. C. 1/15/1 et lat. brev.

Syn. *Camboto* Ren., Poiss. Mol. I tab 31 fig. 172?
Anthias Johnii Bl., Ausl. Fisch. VI p. 113, tab. 318; Bl. Schn., Syst. p. 303.
Doondiawah, *Japilli* Russ., Fish. Corom. I p 75, 76, fig 95, 97.
Sparus tranquebaricus Shaw, Zool. IV p. 471.
Coius catus Ham. Buch., Fish. Gang. p. 90, tab. 31 fig. 30.
Mesoprion unimaculatus QG., Zool. Voy. Freyc. p. 304; CV., Poiss. II p. 333; Rich., Rep. ichth. Chin. in Rep. 15h meet. Brit. Assoc. p. 225; Blkr, Verh. Bat. Gen. XXII, Perc. p. 42.
Mesoprion Johnii CV., Poiss. II p. 335; Cant., Catal. Mal. Fish. p. 13; Günth., Catal. Fish. I p. 200; Fisch. Südsee p. 15; Kner, Zool. Reise Novar., Fisch. p. 359; Day, Fish. Cochin, Proc. Zool. Soc. 1865 p. 8; Fish. Malab. p. 11.
Mesoprion flavipinnis, *yapilli*, *caudalis* CV., Poiss. II p. 359, 366, 404.
Serranus pavoninus CV., Poiss. VII p. 333; Günth., Cat. Fish. I p. 126 (juvenis).
Lutianus yapilli Day, Fish. India p. 45 tab. 13 fig. 6?
Djenahah Mal.; *Tambangan*; *Petehan*; *Tjăbewatu* Javan.

Hab. Sumatra (Priaman, Siboga); Nias; Pinang; Singapura; Bintang (Rio); Bangka (Karanghadji); Duizend. ins; Java (Batavia, Bantam, Surabaya, Pasuruan, Tegal, Samarang); Madura (Kammal); Borneo (Sampit); Flores (Larantuca); Celebes (Macassar); Amboina; Waigiu; Luzon (Manilla); in mari et ostiis fluviorum.

Longitudo 16 speciminum 125‴ ad 280‴.

Rem. Le Lutjanus Johnii est la seule des espèces insulindiennes à rangées d'écailles suslatérales horizontales, où la région susoculaire postérieure et la région occipitale postérieure médiane sont squammeuses. Ce seul caractère suffirait donc déjà à reconnaître l'espèce, mais la distinction est facilitée encore par les formules des écailles du corps et du préopercule, par la présence de dents linguales, par la tache profonde sur la base des écailles du corps et par la position de la grande tache latérale noire sous le commencement de la dorsale molle.

Parmi les espèces extra-archipélagiques, voisines du Johni par le système de l'écaillure, je trouve des formules d'écailles peu différentes dans le griseus (ser. transv. $\frac{48}{40}$, ser. longit. $\frac{6(5^1/_2)}{13}$) et dans le guineënsis (ser. transv. $\frac{50}{42}$; ser. long. $\frac{5(4^1/_2)-6(5^1/_2)}{13}$), mais dans ces deux formes l'occiput et la région susoculo-postérieure sont dénuées d'écailles.

Le Johni est fort commun dans l'Inde archipélagique quoiqu'on ne le pêche jamais en grandes quantités. Hors l'Insulinde il est connu habiter la côte orientale de l'Afrique, les côtes de l'Inde, de la Nouvelle-Hollande septentrionale et de Chine, et l'Océan Pacifique (Taiti).

Lutjanus chrysotaenia Blkr, Onz. not. ichth. Ternate, Ned. Tijdschr. Dierk. I p. 233; Verh. Kon. Ak. Wet. XIII, Révis. Lutjan. p. 22; Day, Fish. India p. 36 tab. 11 fig. 3. — Atl. Tab. 302, Perc. tab. 24 fig. 4.

Lutj. corpore oblongo compresso, altitudine $2^3/_5$ ad 3 fere in ejus longitudine absque-, $3^1/_2$ ad $3^3/_5$ in ejus longitudine cum pinna caudali; latitudine corporis 2 et paulo in ejus altitudine; capite acuto $2^3/_5$ ad 3 fere in longitudine corporis absque-, $3^3/_5$

ad $3^3/_4$ in longitudine corporis cum pinna caudali; altitudine capitis $1^1/_3$ ad $1^1/_4$-, latitudine capitis 2 ad 2 et paulo in ejus longitudine; linea rostro-frontali recta vel concaviuscula; vertice et fronte usque supra medios oculos squamatis; regione supra-oculo-temporali dense squamata; oculis diametro $3^1/_2$ ad $4^1/_4$ in longitudine capitis, diametro $^3/_5$ ad 1 fere distantibus; rostro acuto non convexo apice ante vel infra oculi marginem inferiorem sito, oculo vix breviore ad conspicue longiore; naribus distantibus anterioribus valvatis posterioribus oblongis minoribus; osse praeorbitali sub oculo oculi diametro longitudinali plus duplo ad paulo humiliore postice superne squamulato; maxillis aequalibus, superiore sub pupilla desinente $2^1/_4$ ad $2^1/_3$ in longitudine capitis; maxillis dentibus serie externa utroque latere anticis caninis vel caninoideis quorum canino intermaxillari magno, ceteris inaequalibus inframaxillaribus mediis ceteris multo majoribus; dentibus vomerinis in thurmam ◊ formem-, palatinis utroque latere in vittam gracillimam, lingualibus in thurmas 2 posteriore oblonga anteriore majore dispositis; praeoperculo squamis in series 9 vel 10 transversas dispositis, limbo ex parte squamato, margine libero postice et angulo denticulato dentibus angulo ceteris majoribus, supra angulum incisura superficiali vel sat profunda valde aperta; squamis interoperculo biseriatis; fascia squamarum temporali non distincta, cum squamis occipitalibus et supraocularibus confluente; squamis corpore angulum aperturae branchialis superiorem inter et basin pinnae caudalis supra lineam lateralem in series 80 circ. transversas, infra lineam lateralem in series 70 circ. transversas dispositis; squamis 33 ad 35 in serie transversa anum inter et pinnam dorsalem, 10 vel 11 lineam lateralem inter et dorsalem spinosam mediam, 17 circ. in serie longitudinali occiput inter et pinnam dorsalem; lateribus seriebus squamarum longitudinalibus supra lineam lateralem obliquis, infra lineam lateralem horizontalibus; cauda parte libera paulo altiore quam longa ad aeque longa ac postice alta; pinna dorsali parte spinosa alepidota parte radiosa basi late squamata; dorsali spinosa spinis mediocribus mediis ceteris longioribus $2^1/_3$ ad 3 in altitudine corporis, spina postica spina penultima et radio 1° breviore; dorsali radiosa dorsali spinosa non ad vix humiliore, multo ad duplo fere longiore quam alta, obtusa, rotundata; pectoralibus analem non vel vix attingentibus capite paulo brevioribus; ventralibus acutis analem non attingentibus capite absque rostro brevioribus; anali spinis validis 2ª et 3ª subaequilongis radio 1° multo brevioribus, parte radiosa dorsali radiosa paulo altiore, paulo altiore quam longa, oblique quadratiuscula, antice quam medio et postice altiore, margine inferiore convexa; caudali extensa truncata vel leviter emarginata angulis acuta capite paulo breviore; colore corpore superne pulchre dilute coeruleo, mediis lateribus inferneque coerulescente-margaritaceo; iride flava vulgo roseo tincta; vittis utroque latere longitudinalibus 6 ad 8 juvenilibus aurantiaco-fuscis aetate provectis aurantiacis vel flavis; vitta superiore fronto-dorsali lineae dorsali approximata sub spinis dorsalibus posterioribus desinente; vitta 2ª rostro-supraoculo-dorsali mediam basin dorsalis radiosae attingente; vitta 3ª oculo-dorsali supra lineam lateralem decurrente et ante radios dorsales posteriores desinente; vitta 4ª suprascapulo-dorsali lineam lateralem secante et radios dorsales posteriores attingente; vitta 5ª oculo-caudali lineam lateralem postice secante et basin caudalis attingente; vitta 6ª maxillo-thoracico-caudali junioribus a vitta 5ª conspicue magis quam vitta 5ª a vitta 4ª remota; vittis 7ª et 8ª maxillo-caudalibus cauda inferiore desinentibus (frequenter deficientibus); pinnis pulchre aurantiacis vel flavis, pectoralibus basi vittula transversa vel basi superne macula triangulari nigricante.

B. 7. D. 10/15 vel 10/16. P. 2/14. V. 1/5. A. 3/9 vel 3/10. C. 1/15/1 et lat. brev.

Syn. *Mesoprion chrysotaenia* Blkr, N. bijdr. Percoid., Nat. T. Ned. Ind. II p. 170; Act. Soc. Scient. Ind. Neerl. I, Beschr. vischs. Manado p. 40; Günth., Cat. Fish. 1 p. 192.

Hab. Sumatra (Telokbetong); Nias; Singapura; Bintang (Rio); Bangka (Toboali); Biliton; Java (Batavia); Bali (Boleling); Celebes (Macassar, Badjoa); Timor; Batjan (Labuha); Obi-major; Amboina; in mari.

Longitudo 15 speciminum 85‴ ad 305‴.

Rem. Je commence la nombreuse série des Lutjans indo-archipélagiques à rangées d'écailles suslatérales montant obliquement en arrière vers le profil dorsal, par un groupe d'espèces, dont le caractère le plus essentiel se trouve dans l'écaillure de la tête. Le dessus de la tête, c'est-à-dire le front et le vertex jusqu'à la nuque, denué d'écailles dans la plupart des Lutjans, sont, dans les espèces de ce groupe, plus ou moins squammeux et les écailles, dans quelques espèces, s'étendent même jusque entre le bord antérieur des orbites. A ce groupe appartiennent les Lutjanus chrysotaenia, vitta, lutjanus, erythropterus, biguttatus, bengalensis, quinquelineatus, amboinensis, et quelques espèces extra-archipélagiques. Les cinq premiers ont tous des dents linguales, le groupe des dents vomériennes quadrangulaire ou triangulaire et le préopercule à échancrure nulle ou fort superficielle. — Le chrysotaenia parmi ces espèces est des plus faciles à reconnaître par les dix épines dorsales et par les formules des écailles qui, dans toutes les directions, sont plus nombreuses que dans les espèces voisines. A l'état frais il se fait distinguer aisément par les bandes longitudinales dorées sur un fond bleuâtre dont les supérieures se dirigent obliquement en haut et en arrière.

Cette espèce n'est connue jusqu'ici que de l'Insulinde et des îles Nicobares.

Lutjanus vitta Blkr, Onz. notic. ichth. Ternate, Ned. T. Dierk. I p. 233; Verh. Kon. Ak. Wet. XIII, Révis. Lutjan. p. 25; Day, Fish. India p. 46 tab. 14 fig. 2. — Atl. Tab. 340, Perc. tab. 62 fig. 5.

Lutj. corpore oblongo compresso, altitudine $2^3/_5$ ad 3 in ejus longitudine absque-, $3^1/_3$ ad 4 in ejus longitudine cum pinna caudali; latitudine corporis 2 ad $2^1/_2$ in ejus altitudine; capite acuto $2^4/_5$ ad 3 fere in longitudine corporis absque-, $3^3/_5$ ad $3^4/_5$ in longitudine corporis cum pinna caudali; altitudine capitis 1 et paulo, latitudine capitis 2 ad $2^1/_5$ in ejus longitudine; vertice et fronte usque inter iridum partem posteriorem squamatis; regione supra-oculo-temporali dense squamata; linea rostro-frontali rectiuscula vel concaviuscula; oculis diametro 3 ad $3^1/_2$ in longitudine capitis, diametro $^3/_5$ ad $^3/_4$ distantibus; rostro acuto, apice ante vel vix infra oculi marginem inferiorem sito, oculo paulo breviore ad paulo longiore; naribus distantibus anterioribus brevi-valvatis posterioribus oblongis vulgo minoribus; osse praeorbitali sub oculo oculi diametro longitudinali plus duplo ad minus duplo humiliore, ubique alepidoto; maxillis subaequalibus superiore sub pupilla desinente $2\frac{1}{4}$ circ. in longitudine capitis; maxillis dentibus serie externa utroque latere antice caninis vel caninoideis quorum canino intermaxillari magno; ceteris inaequalibus inframaxillaribus mediis ceteris multo longioribus; dentibus vomerinis in thurmam ♤ vel ◊- formem, palatinis utroque latere in vittam gracilem, lingualibus media lingua in thurmam oblongo-ovalem dispositis; palato aetate provectis linea media vulgo denticulis scabro; praeoperculo squamis in series 6 vel 7 transversas dispositis, limbo ex parte squamato, margine libero postice et inferne denticulato dentibus angularibus ceteris majoribus, supra angulum juvenilibus incisura nulla vel subnulla aetate provectioribus incisura valde superficiali et valde aperta; squamis interoperculo bi- ad triseriatis; fascia squamarum temporali non distincta cum squamis occipitalibus et supra-ocularibus confluente; squamis corpore angulum aperturae branchialis superiorem inter et basin pinnae caudalis supra lineam lateralem in series 65 ad 70 transversas, infra lineam lateralem in series 59 vel 60 transversas dispositis; squamis 22 vel 23 in serie transversa anum inter et pinnam dorsalem, 6 vel 7 lineam lateralem inter et dorsalem spinosam mediam, 14 circ. in serie longitudinali occiput inter et pinnam dorsalem; lateribus seriebus squamarum longitudinalibus supra lineam lateralem obliquis, infra lineam lateralem horizontalibus; cauda parte libera aeque longa circ. ac postice alta; pinna dorsali parte spinosa non squamata, parte radiosa basi late squamata; dorsali spinosa spinis mediocribus sat gracilibus 3ª 4ª et 5ª ceteris longioribus $2\frac{2}{3}$ ad $2\frac{3}{5}$ in altitudine corporis, spinis 2 posticis subaequalibus radio 1° brevioribus; dorsali radiosa dorsali spinosa humiliore, multo ad plus duplo longiore quam alta, obtusa, rotundata; pectoralibus analem non attingentibus capite absque rostro longioribus; ventralibus acutis analem non attingentibus capite absque rostro brevioribus; anali spinis subaequilongis vel 2ª 3ª vel 3ª 2ª paulo longiore, parte radiosa dorsali radiosa altiore, paulo altiore quam longa, quadratiuscula, antice quam medio et postice altiore, margine inferiore rectiuscula vel convexa; caudali extensa truncata vel leviter emarginata angulis acuta capite absque rostro paulo ad non longiore; colore corpore superne roseo, inferne roseo-margaritaceo vel margaritaceo; iride flava rubro tincta; vitta oculo-caudali pupilla vulgo graciliore fusca vel nigricante-fusca sub pinna dorsali radiosa lineam lateralem secante et cauda dimidio superiore ad basin pinnae caudalis desinente; vittulis dorso aureis vel fuscescente-violaceis oblique postrorsum adscendentibus, lateribus flavis vel aureis horizontalibus; pinnis flavis, dorsali superne, pectoralibus et anali inferne et ventralibus postice albicantibus.

B. 7. D. 10/13 vel 10/14 (specim. un. stat. abnorm. spin. 9 tant.). P. 2/13 vel 2/14. V. 1/5. A. 3/8 vel 3/9. C. 1/15/1 et lat. brev.

Var. *Ophuyseni;* vitta oculo-caudali sub initio dorsalis radiosae in maculam oblongam fuscam vel nigricante-fuscam desinente, post maculam non vel vix conspicua.

Syn. *Serranus vitta* Q.G., Zool. Voy. Uranie p. 315 tab. 58 fig. 3, CV., Poiss. II p. 178, VI p. 380; Rich., Rep. ichth. Chin., Rep. 15ʰ meet. Brit. Assoc. p. 234.
Diacope vitta Schl., Faun. Japon. Poiss. p. 13 tab. 6 fig. 1.
Mesoprion enneacanthus Blkr, Verh. Bat. Gen. XII Perc. p. 40 (specim. spin. dors. 9); Günth., Cat. Fish. I p. 209.
Mesoprion phaiotaeniatus Blkr, Verh. Bat Gen. XXII Perc. p. 43.
Mesoprion vitta Blkr, Verh. Bat. Gen. XXII Perc. p. 44; Günth., Cat. Fish. I p. 207; Kner, Zool. Reise Novara, Fisch. p. 37.
Mesoprion Ophuysenii Blkr, Act. Soc. Scient. Ind. Neerl. VIII, Achtste bijdr. vischf. Sumatra p. 74.
Tanda-tanda, *Djambian* Mal.

Hab. Sumatra (Benculen, Padang, Ticu, Priaman); Singapura; Bangka (Karang-hadji, Tandjong-berikat, Muntok); Biliton (Tjirutjup); Java (Batavia); Bali (Boleling); Celebes (Macassar, Bulucomba); Ternata; Amboina; Ceram (Wahai); Waigiu; Rawak, Nova-Guinea; in mari.

Longitudo 22 speciminum 112‴ ad 262‴.

Rem. Le Lutjanus vitta, par sa physionomie générale, est fort voisin du chrysotaenia, mais son système de coloration est différent. Il est reconnaissable, outre la bandelette oculo-caudale brune, aux formules des écailles du corps et du préopercule et aux dix épines dorsales. C'est une des espèces les plus communes et qui s'étend, hors l'Insulinde, jusqu'à Madras, les Seychelles, la côte nord-ouest de la Nouvelle-Hollande, l'archipel des Louisiades, la Chine et le Japon.

Le Lutjanus Ophuijseni n'est qu'une variété ou variation du Lutjanus vitta à bande latérale brune s'arrêtant vis-à-vis la région anale avec une dilatation en forme de tache oblongue. Dans quelques individus la bande se continue aussi en arrière de cette tache.

Lutjanus lutjanus Bl., Ausl. Fisch. IV p. 107 tab. 265; Bl. Schn., Syst. p. 324; Blkr, Verh. Kon. Ak. Wet. XIII, Révis. Lutjan. p. 27. — Atl. Tab. 314 Perc. tab. 36 fig. 3.

Lutj. corpore oblongo compresso, altitudine $2\frac{3}{4}$ ad 3 in ejus longitudine absque-, $3\frac{2}{5}$ ad $3\frac{4}{5}$ in ejus longitudine cum pinna caudali; latitudine corporis 2 circ. in ejus altitudine; capite acuto $2\frac{3}{4}$ ad 3 in longitudine corporis absque-, $3\frac{2}{3}$ ad 4 in longitudine corporis cum pinna caudali; altitudine capitis 1 et paulo ad $1\frac{1}{5}$-, latitudine capitis 2 fere ad 2 in ejus longitudine; linea rostro-frontali rectiuscula; vertice et fronte usque inter pupillarum partem posteriorem squamatis; regione supraoculo-temporali squamata; oculis diametro 3 fere ad $3\frac{1}{3}$ in longitudine capitis, diametro $\frac{2}{3}$ ad $\frac{3}{5}$ distantibus; rostro acuto non convexo, apice ante oculi marginem inferiorem sito, oculo multo ad paulo breviore; naribus distantibus rotundis vel oblongis anterioribus brevissime vel non valvatis posterioribus minoribus; osse praeorbitali sub oculo oculi diametro longitudinali duplo ad quadruplo humiliore, ubique alepidoto; maxillis aequalibus, superiore sub pupilla desinente 2 et paulo ad $2\frac{1}{4}$ in longitudine capitis; maxillis dentibus serie externa utroque latere antice caninis vel caninoideis quorum canino intermaxillari mediocri, ceteris inaequalibus inframaxillaribus mediis ceteris multo longioribus; dentibus vomerinis in thurmam ◊-formem-, palatinis utroque latere in vittam gracillimam-, lingualibus media lingua in thurmam oblongam dispositis; praeoperculo squamis in series 6 transversas dispositis, limbo plus minusve squamato, margine libero postice inferneque denticulato dentibus angularibus ceteris majoribus, supra angulum incisura nulla vel valde superficiali; squamis interoperculo biseriatis; fascia squamarum temporali non distincta, cum squamis occipitalibus et supraocularibus confluente; squamis corpore angulum aperturae branchialis superiorem inter et basin pinnam caudalis supra lineam lateralem in series 65 ad 67 transversas, infra lineam lateralem in series 52 circ. transversas dispositis; squamis 19 vel 20 in serie transversa, 5 vel 6 lineam lateralem inter et dorsalem spinosam mediam, 12 circ. in serie longitudinali occiput inter et pinnam dorsalem; lateribus seriebus squamarum longitudinalibus supra lineam lateralem obliquis, infra lineam lateralem horizontalibus; cauda parte libera aeque longa ac postice alta ad paulo longiore quam alta; pinna dorsali parte spinosa alepidota, parte radiosa basi sat late squamata; dorsali spinosa spinis gracilibus 3a 4a et 5a ceteris longioribus $2^1/_4$ ad $2^1/_3$ in altitudine corporis, spina postica spina penultima et radio 1° breviore; dorsali radiosa dorsali spinosa humiliore, duplo fere ad duplo longiore quam alta, obtusa, convexa; pectoralibus analem non attingentibus capite absque rostro non ad sat multo longioribus; ventralibus acutis analem non attingentibus capite absque rostro brevioribus; anali spinis validis 2a et 3a subaequilongis vel 2a 3a paulo longiore et fortiore, parte radiosa dorsali radiosa paulo altiore, paulo altiore quam longa, quadratiuscula, antice quam medio et postice altiore, margine inferiore rectiuscula vel concaviuscula; caudali extensa truncata vel leviter emarginata angulis acuta capite absque rostro non ad vix longiore; colore corpore superne roseo vel violascente-roseo, inferne roseo-margaritaceo; iride flavescente; vittulis corpore numerosis longitudinalibus fuscescente aurantiacis, aurantiacis vel flavis supra lineam lateralem obliquis infra lineam lateralem horizontalibus, quarum vitta lineam laterali approximata ceteris latiore; pinnis ventralibus albidis, ceteris flavis vel aurantiacis, pectoralibus inferne, anali antice albidis.

B. 7. D. 10/13 vel 10/14 vel 10/15. P. 2/14. V. 1/5. A. 3/8 vel 3/9. C. 1/15/1 et lat. brev.

Syn. *Lutjanus Blochii* Lac., Poiss. IV p. 178, 210.

Mesoprion lutjanus CV.; Poiss. II p. 363.

Mesoprion olivaceus CV., Poiss. II p. 363?

Mesoprion madras CV, Poiss. VII p. 335? Blkr, Verh. Bat. Gen. XXII Perc. p. 44; Günth., Catal. Fish. I p. 200; Day, Fish. Malab. p. 14.

Lutjanus olivaceus Blkr, Not ichth. Waigiou, Versl K Ak. Wet. Nat. 2e Reeks II p. 296?

Lutjanus madras Day, Fish. India p. 47 tab. 14 fig. 3.

Djambian Mal.

Hab. Sumatra (Benculen, Trussan, Priaman); Singapura; Bangka (Muntok, Gussong-assam); Java (Batavia, Bantam); Duizend-ins.; Bawean; Bali (Boleling); Celebes (Bulucomba, Badjoa, Manado); Ceram (Wahai); Amboina; Waigiu?; in mari.

Longitudo 35 speciminum 65''' ad 210'''.

Rem. Le Lutjanus actuel est manifestement de l'espèce type du genre Lutjanus de Bloch, et je le crois aussi identi que avec le Mesoprion madras CV. Le Mesoprion olivaceus CV. pourrait bien être, lui-aussi, de la même espèce. Les caractères distinctifs du lutjanus se trouvent dans les nombres d'environ 65 rangées transversales d'écailles au-dessus et de 52 de ces rangées au-dessous de la ligne latérale, de 19 ou 20 écailles sur une rangée transversale dont 5 ou 6 au-dessus de la ligne latérale, et puis dans les dix épines dorsales et dans le système de coloration. L'espèce est fort commune à Batavia, mais peu estimée. Jamais je n'en ai vu d'individus de plus de 220''' de long. Hors l'Insulinde elle habite les côtes de Malabar et des Seychelles.

Lutjanus erythropterus Bl., Ausl. Fisch. IV p. 115 tab. 249; Bl. Schn., Syst. p. 325; Lac., Poiss. IV p. 178; Blkr, Verh. Kon. Ak. Wet. XIII, Révis. Lutjan. p. 29. — Atl. Tab. 298, Perc. tab. 20 fig. 2.

Lutj. corpore oblongo compresso, altitudine 3 ad 3 et paulo in ejus longitudine absque-, $3^2/_3$ ad 4 in ejus longitudine cum pinna caudali; latitudine corporis $1^3/_4$ ad 2 fere in ejus altitudine; capite acuto 3 fere ad 3 in longitudine corporis absque-, $3^3/_5$ ad $3^3/_4$ in longitudine corporis cum pinna caudali; altitudine capitis 1 et paulo ad $1^1/_6$, latitudine capitis 2 circ. in ejus longitudine; linea rostro-frontali rectiuscula vel convexiuscula; vertice et fronte usque inter oculorum partem anteriorem squamatis; regione supraoculo-temporali dense squamata; oculis diametro 3 fere ad 3 in longitudine capitis, diametro $^2/_3$ circ. distantibus; rostro acuto non vel leviter convexo, apice ante pupillam sito, oculo multo breviore; naribus distantibus rotundis vel oblongis non valvatis anterioribus posterioribus minoribus; osse praeorbitali sub oculo oculi diametro longitudinali quadruplo ad quintuplo humiliore ubique alepidoto; maxillis aequalibus, superiore sub pupilla desinente 2 et paulo in longitudine capitis; maxillis dentibus serie externa utroque latere antice caninis vel caninoideis quorum canino intermaxillari sat magno, ceteris inaequalibus, inframaxillaribus mediis ceteris multo longioribus; dentibus vomerinis in thurmam ◊ formem, palatinis utroque latere in vittam gracillimam-, lingualibus media lingua in thurmam oblongam dispositis; praeoperculo squamis in series 6 transversas dispositis, limbo plus minusve squamato, margine libero postice anguloque denticulato dentibus angularibus ceteris conspicue majoribus, supra angulum incisura nulla; fascia squamarum temporali non distincta, cum squamis occipitalibus et supraocularibus confluente; squamis corpore angulum aperturae branchialis superiorem inter et basin pinna caudalis supra lineam lateralem in series 60 ad 63 transversas-, infra lineam lateralem in series 48 ad 50 transversas dispositis; squamis 17 vel 18 in serie transversa anum inter et pinnam dorsalem, 4 vel 5 lineam lateralem inter et dorsalem spinosam mediam, 12 circ. in serie longitudinali occiput inter et pinnam dorsalem; lateribus seriebus squamarum longitudinalibus supra lineam lateralem obliquis infra lineam lateralem horizontalibus; cauda parte libera aeque longa circ. ac postice alta; pinna dorsali parte spinosa alepidota, parte radiosa basi sat late squamata; dorsali spinosa spinis gracilibus 3a 4a et 5a ceteris longioribus 2 circ. in altitudine corporis, spinis 2 posticis subaequalibus radio 1° sat multo brevioribus; dorsali radiosa dorsali spinosa humiliore, multo ad duplo fere longiore quam alta, obtusa, convexa; pectoralibus analem non attingentibus capite absque rostro paulo longioribus; ventralibus acutis analem non attingentibus capite absque rostro brevioribus; anali spinis mediocribus 2a et 3a subaequalibus vel 3a 2a paulo longiore, parte radiosa dorsali radiosa vix vel non altiore, paulo altiore quam longa, quadratiuscula, antiee quam medio et postice altiore, margine inferiore rectiuscula vel concaviuscula; caudali extensa truncata vel leviter emarginata angulis acuta capite absque rostro paulo longiore ad paulo breviore; colore corpore superne roseo vel purpurescente, inferne flavescente-margaritaceo vel roseo-margaritaceo; iride flava; vittis corpore longitudinalibus aurantiacis vel flavis, dorso numerosis obliquis, lateribus 5 ad 9 horizontalibus quarum vitta oculo-caudali unica ceteris multo latiore cauda lineam lateralem secante; pinnis pulchre flavis vel aurantiacis, ventralibus frequenter roseis.

B. 7. D. 11/11 vel 11/12 vel 11/13. P. 2/14 vel 2/15. V. 1/5. A. 3/8 vel 3/9. C. 1/15/1 et lat. brev.

Syn *Karooi* Russ., Corom. Fish. II p. 19 fig. 125.

Serranus nouleny CV., Poiss. II p. 184; Günth., Cat Fish. I p. 126.

Mesoprion erythropterus CV., Poiss. II p. 362; Blkr, Verh. Bat. Gen. XXII Perc. p. 47.

Mesoprion caroui CV., Poiss. II p. 370; Cant., Cat. Mal. Fish. p. 16.
Diacope lineolata Rüpp., Atl. R. Fisch. p. 76 tab. 19 fig. 3; Klunz., Syn. Fisch. R. M., Verh z. b. Ges. Wien XX p. 698 (nec Mesoprion lineolatus Blkr ol.).
Mesoprion xanthopterygius Blkr, Verh. Bat. Gen. XXII Perc. p. 46.
Mesoprion erythropterus et *lineolatus* Günth., Cat. Fish. I p. 205.
Lutjanus lineolatus Day, Fish. India p. 35 tab. 11 fig. 1, 2.
Djambian Mal.
Hab. Sumatra (Telokbetong, Siboga); Nias; Pinang; Bangka (Blinju); Java (Batavia); Celebes (Macassar, Bulucomba); Sumbawa (Bima); Amboina; in mari.
Longitudo 26 speciminum 86''' ad 202'''.

Rem. Le Lutjanus erythropterus Bl., le premier figuré par Bloch, a depuis été reproduit par Russell, dans une figure incorrecte mais fort bien reconnaissable, sous le nom de Karooi, et par Rüppell, dans une excellente figure, sous le nom de Diacope lineolata. On pourrait le confondre au premier aspect avec le Lutjanus lutjanus dont il a les formes et les couleurs, mais on le reconnaît aisément aux onze épines dorsales. Les écailles aussi sont un peu moins nombreuses, tant les rangées ransversales au-dessus et au-dessous de la ligne latérale, que les rangées longitudinales, dont il n'y a que 4 ou 5 au-dessus de la ligne latérale. A l'état frais on remarque encore que les stries ou bandelettes longitudinales dorées des flancs sont plus larges et moins nombreuses que dans le lutjanus. — L'erythropterus n'est connu jusqu'ici, hors l'Insulinde, que de la Mer Rouge et des côtes de Zanzibar, de Coromandel et de Sind.

Le Mesoprion argenteus Hombr. Jacq. (Zool. Voy. Pôle Sud p. 39 tab. 2 fig. 4) pourrait bien n'être point distinct de l'erythropterus, mais la figure montre la dorsale et l'anale molles plus hautes, l'échancrure préoperculaire profonde et étroite et la seconde épine anale beaucoup plus longue que la troisième. Ce qui me paraît plus sur, c'est que le Serranus nouleny CV. n'est autre que l'espèce actuelle. On sait que Valenciennes n'était pas toujours heureux à distinguer les Lutjanus de ses Serrans, parmi lesquels il plaça aussi le Lutjanus vitta, le Lutjanus biguttatus, un Lutjanus voisin du flavipes (Serranus limbatus CV.) et le Lutjanus lemniscatus.

Lutjanus biguttatus **Blkr, Verh. Kon. Ak. Wet. XIII Révis. Lutjan. p. 32; Day, Fish. India p. 34 tab. 10 fig. 6. — Atl. Tab. 338; Perc. tab. 60 fig. 5.**

Lutj. corpore oblongo compresso, altitudine $3^1/_3$ ad 4 fere in ejus longitudine absque-, $4^1/_5$ ad 5 fere in ejus longitudine cum pinna caudali; latitudine corporis $1^1/_5$ ad $1^2/_3$ in ejus altitudine; capite acuto 3 fere ad $3^1/_5$ in longitudine corporis absque-, $3^2/_3$ ad 4 in longitudine corporis cum pinna caudali; altitudine capitis $1^1/_3$ ad $1^1/_2$, latitudine capitis 2 fere ad $2^1/_4$ in ejus longitudine; linea rostro-frontali recta; vertice et fronte usque inter pupillas squamatis; regione supra-oculo-temporali squamata; oculis diametro 3 circ. in longitudine capitis, diametro $^2/_3$ ad 1 fere distantibus; rostro acuto non convexo, apice ante pupillam sito, oculo non multo breviore; naribus distantibus parvis rotundiusculis non valvatis anterioribus posterioribus minoribus; osse praeorbitali sub oculo oculi diametro longitudinali quintuplo circ. humiliore, ubique alepidoto; maxillis aequalibus, superiore sub pupilla desinente 2 et paulo ad $2^1/_4$ in longitudine capitis; maxillis dentibus serie externa utroque latere antice caninis vel caninoideis quorum canino intermaxillari magno, ceteris inaequalibus inframaxillaribus mediis ceteris multo majoribus; dentibus vomerinis in thurmam Δ-formem-, palatinis utroque latere in vittam gracillimam-, lingualibus media lingua in thurmam oblongam dispositis; praeoperculo squamis in series 5 vel 6 transversas dispositis, limbo alepidoto, margine libero postice anguloque denticulato denticulis angularibus ceteris majoribus, supra angulum incisura nulla vel valde superficiali et valde aperta; fascia squamarum temporali vix distincta, cum squamis occipitalibus et supraocularibus confluente; squamis corpore angulum aperturae branchialis superiorem inter et basin pinnae caudalis supra lineam lateralem in series 65 circ. transversas-, infra lineam lateralem in series 52 circ. transversas dispositis; squamis 20 circ. in serie transversa anum inter et pinnam dorsalem, 5 lineam lateralem inter et dorsalem spinosam mediam, 13 circ. in serie longitudinali occiput inter et pinnam dorsalem; lateribus seriebus squamarum longitudinalibus supra lineam lateralem valde obliquis, infra lineam lateralem horizontalibus; cauda parte libera aeque longa circ. ac postice alta; pinna dorsali parte spinosa alepidota, parte radiosa basi sat late squamata; dorsali spinosa spinis gracilibus 3ª 4ª et 5ª ceteris longioribus $1^2/_3$ ad 2 fere in altitudine corporis, spinis 2 posticis subaequilongis radio 1° multo brevioribus; dorsali radiosa dorsali spinosa humiliore, multo sed minus duplo longiore quam alta, obtusa, convexa; pectoralibus analem non attingentibus capite absque rostro paulo longioribus; ventralibus acutis analem non attingentibus capite absque rostro brevioribus; anali spinis mediocribus 2ª et 3ª subaequilongis vel 3ª 2ª paulo longiore, parte radiosa dorsali radiosa vix vel non altiore, altiore quam longa, quadratiuscula, antice quam medio et postice altiore, margine inferiore rectiuscula vel concaviuscula; caudali extensa truncata angulis acuta capite absque rostro non ad vix longiore; colore corpore superne violascente vel griseo-violaceo, lateribus et inferne margaritaceo vel griseo vel flavo-aurantiaco; iride flava vel rosea; vitta rostro-oculo-caudali recta sat lata fusca vel nigricante-violacea (non semper bene conspicua); dorso guttis 2 margaritaceis lineae dorsali sat approximatis, anteriore sub spina dorsi 7ª vel 8ª, posteriore sub radiis dorsalibus 5° 6° et 7°; pinnis flavis, pectoralibus basi superne vulgo macula parva fuscescente.

B. 7. D. 11/11 vel 11/12 vel 11/13. P. 2/14. V. 1/5. A. 3/8 vel 3/9. C. 1/15/1 et lat. brev.
Syn. *Serranus biguttatus* Val., Poiss. VI p. 381; Günth, Cat. Fish. I p. 155.
Mesoprion lineolatus Blkr, Verh. Bat. Gen. XXII Perc. p. 46.
Mesoprion Bleekeri Günth., Cat. Fish. I p. 208.
Lutjanus Bleekeri, Bleek., Trois. mém. ichth. Halmah., Ned. T. Dierk. 1 p. 155.

Djambian Mal.
Hab. Sumatra (Telokbetong, Siboga); Nias; Java (Batavia); Bali (Boleling); Celebes (Macassar), Sumbawa (Bima); Halmahera (Sindangole); Ternata; Batjan (Labuha); Amboina; in mari.
Longitudo 37 speciminum 101‴ ad 206‴.

Rem. Le Lutjan actuel est la seule espèce du groupe à front et vertex squammeux où le limbe du préopercule est dénué d'écailles. De toutes ces espèces aussi elle a le corps le moins trapu et les épines dorsales les plus faibles. A l'état frais on la reconnaît aisément à la couleur violâtre du dos, à la bande oculo-caudale brune ou noirâtre, et aux deux taches nacrées du dos, l'une sous le milieu de la dorsale épineuse, l'autre sous le milieu de la dorsale molle. — Elle habite aussi les côtes des îles Andaman et de Ceylon.

Le Mesoprion elongatus Hombr Jacq. est fort voisin de l'espèce actuelle et présente la même physionomie générale du corps et des nageoires et une même bande noire oculo-caudale, mais sur la figure (Voy. Pôle Sud, Poiss. tab. 2 fig. 3) on ne voit ni les taches nacrées du dos ni la tache au haut de la base de la pectorale. Les écailles aussi, surtout celles au-dessus de la ligne latérale, y sont représentées beaucoup moins nombreuses, la dorsale épineuse fortement squammeuse, la dorsale molle plus haute, etc. On ne pourrait pas y voir une même espèce qu'en supposant toutes ces différences des inexactitudes du dessinateur.

Lutjanus bengalensis Blkr, Sur les espèces, confond. sous le nom de Genyoroge bengalensis, Versl. Kon. Ak. Wet. Natuurk. 2e Reeks III p. 74; Verh. Kon. Ak. Wet. XIII, Révis, Lutjan. p. 34, Day. Fish. India p. 33 tab. 10 fig 4. — Atl. Tab. 302, Perc. tab. 24 fig. 3; Tab. 333, Perc. tab. 55 fig. 4.

Lutj. corpore oblongo compresso, altitudine 2$^{2}/_{5}$ ad 3 in ejus longitudine absque-, 3$^{1}/_{2}$ ad 4 in ejus longitudine cum pinna caudali; latitudine corporis 2 ad 2$^{1}/_{2}$ in ejus altitudine; capite acuto 2$^{3}/_{4}$ ad 3 in longitudine corporis absque-, 3$^{1}/_{2}$ ad 3$^{3}/_{4}$ in longitudine corporis cum pinna caudali; altitudine capitis 1$^{1}/_{2}$ ad 1$^{1}/_{3}$-, latitudine capitis 2 fere ad 2 et paulo in ejus longitudine; linea rostro-frontali rectiuscula; vertice et fronte usque inter medios oculos vel usque inter oculorum marginem anteriorem squamatis; regione supra-oculo-temporali dense squamata; oculis diametro 3 ad 3$^{2}/_{3}$ in longitudine capitis, diametro $^{1}/_{2}$ ad $^{2}/_{3}$ distantibus; rostro acuto, apice ante oculi marginem inferiorem sito, oculo breviore ad paulo longiore; naribus distantibus anterioribus valvatis posterioribus oblongis minoribus; osse praeorbitali sub oculo oculi diametro longitudinali plus duplo ad minus duplo humiliore, ubique alepidoto; maxilla superiore maxilla inferiore vix ad non longiore, sub pupilla vel vix ante pupillam desinente, 2$^{1}/_{4}$ ad 2$^{2}/_{5}$ in longitudine capitis; maxillis dentibus serie externa utroque latere antice caninis vel caninoideis quorum canino intermaxillari mediocri, ceteris inaequalibus, inframaxillaribus mediis ceteris sat multo majoribus; dentibus vomerinis in vittam Λ formem-, palatinis utroque latere in vittam gracilem dispositis; lingua edentula; praeoperculo squamis in series 6 ad 8 transversas dispositis, limbo postice alepidoto antice squamato, margine libero postice inferneque denticulato dentibus angulo ceteris conspicue majoribus valde juvenilibus ex parte spinaeformibus, supra angulum incisura juvenilibus subnulla aetate provectioribus profunda et angusta tuberculum interoperculare conicum recipiente; squamis interoperculo bi- ad triseriatis; fascia squamarum temporali non distincta, cum squamis occipitalibus et supraocularibus confluente; squamis corpore angulum aperturae branchialis superiorem inter et basin pinnae caudalis supra lineam lateralem in series 80 ad 85 transversas, infra lineam lateralem in series 68 ad 70 transversas dispositis; squamis 28 ad 30 in serie transversa anum inter et pinnam dorsalem, 8 vel 9 lineam lateralem inter et dorsalem spinosam mediam, 11 vel 12 in serie longitudinali occiput inter et pinnam dorsalem; lateribus seriebus squamarum longitudinalibus supra lineam lateralem obliquis, infra lineam lateralem horizontalibus; cauda parte libera aeque longa circ. ac postice alta; pinna dorsali parte spinosa basi spinarum plurium tantum, parte radiosa basi late squamata; dorsali spinosa spinis mediocribus 3a 4a et 5a ceteris longioribus 2 fere ad 2$^{2}/_{5}$ in altitudine corporis, spinis 2 posticis subaequilongis radio 1° paulo brevioribus; dorsali radiosa dorsali spinosa humiliore, duplo fere ad plus duplo longiore quam alta, obtusa, rotundata; pectoralibus analem non ad vix attingentibus capite paulo brevioribus; ventralibus acutis analem non attingentibus capite absque rostro brevioribus; anali spinis validis 2a 3a longiore et fortiore, parte radiosa dorsali radiosa vulgo altiore, paulo ad non altiore quam longa, antice quam medio et postice altiore, quadratiuscula, margine inferiore convexa vel rectiuscula; caudali extensa leviter emarginata vel truncatiuscula angulis acuta capite absque rostro paulo longiore; colore corpore superne lateribusque aurantiaco-flavo vel pulchre flavo, inferne roseo-margaritaceo; capite superne rostroque rubro-violascente; iride flava superne fusca; vittis utroque latere 4 longitudinalibus coeruleis superne et inferne violaceo marginatis; vitta superiore fronte incipiente et basi spinae dorsalis 8ae vel 9ae desinente; vitta 2a orbita superne incipiente et basi media dorsalis radiosae desinente; vitta 3a operculo superne vel praeoperculi margine superne incipiente lineam lateralem secante et dorso caudae sub radiis dorsalibus posterioribus desinente; vitta 4a osse praeorbitali incipiente sub oculo et supra maxillam decurrente et media cauda ante basin pinnae caudalis et infra lineam lateralem desinente; macula lateribus postice nigra vel fusca nulla; pinnis pulchre flavis, dorsali caudalique plus minusve fusco arenatis
B. 7. D. 10/15 vel 10/16 vel 11/14 vel 11/15. P. 2/14. V. 1/5 A. 3/8 vel 3/9. C. 1/15/1 et lat. brev.

Syn. *Strepeling* Ruysch, Coll. nov. pisc. Amb. p. 4 tab. 2 fig. 12.
Ikan Galoega Valent., Amb. fig. 16.
Marack, Streepeling ou Poissom rayé de Hyla Ren, Poiss. Mol. I tab. 20 fig. 110; II tab. 17 fig. 82.
Sciaena kasmira Forsk., Descr. anim. p. 46?
Holocentrus bengalensis Bl., Ausl. Fisch. IV p. 102 tab. 246 fig. 2; Bl. Schn., Syst. p. 316, Lac., Poiss. IV p. 330.
Perca polyzonias J. R. Forst. Mss. ap. Bl Schn., Syst. p. 316; Descr. anim. cur. Lichtenst p. 225.
Diacope octolineata CV., Poiss. II p. 315 (ex parte); Rüpp., Reise N. Afr. Atl. p. 75; Schl., Faun Jap. Poiss. p. 12 tab. 6 fig. 2.
Perca vittata Parkins. ic. ined. sec. CV., Poiss. II p. 318.

Diacope octovittata CV., Poiss. VI p. 397.
Mesoprion pomacanthus Blkr, Zesde bijdr. ichth. Amb., Nat. T. Ned. Ind. VIII p. 407; Günth., Cat. Fish. I p. 210 (ex parte).
Genyoroge bengalensis Günth., Cat. Fish. I p. 178 (ex parte).
Genyoroge octovittata Günth., Cat. Fish. I p. 180.
Evoplites pomacanthus Gill, Rem. gen. Cuban Fish., Proc. Ac. nat. sc. Philad. 1862 p. 234.
Diacope kasmira Klunz., Syn. Fisch. R. M., Verh. zool. bot. Ges. Wien XX p. 695 (nec var).
Tanda-tanda Mal; *Gorara-ticus* Ternat.; *Gorara-siang* Manad.; *Gorara* Amb.

Hab. Sumatra (Telokbetong, Ulacan, Priaman); Java (Batavia, Karangbollong, Prigi); Celebes (Macassar, Manado); Timor (Atapupu); Ternata; Halmahera (Sindangole); Batjan (Labuha); Buro (Kajeli); Ceram (Wahai); Amboina; Waigiu; in mari. Longitudo 29 speciminum 43‴ ad 265‴.

Rem. Trois des espèces insulindiennes de Lutjanus à dessus de la tête squammeux, ont les dents vomériennes disposées en forme de Λ, le préopercule à forte échancrure et à limbe squammeux, et la langue lisse; sav. le bengalensis, le quinquelineatus et l'amboinensis. De ces espèces le bengalensis a les écailles les plus petites et les plus nombreuses sav. 80 à 85 rangées transversales au-dessus et 68 à 70 au-dessous de la ligne latérale et 28 à 30 sur une rangée transversale dont 8 à 9 au-dessus de la ligne latérale, caractère que je n'avais pas encore remarqué lorsque je constatai la duplicité spécifique du Genyoroge bengalensis Günth. et qui vient d'affirmer encore la valeur comme espèces des Holocentrus quinquelineatus et bengalensis de Bloch. Du reste le bengalensis se distingue encore du quinquelineatus par l'absence d'écailles sousorbitaires, par son profil plus pointu, par les quatre bandes bleues du corps et par l'absence de tache latérale. Le nombre de onze épines dorsales paraît normal, mais j'ai observé aussi quelques individus à dix épines seulement, chiffre qui semble constant pour le quinquelineatus. – Le bengalensis s'étend, à l'ouest de l'Inde archipélagique, jusqu'aux îles Maurice et de la Réunion, les côtes de Mossambique et de Zanzibar et dans la Mer rouge.

Lutjanus quinquelineatus Blkr, Sur les espèc. confond. sous le nom de Genyoroge bengalensis, Versl. Kon. Ak. Wet. Natuurk. 2e Reeks III p. 72, Verh. Kon. Ak. Wet. XIII, Révis. Lutjan. p. 37; Day, Fish. India tab. 12 fig. 3 (nec descript.?). — Atl. Tab. 343, Perc. tab. 65 fig. 4.

Lutjan. corpore oblongo compresso, altitudine 2½ ad 2⅔ in ejus longitudine absque-, 3⅕ ad 3½ in ejus longitudine cum pinna caudali; latitudine corporis 2 ad 2⅓ in ejus altitudine; capite acutiusculo 2⅘ ad 3 in longitudine corporis absque-, 3⅓ ad 3⅘ in longitudine corporis cum pinna caudali; altitudine capitis 1¼ ad 1⅙-, latitudine capitis 2 fere ad 2 et paulo in ejus longitudine; linea rostro-frontali juvenilibus rectiuscula aetate provectis convexiuscula; vertice et fronte usque inter oculorum marginem anteriorem squamatis; regione supra-oculo-temporali dense squamata; oculis diametro 3 ad 3½ in longitudine capitis, diametro ⅘ ad ⅔ distantibus; rostro obtusiusculo, apice ante vel infra oculi marginem anteriorem sito, oculo multo ad non breviore; naribus distantibus anterioribus valvatis posterioribus oblongis minoribus; osse praeorbitali sub oculo oculi diametro longitudinali plus duplo ad duplo circ. humiliore media altitudine aetate provectioribus squamis in seriem longitudinalem obliquam dispositis; maxilla superiore maxilla inferiore vix longiore sub pupilla desinente, 2 et paulo ad 2¾ in longitudine capitis; maxillis dentibus serie externa utroque latere antice caninis vel caninoideis quorum canino intermaxillari mediocri, ceteris inaequalibus inframaxillaribus mediis ceteris sat multo majoribus; dentibus vomerinis in vittam Λ-formem vel in thurmam △ formem, palatinis utroque latere in vittam gracillimam dispositis; lingua edentula; praeoperculo squamis in series 6 ad 8 transversas dispositis, limbo toto fere squamato, margine libero postice inferneque denticulato dentibus angulo ceteris conspicue majoribus valde juvenilibus ex parte spinaeformibus, supra angulum incisura valde juvenilibus subnulla aetate provectioribus profunda et angusta tuberculum interoperculare conicum recipiente; squamis interoperculo bi- ad triseriatis; fascia squamarum temporali non distincta, cum squamis occipitalibus et supraocularibus confluente; squamis corpore angulum aperturae branchialis superiorem inter et basin pinnae caudalis supra lineam lateralem in series 68 ad 70 transversas, infra lineam lateralem in series 55 ad 60 transversas dispositis; squamis 25 circ. in serie transversa anum inter et pinnam dorsalem, 6 vel 7 lineam lateralem inter et dorsalem spinosam mediam, 10 vel 11 in serie longitudinali occiput inter et pinnam dorsalem; lateribus seriebus squamarum longitudinalibus supra lineam lateralem obliquis, infra lineam lateralem horizontalibus; cauda parte libera aeque longa circ. ac postice alta; pinna dorsali parte spinosa basi spinarum plurium tantum, parte radiosa basi late squamata; dorsali spinosa spinis mediocribus 3a 4a et 5a ceteris longioribus 2 ad 2⅜ in altitudine corporis, spinis 2 posticis subaequilongis radio 1o paulo brevioribus; dorsali radiosa dorsali spinosa paulo humiliore multo ad duplo longiore quam alta, obtusa, rotundata; pectoralibus analem non ad vix attingentibus capite non ad paulo brevioribus; ventralibus acutis analem non attingentibus capite absque rostro non ad paulo brevioribus; anali spinis validis 2a 3a longiore et fortiore, parte radiosa dorsali radiosa altiore, conspicue altiore quam longa, obtusa, convexa; caudali extensa truncatiuscula vel paulo emarginata angulis acuta capite absque rostro longiore; colore corpore superne lateribusque citrino flavo, inferne roseo-margaritaceo; capite superne rostroque rubro-violascente; iride flava roseo vel fuscescente tincta; vittis utroque latere 4 vel 5 longitudinalibus dilute coeruleis marginibus quam medio profundioribus; vitta superiore nucha incipiente et basi spinae dorsalis 8ae vel 9ae desinente; vitta 2a regione temporali incipiente et media basi pinnae dorsalis radiosae desinente; vitta 3a praeoperculo superne vel operculo superne incipiente lineam lateralem secante et dorso caudae desinente; vitta 4a genis incipiente regionem supra-axillarem secante et cauda postice sub linea laterali desinente; vitta 5a vulgo minus conspicua, interdum nulla, regione subthoracica incipiente et cauda inferne desinente; capite vittam 3m inter et 4m interdum vitta ejusdem coloris oculo-operculari postice cum vitta 4a vulgo confluente; macula utroque latere fusca vel nigricante oblongo-rotunda, vulgo diffusa, interdum deficiente, dorso sub initio dorsalis radiosae maxima parte supra lineam lateralem sita; pinnis pulchre flavis, dorsali spinosa superne albicante.

B 7. D. 10/14 vel 10/15 vel 10/16. P. 2/14. V. 1/5. A. 3/8 vel 3/9. C. 1/15/1 et lat. brev.
Syn. *Ambonesche baars* Ruysch, Coll. nov. pisc. Amb. p. 19 tab. 10 fig. 14.
Ikan koening moeda Valent., Amb. fig. 24.
Klipvisch, Poisson des roches Ren., Poiss. Mol. II tab. 55 fig. 235.
Holocentrus quinquelinearis et *quinquelineatus* Bl., Ausl. Fisch. IV p. 84 tab. 239; Lac., Poiss. IV p. 329.
Grammistes quinquevittatus Bl. Schn., Syst. p. 187.
Diacope octolineata CV., Poiss. II p. 315 (ex parte).
Mesoperion etaapee Less., Zool. Voy Coq. II p. 229.
Diacope decemlineata CV., Poiss. IV p. 397.
Mesoprion octolineatus Blkr, V. Bat Gen. XXII Perc. p. 40; Act. Soc. Sc. Ind. Neerl En. pisc. Arch. ind. p. 22 (nec syn. omn.).
Mesoprion pomacanthus Blkr, Zesde bijdr. ichth. Amb., Nat. T. Ned. Ind. VII p. 407 (ex parte).
Genyoroge bengalensis Günth., Cat. Fish. I p. 178 (ex parte).
Mesoprion bengalensis Kner, Zool. Reis. Novar. Fisch. p. 31.
Lutianus quinquelinearis Day, Fish. India p. 46 tab. 14 fig. 1.
Tanda-tanda Mal.; *Gorara-tikus* Tern.; *Gorara siang* Manad.; *Gorara* Amb.
Hab. Sumatra (Telokbetong, Ulacan, Priaman); Nias; Cocos (Nova-selma); Java (Batavia, Bantam, Karangbollong, Prigi, Banjuwangi); Duizend-ins.; Bawean; Bali (Boleling); Flores (Larantuca); Timor (Atapupu); Celebes (Macassar, Bulucomba, Badjoa, Manado, Tanawanko); Halmahera (Sindangole); Ternata; Batjan (Labuha); Buro (Kajeli); Ceram (Wahai); Amboina; Banda (Neira); Nova-Guinea (ora septentr.); in mari.
Longitudo 26 speciminum 45''' ad 232'''.

Rem. Je ne connais que deux espèces de Lutjanus à écailles de la tête s'étendant sur le sous-orbitaire sav. l'espèce actuelle et le Lutjanus octovittatus (Labrus octovittatus Lac.) de l'île de la Réunion. Ce dernier se distingue du quinquelineatus par les sept bandelettes rose-violet qui ne commencent qu'en arrière de la tête. Le seul individu que j'en ai observé avait aussi le limbe du préopercule dénué d'écailles. Le nombre normal de ses épines dorsales parait être de onze. — Le quinquelineatus a été trouvé, hors l'Insulinde, dans la Mer rouge, sur les côtes de l'île Maurice, de Ceylon, de l'Inde, des îles Andaman, des Louisiades et des îles Viti.

Le Mesoprion quinquelineatus CV., décrit d'après le Mungi mupudee de Russell (Fish. Corom. fig. 110), est une espèce distincte, à lignes bleues supérieures parallèles au profil du dos, et se continuant jusqu'à la base de la caudale. Cuvier en dit qu'il en a été envoyé deux individus de Jav a au Musée royal des Pays-Bas, mais je n'ai pas réussi à les y retrouver et je pense plutôt que ces individus fussent de l'espèce actuelle. Le Mungi mupudee a besoin d'être examiné de nouveau. M. Rüppell suppose qu'il pourrait bien être de l'espèce du Lutjanus coeruleolineatus (Diacope coeruleolineata Rüpp.) mais dans ce dernier les bandelettes bleues supérieures montent obliquement en arrière comme dans le Lutjanus quinquelineatus. Le coeruleolineatus me paraît voisin. de l'espèce actuelle mais il a la tête plus pointue, le préopercule presque sans échancrure, une ou deux bandelettes bleues de plus, la troisième bandelette d'en haut passant non au-dessous mais au-dessus de la tache latérale noire, etc. Rüppell ne parle pas de la tête et ne donne pas non plus la formule des écailles.

La question par rapport à ces espèces ne me paraît pas avoir été resolue par M. Day, dans son grand ouvrage sur les poissons de l'Inde. L'auteur y donne deux figures, l'une sous le nom de Lutjanus quinquelineatus et l'autre sous celui de Lutjanus quinquelinearis, mais toutes les deux me semblent devoir être rapportées à l'espèce actuelle. Celle du quinquelineatus montre seulement les écailles beaucoup trop grandes. La description du quinquelineatus cependant paraît avoir été prise sur une espèce distincte à dents linguales.

Lutjanus amboinensis Blkr, Onzième not. ichth. Ternate, Ned. T. Dierk. I p. 232; Verh. Kon. Ak. Wet. XIII, Révis. Lutjan. p. 40. — Atl. Tab. 318 Perc. tab. 40 fig. 2.

Lutj. corpore oblongo compresso, altitudine 2 3/5 ad 2 3/4 in ejus longitudine absque-, 3 1/3 ad 3 2/5 in ejus longitudine cum pinna caudali; latitudine corporis 2 ad 2 et paulo in ejus altitudine; capite acutiusculo 2 4/5 ad 3 in longitudine corporis absque-, 3 1/2 ad 3 3/4 in longitudine corporis cum pinna caudali; altitudine capitis 1 ad 1 et paulo-, latitudine capitis 2 circ. in ejus longitudine; linea rostro-frontali rectiuscula vel convexiuscula; vertice et fronte usque supra vel ante medios oculos squamatis; regione supra-oculo-temporali dense squamata; oculis diametro 3 ad 3 1/3 in longitudine capitis, diametro 2/3 ad 3/5 distantibus; rostro acutiusculo non vel vix convexo, apice ante vel vix infra oculi marginem inferiorem sito, oculo multo ad non breviore; naribus distantibus anterioribus valvatis posterioribus oblongis minoribus; osse praeorbitali sub oculo oculi diametro longitudinali triplo ad duplo circ. humiliore media altitudine et postice superne squamato; maxilla superiore maxilla inferiore vix longiore sub pupilla desinente 2 1/4 ad 2 1/3 in longitudine capitis; maxillis dentibus serie externa utroque latere antice caninis vel caninoideis quorum canino intermaxillari mediocri, ceteris inaequalibus inframaxillaribus mediis ceteris multo majoribus; dentibus vomerinis in vittam Λ-formem, palatinis utroque latere in vittam gracilem dispositis; lingua edentula; praeoperculo squamis in series 8 circ. transversas dispositis, limbo toto squamato, margine libero postice et inferne denticulato dentibus angularibus ceteris majoribus, supra angulum incisura profunda angusta aetate provectis tuberculum interoperculare conicum recipiente; squamis interoperculo tri- ad biserialis; fascia squamarum temporali vix vel non distincta cum squamis occipitalibus et supraocularibus confluente; squamis corpore angulum aperturae branchialis superiorem inter et basin pinnae caudalis supra lineam lateralem in series 65 circ transversas, infra lineam lateralem in series 53 circ. transversas dispositis; squamis 24 vel 25 in serie transversa anum inter et pinnam dorsalem, 7 vel 8 lineam lateralem inter et dorsalem spinosam mediam, 12 vel 13 in serie longitudinali occiput inter et pinnam dorsalem; seriebus squamarum longitudinalibus supra lineam lateralem obliquis, infra lineam lateralem horizontalibus; cauda parte libera aeque longa circ. ac postice alta; pinna dorsali parte spinosa non vel basi spinarum tantum, parte radiosa basi late squamata; dorsali spinosa spinis mediocribus sat validis mediis ceteris longioribus 2 ad $2^1/_2$ in altitudine corporis, spina postica spina penultima et radio 1° breviore; dorsali radiosa dorsali spinosa non ad paulo humiliore, multo ad duplo longiore quam alta, obtusa, rotundata; pectoralibus analem attingentibus vel subattingentibus capite paulo brevioribus; ventralibus acutis analem non attingentibus capite absque rostro brevioribus; anali spinis validis 2ª 3ª longiore et fortiore, parte radiosa dorsali radiosa altiore, sat multo altiore quam longa, obtusa, rotundata; caudali extensa truncatiuscula vel leviter emarginata angulis acuta, capite absque rostro non ad vix breviore; colore corpore superne roseo vel violascente-roseo, inferne flavescente-roseo vel flavo; iride flava vel rosea; vittis corpore sat numerosis longitudinalibus aurantiaco-rufis vel flavis dorso obliquis infra lineam lateralem horizontalibus; macula laterali nigricante-violacea vel fusca rotunda (frequenter inconspicua) sub dimidio dorsalis radiosae anteriore maxima parte supra lineam lateralem sita; pinnis roseis vel flavescentibus.

B. 7. D. 11/14 vel 11/15 vel 10/14 vel 10/15 P. 2/14 ad 2/16. V. 1/5. A. 3/7 vel 3/8 vel 3/9. C. 1/15/1 et lat. brev.

Syn. *Diacope rufolineata* CV., Poiss. VI p. 399?
Diacope vitianus Hombr. Jacq., Zool. Voy. Pôle Sud. Poiss. p. 37 tab. 2 fig. 2?
Mesoprion amboinensis Blkr, Bijdr. ichth. Moluksche eil., Nat. T. Ned. Ind. III p. 259.
Mesoprion melanospilos Blkr, Derde bijdr. ichth. Celeb., Ibid. p. 750.
Genyoroge amboinensis et *melanospilos* Günth., Cat. Fish. I p. 183.

Hab. Bali (Boleling); Celebes (Bulucomba), Badjoa, Manado); Ternata; Obi-major; Buro (Kajeli); Ceram (ora merid.); Amboina; Waigiu; Nova-Guinea (Doreh); in mari.

Longitudo 36 speciminum 76‴ ad 220‴.

Rem. Six seulement des trente-deux individus de mon cabinet n'ont que dix épines dorsales, ce qui paraît indiquer que le nombre normal des épines soit de onze. La tache noirâtre des flancs manque dans la plupart de ces individus. Le Mesoprion amboinensis repose sur des individus sans tache latérale et à onze épines dorsales et le Mesoprion melanospilos sur un individu à tache latérale et à dix épines dorsales. Le Diacope rufolineata CV. de la Nouvelle-Guinée est probablement de la même espèce et fut établi sur un petit individu à onze épines dorsales et à tache latérale, et le Diacope vitianus Hombr. Jacq. pourrait bien lui-aussi n'être point distinct. Si ces suppositions venaient d'être prouvées justes la dénomination de »rufolineatus" devrait remplacer celle d'amboinensis. L'espèce est fort voisine des bengalensis et quinquelineatus et surtout du dernier, mais elle se distingue par quelques rangées transversales d'écailles de moins, par le sousorbitaire dénué d'écailles et par le système de coloration différent, lequel est celui des Lutjanus lutjanus et erythropterus.

Lutjanus chirtah Blkr, Verh. Kon. Ak. Wet. XIII, Révis. Lutjan. p. 42. — Atl. Tab. 301, Perc. tab. 23 fig. 1.

Lutj. corpore oblongo compresso, altitudine 2 ad $2^3/_5$ in ejus longitudine absque-, $2^4/_5$ ad $3^1/_4$ in ejus longitudine cum pinna caudali; latitudine corporis $2^1/_3$ ad $2^2/_3$ in ejus altitudine; capite obtusiusculo $2^3/_5$ ad 3 in longitudine corporis absque-. $3^1/_3$ ad 4 in longitudine corporis cum pinna caudali; altitudine capitis 1 ad 1 et paulo, latitudine capitis 2 circ. in ejus longitudine; vertice, fronte et regione supraoculari posteriore alepidotis; linea rostro-frontali recta vel concaviuscula; oculis diametro 3 ad 4 in longitudine capitis, diametro $^3/_4$ ad 1 distantibus; rostro obtusiusculo non convexo, apice ante oculi partem inferiorem sito, oculo sat multo ad non breviore; naribus distantibus, anterioribus valvatis posterioribus oblongis vel rimaeformibus minoribus; osse praeorbitali sub oculo oculi diametro longitudinali plus duplo ad multo minus duplo humiliore, ubique alepidoto; maxilla superiore maxilla inferiore paulo ad non breviore, sub oculi dimidio anteriore desinente, $2^1/_3$ ad $2^3/_4$ longitudine capitis; maxillis dentibus serie externa utroque latere antice caninis vel caninoideis quorum canino intermaxillari mediocri, ceteris inaequalibus inframaxillaribus mediis ceteris conspicue majoribus; dentibus vomerinis in vittam $\wedge$ formem-, palatinis utroque latere in vittam gracilem dispositis; lingua edentula; praeoperculo squamis in series 6 vel 7 transversas dispositis, limbo alepidoto, margine libero postice et inferne denticulato dentibus angularibus ceteris majoribus, supra angulum valde juvenilibus incisura nulla aetate provectioribus incisura subnulla vel valde superficiali et valde aperta; fascia squamarum temporali valde distincta gracili, squamis longitudinaliter 6 vel 7-seriatis, transversim 1 ad 3-seriatis; squamis corpore angulum aperturae branchialis superiorem inter et basin pinnae caudalis supra lineam lateralem in series 74 ad 80 transversas, infra lineam lateralem in series 63 ad 70 transversas dispositis; squamis 32 ad 34 in serie transversa anum inter et pinnam dorsalem, 9 vel 10 lineam lateralem inter et dorsalem spinosam mediam, 13 circ. in serie longitudinali occiput inter et pinnam dorsalem; seriebus squamarum longitudinalibus supra et infra lineam lateralem obliquis postrorsum adscendentibus; cauda parte libera paulo breviore quam postice alta; pinna dorsali parte spinosa et parte radiosa basi valde squamosa; dorsali spinosa spinis mediocribus 3 anterioribus ceteris brevioribus ceteris subaequilongis vel 4ª 5ª et 6ª ceteris longioribus 2 et paulo ad $2^2/_3$ in altitudine corporis; dorsali radiosa dorsali spinosa altiore, non ad sat multo longiore quam alta, obtusa, rotundata, radiis mediis ceteris longioribus; pectoralibus analem non vel vix attingentibus capite paulo brevioribus; ventralibus acutis juvenilibus analem attingentibus aetate provectioribus vulgo ante anum desinentibus; capite absque rostro paulo brevioribus ad paulo longioribus; anali spinis validis 2ª et 3ª valde juvenilibus aequilongis aetate provectioribus 3ª 2ª longiore, parte radiosa dorsali radiosa non altiore, multo altiore quam longa, obtusa, rotundata, radiis mediis ceteris longioribus; caudali extensa truncata vel leviter emarginata angulis acuta capite absque rostro longiore; colore corpore superne violaceo-roseo vel fuscescente-rubro vel roseo, inferne dilutiore vel margaritaceo; iride flava roseo tincta; pinnis roseis juvenilibus plus minusve fuscescentibus; corpore *juvenilibus* (specim. long. 50''' ad 95''') dorso vittis pluribus obliquis, lateribus vittis 6 ad 9 horizontalibus fuscis vel rubro-fuscis; regione oculo-nuchali frequenter fascia lata obliqua fuscescente; cauda parte libera macula maxima nigricante-fusca vel fusca dorsum caudae amplectente antice postice et inferne margaritaceo vel pallide roseo subannulata; corpore *adolescentibus* (specim. long. 150''' ad 175''') ut in juvenilibus sed macula caudali magis diffusa et antice et postice superne tantum margaritaceo vel pallide roseo limbata; corpore *aetate provectioribus* singulis seriebus squamarum longitudinalibus vittula fuscescente-aurantiaca vel fusca, vittulis omnibus plus minusve obliquis postrorsum adscendentibus, frequenter e guttulis distinctis compositis; *adultis* macula caudali profunda valde diffusa vel nulla sed dorso caudae antice macula albida vel pallide rosea.

B. 7. D. 11/13 vel 11/14 vel 11/15. P. 2/15. V. 1/5. A. 3/9 vel 3/10. C. 1/15/1 et lat. brev.

Syn. *Chirtah* Russ., Fish. Corom. I p. 74 fig. 93; an et *Jahngarah* Russ., Ib. p. 72 fig. 90?
Mesoprion chirtah CV., Poiss. II p. 370; Day, New Fish. of India, Proc. Zool. Soc. 1868 p. 150.
Mesoprion annularis CV., Poiss. II p. 366; III p. 366; Rich., Rep. ichth. Chin. Rep. 15h meet. Brit. Assoc. p. 220; Blkr, Verh. Bat. Gen XXII Perc. p. 47, Ibid XXVI, N. nalez. ichth. Japan p. 63; Cant., Catal. Mal. Fish. p. 14; Günth., Cat. Fish. I p. 204; Kner, Zool Reis Novar. Fisch. p. 33.
Mesoprion rubellus CV., Poiss. II p. 360.
Diacope annularis Rüpp, Atl. Reise N Afr. Fisch. p. 74; N. Wirbelth. Fisch. p. 91 tab. 24 fig. 2; QG., Zoöl Voy. Astrol. Poiss. p. 666, tab. 5 fig. 4; Klunz., Syn. Fisch. R. M., Verh. zool. bot. Ges. Wien, XX p. 697.
Diacope metallicus K.V.H. Icon ined.; Blkr, Topogr. Batav., Nat. Gen. Arch. Ned. Ind. II p. 525.
Mesoprion sanguineus Blkr, Verh. Bat. Gen. XXII, Perc. p. 48.
Lutjanus annularis Blkr, Deux. not. ichth. Obi, Ned. T. Dierk. 1 p. 240.
Mesoprion erythrinus Günth., Cat. Fish. I p. 192; Playf., Proc. Zool. Soc. 1867 p. 849 (sec. Day).
Lutjanus erythropterus Day, Fish. India p. 32 tab. 10 fig. 1, 2 (synon. ex parte).
Tembola, Kakap-mejrah, Tambak-mejrah Mal. Batav.; *Kelellet* Ind. Cherib.; *Banbangan* Sundan.; *Sarongan, Sepah, Passopah, Tambangan* Jav.; *Moros, Dolossi* Batjan.; *Dawon lisseh* Manad.; *Delis* Amboin.

Hab. Sumatra (Tandjong, Benculen, Padang, Ulacan, Ticu, Siboga); Nias; Pinang; Singapura; Bintang (Rio); Bangka (Muntok, Karanghadji, Toboali); Biliton (Tjirutjup); Java (Batavia, Bantam, Tjiringin, Cheribon, Tjilatjap, Samarang, Patjitan Surabaya, Pasuruan, Probolingo, Bezuki); Madura (Kammal); Bali (Boleling); Celebes (Macassar, Bulucomba, Badjoa, Manado); Batjan (Labuha); Obi-major; Amboina; in mari.

Longitudo 35 speciminum 50''' ad 280'''.

Rem. Le Lutjanus chirtah et les quatre espèces suivantes appartiennent à un groupe d'espèces caractérisé par des rangées longitudinales d'écailles dont celles au-dessous de la ligne latérale montent aussi bien en arrière et sont par conséquent obliques, que celles qui se trouvent au-dessus de la ligne latérale. Toutes ces espèces ont la langue lisse et le corps rose, mais elles diffèrent encore notablement les unes des autres par plusieurs caractères fort essentiels. Le chirtah se distingue surtout tant par les nombreuses rangées transversales d'écailles au-dessus et au-dessous de la ligne latérale, que par le nombre supérieur des rangées d'écailles longitudinales, et puis encore par les onze épines dorsales, par la forme arrondie de la dorsale molle et par le système de coloration.

Le chirtah est fort commun à Batavia et y est pêché de temps en temps en individus assez nombreux et assez grands, mais sa chair est peu recherchée. Il est connu habiter, hors l'Insulinde, la Mer rouge, les côtes de Mossambique, de Coromandel, de Ceylon, de la Nouvelle-Hollande et les mers de Chine et du Japon.

M. Day, ayant vu, parmi les poissons de Bloch, conservés à Berlin, un individu du chirtah, étiquetté Lutjanus erythropterus, a cru devoir adopter cette dénomination pour le chirtah. Je pense cependant que Bloch a confondu deux espèces et n'a pas distingué le chirtah de l'erythropterus qu'il a décrit et fait figurer. Ce qui me paraît bien certain c'est que la figure de Bloch de son Lutjanus erythropterus n'ait pas eu pour modèle un individu de l'espèce actuelle mais bien un spécimen de l'espèce à laquelle je conserve le nom d'erythropterus.

Lutjanus butonensis Blkr, Trois. mém. ichth. Halmah., Ned. T. Dierk. I p. 155; Verh. Kon. Ak. Wet. XIII, Révis. Lutjan. p. 46. — Atl. Tab. 315, Perc. tab. 37 fig. 3.

Lutj. corpore oblongo compresso, altitudine $2\frac{2}{5}$ ad $3\frac{2}{5}$ in ejus longitudine absque-, 3 et paulo ad $3\frac{2}{5}$ in ejus longitudine cum pinna caudali; latitudine corporis 2 ad $2\frac{1}{4}$ in ejus altitudine; capite acuto $2\frac{2}{3}$ ad 3 fere in longitudine corporis absque-, $3\frac{2}{5}$ ad $3\frac{1}{3}$ in longitudine corporis cum pinna caudali; altitudine capitis 1 et paulo-, latitudine capitis 2 ad 2 et paulo in ejus longitudine; vertice, fronte et regione supraoculari posteriore alepidotis; linea rostro-frontali rectiuscula vel concaviuscula; oculis diametro $2\frac{2}{3}$ ad 4 fere in longitudine capitis, diametro $\frac{2}{3}$ ad $\frac{3}{4}$ distantibus; rostro acuto non convexo apice ante ad longe infra oculi marginem inferiorem sito, oculo sat multo breviore ad conspicue longiore; naribus distantibus anterioribus valvatis posterioribus rimaeformibus vel oblongis minoribus; osse praeorbitali sub oculo oculi diametro longitudinali quadruplo ad vix humiliore, ubique alepidoto; maxillis subaequalibus, superiore juvenilibus sub pupilla aetate provectis sub oculi margine anteriore desinente, 2 et paulo ad 3 fere in longitudine capitis; maxillis dentibus serie externa utroque latere antice caninis vel caninoideis quorum canino intermaxillari mediocri, ceteris inaequalibus inframaxillaribus mediis ceteris conspicue majoribus; dentibus vomerinis in vittam Λ formem, palatinis utroque latere in vittam gracilem dispositis; lingua edentula; praeoperculo squamis in series 5 vel 6 transversas dispositis, limbo alepidoto, margine libero postice inferneque denticulato, angulo dentibus ceteris majoribus valde juvenilibus (spec. long. 38‴ ad 46″) spina sat magna, supra angulum incisura valde juvenilibus nulla aetate provectioribus valde profunda et angusta processum interoperculi conicum vel spiniformem recipiente; squamis interoperculo uni- vel biseriatis; fascia squamarum temporali bene distincta, squamis longitudinaliter 7- ad 9 seriatis, transversim 2- ad 4-seriatis; squamis corpore angulum aperturae branchialis superiorem inter et basin pinnae caudalis supra lineam lateralem in series 70 ad 73 transversas, infra lineam lateralem in series 64 vel 65 transversas dispositis; squamis 26 vel 27 in serie transversa anum inter et pinnam dorsalem, 7 vel 8 lineam lateralem inter et dorsalem spinosam mediam, 14 circ. in serie longitudinali occiput inter et pinnam dorsalem; seriebus squamarum supra et infra lateralem obliquis postrorsum adscendentibus; cauda parte libera aeque longa circ. ac postice alta; pinna dorsali parte spinosa basi spinarum, parte radiosa basi late squamata; dorsali spinosa spinis sat validis 3ª 4ª 5ª ceteris longioribus $2^1/_3$ ad $2^3/_4$ in altitudine corporis, spinis 2 posticis subaequilongis radio 1° paulo brevioribus; dorsali radiosa junioribus dorsali spinosa paulo humiliore aetate valde provectis dorsali spinosa altiore, multo ad duplo longiore quam alta, junioribus obtusa rotundata, aetate provectis postice angulata radiis subposticis ceteris longioribus; pectoralibus analem attingentibus vel subattingentibus capite paulo brevioribus; ventralibus acutis vel acute rotundatis analem non attingentibus capite absque rostro brevioribus; anali spinis validis 2ª 3ª vulgo longiore et fortiore, parte radiosa dorsali radiosa vulgo paulo altiore, paulo ad multo altiore quam longa, juvenilibus adolescentibusque obtusa rotundata, aetate magis provectis angulata, radiis mediis ceteris longioribus; caudali extensa vix ad sat conspicue emarginata angulis acuta vel acute rotundata capite absque rostro longiore; colore corpore superne roseo vel violascente, inferne roseo- vel violascente-margaritaceo; iride flava; dorso postice superne, cauda parte libera et basi pinnae caudalis junioribus praesertim nigricante-fuscis vel purpureo-violaceis, aetate provectis autem frequenter coloribus non distinctis; dorso lateribusque superne singulis seriebus squamarum longitudinalibus vittula aurantiaco-fusca vel violaceo-fusca obliqua postrorsum plus minusve adscendente; pinnis roseis vel violascente-roseis vel violaceis, pectoralibus interdum aurantiacis; dorsali radiosa superne, anali radiosa inferne, caudali postice flavo marginatis.

B. 7. D. 10/14 vel 10/15. P. 2/15. V. 1/5. A. 3/8 vel 3/9. C. 1/15/1 et lat. brev.

Syn. *Holocentrus boutton* Lac., Poiss. IV p. 331, 367.
Diacope bottonensis CV., Poiss. II p. 328, VI p. 402 an et *Diacope axillaris* CV., Poiss. VI p. 400?
Diacope melanura Rüpp., N. Wirbelth. Fisch p. 92 tab. 23 fig. 1?
Mesoprion bottonensis Blkr, N. bijdr. Percoïd., Nat. T. Ned. Ind. II p. 170; Kner, Zool. Reis. Novar. Fisch. p. 32 tab. 2 fig. 3.
Mesoprion janthinurus Blkr, Bijdr. ichth. Halmah., Nat. T Ned. Ind. VI p. 52.
Genyoroge bottonensis et *melanura* Günth., Cat. Fish. I p. 181. 183; Günth. Playf., Fish. Zanzib. p. 16.
Mesoprion gibbus Günth, Fisch. Südsee p. 12 tab. 12 et tab. 13 fig. a (nec synon. part.).
Lutjanus gibbus Day, Fish. India p. 43 tab. 13 fig. 2, 3.

Hab. Sumatra (Padang, Ulacan); Batu; Bali (Boleling); Timor (Kupang, Atapupu); Letti; Celebes (Macassar, Bulucomba, Badjoa, Manado, Tanawanko, Tombariri); Buton; Sangir; Halmahera (Sindangole); Ternata; Batjan (Labuha); Obi-major; Buro (Kajeli); Ceram (Wahai); Amboina; Goram; Banda (Neira); Aru; Nova-Guinea in mari.

Longitudo 71 speciminum 38‴ ad 320‴.

Rem. Les affinités du Lutjanus bottonensis sont celles des Lutjanus chirtah et dodecacanthoides. A l'âge avancé l'espèce se distingue par la profondeur de l'échancrure préoperculaire et par le tubercule fort prononcé conique ou en forme d'épine de l'interopercule, mais on ne voit rien ni de cette échancrure ni du tubercule dans les individus du fort jeune âge. Elle se distingue plus essentiellement par les dix épines dorsales, par la forme arrondie et obtuse de la dorsale molle qui est beaucoup plus longue que haute, et par les huit rangées longitudinales d'écailles au-dessus de la ligne latérale. La diagnose est facilitée encore par la couleur brun-violatre ou noirâtre de la partie postérieure du dos, de la partie libre de la queue et de la base ou de la moitié antérieure de la caudale, mais cette couleur se perd souvent par une conservation prolongée dans la liqueur, surtout dans les individus de l'âge adulte. — Je crois reconnaître la même espèce dans le Diacope melanura Rüpp.

L'espèce a été trouvée aussi sur les côtes de Zanzibar, des îles Andaman, des îles Samoa et de la Société. Si en effet le Diacope melanura Rüpp. n'est point différent, elle habite aussi la Mer rouge. MM. Rüppell, Klunzinger, Günther et Day ne voient dans le Diacope melanura et dans l'espèce actuelle qu'une variété ou que le jeune âge du Sciaena gibba Forsk. (Lutjanus gibbus Bl. Schn.). Si cependant le gibbus est identique avec le Diacope coccinea CV. (Rüpp., N. Wirbelth. Fisch. tab. 25 fig. 3) il doit être d'une espèce fort distincte du Lutjanus actuel.

Lutjanus dodecacanthoides Blkr, Enum. poiss. Amboine, Ned. T. Dierk. II p. 278; Verh. Kon. Ak. Wet. XIII, Révis. Lutjan. p. 48. — Atl. Tab. 295, Perc. tab. 18 fig. 2.

Lutj. corpore oblongo compresso altitudine $2^2/_5$ ad $2^3/_4$ in ejus longitudine absque-, 3 et paulo ad $3^1/_2$ in ejus longitudine cum pinna caudali; latitudine corporis $2^1/_5$ ad $2^1/_3$ in ejus altitudine; capite acuto $2^3/_4$ ad $2^4/_5$ in longitudine corporis absque-, $3^1/_2$ ad $3^3/_4$ in longitudine corporis cum pinna caudali; altitudine capitis 1 fere- ad 1 et paulo-, latitudine capitis 2 ad 2 et paulo in ejus longitudine; linea rostro-frontali recta vel concaviuscula; vertice, fronte et regione supraoculari posteriore alepidotis; oculis diametro 3 ad $3^1/_3$ in longitudine capitis, diametro $^3/_5$ ad $^2/_3$ distantibus; rostro acuto non convexo, apice ante vel paulo infra oculi marginem inferiorem sito, oculo paulo breviore ad paulo longiore; naribus distantibus anterioribus valvatis posterioribus oblongis minoribus; osse praeorbitali sub oculo oculi diametro longitudinali duplo ad sat multo minus duplo humiliore, ubique alepidoto; maxillis subaequalibus superiore sub pupilla vel vix ante pupillam desinente $2^1/_3$ ad $2^1/_2$ in longitudine capitis; maxillis dentibus serie externa utroque latere anticis caninis vel caninoideis, ceteris mediocribus inaequalibus inframaxillaribus mediis ceteris conspicue majoribus; dentibus vomerinis in vittam Λ formem-, palatinis utroque latere in vittam gracilem dispositis; lingua edentula; praeoperculo squamis in series 6 transversas dispositis, limbo alepidoto, margine libero postice et inferne denticulato dentibus angulo ceteris majoribus, supra angulum juvenilibus incisura nulla aetate provectioribus incisura valde superficiali et valde aperta; fascia squamarum temporali valde distincta, non cum fascia lateris oppositi unita, squamis transversim 9 ad 11-seriatis, longitudinaliter 2 ad 3-seriatis; squamis corpore angulum aperturae branchialis superiorem inter et basin pinnae caudalis supra lineam lateralem in series 64 ad 66 transversas, infra lineam lateralem in series 56 ad 58 transversas dispositis; squamis 25 circ. in serie transversa anum inter et pinnam dorsalem, 6 vel 7 lineam lateralem inter et dorsalem spinosam mediam, 12 vel 13 in serie longitudinali occiput inter et pinnam dorsalem; seriebus squamarum longitudinalibus supra lineam lateralem valde obliquis, infra lineam lateralem parum obliquis; cauda parte libera breviore quam postice alta; pinna dorsali parte spinosa basi spinarum tantum, parte radiosa basi late squamata; dorsali spinosa spinis validis mediis ceteris longioribus 2 ad $2^1/_2$ in altitudine corporis, spinis 2 posticis subaequilongis radio 1° paulo brevioribus; dorsali radiosa dorsali spinosa non altiore, sat multo sed multo minus duplo longiore quam alta, obtusa, rotundata, radiis mediis ceteris longioribus corpore plus duplo humilioribus; pectoralibus analem attingentibus capite non ad paulo brevioribus; ventralibus acutis analem non attingentibus capite absque rostro paulo brevioribus; anali spinis validis spina 2ª spina 3ª paulo longiore et fortiore, parte radiosa dorsali radiosa non vel vix altiore, altiore quam longa, antice quam medio et postice altiore, margine inferiore convexa vel rectiuscula; pinna caudali extensa truncata vel leviter emarginata angulis acuta capite absque rostro non ad paulo longiore; colore corpore superne roseo vel margaritaceo; iride flavescente; vittis corpore utroque latere 5 ad 7 obliquis postrorsum adscendentibus aurantiaco-fuscis vel fuscis, vittis 2 superioribus nucho-dorsalibus basin dorsalis spinosae attingentibus (quarum superiore aetate provectioribus inconspicua), vittis 3ª 4ª et 5ª operculo-dorsalibus basin dorsalis radiosae attingentibus, vitta 6ª operculo-caudali cauda postice superne desinente, vitta 7ª (aetate provectis inconspicua) thoraco-caudali cauda postice inferne desinente; dorso caudae medio (juvenilibus tantum) macula fuscescente-aurantiaca; pinnis flavis vel aurantiacis, dorsali spinosa margaritaceo nebulata.

B. 7. D. 12/13 vel 12/14. P. 2/15. V. 1/5. A. 3/8 vel 3/9. C. 1/15/1 et lat. brev.

Syn. *Mesoprion dodecacanthoides* Blkr, Vijfde bijdr. ichth. Amboina, Nat. T. Ned. Ind. VI p. 439; Günth., Cat. Fish. I p. 206.

Hab. Sumbawa (Bima); Amboina; in mari.

Longitudo 4 speciminum 110''' ad 220'''.

Rem. Je ne continue à l'espèce actuelle le nom mal choisi que pour ne pas augmenter inutilement les synonymes. Elle est voisine, par les formes générales, du malabaricus, mais se distingue essentiellement par plusieurs détails de l'écaillure du corps et du préopercule, par la forme de la bande des dents vomériennes et par la forme anguleuse et pointue de la dorsale molle qui est plus haute que longue. A l'état frais on la reconnaît au premier aspect par les cinq bandelettes longitudinales brun-orange qui montent obliquement en arrière, mais qui disparaissent ordinairement par une conservation prolongée dans la liqueur. Elle paraît être assez rare puisque je n'en ai vu que les quatre individus de mon cabinet.

Lutjanus malabaricus Blkr, Verh. Kon. Ak. Wet. XIII, Révis. Lutjan. p 50; Day, Fish. India p. 31 tab. 9 fig. 4. — Atl. Tab. 293, Perc. tab. 15 fig. 1.

Lutj. corpore oblongo compresso, altitudine $2^2/_5$ ad $2^4/_5$ in ejus longitudine absque-, 3 ad $3^1/_3$ in ejus longitudine cum pinna caudali; latitudine corporis $2^1/_3$ ad $2^2/_3$ in ejus altitudine; capite acutiusculo $2^2/_3$ ad 3 fere in longitudine corporis absque-, $3^2/_5$ ad $3^4/_5$ in longitudine corporis cum pinna caudali, aeque alto circ. ac longo; latitudine capitis 2 et paulo ad $2^1/_2$ in ejus longitudine; linea rostro-frontali recta vel concaviuscula; vertice, fronte et regione supra-oculari posteriore alepidotis; oculis diametro 3 ad 4 et paulo in longitudine capitis, diametro $^3/_5$ ad 1 fere distantibus; rostro acutiusculo non convexo, apice ante vel vix infra oculi marginem inferiorem sito, oculo paulo breviore ad multo longiore; naribus distantibus anterioribus valvatis posterioribus oblongis minoribus; osse praeorbitali sub oculo oculi diametro longitudinali paulo plus duplo ad non humiliore ubique alepidoto; maxillis subaequalibus, superiore sub pupillae parte anteriore desinente $2^1/_3$ ad $2^2/_5$ in longitudine capitis; maxillis dentibus serie externa utroque latere anticis caninis vel caninoideis quorum canino intermaxillari parvo, ceteris mediocribus inaequalibus inframaxillaribus mediis ceteris conspicue majoribus; dentibus vomerinis in thurmam triangularem-, palatinis utroque latere in vittam gracilem dispositis; lingua edentula; praeoperculo squamis in series 7 ad 9 transversas dispositis, limbo alepidoto, margine libero subrectangulo angulo rotundato postice et inferne denticulato denticulis angulum versus ceteris fortioribus, supra angulum incisura superficiali valde aperta; fascia squamarum temporali valde distincta non cum fascia lateris oppositi unita, squamis transversim 8- ad 10-seriatis, longitudinaliter 2- ad 3-seriatis; squamis corpore angulum aperturae branchialis superiorem inter et basin pinnae caudalis supra lineam lateralem in series 64 ad 66 transversas, infra lineam lateralem in series 52 ad 55 transversas dispositis; squamis 26 ad 28 in serie transversa anum inter et basin pinnae dorsalis, 7 vel 8 lineam lateralem inter et dorsalem spinosam mediam, 13 circ. in serie longitudinali occiput inter et pinnam dorsalem; seriebus squamarum longitudinalibus supra lineam lateralem valde obliquis, infra lineam lateralem parum obliquis; cauda parte libera non ad paulo longiore quam postice alta; pinna dorsali parte spinosa basi spinarum tantum parte radiosa basi late squamata; dorsali spinosa spinis validis 3ª 4ª et 5ª ceteris longioribus $2^1/_2$ ad 3 in altitudine corporis, spinis posticis subaequilongis radio 1° brevioribus; dorsali radiosa dorsali spinosa multo altiore, paulo ad sat multo altiore quam longa, acutangula, radiis mediis radiis ceteris longioribus $1^2/_5$ ad $1^2/_3$ in altitudine corporis; pectoralibus initium analis attingentibus vel superantibus capite paulo ad non brevioribus; ventralibus acutis analem non attingentibus capite absque rostro brevioribus; anali spinis validis 2ª et 3ª subaequilongis, parte radiosa dorsali radiosa non altiore, duplo fere ad plus duplo altiore quam longa, vulgo acutangula radiis mediis radiis ceteris longioribus; caudali extensa truncata vel vix emarginata angulis acuta capite absque rostro paulo longiore ad paulo breviore; colore corpore pinnisque roseo; iride rosea vel flavescente; seriebus squamarum longitudinalibus dorso lateribusque singulis vel plurimis vulgo vittula aurantiaca, vittulis dorso valde obliquis vittulis lateribus parum obliquis; cauda parte libera antice macula rubro-violacea vel pallide rosea (conservatione in liquore protracta albescente vel margaritacea) dorsum cauda cingente adultis non vel vix conspicua; pinnis, aetate minus provectis, dorsali radiosa superne et caudali postice fuscescente marginatis, anali radiosa fascia intramarginali fusca vel violacea margine libero antice albida; ventrali margine anteriore albida.

B. 7. D. 11/14 vel 11/15 vel 12/13 vel 12/14. P. 2/14 vel 2/15. V. 1/5. A. 3/8 vel 3/9. C. 1/15/1 et lat. brev.
Syn. *Sparus malabaricus* Bl. Schn., Syst. p. 278.
Diacope timoriensis QG., Zool. Voy. Freycin. p. 306 tab. 57 fig. 1?
Diacope Calveti CV., Poiss. II, p. 324?; Schl., Faun. Jap. Poiss. p. 14?
Mesoprion malabaricus CV., Poiss. II p. 364; Blkr, N. tient. beschr. vischs. Sumatra. Nat. T. N. Ind. V. p. 497; Günth., Cat. Fish. I p. 204.
Mesoprion dodecacanthus Blkr, Derde bijdr. ichth. Amb, Nat. T. Ned. Ind. IV p. 104; Günth, Cat. Fish. I p. 206.
Mesoprion timoriensis Günth., Cat. Fish. I p. 205?
Lutjanus dodecacanthus Blkr, Enum. espèc. Poiss. Amb., Ned. T. Dierk. II p. 278; Atl. Ichth. Tab 302, Perc. tab. 24 fig. 2; Day, Fish. India p. 33 tab. 10 fig. 3.
Hab. Java (Batavia); Sumatra (Padang, Ulacan); Buro (Kajeli); Amboina; Timor?; in mari.
Longitudo 8 speciminum 101''' ad 480'''.

Rem. Bien que le nombre normal des épines dorsales, dans cette espèce, paraisse être de onze, trois de mes individus en montrent douze. La dernière épine cependant, où il y a douze, est toujours plus grêle que les autres et elle n'est manifestement qu'une transformation du premier rayon mou. — J'ai déjà indiqué ci-dessus les caractères qui distinguent le malabaricus du chirtah. Jamais on ne voit, dans le malabaricus, la grande tache noirâtre de la queue qui caractérise le chirtah. La tache nacrée ou rose sur le haut de la queue près le dernier rayon dorsal se dessine très-nettement, tant dans les individus d'un âge assez avancé que dans les jeunes, mais elle n'est presque plus visible dans les individus de plus de 400''' de long. — Je crois reconnaître le malabaricus dans la figure citée du Diacope timoriensis.

L'espèce n'est connue, hors l'Insulinde, que des côtes de Malabar et du Japon, bien que cette dernière localité soit un peu incertaine.

Le Diacope tiea Less. (borensis CV.), de l'île de Borabora, espèce à dix épines dorsales, doit être fort voisin du malabaricus et pourrait bien n'en pas être distinct.

Parmi les espèces américaines le Lutjanus vivanus (Mesoprion vivanus Günth.) a beaucoup d'affinités avec le malabaricus par la dorsale et l'anale molles anguleuses et pointues, par l'absence de dents linguales, par la direction un peu oblique des rangées longitudinales d'écailles au-dessous de la ligne latérale, et par la formule des écailles (rang. transv. $\frac{65}{56}$; rang. long. $\frac{9-10}{20}$), mais il est encore fort distinct par la formule de la dorsale (10/14 ou 10/15), par le profil beaucoup plus obtus, par les angles beaucoup plus pointus de la caudale, etc.

Lutjanus Sebae Blkr, Six. notic. ichth. Siam, Ned. T. Dierk. II p. 173, Verh. Kon. Ak. Wet. XIII, Révis. Lutjan. p. 53; Day, Fish. India p. 30 tab. 9 fig. 3. — Atl. Tab. 350, Perc. tab. 72 fig. 2.

Lutj. corpore oblongo compresso, altitudine 2 ad 3¼ in ejus longitudine absque-, 2½ ad 3 fere in ejus longitudine cum pinna caudali; latitudine corporis 2⅔ ad 2¾ in ejus altitudine; capite acutiusculo 2⅔ ad 2¾ in longitudine corporis absque-, 3⅕ ad 3⅗ in longitudine corporis cum pinna caudali, aeque alto circ. ac longo; latitudine capitis 2⅓ ad 2 et paulo in ejus longitudine; linea rostro-frontali recta vel concaviuscula; vertice fronte et regione supraoculari posteriore alepidotis; oculis diametro 4 ad 4⅔ in longitudine capitis, diametro ⅖ ad ⅘ distantibus; rostro acutiusculo non convexo, apice infra oculi marginen inferiorem sito, oculo paulo ad multo longiore; naribus distantibus anterioribus valvatis posterioribus rimaeformibus minoribus; osse praeorbitali sub oculo oculi diametro longitudinali paulo altiore, ubique alepidoto; maxilla superiore maxilla inferiore paulo longiore, sub oculi dimidio anteriore desinente, 2½ ad 2¾ in longitudine capitis; maxillis dentibus serie externa utroque latere anticis 2 caninis parvis vel caninoideis, ceteris mediocribus inaequalibus inframaxillaribus mediis ceteris non multo majoribus; dentibus vomerinis in thurmam triangularem, palatinis utroque latere in vittam gracilem dispositis; lingua edentula; praeoperculo squamis in series 6 transversas dispositis, limbo alepidoto, margine libero postice et inferne denticulato denticulis angulum versus ceteris fortioribus, supra angulum incisura superficiali ad sat profunda et sat angusta; fascia squamarum temporali valde distincta, non cum fascia lateris oppositi unita, gracillima, squamis transversim 5- ad 7-seriatis longitudinaliter 1- ad 2-seriatis; squamis corpore angulum aperturae branchialis superiorem inter et basin pinnae caudalis supra lineam lateralem in series 64 circ. transversas, infra lineam lateralem in series 60 circ. transversas dispositis; squamis 31 vel 32 in serie transversa anum inter et pinnam dorsalem, 8 circ. lineam lateralem inter et basin dorsalis spinosae mediam, 14 vel 15 in serie longitudinali occiput inter et pinnam dorsalem; seriebus squamarum longitudinalibus supra lineam lateralem valde obliquis, infra lineam lateralem leviter obliquis; cauda parte libera aeque longa circ. ac postice alta; pinna dorsali basi parte spinosa leviter parte radiosa late squamata; dorsali spinosa spinis validis 1ª ceteris breviore, 2ª et 3ª vel 2ª 3ª et 4ª ceteris longioribus 2 ad 3 in altitudine corporis, spina postica spina penultima longiore radio 1° breviore; dorsali radiosa dorsali spinosa multo altiore, conspicue altiore quam longa, acutangula, radiis mediis ceteris longioribus 1½ ad 2 in altitudine corporis; pectoralibus initium analis superantibus capite paulo brevioribus ad paulo longioribus; ventralibus acutis vel acute rotundatis anum attingentibus vel superantibus, capite absque rostro non ad paulo brevioribus; anali spinis validis 3ª ceteris et oculo longiore radio 1° breviore, parte radiosa duplo ad plus duplo altiore quam longa, acutangula, radiis mediis radiis ceteris longioribus et radiis dorsalibus longissimis non vel vix brevioribus; caudali extensa leviter emarginata angulis acuta, capite absque rostro paulo ad non longiore; colore corpore flavescente, albido-roseo vel roseo, pinnis flavescente vel roseo; iride flava vel rosea; fasciis corpore transversis rubro-fuscis vel fuscis 3 aetate provectis dilutioribus; fascia anteriore nucho-oculo-supramaxillari oculo paulo latiore, fascia media dorso-postaxillo-ventrali fascia anteriore latiore pinnam dorsalem spinosam intrante margineque ejus superiore desinente; fascia 3a dorso-caudali spinis dorsalibus posterioribus incipiente curvatura magna caudam versus descendente et radios caudales inferiores tegente; squamis corpore singulis basi vulgo guttula margaritacea; pinnis, dorsali radiosa margine superiore, anali radiosa margine anteriore late purpureis vel nigricantefuscis albido limbatis; ventralibus apicem versus et interdum totis purpureis vel fuscis; caudali apices versus purpurea vel nigricantefusca extremis apicibus alba.

B. 7. D. 11/16 vel 11/17. P. 2/14 vel 2/15. V. 1/5. A. 3/10 vel 3/11. C. 1/15/1 et lat. brev.

Syn. *Perca maxillis aequalibus lineis utrinque duabus transversis nigricantibus* Art. in Seb., Thes. III p. 77 tab. 27 fig. 11.
Botlawoo champah Russ., Fish. Corom. I p. 77 fig. 99.
Diacope Sebae CV., Poiss. II p. 310; Klunz., Syn. Fisch. R. M., Verh. zool. bot. Ges. Wien. XX. p. 692.
Diacope siamensis CV., Poiss. VI p. 394.
Mesoprion Sebae Blkr, Verh. Bat. Gen. XXII Perc. p. 45.
Genyoroge sebae Günth., Catal. Fish. I p. 176.
Djenahah Mal. Batav.

Hab. Sumatra (Telokbetong, Siboga); Singapura; Biliton (Tjirutjup); Java (Batavia); Bali (Boleling); Celebes (Macassar, Bulucomba, Manado); Batjan (Labuha); Amboina; Waigiu; Nova-Guinea; in mari.

Longitudo 14 speciminum 145''' ad 260'''.

Rem. Je possède, outre les individus décrits, un individu du fort jeune âge de 55''' de long, où les nageoires dorsale et anale molles sont encore arrondies et où les bandes transversales foncées du corps sont relativement plus larges en sorte qu'on pourrait dire la couleur du dos brunâtre traversée par deux bandes blanchâtres ou jaunâtres grêles. Passées cependant ce fort-jeune âge la dorsale molle et l'anale molle deviennent anguleuses et pointues et beaucoup plus hautes que longues. L'espèce est des mieux caractérisées non seulement par la distribution des couleurs, mais aussi par les 16 ou 17 rayons mous de la dorsale et par les 10 ou 11 rayons de l'anale, caractères auxquels se joignent encore ceux de la formule des écailles du corps et du préopercule.

A Batavia le Lutjanus Sebae est assez commun, mais peu recherché Hors l'Inde archipélagique il habite les côtes d'Aden, de Zanzibar, de Mossambique, de Coromandel et de Siam et l'Archipel des Louisiades.

Lutjanus semicinctus QG., Zool. Voy. Freyc., p. 303; Blkr, En. esp. poiss. Amb., Ned. T. Dierk. II p. 278; Verh. Kon. Ak. Wet. XIII, Révis. Lutjan. p. 55. — Atl. Tab. 341, Perc. tab. 63 fig. 3.

Lutj. corpore oblongo compresso, altitudine $2^1/_2$ ad 3 fere in ejus longitudine absque-, $3^1/_5$ ad $3^2/_3$ in ejus longitudime cum pinna caudali; latitudine corporis $1^3/_4$ ad $2^1/_3$ in ejus altitudine; capite acutiusculo $2^3/_5$ ad 3 fere in longitudine corporis absque-, 3 et paulo ad $3^2/_3$ in longitudine corporis cum pinna caudali, paulo longiore quam alto; latitudine capitis 2 fere ad $2^1/_2$ in ejus longitudine; linea rostro-frontali recta vel concaviuscula; vertice, fronte et regione supraoculari posteriore alepidotis; oculis diametro $3^1/_2$ ad $4^1/_2$ in longitudine capitis, diametro $^2/_3$ ad $^4/_5$ distantibus; rostro acuto non convexo, apice ante vel infra oculi marginem inferiorem sito, oculo paulo breviore ad conspicue longiore; naribus distantibus anterioribus valvatis posterioribus oblongis vix minoribus; osse praeorbitali sub oculo oculi diametro longitudinali duplo ad non humiliore ubique alepidoto; maxillis aequalibus, superiore sub pupilla desinente 2 et paulo ad $2^1/_3$ in longitudine capitis; maxillis dentibus serie externa utroque latere anticis caninis mediocribus vel caninoideis, ceteris mediocribus inaequalibus inframaxillaribus mediis ceteris conspicue majoribus; dentibus vomerinis in thurmam triangularem-, palatinis utroque latere in vittam gracilem dispositis; lingua medio antice denticulis scabra; preoperculo squamis in series 8 circ. transversas dispositis, limbo alepidoto, margine libero postice auguloque denticulato denticulis angularibus ceteris fortioribus, supra angulum incisura subnulla vel valde superficiali et valde aperta; squamis interoperculo bi- ad uniseriatis; fascia squamarum temporali bene distincta, non cum fascia lateris oppositi unita, squamis valde inaequalibus transversim 7 ad 12-seriatis longitudinaliter 2 ad 5-seriatis; squamis corpore angulum aperturae branchialis superiorem inter et basin pinnae caudalis supra lineam lateralem in series 64 circ. transversas, infra lineam lateralem in series 52 circ. transversas dispositis; squamis 25 circ. in serie transversa anum inter et basin pinnae dorsalis, 6 lineam lateralem inter et dorsalem spinosam mediam, 11 circ. in serie longitudinali occiput inter et pinnam dorsalem; seriebus squamarum longitudinalibus supra lineam lateralem obliquis, infra lineam lateralem horizontalibus; cauda parte libera aeque longa circ ac postice alta; pinna dorsali parte spinosa non vel vix parte radiosa basi late squamata; dorsali spinosa spinis mediocribus sat validis mediis ceteris longioribus $2^1/_2$ circ. in altitudine corporis, spina postica spina penultima et radio 1° breviore; dorsali radiosa dorsali spinosa non altiore, multo ad duplo longiore quam alta, obtusa, rotundata; pectoralibus analem non vel vix attingentibus capite brevioribus; ventralibus acutis vel acute rotundatis analem non attingentibus capite absque rostro brevioribus; anali spinis validis 2a quam 3a paulo longiore et fortiore, parte radiosa non multo altiore quam longa antice quam medio et postice altiore obtuse rotundata dorsali radiosa non humiliore; caudali extensa truncata vel vix emarginata angulis acuta capite absque rostro non ad paulo breviore; colore corpore superne olivaceo, inferne viridescente vel flavescente-margaritaceo; iride viridescente vel flavescente; fasciis corpore superne transversis 8 subaequidistantibus fusco-violaceis vel fuscis inferne gracilescentibus vix infra media latera descendentibus; cauda postice macula magna rotunda nigricante-fusca basin pinnae caudalis plus minusve intrante; pinnis roseis vel aurantiaceis, dorsali spinosa fusco marginata.

B. 7. D. 10/13 vel 10/14. P. 2/14. V. 1/5. A. 3/8 vel 3/9. C. 1/15/1 et lat. brev

Syn. *Mesoprion semicinctus* CV., Poiss. II p. 367; Blkr; Vierde bijdr. ichth. Amboina, Nat. T. Ned. Ind. V p. 331; Günth., Cat. Fish. I p. 209; Fisch. Südsee p. 15 tab. 17.

Hab. Batjan (Labuha); Obi-major; Amboina; Goram; Waigiu; Rawak; Nova-Guinea; in mari.

Longitudio 7 speciminum 62''' ad 252'''.

Rem. Le Lutjanus semicinctus et toutes les espèces suivantes ont le front et le vertex dénués d'écailles, les rangées longitudinales d'écailles au-dessus de la ligne latérale obliques et celles au-dessous de cette ligne horizontales. Ce groupe est plus riche en formes que les groupes précédents. Celles qui font partie de la Faune insulindienne ont toutes dix épines et de treize jusqu'à seize rayons à la dorsale et huit ou neuf rayons à l'anale, le limbe préoperculaire nu et la dorsale molle obtuse et arrondie. La distinction des espèces de ce groupe n'est plus aussi facile que celle des autres espèces, mais on parvient à leur diagnose nette et sure en employant, outre les couleurs et les caractères usités généralement par les auteurs, les formules de l'écaillure et les particularités de la dentition, surtout de celles du vomer et de la langue.

Pour ce qui regarde les quatorze espèces insulindiennes, quatre d'entre elles ont les dents vomériennes disposées en groupe triangulaire ou quadrangulaire et un groupe de dents sur la langue, et elles ont encore en commun un nombre de 64 ou 65 rangées transversales d'écailles au-dessus, et de 52 à 54 au-dessous de la ligne latérale. Ce sont les Lutjanus semicinctus, bohar, rangus et fulviflamma. Les deux premiers se distinguent du rangus et du fulviflamma par les 8 rangées d'écailles préoperculaires et par les 25 ou 26 écailles sur une rangée transversale, et le semicinctus se fait reconnaître par son préopercule à échancrure presque nulle, par les 6 rangées longitudinales d'écailles au-dessus de la ligne latérale, et surtout par les bandes transversales brunâtres du corps et par la grande tache noirâtre de la queue. — Le semicinctus ne paraît habiter que les mers des Moluques, de la Nouvelle-Guinée et des îles Kingsmill.

Lutjanus bohar Bl. Schn., Syst. p. 325; Blkr, Verh. Kon. Ak. Wet. XIII, Révis. Lutjan. p. 57; Day, Fish. India p. 44 tab. 13 fig. 4. — Atl. Tab. 348, Perc. tab. 70 fig. 4.

Lutj. corpore oblongo compresso, altitudine $2\frac{2}{5}$ ad $2\frac{3}{4}$ in ejus longitudine absque-, 3 ad $3\frac{1}{2}$ in ejus longitudine cum pinna caudali; latitudine corporis 2 ad $2\frac{1}{2}$ in ejus altitudine; capite acuto $2\frac{2}{3}$ ad 3 fere in longitudine corporis absque-, $3\frac{1}{3}$ ad $3\frac{2}{5}$ in longitudine corporis cum pinna caudali; altitudine capitis $1\frac{1}{5}$ circ.-, latitudine capitis 2 et paulo ad $2\frac{1}{3}$ in ejus longitudine; linea rostro-frontali rectiuscula; vertice, fronte et regione supraoculari posteriore alepidotis; oculis diametro $3\frac{1}{2}$ ad $3\frac{2}{3}$ in longitudine capitis, diametro $\frac{2}{3}$ ad $\frac{3}{4}$ distantibus; rostro acuto non convexo, apice ante oculi marginem inferiorem sito, oculo paulo breviore ad paulo longiore; naribus distantibus anterioribus valvatis posterioribus oblongis vel rimaeformibus minoribus; osse praeorbitali sub oculo oculi diametro longitudinali triplo ad duplo humiliore ubique alepidoto; maxillis aequalibus, superiore sub pupilla desinente 2 ad $2\frac{1}{4}$ in longitudine capitis; maxillis dentibus serie externa utroque latere anticis caninis vel caninoideis quarum canino intermaxillari magno, ceteris inaequalibus, inframaxillaribus mediis ceteris multo majoribus; dentibus vomerinis in thurmam triangularem-, palatinis utroque latere in vittam sat gracilem-, lingualibus in thurmas 2 oblongas inaequales dispositis; praeoperculo squamis in series 8 transversas dispositis, limbo alepidoto, margine libero postice anguloque denticulato dentibus angularibus ceteris majoribus, supra angulum incisura sat profunda et sat aperta tuberculum interoperculare aetate provectis conicum recipiente; squamis interoperculo bi- vel uniseriatis; fascia squamarum temporali bene distincta, non cum fascia lateris oppositi unita, squamis transversim 7- vel 8-seriatis, longitudinaliter 1- ad 2-seriatis; squamis corpore angulum aperturae branchialis superiorem inter et basin pinnae caudalis supra lineam lateralem in series 65 circ. transversas, infra lineam lateralem in series 52 circ. transversas dispositis; squamis 25 circ. in serie transversa anum inter et pinnam dorsalem, 7 lineam lateralem inter et dorsalem spinosam mediam, 15 circ. in serie longitudinali occiput inter et pinnam dorsalem; seriebus squamarum longitudinalibus supra lineam lateralem obliquis, infra lineam lateralem horizontalibus; cauda parte libera paulo longiore quam postice alta; pinna dorsali parte spinosa non vel vix parte radiosa basi late squamata; dorsali spinosa spinis validis mediis ceteris longioribus 2 ad $2\frac{1}{2}$ in altitudine corporis, spina postica spina penultima et radio 1° breviore; dorsali radiosa dorsali spinosa humiliore, multo ad duplo fere longiore quam alta, obtusa, rotundata; pectoralibus analem attingentibus vel fere attingentibus capite paulo brevioribus; ventralibus acutis analem non attingentibus capite absque rostro brevioribus; anali spinis validis crassis 2^a et 3^a subaequilongis radio 1° brevioribus, parte radiosa dorsali radiosa altiore, sat multo altiore quam longa, quadratiuscula, margine inferiore convexa; caudali extensa sat emarginata lobis acutis capite absque rostro longioribus; colore corpore superne rubroviolaceo, inferne roseo vel roseo-margaritaceo; iride flavescente rubro tincta; seriebus squamarum dorso lateribusque singulis vittula violascente-fusca, vittis dorso obliquis lateribus horizontalibus; dorso maculis 2 rotundiusculis margaritaceis vel flavescentibus anteriore sub spinis dorsalibus subposticis, posteriore sub radiis dorsalibus posticis; dorso caudae postice linea mediana vulgo macula margaritacea vel flava; pinnis roseis, dorsali spinosa membrana majore parte fuscescente, dorsali radiosa et anali antice fuscis; caudali superne et inferne fascia longitudinali intramarginali fusca; ventralibus radium 1^m inter et 3^m vel 4^m fuscis; axillis fuscescentibus.

B. 7. D. 10/14 vel 10/15. P. 2/14 vel 2/15. V. 1/5. A. 3/8 vel 3/9. C. 1/15/1 et lat. brev.

Syn *Sciaena bohar* Forsk., Descr. anim. p. 40; L. Gm., Syst. Nat. ed. 13^a p. 1300.

Sparus lepisurus Lac., Poiss. III p. 404 tab. 15 fig. 2.

Diacope bohar CV., Poiss. II p. 327; Rüpp, Atl. R. N. Afr. Fisch p. 73; N. Wirb. Fisch. p. 103; Klunz., Syn Fisch. R. M. Verh. z. b. Ges. Wien. XX p. 699.

Diacope quadriguttata CV., Poiss. II p. 322; VI p. 401; Rüpp., Atl. R. N. Afr. Fisch p 73.

Mesoprion quadriguttatus Blkr, Bijdr. ichth. Banda, Nat. T. N. Ind. II p. 233.

Mesoprion bohar Günth., Catal. Fish. I p. 190; Fisch. Südsee p. 13 tab. 15.

Hab. Sumatra (Priamam); Batu; Celebes (Macassar, Bulucomba, Manado); Timor (Atapupu); Batjan (Labuha); Amboina; Banda (Neira); Nova-Guinea (Or. septentr.); in mari.

Longitudo 7 speciminum 86‴ ad 247‴.

Rem. D'après les vues de Cuvier-Valenciennes le bohar serait un Diacope et d'après celles de

M. Steindachner un Mesoprion. C'est une espèce à échancrure préoperculaire profonde et à dents linguales, voisine par plusieurs rapports du semicinctus, mais elle se fait aisément distinguer par l'absence de bandes transversales et de tache caudale noire, par les stries longitudinales brunâtres du corps et par les deux taches nacrées ou jaunâtres sous la fin de la dorsale épineuse et de la dorsale molle. J'y trouve aussi une rangée longitudinale d'écailles de plus au-dessus de la ligne latérale.

Le bohar fut découvert par Forskaol dans la Mer rouge, et retrouvé depuis, hors l'Insulinde, dans les mers de Mossambique, de Madagascar, de l'île Maurice, des Seychelles, de l'Inde et des iles de la Société et Paumotou.

Lutjanus rangus Blkr, Derde bijdr. ichth. Bali, Nat. T. Ned. Ind. XVII p. 154; Verh. Kon. Ak. Wet. XIII, Révis. Lutjan. p. 59. — Atl. Tab. 299, Perc. tab. 21 fig. 3.

Lutj. corpore oblongo compresso, altitudine 3 fere ad 3 in ejus longitudine absque-, $3^3/_4$ ad $3^5/_6$ in ejus longitudine cum pinna caudali; latitudine corporis 2 circ. in ejus altitudine; capite acuto $2^4/_5$ ad $2^5/_6$ in longitudine corporis absque-, $3^1/_2$ ad $3^3/_5$ in longitudine corporis cum pinna caudali; altitudine capitis $1^1/_3$ circ.-, latitudine capitis $2^1/_4$ ad $2^1/_3$ in ejus longitudine; vertice, fronte et regione supraoculari posteriore alepidotis; occipite postice plus minusve squamato; linea rostro-frontali concaviuscula; oculis diametro 3 et paulo ad $3^1/_3$ in longitudine capitis, diametro $^1/_2$ ad $^3/_5$ distantibus; rostro acuto non convexo, apice ante oculi marginem inferiorem sito, oculo paulo ad non breviore; naribus distantibus anterioribus brevi-valvatis posterioribus oblongis minoribus; osse praeorbitali sub oculo oculi diametro longitudinali plus duplo ad duplo humiliore, ubique alepidoto; maxillis subaequalibus, superiore sub pupilla desinente $2^1/_3$ circ. in longitudine capitis; maxillis dentibus serie externa utroque latere antice caninis vel caninoideis quorum canino intermaxillari sat magno, ceteris inaequalibus inframaxillaribus mediis ceteris conspicue majoribus; dentibus vomerinis in thurmam ◊ formem-, palatinis utroque latere in vittam gracillimam-, lingualibus media lingua in thurmulam rotundiusculam dispositis; praeoperculo squamis in series 6 transversas dispositis, limbo alepidoto, margine libero postice anguloque denticulato dentibus angularibus ceteris majoribus, supra angulum incisura superficiali et valde aperta; squamis interoperculo bi- ad triseriatis; fascia squamarum temporali bene distincta non cum fascia lateris oppositi unita squamis inaequalibus transversim 11- vel 12-seriatis longitudinaliter 2- ad 4-seriatis; squamis corpore angulum aperturae branchialis superiorem inter et basin pinnae caudalis supra lineam lateralem in series 65 circ. transversas, infra lineam lateralem in series 52 ad 54 transversas dispositis; squamis 22 vel 23 in serie transversa anum inter et pinnam dorsalem, 6 vel 7 lineam lateralem inter et dorsalem spinosam mediam, 13 circ. in serie longitudinali occiput inter et pinnam dorsalem; seriebus squamarum longitudinalibus supra lineam lateralem obliquis, infra lineam lateralem horizontalibus; cauda parte libera aeque longa circ. ac postice alta; pinna dorsali parte spinosa basi spinarum non vel leviter squamata, parte radiosa basi late squamata; dorsali spinosa spinis sat gracilibus mediis ceteris longioribus $2^1/_4$ ad $2^1/_3$ in altitudine corporis, spinis 2 posticis subaequilongis radio 1° brevioribus; dorsali radiosa dorsali spinosa vix humiliore, duplo fere ad duplo longiore quam alta, obtusa, rotundata; pectoralibus analem fere attingentibus capite absque rostro longioribus; ventralibus acutis analem non attingentibus capite absque rostro brevioribus; anali spinis 2ª et 3ª subaequilongis, parte radiosa dorsali radiosa altiore, non multo altiore quam longa, quadratiuscula, antice quam medio et postice altiore, margine inferiore rectiuscula; caudali extensa truncata vel vix emarginata angulis acuta capite absque rostro longiore; colore corpore superne roseo, inferne roseo-margaritaceo; iride flava roseo tincta; dorso singulis seriebus squamarum longitudinalibus vittula aurantiaca vel fuscescente-aurantiaca oblique postrorsum adscendente; vittis utroque latere sub linea laterali flavis 5 vel 6 horizontalibus; pinnis flavis, ventralibus et anali albo marginatis.

B. 7. D. 10/13 vel 10/14. P. 2/14. V. 1/5. A. 3/8 vel 3/9. C. 1/15/1 et lat. brev.

Syn. *Mesoprion rangus* CV., Poiss. II p. 365; Günth., Catal. Fish. I p. 199 (nec Cant., Day, Kner).

Hab. Pinang; Singapura; Java; Bali (Boleling); Sumbawa; in mari.

Longitudo 2 speciminum 180‴ et 205‴.

Rem. Le rangus et le fulviflamma se séparent du semicinctus et du bohar par un nombre moindre des écailles sur une rangée transversale et des rangées d'écailles préoperculaires et par leur corps rose à raies longitudinales dorées. Très-voisins l'un de l'autre ils sont cependant suffisamment distincts. On reconnaît le rangus à sa tête plus pointue et à profil concave, aux 22 ou 23 écailles sur une rangée transversale dont 6 ou 7 au-dessus de la ligne latérale, au bord inférieur droit de l'anale et à l'absence de tache latérale noire. — Il n'est connu jusqu'ici, hors l'Inde archipélagique, que de Malacca, de Coromandel et de Ceylon.

Lutjanus fulviflamma Blkr, Trois. mém. ichth. Halmah., Ned. Tijdschr. Dierk. I p. 255; Verh. Kon. Ak. Wet. XIII, Révis. Lutjan. p. 61; Day, Fish. India. tab. 12 fig. 6 (descr. et synon. ex parte tant.) — Atl. Tab. 344, Perc. tab. 66 fig. 3.

Lutj. corpore oblongo compresso altitudine $2^3/_4$ ad 3 in ejus longitudine absque- $3^1/_2$ ad $3^4/_5$ in ejus longitudine cum pinna caudali; latitudine corporis $1^2/_3$ ad 2 in ejus altitudine; capite acutiusculo $2^3/_4$ ad 3 in longitudine corporis absque-, $3^1/_2$ ad 4 in longitudine corporis cum pinna caudali; altitudine capitis 1 ad $1^1/_5$-, latitudine capitis $1^2/_3$ ad 2 in ejus longitudine; linea rostro-frontali rectiuscula vel convexiuscula; vertice fronteque alepidotis; occipite juvenilibus lateribus tantum aetate provectis etiam medio postice squamato; regione supraoculari posteriore onni aetate alepidota; oculis diametro 3 ad $3^1/_2$ in longitudine capitis, diametro $^1/_2$ ad $^4/_5$ distantibus; rostro acutiusculo non vel leviter convexo, apice ante vel vix infra oculi marginem inferiorem sito, oculo paulo ad non breviore; naribus distantibus anterioribus valvatis posterioribus oblongis minoribus; osse praeorbitali sub oculo oculi diametro longitudinali duplo ad minus duplo humiliore, ubique alepidoto; maxillis subaequalibus superiore sub pupilla desinente 2 et paulo ad 2²/₃ in longitudine capitis; maxillis dentibus serie externa utroque latere antice caninis vel caninoideis quorum canino intermaxillari mediocri, ceteris inaequalibus, inframaxillaribus mediis ceteris multo majoribus; dentibus vomerinis in thurmam ⍙ vel ◊ formem-, palatinis utroque latere in vittam gracilem-, lingualibus aetate provectioribus (spec. long. 80''' ad 120''' nullis) media lingua in thurmam oblongam dispositis; praeoperculo squamis in series 6 transversas dispositis, limbo alepidoto, margine postice et inferne denticulato dentibus angularibus ceteris majoribus, supra angulum incisura juvenilibus nulla aetate provectioribus valde superficiali et valde aperta; interoperculo squamis uni- ad biseriatis; fascia squamarum temporali bene distincta non cum fascia lateris oppositi unita squamis inaequalibus transversim 12- ad 16-seriatis longitudinaliter 2- ad 5-seriatis; squamis corpore angulum aperturae branchialis superiorem inter et basin pinnae caudalis supra lineam lateralem in series 57 ad 60 transversas, infra lineam lateralem in series 48 ad 50 transversas dispositis; squamis 20 vel 21 in serie transversa anum inter et pinnam dorsalem, 5 vel 6 lineam lateralem inter et dorsalem spinosam mediam, 12 vel 13 in serie longitudinali occiput inter et pinnam dorsalem; seriebus squamarum longitudinalibus supra lineam lateralem obliquis postrorsum valde adscendentibus, infra lineam lateralem horizontalibus; cauda parte libera aeque longa circ. ac postice alta; pinna dorsali parte spinosa alepidota, parte radiosa basi late squamata; dorsali spinosa spinis mediocribus sat gracilibus 3ª 4ª et 5ª ceteris longioribus 2 ad 2¹/₃ in altitudine corporis, spina postica spina penultima paulo et radio 1º conspicue breviore; dorsali radiosa dorsali spinosa juvenilibus non-, aetate provectioribus paulo humiliore, multo ad duplo longiore quam alta, obtusa, convexa; pectoralibus analem subattingentibus capite vix brevioribus; ventralibus acutis anum non vel vix attingentibus capite absque rostro non longioribus; anali spinis validis 2ª et 3ª subaequilongis vel 2ª quam 3ª longiore, parte radiosa dorsali radiosa altiore, conspicue altiore quam longa, obtusa, convexa, aetate provectioribus antice quam medio et postice altiore; caudali extensa truncata vel leviter emarginata angulis acuta, capite absque rostro non multo ad non longiore; colore corpore superne olivaceo, violascente vel roseo, inferne flavescente- vel albido-roseo; iride flava vel rubra; seriebus squamarum longitudinalibus supra lineam lateralem singulis vittula obliqua aurea vel flava; lateribus vittis 6 vel 7 horizontalibus aureis; lateribus sub anteriore parte dorsalis radiosae macula magna oblongo-rotunda nigra vel profunde fusca vulgo annulo flavo cincta media ejus altitudine linea laterali percursa; pinnis roseo-flavis vel aurantiacis, pectoralibus basi superne macula parva carmosina.

B. 7. D. 10/13 vel 10/14. P. 2/14. V. 1/5. A. 3/8 vel 3/9. C. 1/15/1 et lat. brev.

Syn. *Sciaena fulviflamma* Forsk., Descr. animal. p. 45; Bonn., Ichthyol. p. 120; L. Gm., Syst. nat. ed. 13ª p. 1259.
Perca fulviflamma Bl. Schn., Syst. p. 90.
Centropomus hober Lac., Poiss. IV. p. 255.
Variété du Labre unimaculé Lac., Poiss. IV tab. 17 fig. 1.
Diacope fulviflamma Rüpp., Atl. Reis. N. Afr. Fisch. p. 72 tab. 19 fig. 2; N. Wirb. Fisch. p. 94; CV., Poiss. II p. 319; Klunz., Syn. Fisch. R. M. Verh. zool. bot. Ges. Wien XX. p. 700.
Mesoprion monostigma Cuv., Règn. anim. ed. 2ª (ed. Brux.) p. 447; CV., Poiss. II p. 337?
Mesoprion dondiava QG., Zool. Voy. Astrol. p. 665 tab. 5 fig. 3.
Mesoprion fulviflamma Blkr, N. bijdr. ichth. Amb., Nat. T. Ned. Ind. III p. 553; Günth., Catal. Fish. I pag. 201; Day Fish. Malabar p. 13; Kner, Zool. Reis. Novar. Fisch. p. 35.
Mesoprion aurolineatus Day, Fish. Malab. p. 14 tab. 3 (an et CV?).
Djenahah Mal. Batav.; *Tanda* Bint.; *Nonda*, *Gorara* Batj.; *Gorara-furo* Ternat.; *Gorara* Amboin.

Hab. Sumatra (Telokbetong, Tandjong, Benculen, Padang, Ticu, Priaman, Siboga); Nias; Singapura; Bintang (Rio); Bangka (Tandjong-berikat, Muntok); Biliton (Tjirutjup); Java (Batavia, Bantam, Prigi, Banjuwangi); Bawean; Celebes (Macassar, Bonthain, Badjoa, Manado); Sangi; Timor (Kupang, Atapupu); Halmahera (Sindangole); Ternata; Batjan (Labuha); Buro (Kajeli); Ceram (Wahai); Amboina; Nova-Guinea (Or. septentr.); in mari.

Longitudo 33 speciminum 85''' ad 286'''.

Rem. L'espèce actuelle est une des plus communes dans l'Inde archipélagique et se fait aisément reconnaître, parmi les espèces voisines, par son profil droit ou plus ou moins convexe, par la forme arrondie de l'anale et par la tache latérale noire et ordinairement oblongue sous la partie antérieure de la dorsale molle. Elle habite, hors l'Archipel des Indes, la Mer rouge, les côtes d'Aden, de Zanzibar, de Mossambique, des Seychelles, de Malabar et de Chine.

Lutjanus lunulatus Bl. Schn., Syst. p. 329; Lac., Poiss. IV p. 180, 213; Blkr, Verh. Kon. Ak. Wet. XIII, Révis. Lutjan. p. 64; Day, Fish. India p. 41 tab. 12 fig. 4. — Atl. Tab. 295, Perc. tab. 17 fig. 1.

Lutj. corpore oblongo compresso, altitudine 2²/₅ ad 3 fere in ejus longitudine absque-, 3²/₅ ad 3³/₅ in ejus longitudine cum pinna caudali; latitudine corporis 2¹/₄ circ. in ejus altitudine; capite acuto 2⁴/₅ ad 3 fere in longitudine coporis absque-, 3²/₃ ad 3³/₄ in longitudine corporis cum pinna caudali; altitudine capitis 1¹/₅ ad 1¹/₄, latitudine capitis 2¹/₄ circ. in ejus longitudine; vertice, fronte et regione supraoculari posteriore alepidotis; linea rostro frontali rectiuscula vel concaviuscula; oculis diametro 3¹/₃ ad 3¹/₄ in longitudine capitis, diametro ¹/₂ circ. distantibus; rostro acuto, apice ante vel vix infra oculi marginem inferiorem sito, oculo non ad vix longiore; naribus distantibus, anterioribus brevi-valvatis posterioribus oblongis minoribus; osse praeorbitali sub oculo oculi diametro longitudinali multo sed multo minus duplo humiliore, ubique alepidoto; maxillis subaequalibus, superiore sub pupilla desinente 2¹/₃ circ. in longitudine capitis; maxillis dentibus serie externa utroque latere anticis caninis vel caninoideis quorum canino intermaxillari magno, ceteris inaequalibus, inframaxillaribus mediis ceteris sat multo majoribus; dentibus vomerinis in vittam ∧ formem-, palatinis utroque latere in vittam gracilem dispositis; lingua lateribus anticeque medio denticulis scabra; praeoperculo squamis in series 6 vel 7 transversas dispositis, limbo alepidoto, margine libero postice anguloque denticulato dentibus angularibus ceteris majoribus, supra angulum incisura subnulla vel valde superficiali et valde aperta; squamis interoperculo biseriatis; fascia squamarum temporali valde distincta non cum fascia lateris oppositi unita squamis inaequalibus transversim 8- vel 9- seriatis longitudinaliter 2- ad 4-seriatis; squamis corpore angulum aperturae branchialis superiorem inter et basin pinnae caudalis supra lineam lateralem in series 65 vel 66 transversas, infra lineam lateralem in series 52 ad 54 transversas dispositis; squamis 27 circ. in serie transversa anum inter et pinnam dorsalem, 7 vel 8 lineam lateralem inter et pinnam dorsalem, 14 vel 15 in serie longitudinali occiput inter et pinnam dorsalem; seriebus squamarum longitudinalibus supra lineam lateralem obliquis, infra lineam lateralem horizontalibus; cauda parte libera aeque longa circ. ac postice alta; pinna dorsali parte spinosa basi spinarum aliquot tantum, parte radiosa basi late squamata; dorsali spinosa spinis validis 3a 4a et 5a ceteris longioribus $2^2/_3$ ad 3 in altitudine corporis, spina postica spina penultima et radio 1° breviore; dorsali radiosa dorsali spinosa vix humiliore, duplo fere ad duplo longiore quam alta, obtusa, rotundata; pectoralibus analem fere attingentibus capite paulo brevioribus; ventralibus acutis analem non attingentibus capite absque rostro brevioribus; anali spinis mediocribus 2a 3a vix longiore et crassiore, parte radiosa dorsali radiosa altiore, non multo altiore quam longa, quadratiuscula, margine inferiore convexa; caudali extensa truncata medio leviter emarginata, angulis acuta capite paulo breviore; colore corpore superne violascente-roseo, interne flavo vel margaritaceo; capite superne rostroque rubro-violaceo; iride flavescente-rosea margine pupillari aurea; dorso seriebus squamarum longitudinalibus singulis vittula rubro-violascente oblique postrorsum adscendente; pinnis dorsali et caudalis roseis, dorsali radiosa albido diffuse marginata; caudali dimidio basali fascia lata transversa semilunari nigricante-violacea convexitate antrorsum spectante cornubusque angulis pinnae desinente; pinnis ceteris flavis.

B. 7. D. 10/13 vel 10/14. P. 2/15. V. 1/5. A. 3/8 vel 3/9. C. 1/15/1 et lat. brev.

Syn. *Perca lunulata* Mungo Park, Descr. Fish. Sumatra, Trans. Linn. Soc. III p. 35 tab. 6.
Mesoprion lunulatus CV., Poiss. II p. 36; Blkr, Act. Soc. Scient. Ind. Neerl. VIII Achtste bijdr. vischf. Sumatra p. 75.
Diacope bitaeniata CV., Poiss. VI p. 403; QG., Voy. Astrol. Poiss. p. 664 tab. 5 fig. 2.
Mesoprion bitaeniatus Günth., Cat. Fish. I p. 191.

Hab. Sumatra (Benculen, Priaman); Celebes; in mari.

Longitudo 2 speciminum 174''' et 181'''.

Rem. Je connais maintenant dix epèces archipélagiques aux caractères combinés de rangées d'écailles longitudinales obliques au-dessus et horizontales au-dessous de la ligne latérale, d'un vertex et front dénués d'écailles, et de dents vomériennes ne formant point un groupe mais une bandelette en forme de Λ. On peut en former trois petits groupes d'après ce que le nombre des rangées transversales d'écailles au-dessus de la ligne latérale va de 65 à 70, où n'est que de 60, ou bien reste plus ou moins au-dessous de 60. Les Lutjanus lunulatus, melanotaenia, flavipes et lineatus appartiennent au priemier de ces groupes, les marginatus, lioglossus, Russelli et decussatus au second; et le rivulatus et l'argentimaculatus au troisième. — Les espèces du premier groupe ont encore en commun le nombre de 25 à 27 écailles sur une rangée transversale et de 6 ou 7 rangées transversales et obliques d'écailles préoperculaires, mais ils sont aisément à distinguer les unes des autres par le nombre des rangées transversales d'écailles au-dessous de la ligne latérale, par la nature de la langue et par le système de coloration. Le lunulatus s'y fait reconnaître par les 52 à 54 rangées transversales d'écailles au-dessous de la ligne latérale, par les 7 ou 8 rangées longitudinales d'écailles au-dessus de cette ligne, par l'âpreté de la langue et par la large bande noire transversale et semilunaire sur le milieu de la caudale.

M. Day a retrouvé l'espèce sur les côtes de Sind.

Lutjanus lemniscatus Day, Fish. India p. 36. — Atl. Tab. 285, Perc. tab. 7 fig. 2.

Lutj. corpore oblongo compresso, altitudine 3 fere in ejus longitudine absque-, $3^1/_2$ circ. in ejus longitudine cum pinna caudali; latitudine corporis 2 et paulo in ejus altitudine; capite acuto $2^2/_3$ circ. in longitudine corporis absque-, 3 et paulo in longitudine corporis cum pinna caudali; altitudine capitis $1^1/_3$ ad $1^2/_5$ in ejus longitudine; vertice fronteque alepidotis; linea rostro-frontali recta; oculis diametro $3^3/_4$ circ. in longitudine capitis, diametro $^1/_2$ circ. distantibus; rostro acuto non convexo apice ante oculi marginem inferiorem sito, oculo non vel vix breviore; osse praeorbitali sub oculo oculi diametro longitudinali triplo circ. humiliore; maxillis subaequalibus, superiore paulo ante medium oculum desinente $2^2/_5$ circ. in longitudine capitis; maxillis dentibus serie externa utroque latere antice caninis vel caninoideis quorum canino intermaxillari magno, ceteris inaequalibus, inframaxillaribus mediis ceteris longioribus; dentibus vomerinis in vittam Λ-formem-, palatinis utroque latere in vittam gracilem dispositis; lingua edentula; praeoperculo margine libero postice et inferne denticulato dentibus angularibus ceteris majoribus, supra angulum incisura valde superficiali; squamis corpore angulum aperturae branchialis superiorem inter et basin pinnae caudalis supra lineam lateralem in series 65? circ. transversas, infra lineam lateralem in series 55? circ. transversas dispositis; squamis 25? circ. in serie transversa anum inter et pinnam dorsalem, 8 circ. lineam lateralem inter et dorsalem spinosam mediam; seriebus squamarum longitudinalibus supra lineam lateralem obliquis, infra lineam lateralem horizontalibus; cauda parte libera aeque longa circ. ac postice alta; pinna dorsali spinosa spinis mediocribus 4a ceteris longiore $2^2/_5$ circ. in altitudine corporis, spinis 2 posticis subaequilongis radio 1° brevioribus; dorsali radiosa dorsali spinosa vix altiore, multo minus duplo longiore quam alta, obtusa, convexa; pectoralibus et ventralibus acutis analem non attingentibus capite absque rostro longioribus; anali spinis validis 2a 3a longiore et crassiore, parte radiosa dorsali radiosa vix altiore, altiore quam longa, obtusa, convexa, radiis mediis ceteris longioribus; caudali extensa truncata angulis acuta capite absque rostro non longiore; colore corpore superne violascente-olivaceo, medio argenteo, inferne margaritaceo; vittis corpore 2 longitudinalibus nigris, superiore latiore rostro-oculo-caudali mediam pinnam caudalem intrante et paulo ante marginem caudalis posteriorem desinente, inferiore graciliore maxillo-thoraco-postanali cauda inferne post basin pinnae analis desinente; pinnis aurantiacis, dorsali caudalique fusco plus minusve arenatis.

B. 7. D. 10/13 vel 10/14. P. 2/15. V. 1/5. A. 3/8 vel 3/9. C. 1/15/1 et lat. brev.

Syn. *Serranus lemniscatus* CV., Poiss. II p. 178; Günth., Cat. Fish. I p. 155.
Lutjanus melanotaenia Blkr, Deux. not. ichth. Obi, Ned. T. Dierk. I p. 245; Verh. Kon. Ak. Wet. XIII Révis. Lutjan. p. 66; Atl. Ichth. Tab. 285, Perc. tab. 7 fig. 2.

Hab. Obi, in mari.

Longitudo speciminis unici 74'''.

Rem. Je n'ai pu étudier cette espèce que sur un seul individu probablement d'un âge encore fort peu avancé. Les dents linguales ne se développant ordinairement dans les Lutjans qu'après la première adolescence, il se pourrait bien qu'on en trouvât dans des individus plus âgés. L'espèce est du reste éminemment caractérisée par les deux bandelettes noires, dont la supérieure traverse l'oeil et va droit jusque près le milieu du bord postérieur de la caudale, tandis que l'inférieure occupe la partie inférieure de la tête, passe sous la base de la pectorale et s'arrête près les derniers rayons de l'anale.

M. Day, ayant examiné le type du Serranus lemniscatus CV. provenant de Ceylon, a confirmé l'opinion, émise dans la »Révision des espèces inde-archipélagiques de Lutjanus" que cette espèce n'est pas distincte du Lutjanus melanotaenia.

Lutjanus flavipes Blkr, Verh. Kon. Ak. Wet. XIII, Révis. Lutj. p. 68. — Atl. Tab. 331, Perc. tab. 53 fig. 5.

Lutj. corpore oblongo compresso, altitudine $2\frac{2}{5}$ ad $2\frac{1}{2}$ in ejus longitudine absque-, 3 et paulo ad $3\frac{1}{4}$ in ejus longitudine cum pinna caudali; latitudine corporis 2 et paulo in ejus altitudine; capite acutiusculo 3 fere in longitudine corporis absque-, $3\frac{2}{3}$ ad $3\frac{3}{4}$ in longitudine corporis cum pinna caudali; altitudine capitis 1 et paulo-, latitudine capitis 2 et paulo in ejus longitudine; linea rostro-frontali rectiuscula; vertice, fronte regioneque supraoculari posteriore alepidotis; occipite postice medio squamulis parcis; oculis diametro $3\frac{2}{5}$ ad $3\frac{1}{2}$ in longitudine capitis, diametro $\frac{2}{3}$ ad $\frac{3}{4}$ distantibus; rostro acutiusculo non convexo apice paulo infra oculi marginem inferiorem sito, oculo non breviore; naribus distantibus anterioribus valvatis posterioribus oblongis minoribus; osse praeorbitali sub oculo oculi diametro longitudinali multo minus duplo humiliore, ubique alepidoto; maxillis subaequalibus, superiore sub pupilla vel vix ante pupillam desinente $2\frac{1}{2}$ ad $2\frac{3}{5}$ in longitudine capitis; maxillis dentibus serie externa utroque latere antice caninis vel caninoideis, quorum canino intermaxillari mediocri, ceteris inaequalilibus, inframaxillaribus mediis ceteris majoribus; dentibus vomerinis in vittam Λformem-, palatinis utroque latere in vittam gracilem dispositis; lingua edentula; praeoperculo squamis in series 6 vel 7 transversas dispositis, limbo alepidoto, margine libero postice inferneque denticulato dentibus angularibus ceteris majoribus, supra angulum incisura sat profunda et sat angusta tuberculum interoperculare conicum recipiente; squamis interoperculo bi- vel uniseriatis; fascia squamarum temporali valde distincta non cum fascia lateris oppositi unita squamis inaequalibus transversim 13- ad 15-seriatis longitudinaliter 2- ad 5-seriatis; squamis corpore angulum aperturae branchialis superiorem inter et basin pinnae caudalis supra lineam lateralem in series 65 ad 68 transversas, infra lineam lateralem in series 50 ad 52 transversas dispositis; squamis 25 vel 26 in serie transversa anum inter et pinnam dorsalem, 8 vel 9 lineam lateralem inter et dorsalem spinosam mediam, 12 vel 13 in serie longitudinali occiput inter et pinnam dorsalem; seriebus squamarum longitudinalibus supra lineam lateralem obliquis postrorsum valde adscendentibus, infra lineam lateralem horizontalibus; cauda parte libera aeque longa circ. ac postice alta; pinna dorsali parte spinosa basi spinarum tantum, parte radiosa basi late squamata; dorsali spinosa spinis mediocribus sat validis 3a. 4a 5a et 6a ceteris longioribus $2\frac{1}{2}$ circ. in altitudine corporis, spinis 2 posticis subaequilongis radio 1° brevioribus; dorsali radiosa dorsali spinosa non altiore, duplo fere longiore quam alta, obtusa, rotundata; pectoralibus analem attingentibus capite vix brevioribus; ventralibus analem non attingentibus capite absque rostro vix longioribus; anali spinis validis 2a 3a fortiore et paulo longiore, parte radiosa dorsali radiosa altiore, multo altiore quam longa, obtusa, rotundata, radiis mediis ceteris longioribus; caudali extensa truncata vel leviter emarginata angulis acuta capite absque rostro longiore; colore corpore superne violascente vel roseo, lateribus dilutiore, inferne flavescente; iride flava vel rosea; seriebus squamarum longitudinalibus supra lineam lateralem singulis vittula obliqua aurantiaco-fusca vel profunde violacea; lateribus vittis 4 longitudinalibus horizontalibus subaequidistantibus aureis; pinna dorsali dimidio inferiore rosea vel aurantiaca, dimidio superiore nigricante-violacea; caudali nigrante-violacea vel fusco-violacea postice flavo vel albido marginata; pinnis ceteris roseis, flavis vel aurantiacis.

Syn. *Diacope flavipes, analis et aurantiaca* CV., Poiss. VI p. 401, 402, 403?

Hab. Amboina; in mari.

Longitudo 2 speciminum 183''' et 190'''.

Rem. L'espèce actuelle est fort voisine, par les formes et par couleurs, du Lutjanus lineatus, mais se distingue essentiellement par la formule des écailles dont les rangées transversales au-dessous de la ligne latérale sont mois nombreuses. Elle se fait reconnaître aussi à la profunde échancrure du préopercule, à ce que la langue est denuée de dents, et à ce que, dans le lineatus, les dents linguales et la tuberosité interoperculaire sont déjà fort bien développées dans les individus beaucoup plus petits que les deux que je possède du flavipes. — Je suppose que les Diacope flavipes (de Vanicolo), analis (de l'ile Maurice) et aurantiaca CV. (de Vanicolo) ne sont point distincts de l'espèce actuelle, mais les descriptions de ces espèces étant trop succinctes et trop peu essentielles une comparaison des individus types serait indispensable poür bien juger de leurs véritables rapports.

Le Serranus limbatus CV. (Poiss. II p. 238) de Guam, brièvement décrit sur un individu de deux pouces de long, pourrait bien être un Lutjanus et voisin des flavipes, lineatus et marginatus.

Le Serranus limbatus CV. (Poiss. II p. 228) de Guam, brièvement décrit sur un individu de deux pouces de long, pourrait bien être un Lutjanus et voisin des flavipes, lineatus et marginatus.

Lutjanus lineatus Blkr, Énum. espèc. poiss. Céram, Ned. T. Dierk. II p. 187; Verh. Kon. Ak. Wet. XIII Révis. Lutjan. p 70; Atl. Tab. 304, Perc. tab. 26 fig. 4.

Lutj. corpore oblongo compresso, altitudine $2^1/_2$ ad $2^3/_4$ in ejus longitudine absque-, 3 et paulo ad $3^1/_2$ in ejus longitudine cum pinna caudali; latitudine corporis 2 et paulo ad $2^1/_2$ in ejus altitudine; capite acuto $2^3/_4$ ad 3 in longitudine corporis absque-, $2^3/_5$ ad $2^5/_6$ in longitudine corporis cum pinna caudali; altitudine capitis 1 et paulo-, latitudine capitis 2 ad $2^1/_4$ in ejus longitudine; linea rostro-frontali rectiuscula vel concaviuscula; vertice, fronte et regione supra-oculari posteriore alepidotis; oculis diametro 3 et paulo ad $4^1/_2$ in longitudine capitis, diametro $^2/_3$ ad 1 fere distantibus; rostro acuto non convexo, apice ante ad conspicue infra oculi marginem inferiorem sito, oculo paulo breviore ad multo longiore; naribus distantibus posterioribus valvatis anterioribus oblongis minoribus; osse praeorbitali sub oculo oculi diametro longitudinali duplo humiliore ad conspicue altiore, ubique alepidoto; maxillis subaequalibus, superiore sub pupilla ad vix ante pupillam desinente 2 et paulo ad $2^1/_3$ in longitudine capitis; maxillis dentibus serie externa utroque latere antice caninis vel caninoideis quorum canino intermaxillari mediocri vel magno, ceteris inaequalibus, inframaxillaribus mediis ceteris longioribus; dentibus vomerinis in vittam Λ formem-, palatinis utroque latere in vittam gracilem dispositis; lingua junioribus (specim. long. 80‴ ad 135‴) edentula, aetate provectioribus (spec. long 160‴ ad 355‴) medio thurma denticulorum oblonga scabra; praeoperculo squamis in series 7 transversas dispositis, limbo alepidoto, margine libero postice inferneque denticulato dentibus angularibus ceteris majoribus, supra angulum incisura juvenilibus nulla vel subnulla aetate provectioribus valde superficiali et valde aperta; squamis interopercularibus bi- ad uniseriatis; fascia squamarum temporali bene distincta, non cum fascia lateris oppositi unita, squamis inaequalibus transversim 11- ad 15 seriatis longitudinaliter 2- ad 5-seriatis; squamis corpore angulum aperturae branchialis superiorem inter et basin pinnae caudalis supra lineam lateralem in series 70 circ. transversas, infra lineam lateralem in series 60 circ. transversas dispositis; squamis 25 vel 26 in serie transversa anum inter et pinnam dorsalem, 8 vel 9 lineam lateralem inter et dorsalem spinosam mediam, 13 vel 14 in serie longitudinali occiput inter et pinnam dorsalem; seriebus squamarum longitudinalibus supra lineam lateralem obliquis postrorsum adscendentibus, infra lineam lateralem horizontalibus; cauda parte libera aeque longa circ. ac postice alta; pinna dorsali parte spinosa basi spinarum tantum, parte radiosa basi late squamata; dorsali spinosa spinis mediocribus validis mediis ceteris longioribus $2^1/_4$ ad $2^3/_4$ in altitudine corporis, spina postica spina penultima et radio 1° breviore; dorsali radiosa dorsali spinosa paulo altiore ad paulo humiliore, sat multo ad multo sed minus duplo longiore quam alta, obtusa, rotundata; pectoralibus analem attingentibus vel subattingentibus capite paulo ad non brevioribus; ventralibus acutis analem non attingentibus capite absque rostro non ad paulo longioribus; anali spinis validis junioribus 2ª 3ª longiore aetate provectis 2ª et 3ª subaequilongis, parte radiosa dorsali radiosa altiore, conspicue altiore quam longa, margine inferiore convexa, radiis anterioribus ceteris longioribus; caudali extensa truncata vel leviter emarginata angulis acuta capite absque rostro longiore; colore corpore superne olivascente-roseo vel violascente-roseo, inferne roseo vel flavescente-margaritaceo; iride flavescente; vitta oculo-caudali sat lata fuscescente vel violascente juvenilibus adolescentibusque valde conspicua, aetate magis provectis non vel vix conspicua; genis, operculis lateribusque sub linea laterali striis pluribus horizontalibus rufis; squamis dorso lateribusque singulis macula parva fuscescente vel aureo-fusca strias transversas efficientibus; pinnis dorsali et caudali violascentibus, dorsali superne et caudali postice nigricante-vel fusco-violaceis; pinnis ceteris roseis vel flavis.

B. 7. D. 10/13 vel 10/14. P. 2/14. V. 1/5. A. 3/8 vel 3/9. C. 1/15/1 et lat. brev.

Syn. *Diacope lineata* QG., Zool. Voy. Freycin. p. 309.
Diacope striata CV., Poiss. II p. 324.
Mesoprion striatus Blkr, Verh. Bat. Gen. XXII Perc. p. 44.
Mesoprion janthinuropterus Blkr, Derde bijdr. ichth. Celebes, Nat. T. Ned. Ind. III p. 751.
Mesoprion lineatus Günth., Catal. Fish. I p. 193.
Tanda tanda Mal; *Nona-sosal*, *Gorara-furu* Batjan.; *Guraja*, *Gorara-siang* Manad.; *Gorara* Amb.

Hab. Sumatra (Benculen, Trussan, Padang, Ticu); Singapura; Java (Batavia, Karangbollong, Prigi); Celebes (Macassar, Bulucomba, Badjoa, Manado); Timor (Kupang); Batjan (Labuha); Buro (Kajeli); Ceram (Wahai); Amboina; Obi-major; Waigiu; in mari.

Longitudo 16 speciminum 80‴ ad 355‴.

Rem. Le Lutjanus lineatus a en commun avec les Lutjanus marginatus et flavipes une large bordure noirâtre à la dorsale et une caudale d'un violâtre plus ou moins profond. Ces trois espèces sont aussi fort voisines par la physionomie générale, mais le lineatus se distingue encore nettement par les 60 rangées transversales d'écailles au-dessous de la ligne latérale, par l'échancrure presque nulle du préopercule et par les dents linguales. Les individus peu âgés du lineatus se font reconnaître par une bandelette brunâtre assez large entre l'oeil et la base de la caudale.

Lutjanus marginatus Blkr, Troisième mém. ichth. Halmah., Ned. T. Dierk. I p. 155; Verh. Kon. Ak. Wet. XIII, Révis. Lutjan. p. 72; Day, Fish. India p. 44 tab. 13 fig. 5. — Atl. Tab. 349 Perc. tab. 71 fig. 2.

Lutj. corpore oblongo compresso, altitudine $2^2/_5$ ad $2^3/_5$ in ejus longitudine absque-, 3 ad $3^2/_5$ in ejus longitudine cum pinna caudali; latitudine corporis 2 ad $2^1/_4$ in ejus altitudine; capite acutiusculo $2^2/_3$ ad 3 in longitudine corporis absque-, $3^1/_3$ ad 4 in longitudine corporis cum pinna caudali; altitudine capitis 1 et paulo, latitudine capitis 2 ad 2 et paulo in ejus longitudine; linea rostro-frontali rectiuscula vel convexiuscula; vertice et fronte alepidotis; regione supra-oculari posteriore alepidota vel leviter squamata; occipite postice medio interdum squamulato; oculis diametro 3 fere ad $3^1/_2$ in longitudine capitis, diametro $^1/_2$ ad $^2/_3$ distantibus; rostro acutiusculo non convexo, apice ante vel conspicue infra oculi marginem inferiorem sito, oculo multo ad non breviore; naribus sat distantibus anterioribus valvatis posterioribus oblongis minoribus; osse praeorbitali sub oculo oculi diametro longitudinali plus triplo ad minus duplo humiliore, ubique alepidoto; maxillis subaequalibus, superiore sub pupilla desinente $2^1/_4$ ad $2^3/_5$ in longitudine capitis; maxillis dentibus serie externa utroque latere antice caninis vel caninoideis quorum canino intermaxillari mediocri, ceteris inaequalibus, inframaxillaribus mediis ceteris longioribus; dentibus vomerinis in vittam Λ-formem-, palatinis utroque latere in vittam gracilem dispositis; lingua edentula; praeoperculo squamis in series 6 vel 7 transversas dispositis, limbo alepidoto, margine libero postice et inferne denticulato dentibus angularibus ceteris longioribus valde juvenilibus (specim. long. 45‴ ad 50‴) ex parte spinaeformibus spina unica majore, supra angulum incisura valde juvenilibus nulla adolescentibus et aetate provectis mediocri vel valde superficiali et parum ad valde aperta; squamis interopercularibus bi- vel uniseriatis; fascia squamarum temporali bene distincta, non cum fascia lateris oppositi unita, squamis inaequalibus transversim 10- ad 13-seriatis longitudinaliter 2- ad 5-seriatis; squamis corpore angulum aperturae branchialis superiorem inter et basin pinnae caudalis supra lineam lateralem in series 60 circ. transversas, infra lineam lateralem in series 48 circ. transversas dispositis; squamis 22 vel 23 in serie transversa anum inter et pinnam dorsalem, 6 vel 7 lineam lateralem inter et dorsalem spinosam mediam, 11 circ. in serie longitudinali occiput inter et pinnam dorsalem; seriebus squamarum longitudinalibus supra lineam lateralem obliquis postrorsum valde adscendentibus, infra lineam lateralem horizontalibus; cauda parte libera aeque longa circ. ac postice alta; pinna dorsali parte spinosa basi spinarum tantum, parte radiosa basi late squamata; dorsali spinosa spinis mediocribus mediis ceteris longioribus $2^1/_4$ ad $2^1/_2$ in altitudine corporis, spina postica spina penultima et radio 1° breviore; dorsali radiosa dorsali spinosa non ad vix altiore, multo ad duplo fere longiore quam alta, obtusa, rotundata; pectoralibus analem attingentibus vel subattingentibus, capite non ad paulo brevioribus; ventralibus acutis analem non attingentibus capite absque rostro non ad vix brevioribus; anali spinis validis 2ª 3ª longiore et fortiore, parte radiosa dorsali radiosa altiore, multo altiore quam longa, radiis 3° et 4° ceteris longioribus, margine inferiore obtuse rotundata; caudali extensa truncata vel leviter emarginata angulis acuta capite absque rostro non ad paulo longiore; colore corpore superne roseo vel violascente-roseo, inferne dilutiore; iride flavescente; corpore seriebus squamarum longitudinalibus singulis vulgo vittula flava vel aurea, vittulis supra lineam lateralem obliquis postrorsum adscendentibus infra lineam lateralem horizontalibus; pinnis roseis, dorsali, pectoralibus caudalique roseis vel violascentibus, ceteris flavis vel aurantiacis; dorsali spinosa late fusco vel nigricante marginata; dorsali radiosa superne, anali radiosa inferne et caudali postice marginem versus profunde violaceis vel fuscis margine ipso flavescentibus

B. 7. D. 10/13 vel 10/14 vel 10/15. P. 2/14. V. 1/5. A. 3/8 vel 3/9. C. 1/15/1 et lat. brev.

Syn. *Diacope waigiensis* QG., Zool. Voy. Freycin. p. 307? (nec Mesoprion waigiensis Günth.).
Diacope marginata et *xanthopus* CV., Poiss. II p. 320, III p. 365.
Diacope immaculata et *axillaris* CV., Poiss. II p. 325 et VI p. 400?
Mesoprion marginatus Blkr, N. bijdr. ichth. Amboin., Nat. T. Ned. Ind. V p. 555; Günth., Fisch. Südsee p. 13 tab. 14.
Mesoprion Gaimardi Blkr, Act. Soc. Sc. Ind. Neerl. VI, Enum. Pisc. p. 23.
Genyoroge marginata Günth., Catal. Fish. I p. 181.
Tambak Mal. Bantam; *Gadja-kuning* Batj., Tern.

Hab. Sumatra (Benculen, Trussan, Padang, Priaman); Cocos (Nova-selma); Java (Bantam, Tjiringin, Batavia); Bali (Boleling); Celebes (Badjoa, Manado, Gorontalo); Sangi; Timor (Kupang); Halmahera (Sindangole); Ternata; Batjan (Labuha); Obi-major; Buro (Kajeli); Ceram (Wahai); Amboina; Banda (Neira); Waigiu; Nova-Guinea (or. septentr.); in mari.

Longitudo 43 speciminum 50‴ ad 240‴.

Rem. Le marginatus est le plus voisin, par l'écaillure, par le système de coloration et par l'absence de dents linguales, du Lutjanus flavipes, mais il se distingue par un nombre moindre de rangées d'écailles dans toutes les directions et par l'échancrure et la tuberosité interoperculaire beaucoup moins développées, — Fort commun dans l'Inde archipélagique, il habite aussi les mers de Mossambique, de Zanzibar, de Ceylon, de Malabar, de Madras, de Coromandel et des îles Oualan, Vanicolo et Otaïti.

Lutjanus lioglossus Blkr, Verh. Kon. Ak. Wet. XIII Révis. Lutjan. p. 74; Day, Fish. India p. 39 tab. 12 fig. 1. — Atl. Tab. 344, Perc. tab. 66 fig. 4.

Lutj. corpore oblongo compresso, altitudine 3 fere ad 3 in ejus longitudine absque-, $3^3/_4$ ad 4 fere in ejus longitudine cum pinna caudali; latitudine corporis 2 ad $2^1/_3$ in ejus altitudine; capite acuto $2^3/_4$ ad 3 fere in longitudine corporis absque-, $3^1/_2$ ad $3^3/_4$ in longitudine corporis cum pinna caudali; latitudine capitis $2^1/_5$ ad $2^1/_3$ in ejus longitudine; linea rostro-frontali concaviuscula; vertice, fronte et regione supra-oculari posteriore alepidotis; oculis diametro $3^1/_2$ ad 4 in longitudine capitis, diametro $^3/_5$ ad $^3/_4$ distantibus; rostro acuto non convexo apice ante vel vix infra oculi marginem inferiorem sito, oculo paulo longiore; naribus distantibus anterioribus valvatis posterioribus rotundis vulgo paulo minoribus; osse praeorbitali sub oculo oculi diametro longitudinali multo (sed multo minus duplo) ad vix humiliore, ubique alepidoto; maxillis subaequalibus, superiore sub pupilla desinente $2^1/_4$ ad $2^1/_3$ in longitudine capitis; maxillis dentibus serie externa utroque latere antice caninis vel caninoideis quorum canino intermaxillari magno, ceteris inaequalibus inframaxillaribus mediis ceteris multo longioribus; dentibus vomerinis in vittam Λ-formem-, palatinis utroque latere in vittam gracilem dispositis; lingua edentula; praeoperculo squamis in series 6 vel 7 transversas dispositis, limbo alepidoto, margine libero postice anguloque denticulato dentibus angularibus ceteris majoribus, supra angulum incisura subnulla valde superficiali et valde aperta; squamis interoperculo uniseriatis; fascia squamarum temporali bene distincta, non cum fascia lateris oppositi unita, squamis inaequalibus transversim 8- ad 10 -seriatis longitudinaliter 1- ad 3 seriatis; squamis corpore angulum aperturae branchialis superiorem inter et basin pinnae caudalis supra lineam lateralem in series 60 circ. transversas, infra lineam lateralem in series 50 circ. transversas dispositis; squamis 20 vel 21 in serie transversa anum inter et pinnam dorsalem, 6 lineam lateralem inter et dorsalem spinosam mediam, 12 vel 13 in serie longitudinali occiput inter et pinnam dorsalem; seriebus squamarum longitudinalibus supra lineam lateralem obliquis postrorsum valde adscendentibus, infra lineam lateralem horizontalibus; cauda parte libera aeque longa circ. ac postice alta; pinna dorsali parte spinosa basi spinarum tantum, parte radiosa basi late squamata; dorsali spinosa spinis gracilibus 3ª 4ª et 5ª ceteris longioribus $2^1/_3$ ad $2^1/_4$ in altitudine corporis, spinis 2 posticis subaequilongis radio 1° conspicue brevioribus; dorsali radiosa spinosa paulo humiliore ad vix altiore, multo ad duplo fere longiore quam alta, obtusa, convexa; pectoralibus analem non attingentibus capite paulo brevioribus; ventralibus acutis analem non attingentibus capite absque rostro paulo brevioribus; anali spinis validis 3^a 2^a longiore, parte radiosa dorsali radiosa altiore et altiore quam longa, antice quam medio et postice altiore, margine inferiore rectiuscula; caudali extensa truncata vel vix emarginata, angulis acuta, capite absque rostro paulo longiore; colore corpore superne roseo-olivascente, inferne flavescente vel margaritaceo; iride flavescente; rostro fronteque violascentibus; macula rotunda vel oblongo-rotunda nigra vel fusca sub initio pinnae dorsalis radiosae, medio a linea laterali percursa; pinnis, dorsali violascente, caudali roseo-violascente, ceteris flavis.

B. 7. D. 10/13 vel 10/14 vel 10/15. P. 2/14. V. 1/5. A. 3/8 vel 3/9. C. 1/15/1 et lat. brev.

Syn. *Mesoprion monostigma* CV.? Blkr, Verh. Batav. Gen. XXII. Perc. p. 42 (nec CV.); Günth, Fisch. Südsee p. 14 tab. 16.
Lutjanus monostigma Blkr, Troisième notic. ichth. Halmahéra, Ned. T. Dierk. I p. 155.
Diacope monostigma Klunz., Syn. Fisch. Roth. M., Verh. zool. bot. Ges. Wien XX. p. 702.
Djenahah Mal.

Hab. Bintang (Rio); Java (Batavia), Celebes (Macassar); Halmahera (Sindangole); Amboina; in mari.

Longitudo 5 speciminum 215''' ad 320'''.

Rem. Cette espèce a de nombreuses affinités avec le Lutjanus Russelli, dont elle se distingue cependant essentiellement par une rangée d'écailles de moins au-dessus de la ligne latérale et par l'absence de dents linguales, dont aucun de mes individus ne montre de vestiges, tandis que ces dents sont déjà bien développées dans les individus du Russelli beaucoup moins âgés Elle se fait reconnaître aussi par un corps moins trapu et par l'absence de bandelettes dorées, qui ne manquent jamais dans le Russelli, quoiqu'elles se perdent assez vite dans la liqueur. Plusieurs localités qu'autrefois j'ai citées comme habitées par le lioglossus ont rapport au Russelli. Le lioglossus est en effet beaucoup plus rare que le Russelli, mais passant en revue les nombreux individus qui se trouvaient dans un même bocal sous le nom de l'espèce actuelle, plusieurs se trouvaient être des Russelli. — Hors l'Insulinde l'espèce n'est positivement connue que de la Mer rouge, de l'Inde, et des îles Kingsmill, Paumotu et de la Société.

Lutjanus Russelli Blkr, Verh. Kon. Akad. Wet. XIII, Révis. Lutjan. p. 76. — Atl. Tab. 300 Perc. tab. 22 fig. 2.

Lutj. corpore oblongo compresso, altitudine $2\frac{3}{5}$ ad $2\frac{4}{5}$ in ejus longitudine absque-, $3\frac{2}{5}$ ad $3\frac{3}{5}$ in ejus longitudine cum pinna caudali; latitudine corporis $1\frac{4}{5}$ ad $2\frac{1}{3}$ in ejus altitudine; capite acuto $2\frac{3}{5}$ ad 3 in longitudine corporis absque-, $3\frac{2}{5}$ ad 4 fere in longitudine corporis cum pinna caudali; altitudine capitis $1\frac{1}{5}$ circ.-, latitudine capitis 2 ad $2\frac{2}{5}$ in ejus longitudine; linea rostro-frontali rectiuscula vel concaviuscula; vertice, fronte regioneque supraoculari posteriore alepidotis; oculis diametro $3\frac{2}{5}$ ad 4 in longitudine capitis, diametro $\frac{3}{5}$ ad 1 fere distantibus; rostro acuto non convexo, apice ante vel vix infra oculi marginem inferiorem sito, oculo breviore ad paulo longiore; naribus distantibus, anterioribus brevi-valvatis posterioribus oblongis vulgo minoribus; osse praeorbitali sub oculo oculi diametro longitudinali duplo ad multo minus duplo humiliore, ubique alepidoto; maxillis subaequilongis superiore sub pupilla desinente $2\frac{1}{4}$ ad $2\frac{1}{2}$ in longitudine capitis; maxillis dentibus serie externa utroque latere antice caninis vel caninoideis quorum canino intermaxillari magno, ceteris inaequalibus inframaxillaribus mediis ceteris multo longioribus; dentibus vomerinis in vittam Λ-formem vel Δ-formem, palatinis utroque latere in vittam gracilem, lingualibus aetate provectioribus media lingua in thurmam oblongam dispositis (lingua specim. longit. minus quam 100''' edentula); praeoperculo squamis in series 7 vel 8 transversas dispositis, limbo alepidoto, margine libero postice et inferne denticulato dentibus angularibns ceteris majoribus, supra angulum incisura juvenilibus nulla vel subnulla aetate provectioribus valde superficiali et valde aperta; squamis interoperculo uni-vel biseriatis; fascia squamarum temporali bene distincta, non cum fascia lateris oppositi unita, squamis inaequalibus transversim 8- ad 10-seriatis longitudinaliter 2- ad 5-seriatis; squamis corpore angulum aperturae branchialis superiorem inter et basin pinnae caudalis supra lineam lateralem in series 60 circ transversas, infra lineam lateralem in series 50 circ. transversas dispositis; squamis 22 vel 23 in serie transversa anum inter et pinnam dorsalem, 7 vel 8 lineam lateralem inter et dorsalem spinosam mediam, 13 vel 14 in serie longitudinali occiput inter et pinnam dorsalem; lateribus seriebus squamarum longitudinalibus supra lineam lateralem obliquis postrorsum valde adscendentibus, infra lineam lateralem horizontalibus; cauda parte libera vix breviore quam postice alta; pinna dorsali parte spinosa basi spinarum tantum, parte radiosa basi late squamata; dorsali spinosa spinis gracilibus 3^a 4^a et 5^a vel 4^a 5^a et 6^a ceteris longioribus $2\frac{1}{4}$ ad 3 in altitudine corporis, spinis 2 posticis subaequilongis radio 1° brevioribus; dorsali radiosa dorsali spinosa non altiore, multo ad duplo longiore quam alta, obtusa, convexa; pectoralibus analem non attingentibus capite absque rostro non ad paulo longioribus; ventralibus acutis analem non attingentibus capite absque rostro brevioribus; anali spinis validis juvenilibus 2^a quam 3^a aetate provectioribus 3^a quam 2^a longiore, parte radiosa dorsali radiosa altiore, conspicue altiore quam longa, antice quam medio et postice altiore, margine inferiore convexa vel rectiuscula; caudali extensa truncata vel leviter emarginata capite absque rostro non ad paulo longiore; colore corpore superne violascente-olivaceo vel roseo, inferne dilutiore; iride flavescente; vittis corpore utroque latere 6 vel 7 aureis (conservatione in liquore prolongata vulgo plane evanescentibus) longitudinalibus, superioribus 4 orbita incipientibus, 1^a basi media dorsalis spinosae, 2^a 3^a et 4^a basi dorsalis radiosae desinentibus, 5^a suboculo-caudali, 6^a et 7^a maxillo-caudalibus; macula magna nigra vel fusca rotunda vel oblonga-rotunda sub anteriore parte dorsalis radiosae in vitta aurea 3^a dimidio inferiore vulgo a linea laterali percursa; pinnis flavescentibus vel roseis, caudali basi frequenter violascente.

B 7. D. 10/13 vel 10/14 vel 10/15. P. 2/13 vel 2/14. V. 1/5. A. 3/8 vel 3/9. C. 1/15/1 et lat. brev.

Syn. *Antika doondiawah* Russ., Fish. Corom. I p. 76 fig. 98.
Mesoprion Russelli Blkr, Verh. Bat. Gen. XXII Perc. p. 41; Day, On new Fish. of India, Proc. Zool. Soc. 1867 p. 701.
Genyoroge notata Cant., Catal. Malay. Fish. p. 12; Günth., Cat. Fish. I p 181; Fish. Zanzib. p 15; Day, Fish. Cochin; Proc. Zool. Soc. 1865 p. 8; Fish. Malab. p. 8 (nec Diacope notata CV., Poiss. II p. 318).
Lutjanus notatus Blkr, Onz. not. ichth. Ternate, Ned. T. Dierk. I p. 233.

Lutjanus fulviflamma Day, Fish. India p. 41 tab. 12 fig. 5? (descr. ex parte tant.)
Djenahah Mal. Batav.; *Gorara* Amb.
Hab. Sumatra (Tandjong, Benculeu, Trussan, Padang, Ticu, Priaman); Nias; Pinang; Bintang (Rio); Singapura; Bangka (Karanghadji, Tandjong-berikat, Muntok); Biliton (Tjirutjup); Java (Batavia); Cocos (Nova-selma); Bali (Djembrana); Celebes (Macassar); Sangi; Ternata; Halmahera (Sindangole); Ceram (Piru, Wahai); Amboina; Goram; in mari.
Longitudo 33 speciminum 90‴ ad 351‴.

Rem. Mes individus sont sans aucun doute de l'espèce de l'Antika doondiawah de Russell. L'espèce décrite sous le nom de Diacope notata et à laquelle Cuvier et Valenciennes rapportent la figure 98 de Russell, doit être distincte puisqu'il en est dit qu'elle a onze épines dorsales et l'échancrure et la tuberosité du système operculaire tres-marquées. Ce notata est plutôt voisin du quinquelineatus et de l'amboinensis, mais la description ne dit rien par rapport à l'écaillure. — Le Russelli est du reste une espèce nettement caractérisée. Dans le groupe où il appartient, il se distingue par les 60 rangées transversales d'écailles au-dessus de la ligne latérale, par les 22 ou 23 écailles sur une rangée transversale dont 7 ou 8 au-dessus de la ligne latérale et par la présence de dents linguales A l'état frais on le reconnait au premier coup-d'oeil aux 6 ou 7 bandelettes longitudinales et obliques dorées dont la quatrième d'en haut croise un grande tache latérale noirâtre située sous la partie antérieure de la dorsale molle, mais ces bandelettes se perdent ordinairement après une conservation prolongée dans la liqueur.

Je ne puis pas être de l'avis de M. Day que le Russelli soit spécifiquement identique avec le fulviflamma. Les différences spécifiques entre les nombreux individus que je possède des deux espèces sont constantes. Les deux espèces se font du reste déjà reconnaître par la physionomie, le fulviflamma ayant le profil plus droit et même convexe.

L'espèce est fort commune dans l'Inde archipélagique et habite aussi les mers de Zanzibar, de Coromandel et du Japon.

Parmi les espèces extra-archipélagiques du groupe actuel et à dents linguales, je trouve une même formule des rangées transversales d'écailles dans l'endecacanthus de la côte de Guinée, mais cette espèce est fort distincte par les onze épines dorsales, par la dorsale molle qui est presqu'aussi haute que longue, par une ou deux rangées longitudinales d'écailles de moins au-dessus de la ligne latérale, par les couleurs, etc.

Lutjanus decussatus Blkr, Onzieme notice ichth. Ternate, Ned. T. Dierk. I p. 233; Verh. Kon. Ak. Wet. XIII Révis. Lutjan. p. 79; Day, Fish. India p. 47 tab. 14 fig. 4. — Atl. Tab. 338, Perc. tab. 60 fig. 4.

Lutj. corpore oblongo compresso, altitudine $2^2/_3$ ad 3 fere in ejus longitudine absque-, $3^1/_4$ ad $3^2/_3$ in ejus longitudine cum pinna caudali; latitudine corporis 2 ad $2^1/_3$ in in ejus altitudine; capite acuto $2^2/_3$ ad 3 fere in longitudine corporis absque-, $3^1/_3$ ad $3^2/_3$ in longitudine corporis cum pinna caudali; altitudine capitis $1^1/_4$ ad $1^1/_5$-, latitudine capitis 2 ad 2 et paulo in ejus longitudine; linea rostro-frontali rectiuscula vel concaviuscula; vertice, fronte regioneque supraoculari posteriore alepidotis; oculis diametro 3 ad 4 in longitudine capitis, diametro $^2/_3$ ad 1 fere distantibus; rostro acuto non convexo, apice ante vel paulo infra oculi marginem inferiorem sito, oculo paulo breviore ad paulo longiore; naribus distantibus anterioribus valvatis posterioribus rotundis vel oblongis paulo ad non minoribus; osse praeorbitali sub oculo oculi diametro longitudinali triplo fere ad paulo tantum humiliore, ubique alepidoto; maxillis subaequilongis, superiore sub pupilla vel sub iridis parte anteriore desinente 2 et paulo ad $2^1/_3$ in longitudine capitis; maxillis dentibus serie externa utroque latere antice caninis vel caninoideis quorum canino intermaxillari magno, ceteris inaequalibus, inframaxillaribus mediis ceteris conspicue longioribus; dentibus vomerinis in vittam Λ-formem, palatinis utroque latere in vittam gracilem dispositis; lingua juvenilibus et adolescentibus edentula, aetate provectioribus antice denticulis in thurmam parvam et interdum sed rarissime medio linea mediana denticulis insuper in vittam gracilem brevem dispositis; praeoperculo squamis in series 7 vel 8 transversas dispositis, limbo alepidoto, margine libero postice anguloque denticulato dentibus angularibus ceteris majoribus, supra angulum incisura subnulla vel valde superficiali et valde aperta; squamis interoperculo uni- vel biseriatis; fascia squamarum temporali bene conspicua, non cum fascia lateris oppositi unita, squamis inaequalibus transversim 8- ad 12-seriatis longitudinaliter 2- ad 4-seriatis; squamis corpore angulum aperturae branchialis superiorem inter et basin pinnae caudalis supra lineam lateralem in series 60 circ. transversas, infra lineam lateralem in series 52 circ. transversas dispositis; squamis 21 vel 22 in serie transversa anum inter et pinnam dorsalem, 6 vel 7 lineam lateralem inter et dorsalem spinosam mediam, 11 circ. in serie longitudinali occiput inter et pinnam dorsalem; seriebus squamarum longitudinalibus supra lineam lateralem obliquis postrorsum valde adscendentibus, infra lineam lateralem horizontalibus; cauda parte libera aeque longa circ. ac postice alta; pinna dorsali parte spinosa alepidota vel basi spinarum tantum, parte radiosa basi late squamata; dorsali spinosa spinis mediocribus 3ª 4ª 5ª et 6ª ceteris longioribus $2^1/_2$ ad $2^2/_3$ in altitudine corporis, spina postica spina penultima et radio 1° breviore; dorsali radiosa dorsali spinosa paulo altiore ad paulo humiliore, sat multo ad duplo longiore quam alta, obtusa, rotundata; pectoralibus analem vix vel non attingentibus; ventralibus acutis analem non attingentibus capite absque rostro paulo brevioribus; anali spinis validis 2ª 3ª longiore, parte radiosa dorsali radiosa altiore, conspicue altiore quam longa, antice quam medio et postice altiore margine inferiore convexa; caudali extensa truncata vel leviter emarginata, angulis acuta, capite absque rostro paulo breviore ad paulo longiore; colore corpore superne olivaceo vel flavescente-viridi, inferne margaritaceo; iride flava roseo tincta; vittis corpore sat latis longitudinalibus horizontalibus subaequidistantibus 5 fuscis vel lateritiis omnibus vel (aetate provectis) superioribus tantum vittis vel fasciis 6 ejusdem coloris transversis aequidistantibus cruciatis; cauda macula magna nigricante-violacea vel fusca mediam basin pinnae caudalis tegente; pinnis roseis vel rubescentibus, dorsali radiosa superne, ventralibus antice, anali radiosa interne et caudali postice vulgo albido marginatis.

B. 7. D. 10/13 vel 10/14. P. 2/13 vel 2/14. V. 1/5. A. 3/8 vel 3/9. C. 1/15/1 et lat. brev.

Syn. *Ikan warna warna roepanja* Valent., Amb. fig. 25.

Prique Ren., Poiss. Mol. I tab. 29 fig. 159.

Mesoprion decussatus K. V. H. ap. CV., Poiss. II p. 369; Blkr, Verh. Bat. Gen. XXII. Perc. p. 43; Günth., Catal. Fish. I. p. 210; Kner, Zool. Reis. Novara, Fisch. p. 34.

Mesoprion therapon Day, Rem. Fish. Calcutta-Mus., Proc. Zool. Soc. 1869 p. 514.

Tembota Mal. Batav.

Hab. Sumatra (Benculen, Trussan, Padang, Ulacan, Priaman, Siboga); Nias; Biliton (Tjirutjup); Java (Batavia, Bantam, Djungculon, Prigi); Duizend-ins; Bali (Boleling); Celebes (Macassar, Bulucomba, Badjoa, Manado, Tanawanco, Gorontalo); Flores (Larantuca); Timor (Atapupu); Ceram (Wahai); Amboina; Aru; Ins. Philippin.; in mari.

Longitudo 32 speciminum 54‴ ad 255‴.

Rem. Kner cite cette espèce parmi celles à langue dénuée de dents, mais les dents linguales sont constantes dans les individus adultes ou presque adultes et ne manquent que dans les jeunes et quelquefois aussi dans les individus d'une adolescence assez avancée. Le decussatus a beaucoup d'affinités avec le Russelli et presque la même formule des écailles. On y compte cependant une rangée longitudinale d'écailles de moins au-dessus de la ligne latérale, et le système de coloration est fort différent. On le reconnaît aisément tant aux bandes longitudinales brunâtres du corps dont les supérieures sont croisées par des bandes continues ou interrompues de la même couleur, qu'à la grande tache noirâtre sur la fin de la queue.

Comme habitation extra-archipélagique du decussatus je trouve cité »India" (Günther) et les îles Andaman (Day).

Lutjanus rivulatus Blkr, Verh. Kon. Akad. Wet. XIII, Révis. Lutjan. p. 81; Day, Fish. India p. 37 tab. 11 fig. 4. — Atl. Tab. 347, Perc. tab. 69 fig. 3.

Lutj. corpore oblongo compresso, altitudine $2^1/_4$ ad $2^2/_5$ in ejus longitudine absque-, $2^3/_4$ ad 3 et paulo in ejus longitudine cum pinna caudali; latitudine corporis $2^1/_4$ ad $2^1/_2$ in ejus altitudine; capite obtusiusculo $2^1/_2$ ad 3 longitudine corporis absque-, $3^1/_2$ ad $3^3/_4$ in longitudine corporis cum pinna caudali; altitudine capitis 1 circ.-, latitudine capitis 2 fere ad 2 in ejus longitudine; vertice danforte et regione supraoculari posteriore alepidotis; linea rostro-frontali rectiuscula vel concaviuscula; oculis diametro 3 ad 4 in longitudine capitis, diametro $^1/_2$ ad 1 fere distantibus; rostro obtusiusculo non convexo, apice ante ad sat multo infra oculi marginem inferiorem sito, oculo sat multo breviore ad paulo longiore; naribus distantibus anterioribus valvatis posterioribus oblongis vel rimaeformibus multo minoribus; osse praeorbitali sub oculo oculi diametro longitudinali quadruplo ad vix humiliore, ubique alepidoto; maxillis subaequalibus, superiore sub pupilla desinente $2^1/_4$ ad $2^2/_5$ in longitudine capitis; maxillis dentibus serie externa utroque latere anticis caninis vel caninoideis quorum canino intermaxillari mediocri, ceteris inaequalibus, inframaxillaribus mediis ceteris conspicue majoribus; dentibus vomerinis in vittam Λformem-, palatinis utroque latere in vittam gracillimam dispositis; lingua edentula; praeoperculo squamis in series 6 vel 7 transversas dispositis, limbo alepidoto, margine libero postice anguloque denticulato dentibus angularibus ceteris majoribus (valde juvenilibus, specim. long. 38″, dente magno spinaeformi), supra angulum incisura valde juvenilibus nulla adolescentibus aetateque provectis profunda et angusta; squamis interoperculo uni- vel biseriatis; fascia squamarum temporali bene distincta, non cum fascia lateris oppositi unita, squamis inaequalibus transversim 10- ad 14-seriatis longitudinaliter 2- ad 5-seriatis; squamis corpore angulum aperturae branchialis superiorem inter et basin pinnae caudalis supra lineam lateralem in series 54 ad 56 transversas, infra lineam lateralem in series 50 ad 52 transversas dispositis; squamis 25 circ. in serie transversa anum inter et pinnam dorsalem, 8 lineam lateralem inter et dorsalem spinosam mediam, 10 vel 11 serie longitudinali occiput inter et pinnam dorsalem; seriebus squamarum longitudinalibus supra lineam lateralem obliquis infra lineam lateralem horizontalibus; cauda parte libera aeque longa circ. ac postice alta; pinna dorsali parte spinosa basi spinarum tantum, parte radiosa basi late squamata; dorsali spinosa spinis validis 3ª 4ª et 5ª ceteris longioribus $2^1/_2$ ad 3 in altitudine corporis, spinis 2 posticis subaequilongis radio 1° brevioribus; dorsali radiosa dorsali spinosa altiore, non ad non multo longiore quam alta, obtusa, rotundata; pectoralibus analem non vel vix attingentibus capite absque rostro paulo ad non longioribus; anali spinis validis 2ª 3ª longiore et fortiore, parte radiosa dorsali radiosa altiore, duplo ad plus duplo altiore quam longa, obtusiuscule rotundata vel acutangula radiis mediis ceteris longioribus; caudali extensa truncata vel leviter emarginata angulis acuta capite absque rostro non ad paulo longiore; colore corpore superne violascente, rubro-violaceo vel roseo, inferne margaritaceo-roseo; iride flavescente-viridi margine pupillari aurea; capite vittulis sat numerosis coeruleis rostro, fronte verticeque transversis, genis operculisque longitudinalibus; corpore superne lateribusque singulis squamis guttula margaritacea; fasciis corpore 7 circ. transversis nigricante-violaceis paulo tantum infra lineam lateralem descendentibus (non semper conspicuis) et fascia anteriore (nucho-scapulari) ceteris vulgo profundiore; macula laterali oblongo-rotunda margaritacea vel flavescente sub radiis dorsalibus subanterioribus tota fere supra lineam lateralem sita et macula nigricante vel fusca cincta; pinnis roseis vel violascentibus, dorsali spinosa membrana superne flavo limbata.

B. 7. D. 10/15 vel 10/16. P. 2/15. V. 1/5. A. 3/8 vel 3/9. C. 1/15/1 et lat. brev.

Syn. *Kallee maee* Russ., Fish. Corom. I p. 75 fig. 96.

Diacope rivulata CV., Poiss. II p 312 tab. 38; Klunz., Syn. Fish. R. M., Verh. zool. bot. Ges. Wien XX p. 694.

Diacope coeruleopunctata et *alboguttata* CV., Poiss. II p. 320, VII p. 334.

Mesoprion myriaster Lién., Nat. Hist. Soc. Mauric. 1839 p. 32 (sec. Day).

Mesoprion coeruleopunctatus Blkr, N. bijdr. Percoïd., Nat. T. Ned. Ind. II p. 169.

Lutjanus coeruleopunctatus Blkr, En. poiss. Amb., Ned. T. Dierk. II p. 278.

Genyoroge rivulata et *coeruleopunctata* Günth., Catal. Fish. I p. 182; Day, Fish. Malab. p. 7.

Genyoroge alboguttata Day, Fish. Malab. p. 9.

Goga Batjan.

Hab. Sumatra (Benculen, Padang, Ulacan, Ticu, Priaman); Java (Prigi); Bawean; Bali (Boleling); Celebes (Macassar, Bulucomba, Badjoa, Manado); Timor (Kupang); Batjan (Labuha); Buro (Kajeli); Amboina; Waigiu; in mari.
Longitudo 16 speciminum 38''' ad 235'''.

Rem. Dans cette belle espèce le nombre des rangées transversales d'écailles au-dessus de la ligne latérale n'est plus que de 54 à 56, mais celui des rangées en-dessous de cette ligne va encore à 52, caractère qui suffirait à lui seul à la faire reconnaître parmi les espèces insulindiennes du groupe dont elle fait partie. Elle se fait aisément distinguer aussi par la forme trapue du corps, par la force des épines dorsales, par la profonde échancrure préoperculaire, par l'absence de dents linguales, par la hauteur de la dorsale molle et par le système de coloration, qui est fort différent de celui des autres espèces connues.

Le rivulatus s'étend par toute la mer des Indes et a été trouvé sur les côtes de Zanzibar, de l'ile Maurice, de Malabar et de Coromandel. Il habite aussi la Mer rouge et les côtes de Chine.

Je trouve une même formule des rangées transversales d'écailles dans une espèce du même groupe de la Côte de Guinée, le Lutjanus eutactus, mais celui-ci est d'une espèce fort différente à corps beaucoup moins trapu, à dents linguales, à 6 ($5^1/_2$) rangées longitudinales d'écailles seulement au-dessus de la ligne latérale, à 10 rangées d'écailles préoperculaires, à coloration fort différente, etc. L'eutactus est plus voisin de l'espèce suivante que du rivulatus. La même observation est à faire par rapport aux espèces américaines, les Lutjanus uninotatus et cynodon, où les rangées longitudinales au-dessus de la ligne latérale sont aussi au nombre de 55 ou 56, mais celles au-dessous au nombre de 47 ou 46.

Lutjanus argentimaculatus **Blkr, Verh. Kon. Ak. Wet. XIII, Révis, Lutjan. p. 84; Day, Fish. India I p. 37 tab. 11 fig. 5. — Atl. Tab. 324, Perc. tab. 46 fig. 3; Tab. 333, Perc. tab. 55 fig. 1.**

Lutj. corpore oblongo compresso, altitudine $2^2/_5$ ad $2^4/_5$ in ejus longitudine absque-, 3 ad $3^2/_5$ in ejus longitudine cum pinna caudali; latitudine corporis 2 fere ad $2^1/_2$ in ejus altitudine; capite obtusiusculo vel acutiusculo $2^1/_2$ ad 3 fere in longitudine corporis absque-, 3 ad $3^2/_5$ in longitudine corporis cum pinna caudali; altitudine capitis 1 et paulo-, latitudine capitis 2 ad $2^1/_5$ in ejus longitudine; linea rostro-frontali rectiuscula vel concaviuscula; vertice, fronte regioneque supraoculari posteriore alepidotis; oculis diametro $3^1/_4$ ad $4^1/_2$ in longitudine capitis, diametro $^2/_3$ ad 1 distantibus; rostro acutiusculo non convexo, apice ante ad conspicue infra oculi marginem inferiorem sito, oculo breviore ad longiore; naribus non longe a se invicem distantibus, anterioribus valvatis posterioribus oblongis vulgo minoribus; osse praeorbitali sub oculo oculi diametro longitudinali plus duplo ad vix humiliore, ubique alepidoto; maxillis subaequilongis, superiore sub oculi dimidio anteriore (adultis) vel sub oculi dimidio posteriore (juvenilibus) desinente, 2 ad $2^1/_2$ in longitudine capitis; maxillis dentibus serie externa utroque latere antice caninis vel caninoideis quorum canino intermaxillari magno, ceteris inaequalibus, inframaxillaribus mediis ceteris longioribus; dentibus vomerinis in vittam ∧ formem vel in thurmam △ vel ◊ formem-, palatinis utroque latere in vittam sat latam vel in thurmam oblongam dispositis; lingua valde juvenilibus (specim. long. 50''' ad 75''') vulgo edentula, adolescentibus medio vitta vel thurma oblonga denticulorum scabra, aetate provectioribus medio et antice denticulata; praeoperculo squamis in series 8 transversas dispositis, limbo alepidoto, margine libero postice et angulo denticulato dentibus angularibus ceteris majoribus, supra angulum incisura subnulla vel valde superficiali et valde aperta; squamis interoperculo uniseriatis; fascia squamarum temporali bene distincta, non cum fascia lateris oppositi unita, squamis inaequalibus transversim 8- ad 10 seriatis longitudinaliter 1- ad 4 seriatis; squamis corpore angulum aperturae branchialis superiorem inter et basin pinnae caudalis supra lineam lateralem in series 50 circ. (47 ad 52) transversas, infra lineam lateralem in series 41 ad 44 transversas dispositis; squamis 20 circ in serie transversa anum inter et pinnam dorsalem, 6 vel 7 lineam lateralem inter et dorsalem spinosam mediam, 12 circ. in serie longitudinali occiput inter et pinnam dorsalem; seriebus squamarum longitudinalibus supra lineam lateralem obliquis postrorsum valde adscendentibus, infra lineam lateralem horizontalibus; cauda parte libera aeque longa vel fere aeque longa ac postice alta; pinna dorsali parte spinosa alepidota vel basi spinarum tantum leviter squamata, parte radiosa basi late squamata; dorsali spinosa spinis mediocribus 3ª 4ª et 5ª ceteris longioribus 2 et paulo ad $2^1/_2$ in altitudine corporis, spinis 2 posticis subaequilongis radio 1° brevioribus; dorsali radiosa dorsali spinosa altiore, paulo ad sat multo longiore quam alta, obtusa, rotundata, radiis mediis ceteris longioribus; pectoralibus analem vix ad non attingentibus capite paulo brevioribus; ventralibus acutis analem non attingentibus capite absque rostro brevioribus; anali spinis validis juvenilibus 2ª 3ª longiore aetate provectioribus 2ª et 3ª subaequilongis vel 3ª 2ª longiore, parte radiosa dorsali radiosa altiore, multo altiore quam longa, obtuse rotundata, radiis mediis ceteris longioribus; caudali extensa truncata vel leviter emarginata angulis obtusiuscula vel acutiuscula capite absque rostro paulo breviore ad vix longiore; colore corpore superne profunde olivaceo vel fuscescente-viridi, inferne dilutiore, pinnis aurantiaceo vel roseo-viridi; squamis corpore singulis basi macula profundiore; iride flavescente vel viridi; *juvenilibus* (spec. long. 47''' ad 115''') corpore vittis transversis argenteis 8 ad 11 verticalibus subaequidistantibus; genis vittulis 2 vel 1 longitudinalibus coeruleis vel viridescentibus; dorsali superne-, ventralibus et anali antice late nigris; *aetate provectioribus* coloribus ut in juvenilibus sed diffusis; *aetate provectis* (specim. long. 200''' ad 455''') vittis corpore nullis sed marginibus squamarum vulgo nitente viridibus vel margaritaceis.

B. 7. D. 10/13 vel 10/14 vel 10/15. P. 2/14 V 1/5. A. 3/8 vel 3/9. C. 1/15/1 et lat brev.

Syn. *Sciaena argentimaculata* Forsk., Descr. animal. p. 47 n°. 50.
Sciaena argentata L.Gm., Syst. nat. ed. 13ª p. 1300.
Perca argentata, *Alphestes gembra* et *sambra* Bl. Schn., Syst. p. 86, 236 tab. 51.
Bodianus fasciatus Bl. Schn., Syst. tab. 65.

Labrus argentatus Lac., Poiss. III p. 426, 467.
Rangoo Russ., Fish. Corom. I p. 74 fig. 94.
Diacope argentimaculata CV., Poiss. II p. 326; Rupp., Atl. Reis. N. Afr. Fisch. p. 71 tab. 19 fig. 1; Klunz., Syn. Fisch. R. M., Verh. zool. bot. Ges. Wien XX p. 699.
Mesoprion gembra CV., Poiss. II p. 368; Cant., Cat Mal. Fish. p. 15; Günth., Cat. Fish. I p. 45; Blkr, Diagn. n. vischs. Sumatr., Nat. T. Ned. Ind. IV p. 246.
Mesoprion taeniops CV., Poiss. VI p. 408.
Mesoprion immaculatus CV.? Blkr, Verh. Bat. Gen. XXII Perc. p. 45 (nec CV.).
Mesoprion yapilli Rich., Ann. Nat. Hist. 1842 p. 26 (nec CV.).
Mesoprion argentimaculatus Günth., Cat. Fish. I p. 192.
Lutjanus sambra Blkr, Enum. poiss. Céram, Ned. T. Dierk. II p. 187.
Mesoprion rangus Cant., Cat. Mal. Fish. p. 14; Kner, Zool. Reis. Novara Fisch. p. 34; Day, Fish. Malab. p. 10 (nec CV.).
Mesoprion sillaoo et *rubellus* Day, Fish. Malab. p. 12 tab. 11 fig. 1 a. p. 2 tab. 2 (nec CV)
Mesoprion sambra Pet., Monatsb. k. pr. Ak. Wiss. 1865 p. 111.
Mesoprion Garretti Günth., Fisch. Südsee p 15 tab. 13 fig. 3.
Lutjanus roseus, *sillaao* et *jahngarah* Day, Fish. India p. 48 tab. XI fig. 6 (var.)? p. 39 tab. 12 fig. 2, p. 40.
Djambian, *Djenahah* Mal. Batav.; *Somassi* Manad. Labuh.; *Laubidi*, *Laubini*, *Lawabini* Batjan.

Hab. Sumatra (Benculen, Padang, Priaman); Pinang; Singapura; Biliton; Java (Batavia); Bali (Djembrana, Boleling); Borneo (Pontianak); Celebes (Macassar, Manado, Lagusi;) Timor; Batjan (Labuha); Ceram (Wahai); Amboina; Waigiu; Nov a-Guinea; in mari et aquis fluvio-marinis.

Longitudo 25 speciminum 50''' ad 455'''.

Rem. Dans l'argentimaculatus, comme dans le rivulatus, les rangées longitudinales d'écailles au-dessus de la ligne latérale sont moins obliques que dans les autres espèces du même groupe. Les écailles elles-mêmes y sont plus grandes et on n'en compte plus que de 47 à 52 rangées transversales au-dessus, et que 44 rangées seulement au-dessous de la ligne latérale; et les écailles sur une rangée transversale ne sont qu'au nombre de 20. Les bandelettes sousoculaires bleuâtres ou verdâtres disparaissent dans la liqueur. Les bandes transversales du corps, nettement dessinées dans les jeunes, n'existent plus dans l'âge un peu avancé. La tache violette ou brune sur la base de chaque écaille du corps se voit encore très-bien dans les adultes.

Hors l'Insulinde l'espèce est connue de la Mer rouge, du Bengale, de la côte Malabare, de la péninsule Malaye, de la côte nord-ouest de la Nouvelle-Hollande et des îles Kingsmill.

Lutjanus macolor Blkr, Verh. Kon. Akad. Wet. XIII, Révis. Lutjan. p. 86. — Atl. Tab. 343, Perc. tab. 65 fig. 3.

Lutj. corpore oblongo compresso, altitudine $2^1/_3$ ad $2^2/_3$ in ejus longitudine absque-, 3 ad $3^3/_4$ in ejus longitudine cum pinna caudali; latitudine corporis $2^1/_2$ ad $2^2/_3$ in ejus altitudine; capite obtuso convexo $2^5/_6$ ad $3^1/_5$ in longitudine corporis absque-, $3^3/_5$ ad $4^1/_5$ in longitudine corporis cum pinna caudali, valde juvenilibus paulo longiore quam alto aetate provectioribus vulgo paulo altiore quam longo; latitudine capitis 2 circ. in ejus longitudine; linea rostro-frontali ante oculos praesertim convexa; vertice, fronte et regione supraoculari posteriore alepidotis; oculis diametro $2^3/_4$ ad $3^2/_5$ in longitudine capitis, diametro $^4/_5$ ad 1 et paulo distantibus; rostro obtuso convexo, apice ante oculi partem inferiorem vel vix infra oculum sito, oculo duplo fere ad paulo breviore; naribus distantibus anterioribus brevicirratis posterioribus minoribus; osse praeorbitali sub oculo oculi diametro longitudinali plus triplo ad minus duplo humiliore, ubique alepidoto; maxilla superiore maxilla inferiore paulo breviore, sub pupilla desinente, $2^1/_4$ circ. in longitudine capitis; maxilla superiore dentibus serie externa antrorsum directis utroque latere antice caninis 2 ad 4 parvis conicis parum curvatis medio et postice mediocribus 12 ad 15; maxilla inferiore dentibus serie externa sursum directis utroque latere antice caninoideis 3 ad 5 conicis parum curvatis medio et postice parvis inaequalibus 15 ad 20; dentibus vomerinis in thurmam triangularem vel in vittam Λ formem-, palatinis utroque latere in vittam gracillimam dispositis; lingua edentula; praeoperculo squamis in series 6 ad 8 transversas dispositis, limbo alepidoto, margine libero postice et inferne denticulato denticulis angulum versus ceteris fortioribus, supra angulum incisura profunda angusta tuberculum interoperculare conicum recipiente; fascia squamarum temporali sat distincta non cum fascia lateris oppositi unita, squamis inaequalibus transversim 5- vel 6-seriatis longitudinaliter 1- ad 3-seriatis; squamis corpore angulum aperturae branchialis superiorem inter et basin pinnae caudalis supra lineam lateralem in series 70 circ. transversas, infra lineam lateralem in series 65 circ. transversas dispositis; squamis 28 ad 30 in serie transversa anum inter et basin pinnae dorsalis quarum 8 circ. lineam lateralem inter et basin dorsalis spinosae mediam, 15 circ. in serie longitudinali occiput inter et pinnam dorsalem; seriebus squamarum longitudinalibus supra lineam lateralem obliquis postrorsum valde adscendentibus, infra lineam lateralem horizontalibus; cauda parte libera paulo longiore quam postice alta; pinna dorsali parte spinosa et parte radiosa basi valde squamosa; dorsali spinosa spinis mediocribus, 1ª ceteris breviore, 2ª et 3ª vel 2ª 3ª et 4ª ceteris longioribus 2 ad $2^1/_2$ in altitudine corporis, spina postica spina penultima longiore radio 1° breviore; dorsali radiosa dorsali spinosa multo altiore, paulo ad multo altiore quam longa, acutangula, radiis mediis ceteris longioribus 1 et paulo ad $1^1/_2$ in altitudine corporis; pectoralibus mediam basin pinnae analis attingentibus vel superantibus capite paulo ad sat multo longioribus; ventralibus juvenilibus et adultis obtusiusculis vel acutiusculis analem non ad vix attingentibus adolescentibus et aetate provectioribus acutissimis initium analis longe superantibus; anali spinis mediocribus 3ª ceteris et oculo longiore radio 1° breviore, parte radiosa multo altiore quam longa, acutangula, radiis mediis ceteris longioribus radiis dorsalibus longissimis non ad paulo brevioribus; caudali valde juvenilibus convexa, adolescentibus et adultis paulo ad sat profunde emarginata angulis acuta vel obtuse rotundata capite longiore ad non multo breviore; colore corpore dorso lateribusque superne nigro vel fusco, inferne albo vel flavescente-margaritaceo; pinnis nigris vel fuscis; *juvenilibus* (spec. long. 75''' ad 130''') fusco vel nigro vix infra lineam lateralem descendente maculis 2 ad 5 rotundiusculis albidis; capite majore parte albido fasciis 2 transversis nigricante-fuscis anteriore rostro-inframaxillari posteriore oculo-postmaxillari oculo multo latiore; lateribus inferne fascia longitudinali nigricante-fusca; pinnis nigricante-fuscis, dorsali medio et postice, caudali medio et angulis, anali postice albidis vel flavescentibus; — *adolescentibus* (spec. long. 160‴ ad 195‴) fusco vel nigro longe sub linea laterali desinente maculis rotundis et oblongis 8 ad 10 albidis vel pallide roseis; capite majore parte nigricante-fusco fascia praeoperculo-inframaxillari et regione operculari inferiore macula angulata maxima albidis vel pallide roseis; pinnis ut in juvenilibus; — *aetate provectioribus* (spec. long. 220‴ ad 280‴), coloribus capite, corpore pinnisque ut in adolescentibus sed dorso maculis interdum parcioribus et pinna dorsali parte posteriore excepta tota fusca vel nigricante-fusca; — iride omni aetate fusca margine pupillari vulgo rubra.

B 7. D. 10/13 vel 10/14 vel 10/15. P. 2/15. V. 1/5. A. 3/10 vel 3/11 vel 3/12. C. 1/15/1 et lat. brev.

Syn. *Bruine Kakatoevisch*, *Groote Moorvisch* Ruysch, Coll. nov. pisc. Ambon. p. 10 tab. 6 fig. 4; p. 16 tab. 9 fig. 1.
Roelat vel *Rolat*, *Ikan Roelat jang merah*, *Ile laoet* Valent., Amb. fig. 1, 156, 317.
Macolor, *Kakatoe* Ren., Poiss. Mol. I tab. 9 fig. 60; II, tab. 7 fig. 30; tab. 20 fig. 95.
Diacope macolor CV., Poiss. II p. 313; Less., Mém. Soc. Hist. Nat. IV p. 409; Zool. Voy. Coquille II p. 830 tab. 22 fig. 2.
Mesoprion macolor Blkr, Derde bijdr. ichth. Celeb., Nat. T. Ned. Ind. III p. 753.
Genyoroge macolor Günth., Catal. Fish. I p. 170; Playf. Günth., Fish. Zanzib. p. 14.
Macolor typus Blkr, Enum. poiss. Amboine, Ned. T. Dierk. II p. 277.

Hab. Celebes (Macassar); Buro (Kajeli); Ternata; Amboina; Haruco; Banda (Neira); Waigiu; Nova-Guinea; in mari.
Longitudo 8 speciminum 75‴ ad 280‴.

Rem. Descriptioni probabiliter addenda: »corpore pinnisque *adultis* fuscis vel nigricantibus, maculis vel fasciis nullis". MM. Playfair et Günther (Fish. Zanzib. p. 14) assurent que le Sciaena nigra Forsk. ou le Diacope nigra CV., Rüpp. n'est que l'adulte de l'espèce actuelle. La synonymie de l'adulte serait donc comme suit.

Sciaena nigra Forsk., Descr. anim. p. 47; L. Gm., Syst. nat. ed. 13ª p. 1300.
Lutjanus niger Bl.Schn, Syst. p. 326.
Diacope nigra CV., Poiss. II p. 326; Rüpp, N. Wirb. Fisch. p. 93 tab. 24 fig. 1; Klunz., Syn. Fisch. R. M., Verh. zool. bot. Ges. Wien XX p. 696.
Genyoroge nigra Günth., Cat. Fish. I p. 176.
Proamblys niger Gill, Proc. Ac. Nat. Sc. Philad. 1862 p. 236.

La figure du Diacope nigra, prise sur un individu de 15 pouces de long, présente une physionomie fort différente de mes plus grands individus, et je n'admets l'identité spécifique du Diacope nigra CV. avec le Lutjanus macolor que sur l'autorité des auteurs des »Fishes of Zanzibar."

Le macolor est une des espèces les plus remarquables du genre Lutjanus, et on a même cru devoir en faire un genre distinct sous le nom de Macolor ou de Proamblys. Son profil obtus et convexe, la large base squammeuse de la dorsale épineuse et le nombre de 10 à 12 rayons à l'anale, bien qu'exceptionnels dans les Lutjans, ne pourraient point motiver une séparation générique, et ce n'est que la dentition des mâchoires où l'on pourrait voir un caractère d'une valeur plus que spécifique. En effet, les canines droites et petites de l'avant des mâchoires, la direction en avant des dents intermaxillaires de la rangée externe et les petites et nombreuses dents latérales externes de la mâchoire inférieure, font aisément distinguer le macolor de toutes les autres espèces connues du genre, mais si l'on considère que cette dentition se diversifie infiniment dans ces espèces, que dans plusieurs quelques-unes des dents intermaxillaires postérieures sont tout aussi bien courbées en avant, et que, dans l'âge avancé du macolor les dents mandibulaires de la rangée externe, quoique restant petites, sont inégales et les médianes plus fortes que les antérieures, tout comme dans les autres espèces, on ne sent pas la nécessité d'une séparation générique.

Je n'ai jamais reçu le macolor des mers de la Sonde, mais il habite aussi la Mer rouge, les côtes de Zanzibar et les îles des Navigateurs.

APRION CV. = Apsilus CV. = Chaetopterus Schl. = Pristipomoides Blkr = Platyinius Gill = Sparopsis Kner.

Dentes acuti pluriseriat. maxillis, vomerini, palatini pharyngales. Caput regione temporali, genis ossibusque opercularibus squamatum, rostro maxillisque alepidotum. Maxillae subaequales. Praeoperculum aetate minus provectis denticulatum. Squamae trunco 50 ad 60 in serie longitudinali. Pinnae, dorsalis et analis alepidotae, dorsalis unica indivisa, pectorales acutae, caudalis lobis gracilibus acutis. D. 10/10 ad 10/12. A. 3/7 ad 3/9.

Rem. Le genre Aprion ne se distingue essentiellement du genre Lutjanus que par l'absence d'écaillure sur la base de la dorsale. Les canines n'y sont plus constantes. Elles manquent, par exemple, dans l'Apsilus fuscus et dans le Chaetopterus Sieboldi, espèces pour lesquelles on pourrait retenir le nom sousgénérique d'Apsilus.

Les trois espèces insulindiennes du sousgenre Aprion sont aisément à reconnaître par les détails de l'écaillure, de la dentition et par les proportions des nageoires pectorales et caudale.

I. Canines aux deux mâchoires. Dorsale non échancrée (*Aprion*).

A. Rangées longitudinales d'écailles horizontales, non obliques. Front et vertex dénués d'ecailles. Membrane dorsale peu échancrée entre les épines. D. 10/11 ou 10/12.

a. Pectorales deux fois dans la longueur de la tête. Environ 50 rangées transversales d'écailles au-dessous de la ligne latérale. 25 écailles sur une rangée transversale dont 6 ou 7 au-dessus de la ligne latérale. Canines fortes aux deux mâchoires. Hauteur du corps 4 fois dans sa longueur sans la caudale. Dorsale à taches brunes ou violettes entre les épines.

1. *Aprion* (*Aprion*) *virescens* CV.

b. Pectorales en forme de faux et presqu'aussi longues que la tête. Canines, fortes à la mâchoire supérieure, faibles à la mâchoire inférieure. 22 ou 23 écailles sur une rangée transversale dont 6 ou 7 au-dessus de la ligne latérale. Corps et nageoires roses. Dorsale à ocelles ou bandelettes longitudinales jaunes. Dernier rayon de la dorsale et de l'anale plus ou moins prolongé en soie. Hauteur du corps 3 à $3^3/_5$ fois dans sa longueur sans la caudale.

aa. Environ 60 rangées transversales d'écailles au-dessus et au-dessous de la ligne latérale. Lobe supérieur de la caudale non prolongé en soie. Hauteur de la tête $1^1/_3$ fois dans sa longueur.

2. *Aprion* (*Aprion*) *microlepis* Blkr.

bb. Environ 50 rangées transversales d'écailles au-dessus et au-dessous de la ligne latérale. Lobe supérieur de la caudale prolongé en soie. Hauteur de la tête $1^1/_3$ fois dans sa longueur.

3. *Aprion* (*Aprion*) *pristipoma* Blkr.

Aprion (*Aprion*) *virescens* CV., Poiss. VI p. 409 tab. 168; Günth., Cat. Fish. I p. 81, Fisch. Südsee p. 16; Blkr, Verh. Kon. Ak. Wet. XIII, Révis. Lutjan. p. 92. — Atl. Tab. 293 Perc. tab. 15 fig. 3.

Aprion (Apr.) corpore elongato vel subelongato compresso, altitudine 4 fere ad 4 in ejus longitudine absque-, 5 fere ad $5^1/_3$ in ejus longitudine cum pinna caudali; latitudine corporis $1^2/_5$ ad $1^3/_5$ in ejus altitudine; capite acutiusculo 3 ad 4 fere in longitudine corporis absque-, 4 fere ad 5 in longitudine corporis cum pinna caudali; altitudine capitis $1^1/_6$ ad $1^2/_5$, latitudine capitis $1^1/_2$ ad 2 in ejus longitudine; fronte et vertice alepidotis; oculis diametro 3 ad $4^1/_2$ in longitudine capitis, diametro $^3/_4$ ad $1^1/_2$ distantibus; linea rostro-frontali rostro aetate provectis praesertim convexa; fronte inter oculos plana; rostro convexo oculo non ad duplo fere longiore; osse praeorbitali sub oculo oculi diametro longitudinali quadruplo ad non humiliore; naribus approximatis anterioribus valvatis posterioribus minoribus; maxillis subaequalibus, superiore inferiore paulo breviore, sub oculi parte anteriore desinente, 2 et paulo ad $2^3/_4$ in longitudine capitis; maxillis dentibus serie externa seriebus ceteris multo majoribus, utroque latere antice caninis magnis curvatis externis quam internis conspicue longioribus, medio et postice dentibus inaequalibus intermaxillaribus anterioribus sequentibus, inframaxillaribus mediis ceteris fortioribus (caninis inframaxillaribus specimine valde juvenili nondum evolutis); dentibus vomerinis et palatinis parum evolutis, vomerinis in vittam ∧ formem, palatinis utroque latere in vittam gracilem dispositis; squamis praeoperculo in series 7 vel 8 obliquas-, operculo cum suboperculo in series 10 circ. obliquas-, interoperculo in series 3 obliquas-, temporalibus in series 5 vel 6 obliquas transversas dispositis; praeoperculo angulo obtuse rotundato, margine posteriore incisura nulla, angulo junioribus dentibus parvis scabro; limbo alepidoto; fascia squamarum temporali sat distincta non cum fascia lateris oppositi unita, duplo circ longiore quam lata, squamis transversim 6- ad 7-seriatis longitudinaliter 3- vel 4- seriatis; osse suprascapulari juvenilibus denticulato aetate provectis edentulo; linea laterali parum curvata singulis squamis tubulo simplice notata; squamis corpore junioribus ctenoideis aetate provectis non ciliatis, angulum aperturae branchialis superiorem inter et basin pinnae caudalis supra et infra lineam lateralem in series 50 circ. transversas dispositis; squamis 25 in serie transversa quarum 6 vel 7 lineam lateralem inter et pinnam dorsalem, 13 vel 14 in serie longitudinali occiput inter et pinnam dorsalem; seriebus squamarum longitudinalibus supra et infra lineam lateralem horizontalibus non obliquis; cauda parte libera duplo vel plus duplo longiore quam postice alta; pinna dorsali spinis gracilibus flexilibus 3ª 4ª 5ª ceteris longioribus 2 ad $2^2/_5$ in altitudine corporis, membrana inter singulas spinas leviter emarginata; dorsali radiosa dorsali spinosa humiliore, duplo circ. longiore quam alta, radio postico aetate provectis radio penultimo multo longiore juvenilibus non producto; pectoralibus 2 ad 2 et paulo, ventralibus $1^2/_3$ ad 2 fere in longitudine capitis; anali caudae parte libera breviore spinis gracilibus flexilibus 3ª ceteris longiore, parte radiosa altitudine $1^1/_2$ ad 2 in ejus longitudine radio postico aetate provectis radio penultimo multo longiore juvenilibus non producto; caudali profunde emarginata lobis gracilibus acutis capite paulo brevioribus ad paulo longioribus; colore corpore superne olivascente vel fuscescente-olivaceo basi squamarum profundiore, inferne flavescente vel roseo-margaritaceo; iride flava roseo tincta; pinnis flavis vel aurantiacis, dorsali basi inter singulas spinas vel inter spinas 3 vel 4 posteriores tantum macula rotunda fusca vel fusco-violacea, superne fuscescente vel rubro marginata.

B. 7. D. 10/11 vel 10/12. P. 2/15 vel 2/16. V. 1/5. A. 3/8 vel 3/9. C. 1/15/1 et lat. brev.

Syn. *Mesoprion microchir* Blkr, Vierde bijdr. ichth. Amboina, Nat. Tijdschr. N. Ind. V p. 333; Günth., Cat. Fish. I p. 186.

Lutjanus microchir Blkr, Onz. not. ichth. Ternate, Ned. T. Dierk. I p. 233.

Chaetopterus microchir Blkr, Descr. esp. Chaetopt. Amb., Versl. Kon. Ak. Wet. 2e Rks III p. 85. — Atl. Tab. 293, Perc. tab. 15 fig. 3.
Sparopsis elongatus Kner, Folg. n. Fisch. Mus. Goddeffr. Sitzb. k. Akad. Wiss., LVIII 1868 p. 303 tab. 3 fig. 6.
Hab. Celebes (Macassar); Ternata; Amboina; in mari.
Longitudo 5 speciminum 91''', 136''', 370''', 520''', 720'''.

Rem. L'Aprion virescens se fait reconnaître du premier coup-d'oeil de toutes les espèces voisines, par les petites pectorales dont la longueur mesure environ deux fois dans la longueur de la tête, par les fortes canines aux deux mâchoires et par les taches brunes entre plusieurs épines de la dorsale. L'espèce fut établie en l'an 1830 sur des individus adultes à bord préoperculaire lisse, caractère purement d'âge mais sur lequel les auteurs fondèrent le genre Aprion. En l'an 1853 j'en observai un individu de 136''' de long, à écailles assez fortement ciliées et à préopercule dentelé. Je publiai cette espèce sous le nom de Mesoprion microchir. — Kner, en l'an 1868, ne reconnaissant pas non plus l'espèce Cuviérienne, en fit un nouveau genre et la publia sous le nom de Sparopsis elongatus. Il y trouva le palais sans dents, mais il est à remarquer que les dents vomériennes et palatines du virescens, déjà fort peu développées dans les jeunes et les adolescents, s'usent avec l'âge et peuvent bien finir à n'être pas toujours perceptibles dans l'âge avancé. C'est tout comme les denticulations du préopercule, du surscapulaire et des écailles, dont ont ne trouve plus de vestiges dans les adultes quoiqu'elles soient nettement marquées dans les jeunes. Kner ne parle aussi que de deux épines anales mais la belle figure qu'il publie du Sparopsis elongatus en montre distinctement trois.

L'Aprion virescens habite, hors l'Insulinde, les Seychelles et les îles Viti, Sandwich et de la Société.

Aprion (*Aprion*) *microlepis* Blkr, Verh. Kon. Ak. Wet. XIII Révis. Lutjan. p. 94. — Atl. Tab. 356, Perc. tab. 58 fig 5.

Apr. (Apr.) corpore oblongo-subelongato compresso, altitudine $3\frac{1}{2}$ ad $3\frac{3}{5}$ in ejus longitudine absque-, $4\frac{1}{2}$ ad $4\frac{2}{3}$ in ejus longitudine cum pinna caudali; altitudine corporis 2 fere in ejus altitudine; capite acutiusculo 3 et paulo ad $3\frac{1}{3}$ in longitudine corporis absque-, 4 et paulo ad $4\frac{1}{3}$ in longitudine corporis cum pinna caudali; altitudine capitis $1\frac{1}{3}$ circ., latitudine capitis 2 circ. in ejus longitudine; fronte et vertice alepidotis; oculis diametro 3 circ. in longitudine capitis, diametro 1 circ. distantibus; linea rostro-frontali rostro convexa; fronte inter oculos plana; rostro convexo oculo non multo breviore; osse praeorbitali sub oculo oculi diametro longitudinali triplo circ. humiliore; naribus approximatis anterioribus valvatis posterioribus minoribus; maxillis subaequalibus, superiore inferiore paulo breviore sub iridis parte anteriore desinente, $2\frac{2}{5}$ circ. in longitudine capitis; maxillis dentibus serie externa seriebus ceteris multo longioribus; maxilla superiore utroque latere antice caninis 2 sat magnis curvatis externis quam internis conspicue longioribus, medio et postice dentibus inaequalibus anterioribus sequentibus longioribus; maxilla inferiore utroque latere antice caninoideis 4 parvis, medio et postice dentibus inaequalibus mediis ceteris fortioribus; dentibus vomerinis bene evolutis in thurmam triangularem postice concavam dispositis, dentibus posterioribus fortioribus; dentibus palatinis utroque latere in thurmam elongatem gracilem dispositis; squamis praeoperculo in series 8-, operculo cum suboperculo in series 9 ad 11-, interoperculo in series 3-, temporalibus in series 6 obliquas transversas dispositis; praeoperculo subrectangulo angulo rotundato, limbo alepidoto, margine posteriore non vel vix emarginato, angulo et inferne denticulato dentibus angularibus ceteris majoribus; fascia squamarum temporali sat distincta, non cum fascia lateris oppositi unita, minus duplo longiore quam lata, squamis transversim 6 vel 7-seriatis longitudinaliter 3 vel 4 seriatis; osse suprascapulari denticulato; linea laterali mediocriter curvata singulis squamis tubulo simplice notata; squamis corpore angulum aperturae branchialis superiorem inter et basin pinnae caudalis supra et infra lineam lateralem in series 60 transversas dispositis; squamis 22 vel 23 in serie transversa quarum 6 vel 7 lineam lateralem inter et pinnam dorsalem, 16 vel 17 in serie longitudinali occiput inter et pinnam dorsalem; seriebus squamarum longitudinalibus supra et infra lineam lateralem horizontalibus non obliquis; cauda parte libera minus duplo ad duplo longiore quam postice alta; pinna dorsali spinis gracilibus flexilibus 4a ceteris longiore $2\frac{1}{3}$ circ. in altitudine corporis, membrana inter singulas spinas leviter emarginata; dorsali radiosa dorsali spinosa paulo humiliore, duplo circ. longiore quam alta radio postico radio penultimo multo longiore; pectoralibus capite paulo brevioribus; ventralibus capite absque rostro non longioribus; anali caudae parte libera breviore, spinis mediocribus non flexilibus 3a ceteris longiore, parte radiosa multo minus duplo longiore quam alta radio postico radio penultimo multo longiore; caudali profunde emarginata lobis acutis gracilibus non productis capite non vel vix brevioribus; colore corpore superne roseo, inferne roseo-argenteo; capite superne et rostro violascente-roseo; iride flava; pinnis roseis vel roseo-hyalinis, dorsali vitta longitudinali mediana flava et basi inter singulas spinas et radios ocello margaritaceo vel flavescente; linea laterali fuscescente-aurantiaca.

B. 7. D. 10/11 vel 10/12. P. 2/13 vel 2/14. V. 1/5. A. 3/8 vel 3/9. C. 1/15/1 et lat. brev.
Syn. *Chaetopterus microlepis* Blkr, Descr. esp. inéd. Chaetopt. Amboine, Versl. Kon. Akad. Wet. 2e Reeks. III p. 80; Poiss. Madag. p. 26 tab. 17 fig. 2.
Hab. Amboina; in mari.
Longitudo 2 speciminum 167''' et 251'''.

Rem. L'Aprion actuel et l'Aprion pristipoma se distinguent éminemment de l'Aprion virescens par la longueur des pectorales et par la forme plus raccourcie du corps. Fort voisins l'un de l'autre ils sont diversifiés principalement par l'écaillure, le microlepis ayant environ dix rangées transversales d'écailles de plus que le pristipoma. Je compte aussi, dans le microlepis, une rangée longitudinale d'écailles de plus au préopercule et celui-ci se fait reconnaitre en outre par sa tête relativement moins haute et par l'absence de filet caudal.

L'espèce habite aussi les côtes de l'île de la Réunion.

Aprion (*Aprion*) *pristipoma* Blkr, Verh. Kon. Ak. Wet. XIII, Révis. Lutjan. p. 96. — Atl. Tab. 336, Perc. tab. 58 fig. 3.

Apr. (Apr.) corpore oblongo-subelongato compresso, altitudine $3^1/_6$ ad $3^1/_4$ in ejus longitudine absque-, $4^1/_2$ ad $4^2/_3$ in ejus longitudine cum pinna caudali; latitudine corporis 2 circ. in ejus altitudine; capite acutiusculo $3^1/_6$ ad $3^1/_4$ in longitudine corporis absque-, $4^1/_2$ ad $4^3/_4$ in longitudine corporis cum pinna caudali; altitudine capitis $1^1/_5$ circ.-, latitudine capitis 2 circ. in ejus longitudine; fronte et vertice alepidotis; oculis diametro $3^1/_4$ fere in longitudine capitis, diametro $^3/_4$ circ. distantibus; linea rostro-frontali rostro convexa; fronte inter oculos plana; rostro convexo oculo non multo breviore; osse praeorbitali sub oculo oculi diametro longitudinali minus triplo humiliore; naribus approximatis anterioribus valvatis posterioribus paulo minoribus; maxilla superiore maxilla inferiore paulo breviore, sub pupillae parte anteriore desinente, $2^2/_5$ circ. in longitudine capitis; maxillis dentibus serie externa seriebus ceteris multo longioribus, utroque latere antice caninis sat magnis curvatis serie externa quam internis conspicue longioribus, medio et postice dentibus inaequalibus, intermaxillaribus anterioribus sequentibus-, inframaxillaribus mediis ceteris fortioribus; dentibus vomerinis et palatinis minimis, vomerinis in vittam $\wedge$ formem-, palatinis utroque latere in vittam gracillimam dispositis; squamis praeoperculo in series 6-, operculo cum suboperculo in series 8 ad 10-, interoperculo in series 3-, temporalibus in series 4 obliquas transversas dispositis; praeoperculo subrectangulo angulo rotundato, limbo alepidoto, margine posteriore non emarginato anguloque leviter denticulato denticulis angulo ceteris majoribus; fascia squamarum temporali bene distincta, duplo longiore quam lata, squamis transversim 6- vel 7-seriatis longitudinaliter 3- vel 4-seriatis; osse suprascapulari crenato-denticulato; linea laterali parum curvata, singulis squamis tubulo simplice notata; squamis corpore angulum aperturae branchialis superiorem inter et basin pinnae caudalis supra et infra lineam lateralem in series 50 circ. transversas dispositis; squamis 22 vel 23 in serie transversa quarum 6 lineam lateralem inter et pinnam dorsalem, 14 circ. in serie longitudinali occiput inter et pinnam dorsalem; seriebus squamarum longitudinalibus supra et infra lineam lateralem horizontalibus non obliquis; cauda parte libera sat multo minus duplo longiore quam postice alta; pinna dorsali spinis gracilibus flexibilus 4a 5a et 6a ceteris longioribus 2 circ. in altitudine corporis, membrana inter singulas spinas vix emarginata; dorsali radiosa dorsali spinosa humiliore, duplo circ. longiore quam alta, radio postico radio penultimo multo longiore; pectoralibus capite paulo brevioribus; ventralibus capite absque rostro non ad vix brevioribus; anali caudae parte libera vix breviore, spinis gracilibus non flexilibus 3a ceteris longiore, parte radiosa minus duplo longiore quam alta radio postico radio penultimo multo longiore; caudali profunde incisa lobis gracilibus acutis superiore inferiore multo longiore in setam producto capite multo longiore; colore corpore pinnisque roseo, capite superne profundiore; iride flava; pinna dorsali basi, margine superiore et vitta mediana longitudinali plus minusve interrupta viridescente-flavis; linea laterali fuscescente-aurantiaca.

B. 7. D. 10/11 vel 10/12. P. 2/14. V. 1/5. A. 3/8 vel 3/9. C. 1/15/1 et lat. brev.

Syn. *Pristipomoides typus* Blkr, Diagn. vischs. Sumatra, Nat. T. Ned. Ind. III p. 575; Günth., Catal. Fish. I p. 380.
Dentex pristipoma Blkr, Vijfde bijdr. ichth. Celeb., Nat. T. Ned. Ind. VII p. 246.
Mesoprion dentex Blkr, Act. Soc. Sc. Ind. Neerl. VI Enum. Pisc. p. 20.
Lutjanus dentex Blkr, Enum. esp. poiss. Amb., Ned. T. Dierk. II p. 278.
Chaetopterus pristipoma Blkr, Descr. n. esp. Chaetopt., Versl. Kon. Akad. Wet. Afd. Nat. 2e Reeks III p. 83; Poiss. Madagasc. tab. 10 (fig. pejor).
Mesoprion multidens Day, Fish. Andaman, Proc. Zool. Soc. 1870 p. 680.
Anthias multidens Day, Fish. India p. 27 tab. 7 fig. 4.

Hab. Sumatra (Siboga); Celebes; Nova-Guinea; in mari.

Longitudo 2 speciminum 275''' et 293'''.

Rem. L'histoire de cette espèce est à peu près celle de l'Aprion virescens. Après l'avoir érigée en genre distinct je la plaçai tour à tour parmi les Dentex et les Lutjanus. Depuis j'ai reconnu les vrais caractères du genre actuel et pu constater que le type du genre Pristipomoides est en effet d'un genre distinct du Lutjanus et du Dentex, mais qui ne peut pas être séparé du genre Aprion.

Je crois l'Anthias multidens Day des îles Andaman de l'espèce actuelle. Il paraît qu'à l'état frais elle est ornée de bandelettes longitudinales jaunes, environ six longitudinales sur les flancs et une, jaune d'or, entre l'oeil et le museau et une autre traversant le front.

Phalanx *Aphareini.*

Spariformes corpore oblongo-subelongato; ore non protractili; dentibus maxillis minimis acutis; dentibus vomerinis et palatinis nullis; maxilla inferiore prominente truncata ramis elevatis compressis; apertura branchiali usque prope mentum extensa.

APHAREUS CV. (Genus Phalangis unicum).

Dentes pluriseriati. Caput regione temporali genis ossibusque opercularibus tantum squamatum. Labia gracillima. Squamae trunco 70 circ. in serie longitudinali. Pinna dorsalis indivisa alepidota, parte spinosa et parte radiosa subaequilongis, spinis 10 et radiis 10 vel 11. Pectorales falcatae. Analis spinis 3 et radiis 8. Caudalis biloba. B. 7.

Aphareus furcatus Günth., Catal. Fish. I p. 386; Fisch. Südsee p. 17; Blkr, Verh. Kon. Ak. Wet. XIII, Révis. Lutjan. p. 99. — Atl. Tab. 299, Perc. tab. 21 fig. 2.

Aphar. corpore oblongo-elongato compresso, altitudine $3^3/_5$ ad $4^2/_3$ in ejus longitudine absque-, $4^3/_4$ ad 6 in ejus longitudine cum pinna caudali; latitudine corporis $1^2/_3$ ad 2 in ejus altitudine; capite acuto 3 ad $3^2/_5$ In longitudine corporis absque-, 4 ad $4^2/_3$ in longitudine corporis cum pinna caudali; altitudine capitis $1^1/_4$ ad $1^1/_2$-, latitudine capitis 2 ad 2 et paulo in ejus longitudine; linea rostro-frontali junioribus rectiuscula aetate provectioribus rostro convexa ante oculos concava; oculis diametro 3 ad $3^2/_3$ in longitudine capitis, diametro $^4/_5$ ad 1 et paulo distantibus; rostro acuto juvenilibus oculo breviore aetate provectioribus oculo paulo longiore; naribus parvis approximatis sat longe ante medium oculum perforatis; osse praeorbitali ad angulum oris pupillae diametro plus duplo ad non humiliore; maxilla superiore sub oculi dimidio posteriore desinente 2 circ. in longitudine capitis; maxilla inferiore maxilla superiore conspicue longiore antice truncata margine dentali rectiuscula; dentibus maxillis minimis antice bi- ad tri-seriatis postice uniseriatis; labiis, superiore gracillimo, inferiore gracili sed postice quam antice multo latiore; fascia squamarum temporali minus duplo longiore quam lata, squamis in series 8 circ. transversas dispositis; squamis praeoperculo in series 8 vel 9 transversas curvatas dispositis; praeoperculo angulo obtuse rotundato plus minusve crenulato limbo alepidoto parte squamata minus duplo graciliore; squamis interoperculo tri- ad quadriseriatis; operculo angulo non pungente; osse suprascapulari denticulato; squamis corpore ciliatis, supra et infra lineam lateralem horizontaliter seriatis; squamis angulum aperturae branchialis superiorem inter et basin pinnae caudalis supra et infra lineam lateralem in series 70 circ. transversas dispositis; squamis 25 in serie transversa anum inter et pinnam dorsalem, 8 lineam lateralem inter et dorsalem spinosam mediam, 20 circ. in serie longitudinali occiput inter et pinnam dorsalem; linea laterali parum curvata singulis squamis tubulo simplice notata; cauda parte libera duplo circ. longiore quam postice alta; pinna dorsali parte spinosa parte radiosa non vel vix longiore, spinis 3ª 4ª et 5ª ceteris longioribus 2 ad 2 et paulo in altitudine corporis, parte radiosa parte spinosa humiliore radio postico ceteris paulo ad multo longiore aetate provectioribus basin pinnae caudalis attingente vel subattingente; pectoralibus falcatis capite non ad vix brevioribus, aetate provectioribus radiis subinferis radiis mediis longioribus; ventralibus capite absque rostro brevioribus; anali spina 3ª ceteris longiore, parte radiosa antice quam postice altiore radio postico radium dorsalis posticum longitudine aequante; caudali valde profunde incisa lobis valde acutis capite non ad vix brevioribus; colore corpore superne roseo, inferne roseo-margaritaceo; iride flavescente vel rosea; membrana maxillo-praeoperculari violascente-fusca; pinnis roseo-hyalinis, dorsali antice fuscescente, caudali apicibus fusca vel violacea

B. 7. D. 10/10 vel 10/11. P. 2/14. V. 1/5. A. 3/8. C. 1/15/1 et lat. brev.

Syn. *Waccom-laoet* Valent., Amb. fig. 115? ; *Foetae* Ib. fig. 129; *Balante* Ib. fig. 446.
Toctase Moor Ren., Poiss. Mol. I tab. 30 fig. 166.
Labrus furcatus Lac., Poiss. III p. 424, 477, tab. 21 fig. 1.
Caranxomorus sacrestinus Lac., Poiss. V p. 682.
Aphareus coerulescens CV., Poiss. VI p. 366 fig. 167ᵇ.
Asphareus coerulescens Swns., Nat. Hist. Fish. II p. 223.
Aphareus rutilans CV., Poiss. VI p. 369; Rüpp., N. Wirb. Fisch. p. 121; Blkr, Act. Soc. Scient. Ind. Neerl., Achtste bijdr. vischf. Amb. p. 52; Atl. Ichth. Tab. 299, Perc. tab. 21 fig. 2; Günth., Cat. Fish. I p. 386; Klunz., Syn. Fisch. R. M., Verh. zool. bot. Ges. Wien XX p. 768.

Hab. Amboina, in mari.
Longitudo 5 speciminum 115''' ad 370'''.

Rem. L'Aphareus coerulescens CV. et l'Aphareus rutilans CV. ne constituent probablement qu'une seule espèce. M. Günther, dans les »Fische der Südsee," maintient le furcatus et le rutilans comme espèces distinctes, mais les différences indiquées me semblent d'une valeur spécifique douteuse. L'espèce, si en effet le furcatus et le rutilans n'en font qu'une seule, habite, hors l'Insulinde, la Mer rouge et les côtes de l'île Maurice et d'Otaïti.

Phalanx *Denticini.*

Spariformes corpore oblongo vel oblongo-subelongato, squamis ctenoideis vestito; ore non vel vix protractili; dentibus maxillis acutis ex parte caninis, numquam incisivis vel molaribus; dentibus vomerinis et palatinis nullis; pinna dorsali indivisa, parte spinosa alepidota parte radiosa vix ad conspicue longiore; pectoralibus acutis; anali radiosa dorsali radiosae subaequali vel ea breviore. B. 5 ad 7.

DENTEX Cuv. (Blkr) = Nemipterus Swns. = Synagris Günth. (nec Klein).

Dentes maxillis pluriseriati serie externa ceteris majores, intermaxillares antice ex parte canini.

Caput vertice et ossibus opercularibus tantum squamatum, squamis praeoperculo triseriatis, interoperculo uniseriatis, limbo praeoperculari nullis. Maxillae subaequales. Operculum spina parva, Squamae trunco 50 circ. in serie longitudinali. Pinnae; dorsalis et analis alepidotae, dorsalis spinis gracilibus 10 et radiis 9 vel 10, analis spinis 3 et radiis 7 vel 8. B. 6.

Rem. Les Dentex sont aisément à distinguer des Synagris Klein (nec Günth.) par l'écaillure de la tête, les écailles ne s'étendant ni sur le front ni sur le limbe préoperculaire; par les écailles trisériales du préopercule; par la formule constante d'environ 50 rangées transversales d'écailles entre le commencement de la ligne latérale et la base de la caudale; par le nombre d'écailles sur les rangées transversales dont jamais plus de trois se trouvent entre la ligne latérale et les épines médianes de la dorsale; et puis encore par les faibles canines, par le nombre constant de dix épines dorsales faibles et par l'absence de gaîne squammeuse à la base tant de la dorsale que de l'anale.

La plupart des espèces insulindiennes de Dentex se ressemblent tellement par la physionomie, par l'écaillure, par la forme et les formules des nageoires et par les couleurs, qu'il est difficile de les reconnaître au premier aspect. J'ai réussi cependant à trouver de bons caractères spécifiques dans la dentition, dans la forme du sousorbitaire, dans la nature des épines et de la membrane dorsales, dans les proportions de la hauteur du corps et de la tête, dans la largeur relative du limbe préoperculaire et dans la nature du bord libre du préopercule. Les détails de la coloration peuvent faciliter la détermination d'individus plus ou moins frais, mais se perdent ordinairement par une conservation prolongée dans la liqueur. — C'est en appliquant ces divers caractères que j'ai pu dresser l'exposé diagnostique suivant des espèces insulindiennes de mon cabinet.

1. Mâchoire inférieure à dents canines ou caninoïdes. Dorsale sans épines prolongées, à membrane peu échancrée. Préorbitaire élevé, à hauteur moins de 2 fois dans le diamètre vertical de l'oeil.

A. Hauteur du corps 3 à $3^3/_5$ fois dans sa longueur sans la caudale; celle de la tête notablement plus longue que la longueur de la tête sans l'opercule. Epines dorsales flexibles.

a. Préorbitaire rectangulaire. Dents intermaxillaires de la rangée externe au nombre de 12 à 20. Préopercule lisse à limbe nu moins du double plus grêle que la partie squammeuse. Les sept épines dorsales postérieures d'égale longueur. Corps et nageoires dorsale et anale à bandelettes longitudinales jaunâtres.

1. *Dentex taeniopterus* CV.

b Préorbitaire à angle fort obtus et à bord postérieur fort oblique. Corps sans bandelettes visibles.

aa. Dents intermaxillaires de la rangée externe au nombre de moins de 20 (15-18). Préopercule à bord lisse et à limbe nu aussi large que la partie squammeuse. Epines dorsales médianes plus longues que les autres. Nageoires sans bandelettes visibles.

2. *Dentex hypselognathus* Blkr.

bb. Dents intermaxillaires de la rangée externe au nombre de 30 Préopercule à bord postérieur rude et à limbe nu du double moins large que la partie squammeuse. Les sept épines dorsales postérieures d'égale longueur. Base de la dorsale à bandelette jaune.

3. *Dentex isacanthus* Blkr.

B. Hauteur du corps 4 fois à plus de 4 fois dans sa longueur sans la caudale.

a. Hauteur de la tête égalant sa longueur sans l'opercule. Dents mandibulaires latérales externes au nombre de 15 à 20.

aa. Préorbitaire égalant en hauteur le diamètre vertical de l'oeil. Dents intermaxillaires de la rangée externe au nombre de 15 à 20. Préopercule à bord lisse et à limbe nu de la largeur environ de la partie squammeuse. Epines dorsales flexibles, celles du milieu plus longues que les autres.

† Profil pointu, peu convexe. Corps à bandes transversales violâtres.

4. *Dentex Ovenii* Blkr.

†' Profil obtus, fort convexe. Corps à bandelettes longitudinales jaunâtres.

5. *Dentex sundanensis* Blkr.

bb. Hauteur du préorbitaire environ deux fois dans le diamètre vertical de l'oeil. Dents intermaxillaires de la rangeé externe au nombre de 18 à 20. Préopercule à bord postérieur rude et à limbe nu du double moins large que la partie squammeuse. Epines dorsales non flexibles, les 5 ou 6 postérieures d'égale longueur. Corps et nageoires sans bandelettes.

6. *Dentex metopias* Blkr.

b. Hauteur de la tête dépassant sa longueur sans l'opercule; celle du préorbitaire beaucoup moindre que le diamètre vertical de l'oeil. Dents intermaxillaires de la rangée externe au nombre de 20 à 25 Préopercule à bord postérieur rude et à limbe nu moins du double plus grêle que la partie squammeuse. Epines dorsales non flexibles, les 5 ou 6 postérieures d'égale longueur.

aa. Dents mandibulaires de la rangée externe au nombre de 20. Lobe supérieur de la caudale prolongé en filet. Corps sans bandelettes. Une seule rangée d'ocelles jaunes à la base de l'anale.

7. *Dentex nemurus* Blkr.

bb. Dents mandibulaires de la rangée externe au nombre de 7 à 13. Caudale non prolongée. Corps à une seule et nageoires dorsale et anale à deux bandelettes jaunes.

8. *Dentex celebicus* Blkr.

2. Point de dents canines ou caninoïdes à la mâchoire inférieure.

A. Hauteur de la tête dépassant sa longueur sans l'opercule.

a. Epines dorsales flexibles à membrane profondément échancrée, les médianes plus longues que les autres. Mâchoires à dents latérales de la rangée externe au nombre de 12 à 18.

aa. Hauteur du corps 3 à $3^1/_3$ fois dans sa longueur sans la caudale. Préopercule lisse à limbe nu du double moins large que la partie squammeuse. Corps à bandelettes jaunes.

9. *Dentex tolu* CV. ? Blkr.

bb. Hauteur du corps 4 fois dans sa longueur sans la caudale. Préopercule à bord postérieur rude et à limbe nu moins du double plus grêle que la partie squammeuse. Corps sans bandelettes visibles.

10. *Dentex mulloïdes* Blkr.

b. Dorsale à membrane non ou peu échancrée et à épines postérieures aussi longues ou un peu plus longues que les épines médianes. Dents intermaxillaires de la rangée externe au nombre de 25 à 40. Corps à bandelettes jaunes.

aa. Hauteur du corps $2^1/_2$ à $3^1/_3$ fois dans sa longueur sans la caudale. Anale à bandelette jaune.

†' Les deux épines dorsales antérieures prolongées en soie. Préopercule rude et à limbe nu du double moins large que la partie squammeuse. Hauteur du préorbitaire 2 fois dans le diamètre vertical de l'oeil.

11. *Dentex nematophorus* Blkr.

†' Les deux épines dorsales antérieures plus courtes que les suivantes. Préopercule à limbe nu du double moins large que la partie squammeuse. Préorbitaire à l'âge avancé un peu moins haut que le diamètre de l'oeil. Lobe supérieur de la caudale prolongé en filet. Préopercule lisse. Epines dorsales non flexibles. Hauteur du corps moins de 3 fois dans sa longueur sans la caudale. Profil fort obtus. Dorsale sans bandelette; anale à une seule bandelette longitudinale oblique jaune.

12. *Dentex Blochi* Blkr.

bb. Hauteur du corps $3^2/_5$ à 4 fois dans sa longueur sans la caudale. Epines dorsales non flexibles. Préopercule à bord postérieur rude.

† Limbe nu du préopercule du double moins large que la partie squammeuse.

ϐ Hauteur du préorbitaire 2 fois dans le diamètre vertical de l'oeil. Premier rayon de la ventrale prolongé en filet. Corps à 2, dorsale à 3 bandelettes longitudinales jaunes. Anale sans bandelette.

13. *Dentex nematopus* Blkr.

ϐ' Hauteur du préorbitaire pas beaucoup moindre que le diamètre vertical de l'oeil. Corps à 2 ou 3, anale à 2 bandelettes jaunes; dorsale à 2 bandelettes violâtres.

14. *Dentex mesoprion* Blkr.

† Limbe nu du préopercule un peu seulement moins large que la partie squammeuse. Hauteur du préorbitaire 2 fois dans le diamètre vertical de l'oeil. Corps à plusieurs-, anale à une seule bandelette jaunes. Dorsale à 2 bandelettes violâtres.

15. *Dentex tambuloides* Blkr.

B. Hauteur de la tête égalant sa longueur sans l'opercule; celle du corps $3^1/_2$ à 4 fois dans sa longueur sans la caudale. Membrane entre les épines dorsales non échancrée.
a. Dents intermaxillaires latérales externes au nombre de 15 ou 16. Préopercule lisse.
aa. Epines dorsales flexibles, les médianes plus longues que les suivantes. Préopercule à limbe nu un peu moins large que la partie squammeuse. Hauteur du préorbitaire égalant presque le diamètre vertical de l'oeil. Corps et nageoires sans bandelettes visibles.

16. *Dentex upeneoides* Blkr.

bb. Epines dorsales non flexibles, les 6 postérieures d'égale longueur. Préopercule à limbe nu du double moins large que la partie squammeuse. Hauteur du préorbitaire 2 fois dans le diamètre vertical de l'oeil. Corps à plusieurs bandelettes jaunes.

17. *Dentex gracilis* Blkr.

b. Dents intermaxillaires latérales externes au nombre de 25 à plus de 30. Epines dorsales non flexibles, les 6 à 8 postérieures d'égale longueur. Préopercule à bord postérieur légèrement denticulé.
aa. Préopercule à limbe nu du double moins large que la partie squammeuse. Diamètre de l'oeil 3 fois dans la longueur de la tête.
† Hauteur du préorbitaire plus de 2 fois dans le diamètre vertical de l'oeil. Tête $3^1/_2$ fois dans la longueur du corps sans la caudale Corps à 3 jusqu'à 5, dorsale à 2 bandelettes jaunes. Anale sans bandelette.

18 *Dentex sumbawensis* Blkr.

†' Hauteur du préorbitaire 2 fois dans le diamètre vertical de l'oeil. Tête $3^3/_4$ fois dans la longueur du corps sans la caudale. Corps sans bandelettes visibles. Dorsale à bandelette sousmarginale violette; anale à bandelette jaune ou nacrée.

19. *Dentex zysron* Blkr.

bb. Préopercule à limbe nu du triple moins large que la partie squammeuse. Diamètre de l'oeil $2^1/_4$ fois dans la longueur de la tête. Hauteur du préorbitaire 4 fois dans le diamètre vertical de l'oeil. Corps à bande axillo-caudale jaune.

20. *Dentex balinensis* Blkr.

Dentex taeniopterus CV., Poiss. VI p. 183; Blkr., Verh. Bat. Gen. XXIII Spar. p. 11; Verh. Kon. Ak. Wet. XIII, Révis. Dentex p. 7. — Atl. Tab 334 Perc. tab. 56 fig. 5.

Dent. corpore oblongo compreso, altitudine 3 fere ad $3^1/_2$ in ejus longitudine absque-, $3^2/_3$ ad $4^1/_4$ in ejus longitudine cum pinna caudali; latitudine corporis 2 circ. in ejus altitudine; capite obtuso convexo 3 ad $3^1/_3$ in longitudine corporis absque-, 4 ad $4^1/_3$ in longitudine corporis cum pinna caudali; altitudine capitis longitudine ejus absque operculo sat multo majore; oculis diametro 3 ad 4 in longitudine capitis, diametro $^1/_2$ ad $^2/_3$ distantibus; linea rostro-frontali convexa vel convexiuscula; rostro convexiusculo juvenilibus oculo multo breviore aetate provectis oculo longiore; osse praeorbitali granulato-striato, inferne non ad paulo emarginato, postice subrectangulo angulo rotundato, ad angulum oris oculi diametro verticali minus duplo ad non humiliore; maxillis aequalibus, superiore sub oculi parte anteriore desinente $2^1/_2$ ad $2^2/_3$ in longitudine capitis; dentibus intermaxillaribus pluriseriatis serie externa utroque latere 12 ad 20 parvis subaequalibus dentibus seriebus internis conspicue majoribus; dentibus mandibularibus anterioribus pluriseriatis, lateralibus uniseriatis inaequalibus utroque latere 12 ad 20; dentibus caninis maxilla superiore antice utroque latere insuper 2 ad 4 curvatis externo vulgo ceteris majore; dentibus caninis vel caninoideis maxilla inferiore antice utroque latere 2 ad 4 rectiusculis externo ceteris vulgo conspicue longiore; praeoperculo edentulo, limbo alepidoto parte squamata minus duplo graciliore; operculo spinula vix conspicua; squamis corpore 50 circ. in linea laterali, 15 in serie transversa quarum 3 lineam lateralem inter et dorsalem spinosam mediam; linea laterali singulis squamis tubulo vulgo dichotomo notata; pinna dorsali spinis gracilibus flexilibus pungentibus non productis, posterioribus 7 subaequilongis $2^1/_2$ ad 3 in altitudine corporis, membrana inter singulas spinas non vel vix emarginata; pinna dorsali radiosa dorsali spinosa paulo altiore aetate provectioribus postice acutangula; pectoralibus ventralibus radio 1° paulo productis paulo longioribus et caudali lobis acutis superiore inferiore paulo longiore capite non ad paulo tantum brevioribus; anali spinis gracilibus pungentibus 3ª ceteris longiore radio 1° breviore, parte radiosa postice acutangula; colore corpore superne roseo, inferne roseo-argenteo; iride flavescente; regione suprascapulari macula duplice aureo-rubra et flava; lateribus vittis pluribus longitudinalibus flavescentibus; pinnis dorsali, pectoralibus caudalique roseis; dorsali superne flavo marginata, vitta lata longitudinali oblique postrorsum adscendente margaritacea violascente limbata et vittula flava; caudali superne postice flava; ventralibus antice roseis; anali vitta longitudinali flava oblique postrorsum descendente.
B. 6. D. 10/9 vel 10/10. P. 2/14. V. 1/5. A. 3/7 vel 3/8. C. 1/15/1 et lat. brev.
Syn. *Synagris taeniopterus* Günth., Cat. Fish. I p. 374.
Synagris notatus Day, Fish. Andaman, Proc. Zool. Soc. 1870 p. 684; Fish. India p. 93 tab. 24 fig. 3.

Gurisi mejrah, *Passir-passir* Mal.; *Gresik* Jav. Madur; *Djamben* Sundan.
Hab. Sumatra (Telokbetong, Tandjong, Siboga); Singapura; Java (Batavia, Tjiringin, Anjer, Pasuruan, Bezuki); Celebes (Macassar, Bonthain, Badjoa); Batjan (Labuha); Amboina; Timor; in mari.
Longitudo 15 speciminum 115‴ ad 245‴.

Rem. Le taeniopterus est une des espèces les plus communes du genre et aussi une des plus belles. A l'état frais elle est aisément reconnaissable aux vives couleurs et aux bandelettes de la dorsale et de l'anale. Elle appartient au groupe à canines aux deux mâchoires et s'y distingue par la forme trapue du corps, par la forme rectangulaire du préorbitaire qui est assez élevé, et par le limbe nu du préopercule dont la largeur mesure moins de deux fois dans la partie squammeuse.
L'espèce a été trouvée aussi dans les mers des îles Andaman et de la côte nord-est de la Nouvelle-Hollande.

Dentex ruber CV., Poiss. VI p. 184.; Less., Zool. Voy. Coq. II, 1 p. 187 tab. 31 fig. 2 (nec Blkr).

Descriptio Cuviero-Valenciennesiana sequens.

»Six dents canines grêles et petites. Se distingue du précédent (Dentex bipunctatus Ehr.) par son sousorbitaire étroit et allongé. Les écailles sont lisses. La caudale est peu fourchue. — Un individu, pris à Waigiou, rapporté par Lesson et Garnot, et long de six pouces environ, paraît avoir été rouge, sans aucune tache ni bandelette sur les nageoires'. Hab. Waigiou.

Rem. La description de Lesson n'ajoute rien d'essentiel à celle de Cuvier-Valenciennes. La figure, si elle est exacte, représente une forme voisine du Dentex taeniopterus, mais à préorbitaire moins élevé et à épines dorsales médianes plus longues que les suivantes.

Dentex hypselognathus Blkr, Verh. Kon. Ak. Wet. XIII, Révis. Dent. p. 9. — Atl. Tab. 325. Perc. tab. 47 fig 1.

Dent, corpore oblongo compresso, altitudine $3\frac{1}{5}$ ad $3\frac{2}{5}$ in ejus longitudine absque-, $4\frac{1}{5}$ ad $4\frac{1}{2}$ in ejus longitudine cum pinna caudali; latitudine corporis $1\frac{3}{4}$ ad 2 in ejus altitudine; capite obtuso convexo $3\frac{1}{3}$ ad $3\frac{2}{5}$ in longitudine corporis absque-, $4\frac{1}{5}$ ad $4\frac{1}{2}$ in longitudine corporis cum pinna caudali; altitudine capitis longitudine capitis absque operculo multo majore; linea rostro-frontali convexa; oculis diametro 3 fere ad 3 et paulo longitudine capitis, diametro $\frac{2}{3}$ ad 1 fere distantibus; rostro convexo aetate magis provectis oculo non breviore; osse praeorbitali granulato-striato, inferne non emarginato, postice obtusangulo, margine posteriore convexo valde obliquo, ad angulum oris oculi diametro verticali junioribus vix aetate provectis non humiliore; maxillis aequalibus, superiore sub oculi margine anteriore vel vix ante oculum desinente, 3 circ. in longitudine capitis; dentibus intermaxillaribus pluriseriatis serie externa utroque latere 15 ad 18 parvis subaequalibus dentibus seriebus internis majoribus; dentibus mandibularibus anterioribus pluriseriatis, lateralibus uniseriatis inaequalibus utroque latere 10 ad 14; dentibus caninis maxilla superiore antice utroque latere 2 vel 3 externo ceteris majore; maxilla inferiore antice utroque latere insuper caninoideis 3 vel 4 externo ceteris vulgo majore; praeoperculo edentulo, limbo alepidoto parte squamata non vel vix graciliore; operculo spinula minima vix conspicua; squamis corpore 50 circ. in linea laterali, 15 in serie transversa, quarum 3 lineam lateralem inter et pinnam dorsalem; linea laterali curvata singulis squamis tubulo dichotomo notata; pinna dorsali spinis gracilibus flexilibus non productis mediis ceteris longioribus corpore duplo circiter humilioribus, membrana inter singulas spinas vix emarginata, parte radiosa parte spinosa paulo humiliore convexa postice angulata; pinnis pectoralibus falcatis ventralibus acutis non productis paulo longioribus capite non multo brevioribus; anali spinis gracilibus 3ª ceteris longiore radio 1° paulo breviore, parte radiosa margine inferiore convexiuscula postice acutangula; caudali profunde incisa lobis acutis superiore inferiore paulo longiore non producto capite paulo ad non longiore; colore corpore superne pinnisque roseo, corpore inferne argenteo; iride flava; vittis corpore 4 vel 5 longitudinalibus flavis.
B. 6. D. 10/9 vel 10/10. P. 2/14. V. 1/5. A. 3/7 vel 3/8. C. 1/15/1 et lat. brev.
Hab. Java (Batavia); Celebes (Macassar, Badjoa); in mari.
Longitudo 4 speciminum 162‴ ad 270‴.

Rem. Le Dentex actuel doit être fort voisin du Dentex furcosus CV. Si je ne l'y rapporte pas c'est parce qu'il est dit expressément du furcosus que les lobes de la caudale sont fort prolongés.
Les quatre espèces suivantes sont voisines du hypselognathus, mais trop superficiellement décrites.

Dentex hexodon QG., Zool. Voy. Uranie p. 301; CV., Poiss. VI p. 180.

Descriptio Cuviero-Valenciennesiana sequens.

»Reconnaissable aux six dents longues et crochues, placées à l'extrémité des mâchoires; les autres dents sont en cardes fines et serrées. Ce poisson a le corps alongé, le sous-orbitaire assez élevé, les écailles de la joue plus grandes que celles du corps; on en compte 45 depuis l'ouie jusqu'à la caudale. Leur bord est finement cilié. Les rayons épineux de la dorsale sont faibles et

plus bas que ceux de la portion molle. Couleur rosée sur le dos et argentée sur le ventre. D. 10/9. P. 17. V. 1/5. A. 3/7. C. 17. — Hab. Timor. — Longueur sept pouces et demi."
Syn. *Synagris hexodon* Günth., Cat. Fish. I p. 376.

Dentex Peronii CV., Poiss. VI p. 182 tab. 154.

Descriptio Cuviero-Valenciennesiana sequens.

»Il a — (comme le furcosus) — six petites canines. Il s'en distingue par son corps plus élevé, plus court, plus comprimé. Le sousorbitaire est aussi haut, mais plus court. Les écailles sont petites; on en compte plus de soixante dans la longueur. Les rayons épineux de la dorsale sont faibles. La caudale est presque aussi fourchue. Il est probable que sa couleur était rouge. D. 10/9. P. 17. V. 1/5. A. 3/8. C. 17. Longueur six pouces environ."
Syn. *Synagris Peronii* Günth., Cat. Fish. I p. 376

Rem. M. Günther donne comme habitat de cette espèce la Mer des Moluques, mais les auteurs de la grande Histoire naturelle des Poissons, tout en indiquant qu'on doit l'individu type à Péron, disent ignorer où il l'a pris. C'est une espèce qui a besoin d'être mieux étudiée. A en juger d'après la figure le nombre des écailles sur une rangée longitudinale ne serait pas »plus de soixante" mais environ de cinquante, comme dans toutes les espèces indo-archipélagiques.

Dentex marginatus CV., Poiss. VI p. 182.

Descriptio Cuviero-Valenciennesiana sequens.

»Fort voisin du Dentex Peronii mais à corps plus alongé, moins haut de la nuque. Les rayons épineux de la dorsale sont plus faibles. Il a huit canines plus petites. Il paraît rouge sur le dos, argenté sous le ventre. Les nageoires sont rouges, sans aucunes bandes ni taches. Le dedans des fourches de la caudale a une large bordure noire. — Hab. Vanicolo; Java. — Longueur 7 pouces. Un très-petit individu de Java paraît seulement avoir le museau plus obtus."

Rem. Aucune de mes espèces n'a le bord postérieur de la caudale noirâtre, et le nombre des canines ne donne qu'un caractère assez incertain, puisqu'il varie souvent d'après l'âge des individus. Peut-être que l'espèce ne se distingue point du Peronii. Jusqu'à ce qu'on la connaîtra mieux elle devra être placée parmi les espèces douteuses.

Dentex furcosus CV., Poiss. VI p. 181 ?

Descriptio Güntheriana sequens.

»The height of the body equals the length of the head, and is one fourth of the total; the diameter of the eye is $3^2/_3$ in the latter, and $1^1/_3$—$1^1/_2$ in the length of the snout. The praeorbital is higher than the eye; there are three rows of scales between the praeorbital and the margin of the praeoperculum. Six canine teeth in each of the jaws. The spines of the fins slender, flexible; the fourth, fifth, and sixth of the dorsal fin longest, $2^2/_3$—$2^1/_3$ in the length of the head. Caudalis deeply forked, scaly, the upper lobe rather longer; the second and third anal spines very feeble, nearly equal; the posterior rays of the dorsal and anal fins sligthly elongate. Coloration uniform. D. 10/9. A. 3/7. L lat. 48—50. L. transv. 4/14".
Syn. *Synagris furcosus* Günth., Cat. Fish. I. p. 373.
Hab. Amboina, in mari.

Rem. M. Günther rapporte cette espèce au Dentex furcosus dont cependant la justesse me semble avoir besoin d'être prouvée. Cuvier et Valenciennes donnent au furcosus un corps allongé et des lobes de la caudale fort prolongés. Les couleurs, prises sur des individus longs de six pouces et provenant de Ceylon, sont décrites comme suit: »Le dos est rouge, à reflets dorés et le ventre rosé, à reflets argentés. La caudale est rouge vif; son lobe inférieur est liséré d'orangé. La dorsale est rose, l'anale orangée. Les pectorales et les ventrales n'ont qu'une légère teinte rose". Si l'espèce de M. Günther est en effet identique avec le furcosus CV. celle-ci se distinguerait encore du hypselognathus par des yeux notablement plus petits, ceux de l'hypselognathus ne mesurant que trois fois ou même un peu moins de trois fois dans la longueur de la tête.

Dentex isacanthus Blkr, Verh. Kon. Ak. Wet. XIII, Révis. Dentex p. 13. — Atl. Tab. 345, Perc. tab. 67 fig. 4.

Dent. corpore oblongo compresso, altitudine $3^1/_2$ ad $3^3/_5$ circ. in ejus longitudine absque-, $4^2/_5$ ad $4^1/_2$ circ. in ejus longitudine cum pinna caudali; latitudine corporis 2 circ. in ejus altitudine; capite obtuso convexo $3^1/_4$ ad $3^3/_5$ circ. in longitudine corporis absque-, $4^1/_4$ ad $4^1/_2$ in longitudine corporis cum pinna caudali; altitudine capitis longitudine ejus absque operculo multo majore; oculis diametro 3 circ. in longitudine capitis, diametro $^1/_2$ ad $^3/_5$ distantibus; linea rostro-frontali convexiuscula; rostro convexo oculi diametro sat multo ad paulo breviore; osse praeorbitali striato, inferne leviter emarginato, postice obtusangulo rotundato, ad angulum oris oculi diametro verticali duplo fere ad sat multo minus duplo humiliore; maxillis aequalibus, superiore sub oculi parte anteriore desinente 2^2/$_5$ ad 2^1/$_2$ in longitudine capitis; dentibus intermaxillaribus pluriseriatis serie externa utroque latere 30 circ. parvis dentibus seriebus internis conspicue majoribus; dentibus mandibularibus anterioribus pluriseriatis, lateralibus uniseriatis inaequalibus utroque latere 20 ad plus quam 20; dentibus caninis maxilla superiore antice utroque latere insuper 3 vel 4 curvatis externo ceteris longiore; maxilla inferiore antice utroque latere caninoideis 4 vel 5 parvis inaequalibus; praeoperculo margine posteriore laevi vel scabriusculo, limbo alepidoto parte squamata duplo ad plus duplo graciliore; operculo spinula vix conspicua; squamis corpore 50 circ. in linea laterali, 15 in serie transversa quarum 3 lineam lateralem inter et dorsalem spinosam mediam; linea laterali singulis squamis tubulo vulgo dichotomo notata; pinna dorsali spinis gracilibus flexilibus pungentibus non productis, posterioribus 7 subaequilongis 2^1/$_3$ circ. in altitudine corporis, membrana inter singulas spinas non vel vix emarginata; pinna dorsali radiosa dorsali spinosa aetate provectis praesertim altiore, postice angulata; pectoralibus ventralibus radio 1° paulo producto longioribus capite non ad paulo brevioribus; caudali lobis acutis superiore inferiore longiore capite non ad vix breviore; anali spinis gracilibus pungentibus 3^a ceteris longiore radio 1° breviore, parte radiosa postice emarginata acutangula; colore corpore superne roseo, inferne roseo-argenteo; iride flava vel flavescente-rosea; pinnis dorsali, pectoralibus caudalique roseis, ventralibus analique margaritaceis; dorsali basi vitta longitudinali flava et superne flavo marginata.

B. 6. D. 10/9 vel 10/10. P. 2/14. V. 1/5 A. 3/7 vel 3/8. C. 1/15/1 et lat. brev.

Syn. *Gurisi-mejrah* Mal.

Hab Java (Batavia); Sumatra (Padang); in mari.

Longitudo 3 speciminum 146‴ ad 235″.

Rem. Le Dentex isacanthus est fort voisin du Dentex hypselognathus mais il se distingue essentiellement par le nombre beaucoup plus considérable des dents mandibulaires de la rangée externe, par l'égale longueur des sept épines dorsales postérieures, et par le peu de largeur du limbe nu du préopercule largeur qui mesure deux fois dans celle de la partie squammeuse.

Dentex Ovenii Blkr, Vijfde bijdrage ichth. Celebes, Natuurk. Tijdschr. Ned. Ind. VII p. 246, Verh. Kon. Ak. Wet. XIII, Révis. Dent. p. 14. — Atl. Tab. 328, Perc. tab. 50 fig. 5.

Dent. corpore subelongato compresso, altitudine 4 circ. in ejus longitudine absque-, 5 fere ad 5 in ejus longitudine cum pinna caudali; latitudine corporis 1^3/$_4$ circ. in ejus altitudine; capite acutiusculo convexo 3^1/$_4$ circ. in longitudine corporis absque-, 4^1/$_4$ circ. in longitudine corporis cum pinna caudali; altitudine capitis longitudine ejus absque operculo non majore; linea rostro-frontali convexiuscula; oculis diametro 3 ad 3 et paulo in longitudine capitis, diametro ^{2}/$_3$ ad ^{3}/$_4$ distantibus; rostro convexiusculo oculo non vel vix breviore; osse praeorbitali granulato-striato, inferne non emarginato, postice obtuse rotundato margine posteriore valde obliquo, ad angulum oris oculi diametro verticali paulo tantum humiliore; maxillis aequalibus, superiore vix ante oculum desinente 3 circ. in longitudine capitis; dentibus intermaxillaribus pluriseriatis serie externa utroque latere 20 circ. parvis subaequalibus dentibus seriebus internis majoribus; dentibus mandibularibus anterioribus pluriseriatis, lateralibus uniseriatis inaequalibus utroque latere 15 circ.; dentibus caninis maxilla superiore antice utroque latere insuper 3 curvatis mediocribus, maxilla inferiore antice utroque latere insuper caninoideis 3 vel 4 parvis rectiusculis; praeoperculo edentulo, limbo alepidoto parte squamata vix graciliore; operculo spinula vix conspicua; squamis corpore 50 circ. in linea laterali, 15 in serie transversa quarum 3 lineam lateralem inter et dorsalem spinosam mediam; linea laterali singulis squamis tubulo bifido vel trifido notata; pinna dorsali spinis gracilibus flexilibus vix pungentibus non productis mediis ceteris longioribus corpore minus duplo humilioribus, membrana inter singulas spinas leviter emarginata; dorsali radiosa dorsali spinosa paulo humiliore convexa postice angulata; pinnis pectoralibus ventralibus non productis paulo longioribus capite absque rostro vix longioribus; caudali lobis acutis, superiore inferiore longiore capite non vel vix breviore; anali spinis gracilibus debilibus 3^a ceteris longiore radio 1° breviore, parte radiosa antice convexa postice acutangula; colore corpore superne roseo, inferne dilutiore; iride flavescente; dorso fasciis 5 transversis diffusis rubro-violascentibus vix infra media latera descendentibus; pinnis imparibus roseis, dorsali inter singulas spinas nebula aurantiaca, superne aurantiaco marginata; pectoralibus flavescente-roseis; ventralibus roseo-hyalinis vel margaritaceis.

B. 6 D. 10/9 vel 10/10. P. 2/15. V. 1/5. A. 3/7 vel 3/8. C. 1/15/1 et lat. brev.

Syn. *Synagris Ovenii* Günth., Cat. Fish. I p 375.

Hab. Celebes (Macassar); in mari.

Longitudo 2 speciminum 150‴ et 169‴.

Dentex sundanensis Blkr, Verh Kon. Ak. Wet. XIII, Révis. Dentex p. 15. — Atl. Tab. 336, Perc. tab. 58 fig. 4.

Dent. corpore oblongo-subelongato compresso, altitudine 4 in ejus longitudine absque-, 5 et paulo in ejus longitudine cum pinna caudali; latitudine corporis 1^3/$_4$ circ in ejus altitudine; capite obtuso convexo 3^2/$_5$ circ. in longitudine corporis absque, 4^1/$_3$ ad 4^2/$_5$ in longitudine corporis cum pinna caudali; altitudine capitis longitudine ejus absque operculo non majore; oculis diametro 3 circ. in longitudine capitis, diametro ^{2}/$_3$ circ. distantibus; linea rostro-frontali leviter convexa; rostro convexiusculo oculo paulo breviore; osse praeorbitali granulato-striato inferne non emarginato postice valde obtusangulo rotundato, ad angulum oris oculi diametro verticali paulo tantum humiliore; maxillis aequalibus superiore sub oculi margine anteriore desinente 3 circ. in longitudine capitis; dentibus intermaxillaribus pluriseriatis serie externa utroque latere 15 ad 20 parvis subaequalibus dentibus seriebus internis conspicue majoribus; dentibus mandibularibus anterioribus pluriseriatis, lateralibus uniseriatis inaequalibus utroque latere 15 ad 20; dentibus caninis maxilla superiore antice utroque latere insuper 3 curvatis externo ceteris vulgo majore; dentibus caninoideis maxilla inferiore antice utroque latere insuper 3 vel 4 parvis subaequalibus; praeoperculo edentulo, limbo alepidoto parte squamata non graciliore; operculo spinula parum conspicua; squamis corpore 50 circ. in linea laterali, 15 in serie transversa quarum 3 lineam lateralem inter et dorsalem spinosam mediam; linea laterali singulis squamis tubulo vulgo dichotomo notata; pinna dorsali spinis gracillimis flexilibus vix vel non pungentibus non productis mediis ceteris longioribus 1^2/$_3$ ad 1^3/$_4$ in altitudine corporis, membrana inter singulas spinas vix emarginata; dorsali radiosa dorsali spinosa non ad vix humiliore postice angulata; pinnis pectoralibus ventralibus non productis

longioribus capite paulo brevioribus; caudali lobis acutis superiore inferiore paulo longiore capite non breviore; anali spinis gracilibus pungentibus 3ª ceteris longiore radio 1° breviore, parte radiosa non emarginata postice acutangula; colore corpore superne roseo, inferne roseo-argenteo; iride flavescente; lateribus vittis longitudinalibus 4 vel 5 flavescentibus, superiore nucho-dorsali, ceteris operculo-caudalibus; pinnis roseis.
B. 6. D. 10/9 vel 10/10. P. 2/14. V. 1/5. A. 3/7 vel 3/8. C. 1/15/1 et lat. brev.
Syn. *Dentex tambulus* Blkr, Verh. Bat. Gen. XXIII Spar. p. 12 (nec CV.).
Passir-passir, *Gurisi mejrah* Mal.
Hab. Java (Batavia); Bangka (Muntok, Tandjong-berikat); Biliton; Celebes (Badjoa, Lagusi); in mari.
Longitudo 4 speciminum 165''' ad 185'''.

Rem. L'espèce actuelle étant fort différente de celle figurée par Rüppell sous le nom de Cantharus filamentosus et identifiée par Cuvier-Valenciennes avec leur Dentex tambulus, elle doit prendre un nom distinct. Elle est voisine de l'Ovenii tant par les proportions de la hauteur du corps et de la tête, que par la dentition et par la nature et la longueur des épines dorsales, mais elle se distingue par son profil plus obtus et plus convexe, par l'absence de bandes transversales et par la présence par contre de bandelettes longitudinales jaunes.

Dentex metopias Blkr, Act. Soc. Scient. Ind. Neerl. II, Achtste bijdr. vischf. Amb. p. 51; Verh. Kon. Ak. Wet. XIII, Révis. Dentex p. 16. — Atl. Tab. 320, Perc. tab. 42 fig. 5.

Dent. corpore subelongato compresso, altitudine 4 circ. in ejus longitudine absque-, 5 ad $5^1/_4$ in ejus longitudine cum pinna caudali (absque filo); latitudine corporis $1^2/_5$ circ. in ejus altitudine, capite obtuso valde convexo $3^2/_5$ ad $3^2/_3$ in longitudine corporis absque-, $4^1/_4$ ad $4^3/_5$ in longitudine corporis cum pinna caudali (absque filo); altitudine capitis latitudine ejus absque operculo non majore; linea rostro-frontali convexa; oculis diametro $2^2/_3$ ad 3 in longitudine capitis, diametro $^1/_2$ ad $^3/_5$ distantibus; rostro convexo oculo breviore; osse praeorbitali granulato, inferne non vel vix emarginato postice obtusangulo rotundato margine posteriore obliquo, ad angulum oris oculi diametro verticali duplo circ. humiliore; maxillis aequalibus, superiore sub oculi parte anteriore desinente $2^2/_3$ ad 3 fere in longitudine capitis; dentibus intermaxillaribus pluriseriatis serie externa utroque latere 25 circ. subaequalibus dentibus seriebus internis majoribus; dentibus mandibularibus anterioribus pluriseriatis utroque latere 16 ad 20 circ. inaequalibus; dentibus caninis maxilla superiore antice utroque latere insuper 3 vel 4 mediocribus curvatis externis ceteris majoribus; maxilla inferiore antice caninis nullis sed utroque latere caninoideis 3 ad 6 inaequalibus rectiusculis; praeoperculo margine posteriore denticulis minimis scabro, limbo alepidoto parte squamata duplo circiter graciliore; operculo spinula sat conspicua; squamis corpore 50 circ. in linea laterali, 15 in serie transversa quarum 3 lineam lateralem inter et dorsalem spinosam mediam; linea laterali singulis squamis tubulo vulgo dichotomo notata; pinna dorsali spinis mediocribus sat gracilibus pungentibus non flexilibus non productis posterioribus 5 vel 6 subaequilongis spinis ceteris longioribus corpore duplo ad minus duplo brevioribus, membrana inter singulas spinas vix emarginata; dorsali radiosa dorsali spinosa vix altiore postice obtusangula; pectoralibus ventralibus radio 1° paulo producto longioribus capite paulo brevioribus; caudali lobis acutis superiore inferiore longiore plus minusve producto absque filo capite non vel vix breviore; anali spinis gracilibus non flexilibus 3ª ceteris longiore radio 1° breviore parte radiosa non vel vix emarginata postice acutangula; colore corpore superne roseo, inferne roseo-argenteo; iride flava vel rosea; pinnis roseis vel roseo-hyalinis, dorsali superne flavo marginata.
B. 6. D. 10/9 vel 10/10 P. 2/14. V. 1/5 A. 3/7 vel 3/8. C. 1/15/1 et lat brev.
Syn. *Synagris metopias* Günth., Catal. Fish. I p. 376.
Hab. Amboina; in mari.
Longitudo 5 speciminum 179''' ad 202''' absque filo caudali (220''' cum filo caudali).

Rem. Le Dentex metopias appartient au groupe des Dentex Ovenii et sundanensis pour ce qui regarde la dentition et la hauteur relative du corps et de la tête, mais il est encore fort distinct de ces deux espèces par les épines dorsales qui sont plus fortes, poignantes et non flexibles et dont les 5 ou 6 postérieures sont d'égale longueur. Puis aussi il a la tête plus convexe, le préorbitaire moins haut, le bord postérieur du préopercule légèrement dentelé, le limbe nu du préopercule beaucoup moins large, etc.

Dentex nemurus Blkr, Act. Soc. Scient. Ind. Neerl. II, Achtste bijdr. vischf. Amboina p 49; Verh. Kon. Ak. Wet. XIII, Révis. Dentex p. 18. — Atl. Tab. 335, Perc. tab. 57 fig. 4.

Dent. corpore subelongato compresso, altitudine 4 et paulo in ejus longitudine absque-, $5^1/_3$ circiter in ejus longitudine cum pinna caudali (absque filo); latitudine corporis $1^1/_2$ circ. in ejus altitudine; capite obtuso convexo $3^3/_5$ circ. in longitudine corporis absque-, $4^1/_2$ circ. in longitudine corporis cum pinna caudali (absque filo); altitudine capitis longitudine ejus absque operculo majore; linea rostro-frontali convexa; oculis diametro $2^2/_3$ circ. in longitudine capitis, diametro $^2/_3$ circ. distantibus; rostro convexo oculo breviore; osse praeorbitali granulato-striato, inferne non vel vix emarginato, postice subrectangulo angulo obtuse rotundato margine posteriore obliquo, ad angulum oris oculi diametro verticali duplo fere humiliore; maxillis aequalibus superiore sub oculi parte anteriore desinente $2^1/_2$ circ. in longitudine capitis; dentibus intermaxillaribus pluriseriatis serie externa utroque latere 25 circ. subaequalibus dentibus seriebus internis majoribus; dentibus mandibularibus anterioribus pluriseriatis lateralibus uniseriatis utroque latere 20 circ. inaequalibus; dentibus caninis maxilla superiore antice utroque latere insuper 3 mediocribus curvatis externo ceteris majore; maxilla inferiore antice utroque latere insuper caninoideis 4 vel 5 parvis rectiusculis; praeoperculo margine posteriore denticulis scabro, limbo alepidoto parte squamata minus duplo graciliore; operculo spinula brevi conspicua;

squamis 50 circ. in linea laterali, 15 in serie transversa quarum 3 lineam lateralem inter et dorsalem spinosam mediam; linea laterali singulis squamis tubulo vulgo dichotomo notata; pinna dorsali spinis mediocribus pungentibus non flexilibus non productis posterioribus 7 subaequilongis spinis anterioribus longioribus corpore duplo fere humilioribus, membrana inter singulas spinas vix emarginata; dorsali radiosa dorsali spinosa paulo altiore postice obtusangula; pectoralibus ventralibus radio 1° plus minusve producto paulo longioribus capite vix brevioribus; caudali lobis acutis superiore longiore in filum producto absque filo capite non vel vix breviore; anali spinis mediocribus non flexilibus 3ª ceteris longiore radio 1° breviore, parte radiosa antice convexa postice acutangula; colore corpore superne roseo, inferne roseo-argenteo; iride flava inferne rubra; pinnis roseis, dorsali superne flavo marginata, anali dimidio basali guttulis flavis in seriem longitudinalem dispositis.

B. 6. D. 10/9 vel 10/10. P. 2/14. V. 1/5. A. 3/7 vel 3/8. C. 1/15/1 et lat. brev.

Syn. *Synagris nemurus* Günth., Cat. Fish. I p. 378.

Hab Amboina; in mari.

Longitudo speciminis unici, filo caudali incluso, 225‴.

Rem. Dans le nemurus et le celebicus la hauteur du corps mesure 4 fois dans sa longueur et celle de la tête dépasse sa longueur sans l'opercule. Par ces deux caractères déjà ces deux espèces se distinguent des précédentes. Elles se font remarquer encore par le peu de hauteur du préorbitaire, par les 20 ou plus de 20 dents intermaxillares de la rangée externe, par les denticulations du bord postérieur du préopercule et par les épines dorsales qui sont poignantes et non flexibles les 5 ou 6 postérieures étant d'égale longueur. J'ai nommé l'espèce actuelle nemurus à cause du filet du lobe supérieur de la caudale par lequel il se distingue du celebicus, mais elle diffère aussi du dernier par un nombre supérieur de dents à la rangée externe de la mâchoire inférieure.

Dentex celebicus Blkr, Vijfde bijdr. ichth. Celebes, Nat. T. Ned. Ind. VII p. 245; Verh. Kon. Ak. Wet. XIII, Révis. Dent. p. 19. — Atl. Tab. 332, Perc. tab. 54 fig. 2.

Dent. corpore oblongo-elongato compresso, altitudine 4 in ejus longitudine absque-, 5 et paulo in ejus longitudine cum pinna caudali; latitudine corporis 1²/₅ circ. in ejus altitudine; capite obtusiusculo convexo 3²/₅ circ. in longitudine corporis absque-, 4¹/₄ circ. in longitudine corporis cum pinna caudali; altitudine capitis longitudine ejus absque operculo vix majore; linea rostro-frontali convexiuscula; oculis diametro 3 circ in longitudine capitis, diametro ²/₃ circ. distantibus; rostro obtusiusculo convexo oculo vix breviore; osse praeorbitali granulato-striato inferne leviter emarginato postice obtuse rotundato margine posteriore obliquo convexo, ad angulum oris oculi diametro verticali multo sed minus duplo humiliore; maxillis aequalibus, superiore sub oculi parte anteriore desinente, 2³/₅ circ. in longitudine capitis; dentibus intermaxillaribus pluriseriatis serie externa utroque latere 20 circ. parvis subaequalibus dentibus seriebus internis conspicue majoribus; dentibus mandibularibus anterioribus pluriseriatis, lateralibus uniseriatis inaequalibus utroque latere 7 ad 13; dentibus caninis maxilla superiore antice utroque latere insuper caninoideis 3 vel 4 curvatis inaequalibus; praeoperculo margine posteriore denticulis tactu magis quam visu conspicuis, limbo alepidoto parte squamata sat multo sed minus duplo graciliore; operculo spinula vix conspicua; squamis corpore 50 circ. in linea laterali, 15 in serie transversa quarum 3 lineam lateralem inter et dorsalem spinosam mediam; linea laterali singulis squamis tubulo vulgo simplice parum conspicuo notata; pinna dorsali spinis mediocribus pungentibus non flexilibus non productis posterioribus 5 vel 6 subaequilongis spinis anterioribus longioribus corpore duplo circ. humilioribus, membrana inter singulas spinas vix emarginata; dorsali radiosa dorsali spinosa vix altiore postice obtusangula; pinnis pectoralibus ventralibus radio 1° producto paulo brevioribus capite absque rostro longioribus; caudali lobis acutis superiore inferiore longiore capite vix breviore; anali spinis mediocribus pungentibus non flexilibus 3ª ceteris longiore radio 1° paulo breviore, parte radiosa antice convexa postice acutangula; colore corpore pulchre roseo, inferne dilutiore; iride flavescente; vitta rostro-oculo-caudali flava; pinnis ventralibus hyalinis radio 2° flavescente, ceteris roseis, dorsali et anali vittis 2 longitudinalibus flavis, dorsali superne flavo marginata.

B. 6. D. 10/9 vel 10/10. P. 2/13. V. 1/5. A. 3/7 vel 3/8. C. 1/15/1 et lat. brev.

Syn. *Synagris celebicus* Günth., Cat. Fish. I p. 377.

Hab. Celebes (Macassar); in mari.

Longitudo speciminis unici 197‴.

Rem. A l'état frais on distingue aisément le celebicus du nemurus par la bande-oculo-caudale jaune et par les deux bandelettes de la même couleur de la dorsale et de l'anale. Puis la caudale n'y est pas prolongée en filet et les dents mandibulaires sont plus fortes et moins nombreuses.

Dentex tolu CV., Poiss. VI p. 184? Blkr, Verh. Bat. Gen. XXIII Spar. p. 13; Verh. Kon. Ak. Wet. XIII, Révis. Dentex p. 20. — Atl. Tab. 315, Perc. tab 37 fig. 1 (nec Klunz).

Dent. corpore oblongo compresso, altitudine 3 et paulo ad 3¹/₃ in ejus longitudine absque-, 4 et paulo ad 4¹/₄ in ejus longitudine cum pinna caudali; latitudine corporis 2 fere ad 2 in ejus altitudine; capite obtuso convexo 3¹/₂ ad 3³/₄ in longitudine corporis absque-, 4²/₃ ad 5 fere in longitudine corporis cum pinna caudali; altitudine capitis longitudine ejus absque operculo multo majore, tota ejus longitudine vix minore; linea rostro-frontali convexa; oculis diametro 2¹/₂ ad 2³/₄ in longitudine capitis, diametro ¹/₂ ad ³/₅ distantibus; rostro valde convexo oculo breviore; osse praeorbitali granulato-striato inferne non emarginato postice obtusangulo angulo rotundato margine posteriore valde obliquo, ad angulnm oris oculi diametro verticali multo minus duplo humiliore; maxillis aequalibus, superiore sub oculi parte anteriore desinente 2³/₄ ad 3 in longitudine capitis; dentibus intermaxillaribus pluriseriatis serie externa utroque latere 14 ad 18 inaequalibus dentibus seriebus internis conspicue majoribus;

dentibus caninis maxilla superiore antice utroque latere insuper 3 mediocribus curvatis externo ceteris majore; maxilla inferiore antice caninis vel caninoideis nullis; praeoperculo edentulo, limbo alepidoto parte squamata duplo graciliore; operculo spinula rudimentaria vix conspicua; squamis corpore 50 circ. in linea laterali, 15 in serie transversa quarum 3 lineam lateralem inter et dorsalem spinosam mediam; linea laterali singulis squamis tubulo dichotomo vel trichotomo notata; pinna dorsali spinis gracillimis non pungentibus flexilibus mediis ceteris longioribus corpore multo minus duplo humilioribus, membrana inter singulas spinas valde profunde incisa; dorsali radiosa dorsali spinosa sat multo humiliore convexa postice angulata; pectoralibus et ventralibus radio 1° plus minusve productis longitudine subaequalibus capite brevioribus; caudali lobis acutis superiore inferiore longiore capite non ad vix breviore; anali spinis gracilibus non flexilibus 3ª ceteris longiore radio 1° breviore, parte radiosa non emarginata postice acutangula; colore corpore superne roseo, inferne roseo-argenteo; iride flava; regione postscapulari macula rubra; lateribus vittis pluribus longitudinalibus flavis, superiore supra lineam lateralem decurrente, ceteris oculo- et operculo-caudalibus; pinnis dorsali, pectoralibus caudaliqne roseis, ceteris albidis vel roseo-margaritaceis, dorsali spinosa superne et caudali superne et inferne flavescente marginatis.

B. 6. D. 10/9 vel 10/10. P. 2/15. V. 1/5. A. 3/7 vel 3/8. C. 1/15/1 et lat. brev.

Syn. *Lama guliminda* Russ., Fish. Corom. II. p. 6. Fig. 107?

Cantharus guliminda CV., Poiss. VI p. 257?

Dentex obtusus V. Hass., S. Müll., in Mus. Lugd. batav.

Synagris tolu Day, Fish. India I p. 91 tab. 23 fig. 6.

Passir-passir, *Gurisi mejrah* Mal.; *Djamban* Sund.

Hab. Sumatra (Siboga, Benculen, Trussan, Padang, Priaman); Bangka (Muntok, Gussong-assam); Java (Batavia, Bantam); Sumbawa (Bima); Nova-Guinea; in mari.

Longitudo 73 speciminum 70‴ ad 215‴.

Rem. Le Dentex actuel et celui dont la description va suivre se distinguent de toutes les autres espèces indo-archipelagiques par l'échancrure profonde de la membrane entre les épines dorsales. Elles ont encore en commun des épines dorsales fort grêles et flexibles dont les médianes sont plus longues que les autres, mais elles se distinguent entre elles, outre la présence ou l'absence de bandelettes longitudinales, par la nature différente du bord postérieur et du limbe du préopercule, par la hauteur relative du corps, etc.

J'ai rapporté le tolu autrefois au tolu de la grande Histoire naturelle des poissons, et bien que je doute maintenant quelque peu de la justesse de ce rapprochement je préfère lui laisser le nom Cuviérien. La description de Cuvier-Valenciennes n'est pas assez détaillée pour qu'une comparaison avec mes individus puisse établir suffisamment l'identité ou la non-identité spécifique des deux formes. Je crois reconnaître du reste l'espèce actuelle dans le Lama guliminda de Russell, espèce qui habite les mêmes côtes que le tolu CV. Le Spondyliosoma guliminda Cant., de Pinang d'après l'examen de M. Day, est d'une espèce différente, fort voisine du Dentex Blochii (Synagris japonicus Günth.). Un individu du Musée de Leide, le Dentex obtusus de Van Hasselt (et S. Müller), espèce nommée mais pas décrite par son auteur, n'est autre que le tolu.

Dentex mulloides Blkr, Diagn. n. vischs. Sumatra, Nat. T. Ned. Ind. III p. 576; Verh. Kon. Ak. Wet. XIII, Révis. Dentex p. 22. — Atl. Tab. 326, Perc. tab. 48 fig. 5.

Dent. corpore subelongato compresso, altitudine 4 circ. in ejus longitudine absque-, 5 circ. in ejus longitudine cum pinna caudali; latitudine corporis $1\frac{2}{3}$ circ. in ejus altitudine; capite obtuso convexo, $3\frac{1}{2}$ circ. in longitudine corporis absque-, $4\frac{1}{2}$ circ. in longitudine corporis cum pinna caudali; altitudine capitis longitudine ejus absque operculo paulo majore, tota ejus longitudine sat multo minore; linea rostro-frontali convexa; oculis diametro $2\frac{3}{4}$ circ. in longitudine capitis, diametro $\frac{2}{3}$ circ. distantibus; rostro vix convexo oculo paulo breviore; osse praeorbitali rugoso inferne non emarginato postice obtusangulo rotundato margine posteriore valde obliquo, ad angulum oris oculi diametro verticali multo sed multo minus duplo humiliore; maxillis aequalibus, superiore sub oculi margine anteriore desinente, 3 circ. in longitudine capitis: dentibus intermaxillaribus et mandibularibus pluriseriatis serie externa utroque latere 12 ad 16 subaequalibus dentibus seriebus internis conspicue majoribus; dentibus caninis maxilla superiore antice utroque latere insuper 3 vel 4 mediocribus externo ceteris majore; maxilla inferiore antice caninis vel caninoideis nullis; praeoperculo margine posteriore scabriusculo, limbo alepidoto parte squamata minus duplo graciliore; operculo spinula vix conspicua; squamis corpore 50 circ. in linea laterali, 15 in serie transversa quarum 3 lineam lateralem inter et dorsalem spinosam mediam; linea laterali singulis sqnamis tubulo vulgo dichotomo notata; pinna dorsali spinis gracillimis non pungentibus flexilibus mediis ceteris longioribus corpore multo minus duplo humilioribus, membrana inter singulas spinas valde profunda incisa; pectoralibus ventralibus radio 1° plus minusve producto longioribus capite brevioribus; caudali lobis acutis superiore inferiore et capite longiore; anali spinis gracilibus flexilibus 3ª ceteris longiore radio 1° breviore, parte radiosa antice convexa postice acutangula; colore corpore superne roseo, inferne dilutiore; iride flava vel rosea; pinnis roseis, dorsali superne flavescente, anali vitta longitudinali mediana diffusa flavescente.

B. 6. D. 10/9 vel 10/10. P. 2/13. V. 1/5. A. 3/7 vel 3/8. C. 1/15/1 et lat. brev.

Syn. *Synagris mulloides* Günth., Cat. Fish. I p. 374.

Hab. Sumatra (Padang, Siboga); in mari.

Longitudo 2 speciminum 223‴ et 235‴.

Rem. Fort voisin du tolu, le mulloides se distingue cependant par la forme moins trapue du corps, par les petites dents du bord postérieur du prèopercule, par le limbe préoperculaire qui est plus large, par l'absence de bandelettes latérales jaunes, et par la présence par contre d'une bandelette longitudinale jaune à l'anale.

Dentex nematophorus Blkr, Nieuwe tient. diagn. vischs. Sumatra, Nat. T. Ned. Ind. V p. 500; Verh. Kon. Ak. Wet. XIII, Révis. Dentex p. 23. — Atl. Tab. 291, Perc. tab. 13 fig. 1.

Dent. corpore oblongo compresso, altitudine 3 et paulo ad 3⅓ in ejus longitudine absque-, 4 ad 4⅞ in ejus longitudine cum pinna caudali (absque radio producto); latitudine corporis 2 circ. in ejus altitudine; capite obtuso convexo 3¼ circ. in longitudine corporis absque, 4 ad 4¼ in longitudine corporis cum pinna caudali (absque radio producto); altitudine capitis longitudine ejus absque operculo sat multo majore; oculis diametro 3 fere ad 3 et paulo in longitudine capitis, diametro ½ ad ⅗ distantibus; linea rostro-frontali convexiuscula; rostro convexo oculo breviore; osse praeorbitali granulato-striato, inferne leviter emarginato, postice subrectangulo angulo rotundato, ad angulum oris oculi diametro verticali duplo fere ad plus duplo humiliore; maxillis aequalibus, superiore sub oculi limbo anteriore desinente 3 circ. in longitudine capitis; dentibus intermaxillaribus pluriseriatis serie externa utroque latere plus quam 20 (25 circ.) dentibus seriebus internis majoribus; dentibus mandibularibus anterioribus pluriseriatis lateralibus uniseriatis inaequalibus utroque latere plus quam 20 (25 circ.); dentibus caninis maxilla superiore antice utroque latere insuper 3 ad 5 parvis curvatis externis ceteris vulgo paulo majoribus; maxilla inferiore antice caninis vel caninoideis nullis; praeoperculo margine posteriore denticulis tactu magis quam visu conspicuis, limbo alepidoto parte squamata duplo circ. graciliore; operculo spinula parva parum conspicua; squamis corpore 50 circ. in linea laterali, 15 in serie transversa quarum 3 lineam lateralem inter et dorsalem spinosam mediam; linea laterali singulis squamis tubulo vulgo dichotomo notata; pinna dorsali spinis gracilibus flexilibus, anterioribus 2 valde productis setiformibus caudam attingentibus, ceteris juvenilibus quam aetate provectioribus rigidioribus pungentibus aetate provectis praesertim postrorsum longitudine sensim accrescentibus, spinis posticis junioribus corpore plus duplo-, aetate provectis corpore minus duplo humilioribus, membrana inter singulas spinas junioribus et aetate provectioribus non vel vix emarginata; pectoralibus ventralibus radio 1° paulo productis longioribus capite non vel vix brevioribus; caudali lobis acutissimis superiore in setam filiformem capite multo ad non breviorem producto, absque filo capite non ad vix breviore; anali spinis gracilibus non flexilibus 3ª ceteris longiore radio 1° breviore, parte radiosa convexa postice acutangula; colore corpore pinnisque roseo; iride flava; vittis cephalo-caudalibus 3 vel 4 aureis vel flavis, superiore temporo-caudali, 2ª rostro-oculo-caudali; dorsali superne flavo marginata; anali vitta longitudinali obliqua flava.

B. 6. D. 10/9 vel 10/10. P. 2/15. V. 1/5. A. 3/7 vel 3/8. C. 1/15/1 et lat. brev.

Syn. *Synagris nematophorus* Günth., Cat. Fish. I p. 379.

Hab. Sumatra (Padang); in mari.

Longitudo 3 speciminum 140‴ ad 172‴ (absque filo caudali) vel 170‴ ad 220‴ (cum filo caudali).

Rem. Dans cette espèce, et dans toutes celles dont la description va suivre, on trouve les caractères combinés d'absence de canines ou de caninoïdes mandibulaires et d'une membrane entre les épines dorsales non échancrée et réunissant le bout des épines. On peut diviser ces espèces en deux groupes, d'après que la hauteur de la tête égale sa longueur sans l'opercule ou bien cette hauteur dépasse la même longueur. Le nematophorus appartient au dernier groupe et est éminemment caractérisé par le prolongement extraordinaire en filet ou en soie des deux premières épines dorsales. Ce caractère ne se retrouve que dans le Dentex macronema Blkr (= Dentex filamentosus CV. = Synagris macronema Günth.) de Suriname, mais dans celui-ci ce n'est qu'une seule épine (la première) qui est prolongée. Au reste le macronema est fort voisin du nematophorus mais il a le filet caudal et celui des ventrales plus longs, et l'angle de l'anale et de la dorsale molles plus pointu.

Dentex Blochi Blkr, Nieuw bijdr. Perc. Sciaen., Nat. Tijdschr. Ned. Ind. II p. 176; Verh. Kon. Ak. Wet. XIII, Révis. Dentex p. 27. — Atl. Tab. 330, Perc. tab. 52 fig. 4.

Dent. corpore oblongo compresso, altitudine 2⅘ ad 3 in ejus longitudine absque-, 3⅗ ad 4 fere in ejus longitudine cum pinna caudali; latitudine corporis 2 ad 2½ in ejus altitudine; capite obtuso convexo 3 ad 3½ in longitudine corporis absque-, 4 ad 4½ in longitudine corporis cum pinna caudali; altitudine capitis longitudine ejus absque operculo multo et tota ejus longitudine paulo majore; linea rostro-frontali convexa; oculis diametro 3 fere ad 3½ in longitudine capitis, diametro ½ ad ⅗ distantibus; rostro obtuso convexo oculo multo ad paulo breviore; osse praeorbitali granulato-striato, inferne vix vel non emarginato, postice rectangulo angulo rotundato margine posteriore convexo, ad angulum oris oculi diametro verticali junioribus duplo-aetete provectis paulo tantum humiliore; maxillis aequalibus, superiore sub pupilla desinente 2½ ad 2⅔ in longitudine capitis; dentibus intermaxillaribus pluriseriatis serie externa utroque latere plus quam 30 parvis subaequalibus dentibus seriebus internis paulo majoribus; dentibus mandibularibus anterioribus pluriseriatis, lateralibus uniseriatis subaequalibus utroque latere plus quam 30; dentibus caninis maxilla superiore antice utroque latere insuper 4 vel 5 parvis externis ceteris majoribus; maxilla inferiore antice caninis vel caninoideis nullis; praeoperculo edentulo, limbo alepidoto parte squamata duplo circ. graciliore; operculo spinula parum conspicua; squamis corpore 50 circ. in linea laterali, 15 in serie transversa quarum 3 lineam lateralem inter et dorsalem spinosam mediam; linea laterali singulis squamis tubulo vulgo dichotomo notata; pinna dorsali spinis gracilibus rigidis pungentibus non productis postrorsum longitudine sensim accrescentibus posteriore 2½ ad 3 in altitudine corporis, membrana inter singulas spinas vix emarginata; dorsali radiosa dorsali spinosa paulo altiore, convexa, postice obtusiuscule vel acutiuscule rotundata; pinnis pectoralibus ventralibus radio 1° plus minusve producto et capite longioribus; caudali lobis acutis superiore inferiore longiore frequenter plus minusve producto capite non ad paulo longiore; anali spinis gracilibus rigidis pungentibus 3ª ceteris longiore radio 1° breviore, parte radiosa convexiuscula postice acutangula; colore corpore superne roseo, inferne dilutiore;

iride flava vel rosea; operculo macula ferruginea; lateribus vittis 7 vel 8 longitudinalibus aureis vel flavis; pinnis dorsali, pectoralibus caudalique roseis, ventralibus analique margaritaceis; dorsali superne flavo marginata; anali vitta longitudinali obliqua flava.
B. 6 D. 10/9 vel 10/10. P. 2/15 vel 2/16. V. 1/5. A. 3/7 vel 3/8. C. 1/15/1 et lat. brev.
Syn. *Synagris japonicus* Günth., Catal. Fish. I p. 378 (nec Day).
Passir-passir et *Gurisi-mejrah* Mal.
Hab. Sumatra (Ticu); Java (Batavia, Pasuruan); Singapura; in mari.
Longitudo 10 speciminum 90''' ad 185'''.

Rem. Le Dentex actuel a le corps plus haut, plus trapu, qu'aucune des autres espèces de mon cabinet. Il est voisin du nematophorus et du sinensis, mais bien reconnaissable à l'absence d'épines dorsales prolongées et à ce que ces épines ne sont point flexibles. Le filet caudal n'est souvent que rudimentaire. On n'y voit point la strie jaune-souffre du sinensis, duquel il se distingue aussi par la bandelette oblique de l'anale et par l'absence de bandelette à la dorsale. J'ai cru le Sparus japonicus Bl. (tab. 277 fig. 1) identique avec l'espèce actuelle, mais M. Day, après avoir examiné le type Blochien à Berlin, assure qu'il est de la même espèce que son Synagris japonicus (Fish. India I p. 92 tab. 24 fig. 2), espèce qui est extrêmement voisine du Blochi et ne se distingue guère que par les denticulations du bord préoperculaire et par les bandelettes de la dorsale et de l'anale. Au reste je ne saurais partager l'opinion de M. Day que son Synagris japonicus soit identique avec le Cantharus filamentosus Rüpp. — Le Dentex flaviventris (Heterognathodon flaviventris Steind.) de Zanzibar doit être, lui-aussi, voisin de l'espèce actuelle, mais se distingue par sa tête qui est plus grande, par les petites dents du préopercule, par une bande longitudinale jaune-souffre près du profil ventral, par une bandelette longitudinale à la base de la dorsale, etc.

Dentex nematopus Blkr, N. bijdr. ichth. Celebes, Nat. T. Ned. Ind. II p. 219; Verh. Kon. Ak. Wet. XIII, Révis. Dentex p. 29. — Atl. Tab. 346, Perc. tab. 68 fig. 4.

Dent. corpore subelongato compresso, altitudine 4 circ. in ejus longitudine absque-, 5 circ. in ejus longitudine cum pinna caudali; latitudine corporis 2 circ. in ejus altitudine; capite obtuso convexo, $3^1/_2$ circ. in longitudine corporis absque-, $4^1/_2$ circ. in longitudine corporis cum pinna caudali; altitudine capitis longitudine ejus absque operculo sat multo majore sed tota ejus longitudine minore; oculis diametro 3 et paulo in longitudine capitis, diametro $^2/_3$ circ. distantibus; linea rostro-frontali convexa; rostro convexo oculo paulo breviore; osse praeorbitali granulato-striato, inferne vix emarginato, postice obtuse rotundato margine posteriore obliquo convexo, ad angulum oris oculi diametro verticali duplo circ. humiliore; maxillis aequalibus, superiore sub oculi dimidio anteriore desinente $2^1/_2$ circ. in longitudine capitis; dentibus intermaxillaribus pluriseriatis serie externa utroque latere 30 circ. subaequalibus dentibus seriebus internis majoribus; dentibus mandibularibus anterioribus pluriseriatis lateralibus uniseriatis inaequalibus utroque latere 20 circ.; dentibus caninis maxilla superiore antice utroque latere insuper 2 curvatis mediocribus; maxilla inferiore antice caninis vel caninoideis nullis; praeoperculo margine posteriore denticulis minimis scabro, limbo alepidoto parte squamata duplo circ graciliore; operculo spinula parum conspicua; squamis corpore 50 circ. in linea laterali, 15 in serie transversa quarum 3 lineam lateralem inter et dorsalem spinosam mediam; linea laterali singulis squamis tubulo dichotomo notata; pinna dorsali spinis gracilibus non flexilibus pungentibus non productis, posterioribus 4 vel 5 subaequilongis spinis anterioribus longioribus corpore minus duplo humilioribus, membrana inter singulas spinas vix emarginata; pinna dorsali radiosa dorsali spinosa altiore postice acutiuscule angulata; pectoralibus capite non brevioribus; ventralibus radio 1° in filum producto cum filo pectoralibus longioribus analem attingentibus; caudali lobis acutis superiore inferiore et capite paulo longiore; anali spinis gracilibus non flexilibus pungentibus 3ª ceteris longiore radio 1° breviore, parte radiosa non emarginata postice acutangula; colore corpore superne roseo, inferne dilutiore; iride flavescente vel rosea; vittis 2 oculo-caudalibus flavis superiore supra- inferiore infra lineam lateralem decurrente; pinnis roseis, dorsali vittis 3 longitudinalibus flavidis, anali vittis nullis.
B. 6 D. 10/9 vel 10/10. P. 2/14. V. 2/5. A. 3/7 vel 3/8. C. 1/15/1 et lat. brev.
Syn. *Synagris nematopus* Günth., Catal. Fish. I p. 377.
Hab. Celebes (Bulucomba); in mari.
Longitudo speciminis unici 175'''.

Rem. Parmi les espèces insulindiennes sans canines mandibulaires, à hauteur de la tête surpassant sa longueur sans l'opercule et à membrane dorsale non échancrée, il y en a trois dont le corps est plus allongé (que dans le nematophorus, sinensis et Blochi) sa hauteur mesurant presque $3^1/_2$ fois jusqu'à 4 fois dans sa longueur sans la caudale. Elles ont les épines dorsales non flexibles et poignantes et les 5 ou 6 postérieures environ d'égale longueur, et le bord postérieur du préopercule finement dentelé. Ces espèces sont le nematopus, le mesoprion et le tambuloides. Quoique fort-voisines les unes des autres elles ne sont pas à confondre. Le nematopus se distingue par les caractères combinés d'un préorbitaire dont la hauteur mesure deux fois dans le diamètre vertical de l'oeil, du peu de largeur du limbe nu du préopercule qui va deux fois dans la largeur de la partie squammeuse, du prolongement en filet du premier rayon ventral, de deux bandes jaunes latérales, et de trois bandelettes jaunes à la dorsale. Je n'en ai observé que le seul individu décrit. M. Günther la cite aussi comme habitant l'Archipel des Louisiades.

Dentex mesoprion Blkr, Diagn. nieuwe vischs. Sumatra, Nat. Tijdschr. Ned. Ind. IV p. 255; Verh. Kon. Ak. Wet. XIII, Révis. Dentex p. 30. — Atl. Tab. 328, Perc. tab. 50 fig. 4.

Dent. corpore oblongo-subelongato compresso, altitudine $3^2/_5$ ad $3^4/_5$ in ejus longitudine absque-, $4^1/_2$ ad 5 fere in ejus longitudine cum pinna caudali; latitudine corporis 2 circ. in ejus altitudine; capite obtuso convexo $3^2/_5$ ad $3^3/_5$ in longitudine corporis absque-, $4^1/_4$ ad $4^2/_5$ in longitudine corporis cum pinna caudali; altitudine capitis longitudine ejus absque operculo sat multo majore, tota ejus longitudine paulo minore; linea rostro-frontali convexa; oculis diametro $3^1/_4$ ad $3^1/_2$ in longitudine capitis, diametro $^1/_2$ ad $^3/_5$ distantibus; rostro convexo oculo non vel vix breviore; osse praeorbitali granulato-striato, inferne non emarginato, postice obtusangulo margine posteriore obliquo rectiusculo, ad angulum oris oculi diametro verticali non multo humiliore; maxillis aequalibus, superiore sub pupilla desinente $2^1/_3$ ad $2^1/_2$ in longitudine capitis; dentibus intermaxillaribus pluriseriatis serie externa utroque latere 40 circ. parvis dentibus seriebus internis majoribus; dentibus mandibularibus anterioribus pluriseriatis lateralibus uniseriatis utroque latere 40 circ. inaequalibus; dentibus caninis maxilla superiore antice utroque latere insuper 4 ad 6 parvis externo ceteris paulo majore; maxilla inferiore antice caninis vel caninoideis nullis; praeoperculo margine posteriore denticulis vix conspicuis scabro, limbo alepidoto parte squamata duplo circ. graciliore; operculo spinula parva conspicua; squamis corpore 50 circ. in linea laterali, 15 in serie transversa quarum 3 lineam lateralem inter et dorsalem spinosam mediam; linea laterali singulis squamis tubulo simplice vel dichotomo notata; pinna dorsali spinis gracilibus pungentibus non flexilibus non productis posterioribus 6 subaequilongis anterioribus longioribus corpore plus duplo humilioribus, membrana inter singulas spinas vix emarginata; dorsali radiosa dorsali spinosa vix altiore postice angulata; pectoralibus ventralibus radio 1° paulo producto paulo longioribus capite non ad paulo brevioribus; caudali lobis acutis capite vix brevioribus; anali spinis gracilibus non flexilibus 3ª ceteris longiore radio 1° breviore, parte radiosa postice leviter emarginata acutangula; colore corpore superne roseo, inferne dilutiore; iride flavescente vel rosea; vittis 2 vel 3 cephalo-caudalibus flavis vel aureis; regione suprascapulari et operculo postice macula carmosina; pinnis roseis, dorsali radiosa superne vittis 2 longitudinalibus violaceis, anali vittis 2 longitudinalibus flavis.

B 6. D. 10/9 vel 10/10. P. 2/14. V. 1/5. A. 3/7 vel 3/8. C. 1/15/1 et lat. brev.

Syn. *Synagris mesoprion* Günth., Cat. Fish. I p. 37.

Hab. Sumatra (Padang, Ulacan Priaman); Singapura; in mari.

Longitudo 2 speciminum 119''' et 156'''.

Rem. On reconnaît aisément cette espèce parmi ses voisines à la hauteur du préorbitaire qui égale presque le diamètre vertical de l'oeil. Elle se distingue encore du nematopus par les deux bandelettes jaunes de l'anale et par les deux bandelettes violettes sur le haut de la dorsale molle.

Dentex tambuloides Blkr, Diagn. nieuwe vischs. Batavia, Nat. T. Ned. Ind. IV p. 465; Verh. Kon. Ak. Wet. XIII, Révis. Dentex p. 31. — Atl. Tab. 328, Perc. tab. 50 fig. 1.

Dent. corpore subelongato compresso, altitudine 4 fere in ejus longitudine absque-, $4^3/_4$ fere in ejus longitudine cum pinna caudali; latitudine corporis 2 circ. in ejus altitudine; capite obtuso convexo $3^3/_5$ in longitudine corporis absque-, $4^1/_8$ circ. in longitudine corporis cum pinna caudali; altitudine capitis longitudine ejus absque operculo multo majore, tota ejus longitudine paulo minore; linea rostro-frontali convexa; oculis diametro 3 et paulo in longitudine capitis, diametro $^3/_5$ circ. distantibus; rostro convexo oculo breviore; osse praeorbitali granulato non striato inferne non emarginato, postice obtuse rotundato margine posteriore obliquo convexo, ad angulum oris oculi diametro verticali paulo humiliore; maxillis subaequalibus superiore sub pupilla desinente $2^3/_4$ circ. in longitudine capitis; dentibus intermaxillaribus pluriseriatis serie externa utroque latere 30 circ. parvis dentibus seriebus internis majoribus; dentibus mandibularibus anterioribus pluriseriatis, lateralibus uniseriatis utroque latere 30 circ. inaequalibus; dentibus caninis maxilla superiore antice utroque latere insuper 5 parvis curvatis lateralibus ceteris majoribus; maxilla inferiore antice caninis vel caninoideis nullis; praeoperculo margine posteriore denticulis tactu magis quam visu conspicuis, limbo alepidoto parte squamata paulo tantum graciliore; operculo spinula parum conspicua; squamis corpore 50 circ. in linea laterali, 15 in serie transversa quarum 3 lineam lateralem inter et dorsalem spinosam mediam; linea laterali singulis squamis tubulo dichotomo vel simplice notata; pinna dorsali spinis gracilibus pungentibus non flexilibus non productis posterioribus 5 subaequilongis spinis anterioribus longioribus corpore plus duplo humilioribus, membrana inter singulas spinas leviter emarginata; pinna dorsali radiosa dorsali spinosa vix altiore convexiuscula postice angulata; pectoralibus ventralibus paulo longioribus capite paulo brevioribus; caudali lobis acutis capite non vel vix brevioribus; anali spinis gracilibus non flexilibus 3ª ceteris longiore radio 1° breviore, parte radiosa antice convexa postice acutangula; colore corpore roseo; iride flavescente vel rubra; vittis cephalo-caudalibus pluribus aureis vel flavis; pinnis roseis vel roseo-hyalinis, dorsali superne vittis 2 longitudinalibus violaceis, anali vitta longitudinali mediana flava.

B. 6. D. 10/9 vel 10/10. P. 2/15. V. 1/5. A. 3/7 vel 3/8. C. 1/15/1 et lat. brev.

Syn. *Passir-passir* et *Gurisi-mejrah* Mal.

Hab. Java (Batavia); Celebes (Badjoa); in mari.

Longitudo 2 speciminum 135''' et 164'''.

Rem. Cette troisième espèce du groupe des nematopus se distingue par le caractère très-net de la largeur du limbe nu du préopercule qui égale presque la largeur de la partie squammeuse. Au reste elle a le préorbitaire beaucoup moins haut que le mesoprion et ne présente qu'une seule bandelette à l'anale parcourant le milieu de la nageoire.

Dentex upeneoides Blkr, Nieuwe bijdr. ichth. Banka, Nat. T. Ned. Ind. III p. 725; Verh. Kon. Ak. Wet. XIII, Révis. Dentex p. 33. — Atl. Tab. 327, Perc. tab. 49 fig. 2.

Dent. corpore oblongo compresso, altitudine $3^1/_2$ circ. in ejus longitudine absque-, $4^1/_2$ fere in ejus longitudine cum pinna caudali; latitudine corporis 2 circ. in ejus altitudine; capite obtuso convexo 3 et paulo in longitudine corporis absque-, 4 et paulo in longitudine corporis cum pinna caudali; altitudine capitis longitudine ejus absque operculo non majore; linea rostro-frontali convexa; oculis diametro 3 circ. in longitudine capitis, diametro $^2/_3$ circ. distantibus; rostro convexo oculo non vel vix breviore; osse praeorbitali granulato-striato, inferne non emarginato, postice valde obtusangulo margine posteriore convexo valde obliquo, ad angulum oris oculi diametro verticali paulo tantum humiliore; maxillis aequalibus, superiore sub oculi margine anteriore desinente, 3 circ. in longitudine capitis; dentibus intermaxillaribus pluriseriatis serie externa utroque latere 16 subaequalibus dentibus seriebus internis majoribus; dentibus mandibularibus anterioribus pluriseriatis, lateralibus uniseriatis inaequalibus utroque latere 16 circ.; dentibus caninis maxilla superiore antice utroque latere insuper caninis 3 curvatis brevibus; maxilla inferiore antice caninis vel caninoideis nullis; praeoperculo edentulo, limbo alepidoto parte squamata paulo graciliore; operculo spinula minima vix conspicua; squamis corpore 50 circ. in linea laterali, 15 in serie transversa quarum 3 lineam lateralem inter et dorsalem spinosam mediam; linea laterali singulis squamis tubulo simplice vel dichotomo notata; pinna dorsali spinis gracilibus flexilibus non productis mediis ceteris longioribus corpore duplo circ. humilioribus, membrana inter singulas spinas vix emarginata; pinna dorsali radiosa dorsali spinosa vix vel non humiliore postice acutangula; pectoralibus ventralibus radio 1° vix producto paulo longioribus capite paulo brevioribus; caudali lobis acutis superiore inferiore longiore capite vix breviore; anali spinis gracilibus 3a ceteris longiore radio 1° breviore, parte radiosa convexa postice acutangula; colore corpore superne roseo, inferne roseo-argenteo; iride rubra vel flava; pinnis roseis, dorsali radiosa superne vitta longitudinali intramarginali flava.

B. 6. 10/9 vel 10/10. P. 2/14. V. 1/5. A. 3/7 vel 3/8. C. 1/15/1 et lat brev.

Syn. *Synagris upeneoides* Günth., Catal. Fish. I p. 375.

Hab. Bangka (Sinus Klabat); Celebes (Macassar); in mari.

Longitudo 3 speciminum 143''' ad 160'''.

Rem. L'espèce actuelle et celles qui restent à décrire, ont en commun l'absence de canines ou de caninoïdes mandibulaires, un corps peu trapu sa hauteur ne mesurant que de $3^1/_2$ à 4 fois dans celle du corps sans la caudale, des épines dorsales non prolongées, une membrane dorsale peu ou non échancrée et une tête plus longue que haute la hauteur égalant la longueur sans la partie postpréoperculaire. Ces espèces sont au nombre de cinq, dont deux se distinguent par l'absence complète de dentelure au bord libre du préopercule et par le nombre des dents intermaxillaires de la rangée externe qui n'est que de 15 ou de 16. Ces deux espèces, l'upeneoides et le gracilis, sont encore aisément à distinguer l'une de l'autre par la nature des épines dorsales qui, dans le gracilis, ne sont point flexibles et dont les médianes ne sont pas plus longues que les suivantes. Puis aussi, dans le gracilis, le préorbitaire est beaucoup moins élevé et le limbe nu du préopercule beaucoup moins large.

Dentex gracilis Blkr, Verh. Kon. Ak. Wet. XIII, Révis. Dentex p. 34. — Atl. Tab. 313 Perc. tab. 35 fig. 5.

Dent. corpore subelongato compresso, altitudine $4^1/_3$ circ. in ejus longitudine absque-, $5^1/_3$ circ. in ejus longitudine cum pinna caudali; latitudine corporis 2 fere in ejus altitudine; capite obtuso convexo 3 et paulo in longitudine corporis absque-, 4 et paulo in longitudine corporis cum pinna caudali; altitudine capitis longitudine ejus absque operculo non vel vix majore; oculis diametro 3 circ. in longitudine capitis, diametro $^3/_5$ circ. distantibus; linea rostro-frontali convexa; rostro oculo breviore; osse praeorbitali granulato-striato, inferne vix emarginato, postice obtuse rotundato margine posteriore obliquo convexo, ad angulum oris oculi diametro verticali duplo circ. humiliore; maxillis aequalibus, superiore sub oculi parte anteriore desinente $2^2/_3$ circ. in longitudine capitis; dentibus intermaxillaribus pluriseriatis serie externa utroque latere 16 circ. subaequalibus dentibus seriebus internis majoribus; dentibus mandibularibus anterioribus pluriseriatis, lateralibus uniseriatis inaequalibus utroque latere 15 circ.; dentibus caninis maxilla superiore antice utroque latere insuper 3 curvatis mediocribus externo ceteris longiore; maxilla inferiore antice caninis vel caninoideis nullis; praeoperculo edentulo, limbo alepidoto parte squamata duplo circ. graciliore; operculo spinula bene conspicua; squamis corpore 50 circ. in linea laterali, 15 in serie transversa quarum 3 lineam lateralem inter et dorsalem spinosam mediam; linea laterali singulis squamis tubulo simplice vel dichotomo notata; pinna dorsali spinis gracilibus pungentibus non flexilibus non productis postrorsum longitudine sensim accrescentibus posteriore corpore duplo circ. humiliore, membrana inter singulas spinas vix emarginata; dorsali radiosa dorsali spinosa paulo altiore postice angulata; pinnis pectoralibus ventralibus non productis paulo longioribus capite paulo brevioribus; caudali lobis acutis superiore inferiore longiore capite non longiore; anali spinis gracilibus non flexilibus 3a ceteris longiore radio 1° breviore, parte radiosa antice convexa postice acutangula; colore corpore superne roseo, inferne roseo-argenteo; iride flavescente vel rosea; corpore vittis pluribus longitudinalibus flavis; pinnis roseis, dorsali superne flavo marginata.

B. 6. D. 10/9 vel 10/10. P. 2/14. V. 1/5. A. 3/7 vel 3/8. C. 1/15/1 et lat. brev.

Syn. *Latilus upeneoides* Blkr, Topogr. Batav. Nat. Gen. Arch. N. Ind. II p. 523.

Dentex ruber Blkr, Verh. Bat. Gen. XXIII Sparoid. p. 12 (nec CV.).

Passir-passir, *Gurisi-mejrah* Mal.

Hab. Nias; Java (Batavia, Pasuruan, Bezuki); Celebes (Macassar); Amboina; in mari.

Longitudo speciminis descripti 178'''.

Rem. C'est à tort qu'autrefois j'ai rapporté cette espèce au Dentex ruber CV.—A en juger d'après la figure du ruber, publiée dans la Zoölogie du Voyage de la Coquille, cette espèce a des canines mandibulaires, le corps plus trapu et la tête plus obtuse, les épines dorsales médianes plus longues que les suivantes, etc. Je ne puis pas non plus rapporter l'espèce actuelle à aucune des autres espèces connues. Elle est voisine de l'upeneoides mais se distingue essentiellement puisque, dans l'upeneoides, le corps est plus trapu, le préorbitaire plus haut, et le limbe nu du préopercule plus large. Puis aussi les épines dorsales, dans l'upeneoides, sont flexibles et les médianes plus longues que les suivantes, et on n'y voit rien de bandelettes longitudinales jaunes.

Dentex sumbawensis Blkr, Derde bijdr. vischf. Sumbawa, Nat. T. Ned. Ind. XIX p 439; Verh. Kon. Ak. Wet. XIII, Révis. Dentex p. 35. — Atl. Tab. 328, Perc tab. 30 fig. 2; Tab. 336, Perc. tab. 58 fig. 4.

Dent. corpore oblongo-subelongato compresso, altitudine $3^8/_4$ circ. in ejus longitudine absque-, $4^2/_3$ ad $4^3/_4$ in ejus longitudine cum pinna caudali; latitudine corporis $1^3/_4$ circ. in ejus altitudine; capite obtusiusculo convexo $3^1/_2$ circ. in longitudine corporis absque-, $4^1/_2$ circ. in longitudine corporis cum pinna caudali; altitudine capitis longitudine ejus absque operculo non vel vix majore; linea rostro-frontali convexiuscula; oculis diametro 3 fere in longitudine capitis, plus diametro $^1/_2$ distantibus; rostro convexo oculo breviore; osse praeorbitali granulato-striato inferne emarginato, postice obtuse rotundato margine posteriore obliquo convexo, ad angulum oris oculi diametro verticali plus duplo humiliore; maxillis aequalibus, superiore sub oculi parte anteriore desinente, 3 fere in longitudine capitis; dentibus intermaxillaribus pluriseriatis serie externa utroque latere 30 circ. parvis subaequalibus dentibus seriebus internis majoribus; dentibus mandibularibus anterioribus pluriseriatis, lateralibus uniseriatis inaequalibus utroque latere 25 circ.; dentibus caninis maxilla superiore antice utroque latere insuper 3 vel 4 parvis externo ceteris longiore; maxilla inferiore antice caninis vel caninoideis nullis; praeoperculo margine posteriore denticulis conspicuis, limbo alepidoto parte squamata duplo circ. graciliore; operculo spinula vix conspicua; squamis corpore 50 circ. in linea laterali, 15 in serie transversa quarum 3 lineam lateralem inter et dorsalem spinosam mediam; linea laterali singulis squamis tubulo vulgo dichotomo notata; pinna dorsali spinis mediocribus pungentibus non flexilibus non productis posterioribus 6 subaequilongis spinis anterioribus longioribus corpore non multo plus duplo humilioribus, membrana inter singulas spinas vix emarginata; dorsali radiosa dorsali spinosa vix altiore convexa postice angulata; pinnis pectoralibus capite vix brevioribus; ventralibus radio 1° paulo producto pectoralibus paulo brevioribus; caudali lobis acutis superiore inferiore longiore capite paulo breviore; anali spinis mediocribus pungentibus non flexilibus 3ª ceteris longiore radio 1° breviore, parte radiosa antice convexa postice leviter emarginata acutangula; colore corpore superne roseo, inferne roseo-argenteo; iride rosea vel flava; lateribus superne vittis 3 ad 5 longitudinalibus flavis; pinnis roseo-hyalinis, dorsali flavo marginata et vittis 2 gracilibus flavis parallelis postrorsum leviter adscendentibus.

B. 6. D. 10/9 vel 10/10. P. 2/16. V. 1/5. A. 3/7 vel 3/8. C. 1/15/1 et lat. brev.

Hab Sumbawa; in mari.

Longitudo speciminis unici 154'''.

Rem. Le Dentex sumbawensis est fort voisin du gracilis, mais il a les dents intermaxillaires beaucoup plus nombreuses et se distingue aussi par les dentelures du préopercule, par le préorbitaire moins élevé, par la forme moins allongée du corps et par les bandelettes jaunes de la dorsale.

Dentex zysron Blkr, Bijdr. ichth. Nias, Nat. T. Ned. Ind. XII p. 219; Verh. Kon. Ak. Wet XIII, Révis. Dentex p. 37. — Atl. Tab. 327, Perc. tab. 49 fig. 5.

Dent. corpore subelongato compresso, altitudine 4 circ. in ejus longitudine absque-, 5 circ. in ejus longitudine cum pinna caudali; latitudine corporis 2 circ. in ejus altitudine; capite obtusiuscnlo convexo $3^3/_4$ circ. in longitudine corporis cum pinna caudali; altitudine capitis longitudine ejus absque operculo non majore; linea rostro-frontali convexiuscula; oculis diametro 3 fere in longitudine capitis, diametro $^3/_5$ circ. distantibus; rostro convexiusculo oculo breviore; osse praeorbitali granulato-striato, inferne late emarginato, postice obtuse rotundato margine posteriore convexo obliquo, ad angulum oris oculi diametro verticali duplo circ. humiliore; maxillis aequalibus, superiore sub oculi parte anteriore desinente, $2^3/_4$ circ. in longitudine capitis; dentibus intermaxillaribus pluriseriatis serie externa utroque latere 30 circ. subaequalibus dentibus seriebus internis majoribus; dentibus mandibularibus anterioribus pluriseriatis, lateralibus uniseriatis utroque latere 30 circ. inaequalibus; dentibus caninis maxilla superiore antice utroque latere insuper 4 vel 5 curvatis mediocribus externo ceteris longiore; maxilla inferiore antice caninis vel caninoideis nullis; praeoperculo margine posteriore denticulis parvis sed conspicuis, limbo alepidoto parte squamata duplo circ. graciliore; operculo spinula bene conspicua; squamis corpore 50 circ. in linea laterali, 15 in serie transversa quarum 3 lineam lateralem inter et dorsalem spinosam mediam; linea laterali singulis squamis tubulo vulgo dichotomo notata; pinna dorsali spinis gracilibus pungentibus non flexilibus non productis, posterioribus 8 subaequilongis anterioribus longioribus corpore plus duplo humilioribus, membrana inter singulas spinas vix emarginata; dorsali radiosa dorsali spinosa paulo altiore convexa postice angulata; pectoralibus ventralibus radio 1° paulo producto longioribus; caudali lobis acutis capite vix breviore; anali spinis gracilibus non flexilibus 3ª ceteris longiore radio 1° breviore, parte radiosa antice convexa postice emarginata angulo acuta; colore corpore superne roseo, inferne roseo-argenteo; iride flava vel rosea; pinnis roseis, dorsali spinosa superne flavo marginata et vitta intramarginali dilute violacea, anali vitta longitudinali obliqua flava vel margaritacea.

B. 6. D. 10/9 vel 10/10. P. 2/14. V. 1/5. A. 3/7 vel 3/8. C. 1/15/1 et lat. brev.

Syn. *Synagris zysron* Günth., Cat. Fish. I p. 375.

Hab. Nias; Sumbawa; in mari.

Longitudo speciminis descripti 165'''.

Rem. Le Dentex zysron ne diffère que peu du sumbawensis. A l'état frais ce sont la bandelette violette sousmarginale de la dorsale et la bandelette anale jaune qui le font aisément distinguer. Aussi n'y vois je pas de bandelettes sur le corps. Au reste il a le préorbitaire un peu plus haut et le corps un peu moins trapu.

Dentex balinensis Blkr , Derde bijdr. ichth. Bali, Nat. T. Ned. Ind. XVII p. 155, Verh. Kon. Ak. Wet. XIII, Révis. Dentex p. 38. - Atl. Tab. 327, Perc. tab. 49 fig. 4.

Dent. corpore subelongato compresso altitudine 4 fere in ejus longitudine absque, 5 fere in ejus longitudine cum pinna caudali; latitudine corporis $1^2/_3$ circ. in ejus altitudine; capite obtuso valde convexo $3^1/_3$ ad $3^2/_5$ in longitudine corporis absque-, $4^1/_3$ ad $4^2/_5$ in longitudine corporis cum pinna caudali; altitudine capitis longitudine ejus absque operculo non majore; linea rostro-frontali convexa; oculis diametro $2^1/_4$ circ. in longitudine capitis, minus diametro $^1/_2$ distantibus; rostro convexo oculo duplo breviore; osse praeorbitali granulato-striato, inferne valde emarginato postice obtusangulo angulo rotundato margine posteriore obliquo, ad angulum oris oculi diametro verticali quadruplo circ. humiliore; maxillis aequalibus, superiore sub oculi parte anteriore desinente $2^2/_3$ circ. in longitudine capitis; dentibus intermaxillaribus pluriseriatis serie externa utroque latere 30 circ. parvis subaequalibus dentibus seriebus internis majoribus; dentibus mandibularibus anterioribus pluriseriatis, lateralibus uniseriatis utroque latere 30 circ. inaequalibus; dentibus caninis maxilla superiore antice utroque latere insuper 4 vel 5 parvis curvatis externis quam internis majoribus; maxilla inferiore antice caninis vel caninoideis nullis; praeoperculo margine posteriore leviter denticulato, limbo alepidoto parte squamata triplo circ. graciliore; operculo spinula parum conspicua; squamis corpore 50 circ. in linea laterali, 15 in serie transversa quarum 3 lineam lateralem inter et dorsalem spinosam mediam; linea laterali singulis squamis tubulo dichotomo notata; pinna dorsali spinis gracilibus pungentibus non flexilibus non productis, posterioribus 6 subaequilongis spinis anterioribus longioribus corpore paulo plus duplo humilioribus, membrana inter singulas spinas vix emarginata; dorsali radiosa dorsali spinosa non altiore postice obtusangula; pectoralibus ventralibus radio 1° paulo producto sat multo longioribus capite paulo brevioribus; caudali lobis acutis superiore inferiore multo longiore capite paulo breviore; anali spinis mediocribus non flexilibus 3ª ceteris longiore radio 1° breviore, parte radiosa antice convexa postice acutangula; colore corpore superne roseo, inferne roseo-argenteo; iride flava et rosea, superne fusca vel violacea; vitta axillo-caudali nitide flava; ventre pinnisque ventralibus sulphureis; pinnis ceteris roseo-hyalinis, dorsali pulchre flavo marginata, vitta intramarginali violascente-hyalina.
B. 6. D. 10/9 vel 10/10. P. 2/15. V. 1/5 A. 3/7 vel 3/8. C. 1/15/1 et lat. brev.
Hab. Bali (Boleling); in mari.
Longitudo speciminis descripti 151'''.

Rem. De toutes les espèces archipélagiques connues le balinensis a le préorbitaire le moins élevé. Il appartient au groupe des sumbawensis et zysron et se distingue par le peu de largeur du bord nu du préopercule, par la largeur de l'oeil et par la bande oculo-caudale jaune. Le Dentex Petersii (Heterognathodon Petersii Steind.) de Zanzibar, est dit avoir le corps encore plus allongé (hauteur 6 fois dans la longueur totale) et une bande oculo-caudale brunâtre, mais il pourrait bien n'être pas distinct du balinensis.

GYMNOCRANIUS Klunz. = Paradentex Blkr.

Dentes maxillis pluriseriati serie externa ceteris majores, intermaxillares anteriores ex parte canini. Caput regione temporali ossibusque opercularibus tantum squamatum, squamis praeoperculo tri-ad pluriseriatis, limbo praeoperculari nullis. Maxillae subaequales, superior leviter protractilis. Operculum inerme. Squamae trunco 50 circ. in serie longitudinali. Pinnae, dorsalis alepidota spinis 10 et radiis 9 ad 11, analis basi squamata spinis 3 et radiis 10 vel 11. B. 6.

Rem Les Gymnocranius se distinguent des Synagris (Dentex Günth.) par la faiblesse des dents canines, par l'absence d'écailles au limbe préoperculaire, par le nombre constant de dix epines dorsales et de dix ou onze rayons mous à l'anale, et surtout par l'absence d'écailles occipitales et frontales.

J'y rapporte quatre espèces insulindiennes, qui se font aisément reconnaître par les caractères suivants.

I. Environ 50 écailles dans la ligne latérale, 6 sur une rangée transversale au-dessus de la ligne latérale. D. 10/10 ou 10/11.
1. Tête plus haute que longue. Limbe nu du préopercule moins du double moins large que la partie squammeuse.
A. Diamètre de l'oeil $2^1/_4$ à $2^1/_3$ fois dans la longueur de la tête. Ecailles préoperculaires disposées sur 3 rangées transversales. Épines dorsales flexibles, les médianes plus longues que les autres. Rayons médians de la caudale plus courts que l'oeil. Corps et nageoires sans bandes.

1. *Gymnocranius griseus* Blkr.

B. Diamètre de l'oeil $2^1/_2$ à 3 fois dans la longueur de la tête. Écailles préoperculaires disposées sur 4 ou 5 rangées transversales. Épines dorsales non flexibles, les 6 ou 7 postérieures plus longues que les autres. Rayons médians de la caudale plus longs que l'oeil. Corps à bandes transversales brunâtres disparaissant plus ou moins avec l'âge.

2. *Gymnocranius lethrinoides* Blkr.

2. Hauteur de la tête égalant sa longueur. Ecailles préoperculaires disposées sur 4 ou 5 rangées transversales. Canines ou caninoïdes mandibulaires fort-petites. Epines dorsales flexibles, les médianes plus longues que les autres. Rayons médians de la caudale plus longs que l'oeil.

A. Hauteur du corps $2^2/_5$ fois dans sa longueur sans la caudale. Diamètre de l'oeil $2^3/_4$ fois dans la longueur de la tête. Préopercule à limbe nu du double moins large que sa partie squammeuse. Corps olivâtre. Une bandelette rostro-oculaire dorée. Lobes de la caudale à large tache brunâtre.

3 *Gymnocranius frenatus* Blkr.

B. Hauteur du corps $2^3/_4$ fois dans sa longueur sans la caudale. Diamètre de l'oeil 3 fois dans la longueur de la tête. Préopercule à limbe nu aussi large ou presqu'aussi large que sa partie squammeuse. Une bande sous-oculaire noirâtre.

4. *Gymnocranius microdon* Blkr.

Gymnocranius griseus Blkr, Verh. Kon. Ak. Wet. XIII, Révis. Dentex p. 43. — Atl. Tab. 332, Perc. tab. 74 fig. 4.

Gymnocr. corpore oblongo compresso, altitudine $2^2/_5$ circ. in ejus longitudine absque-, $3^1/_4$ circ in ejus longitudine cum pinna caudali; latitudine corporis 2 ad $2^1/_4$ in ejus altitudine; capite obtuso convexo 3 circ. in longitudine corporis absque-, $4^1/_4$ circ. in longitudine corporis cum pinna caudali, paulo altiore quam longo; oculis diametro $2^1/_3$ ad $2^1/_4$ in longitudine capitis, diametro $^3/_5$ ad $^2/_3$ distantibus; linea rostro-frontali ante oculos convexa; rostro obtuso non convexo oculo multo breviore; osse praeorbitali granulato postice valde obtusangulo margine posteriore valde obliquo, ad angulum oris oculi diametro longitudinali duplo circ. humiliore; maxillis aequalibus, superiore ante oculum desinente $3^1/_4$ circ. in longitudine capitis; dentibus intermaxillaribus pluriseriatis utroque latere serie externa antice caninis 3 mediocribus curvatis subaequalibus, lateribus conicis 4 ad 6 dentibus seriebus internis multo majoribus; dentibus mandibularibus antice pluriseriatis, utroque latere serie externa antice caninis 3 parvis externo ceteris longiore, lateribus 10 circ. conicis inaequalibus; praeoperculo squamis in series 3 transversas curvatas dispositis, margine posteriore edentulo, limbo alepidoto parte squamata minus duplo graciliore; squamis interoperculo pluriseriatis; operculo spina vera nulla; squamis corpore 50 circ. in linea laterali, 22 in serie transversa quarum 6 lineam lateralem inter et dorsalem spinosam mediam; linea laterali singulis squamis tubulo simplice notata; pinna dorsali spinis gracillimis flexilibus vix pungentibus 3ª 4ª et 5ª ceteris longioribus corpore triplo circ. humilioribus, membrana inter singulas spinas parum emarginata; dorsali radiosa dorsali spinosa non vel vix altiore postice obtuse rotundata; pinnis pectoralibus ventralibus radio 1° plus minusve producto paulo ad non longioribus capite vix brevioribus; caudali radiis mediis oculo non longioribus lobis valde acutis subaequilongis capite paulo longioribus; anali spinis gracilibus non flexilibus 3ª ceteris longiore radio 1° breviore, parte radiosa non emarginata postice obtuse rotundata; colore corpore superne roseo vel griseo-roseo, inferne flavescente; iride flavescente; pinnis roseis vel flavescentibus.

B. 6. D. 10/10 vel 10/11. P. 2/12 vel 2/13. V. 1/5. A. 3/10 vel 3/11. C. 1/15/1 et lat. brev.

Syn. *Dentex griseus* Schl., Faun. Jap. Poiss. p. 72 tab. 36.

Dentex griseus Blkr, Verh. Bat. Gen. XXVI, Nieuwe nalez. ichth. Japan p. 88 (ex parte).

Hab. Java (Batavia); Japonia, ins. Kiusiu (Nagasaki); in mari.

Longitudo 4 speciminum 265''' ad 290'''.

Rem. J'ai été dans l'erreur autrefois en affirmant l'identité spécifique du Dentex lethrinoides Blkr et du Dentex griseus Schl. De nouveaux matériaux et une nouvelle étude ont appris que ces deux espèces sont en effet distinctes. La description citée du Dentex griseus Blkr étant prise sur des individus des deux espèces, doit donc être remplacée par celles que je donne actuellement. Le griseus se distingue du lethrinoides, outre les couleurs, par les yeux qui sont plus grands, par la formule des écailles préoperculaires, par la faiblesse des épines dorsales dont les médianes sont les plus longues, par la brièveté des rayons médians de la caudale, par les lobes plus grêles de cette nageoire, et par deux rangées longitudinales d'écailles de moins au-dessous de la ligne latérale. Si l'on compare des individus âgés des deux espèces d'égale longueur on trouve encore que le lethrinoides a le profil plus obtus, le préorbitaire plus haut et à bord posterieur plus vertical, etc.

Je ne connais l'espèce actuelle que des mers de Java et de Kiusiu.

Gymnocranius lethrinoides Blkr, Verh. Kon. Ak. Wet. XIII, Révis. Dentex p. 45. — Atl. Tab. 332, Perc. tab. 54 fig. 1; Tab. 334, Perc. tab. 56 fig. 3.

Gymnocr. corpore oblongo compresso, altitudine 2 ad $2^1/_2$ in ejus longitudine absque-, $2^1/_2$ ad $3^1/_4$ in ejus longitudine cum pinna caudali; latitudine corporis $2^1/_2$ ad 3 in ejus altitudine; capite obtuso vix convexo 3 fere ad 3 et paulo in longitudine corporis cum pinna caudali, altiore quam longo; oculis diametro $2^1/_2$ ad 3 in longitudine capitis, diametro $^2/_3$ ad 1 fere distantibus; linea rostro-frontali rectiuscula, junioribus ante oculos vulgo convexiuscula; rostro obtuso non convexo oculo sat multo breviore; osse praeorbitali granulato-striato postice obtusangulo margine posteriore obliquo, ad angulum oris altitudine $1^1/_4$ ad 2 et paulo in oculi diametro longitudinali; maxillis aequalibus, superiore sub oculi margine anteriore vel vix ante oculum desinente 3 ad 3¼ in longitudine capitis; dentibus intermaxillaribus pluriseriatis utroque latere serie externa antice caninis 3 mediocribus curvatis subaequalibus, lateribus conicis 6 ad 12 dentibus seriebus internis multo majoribus; dentibus mandibularibus antice pluriseriatis postice uniseriatis utroque latere serie externa antice caninis parvis vel caninoideis 3 subaequalibus lateribus 12 ad 16 conicis inaequalibus; praeoperculo squamis in series 4 vel 5 transversas curvatas dispositis, margine libero aetate provectis laevi juvenilibus inferne vulgo denticulis vix conspicuis, limbo alepidoto parte squamata minus duplo graciliore; squamis interoperculo pluriseriatis; operculo spina vera nulla; squamis corpore 50 circ. in linea laterali, 24 in serie transversa quarum 6 lineam lateralem inter et dorsalem spinosam mediam; linea laterali singulis squamis tubulo simplice notata; pinna dorsali spinis mediocribus pungentibus non flexilibus, posterioribus 6 vel 7 subaequilongis spinis anterioribus longioribus corpore triplo circiter humilioribus, membrana inter singulas spinas leviter incisa; dorsali radiosa dorsali spinosa paulo ad sat multo altiore, obtusa, rotundata; pinnis pectoralibus ventralibus radio 1° plus minusve producto longioribus capite non vel vix brevioribus; caudali radiis mediis oculo paulo ad sat multo longioribus, lobis acutis subaequalibus capite paulo ad non brevioribus; anali spinis sat crassis validis 3ª ceteris longiore et crassiore radio 1° breviore, parte radiosa non emarginata postice obtuse rotundata; colore *juvenilibus* corpore viridescente- vel violascente-roseo; iride flava; vitta rostro-oculari et vittis 2 interocularibus fuscis; fasciis transversis fuscis 6 vel 7, 1ª occipito-oculari, 2ª nucho-pectorali, 3ª et 4ª dorso-ventralibus et 5ª dorso-anali dorsalem et analem intrantibus, penultima caudo-anali oblique antrorsum descendente; lateribus fascias inter maculis sparsis fuscis; pinnis flavis, dorsali fusco maculata, ventralibus medio fuscis, caudali vittis 3 transversis et superne et inferne fascia longitudinali intramarginali fuscis; colore *aetate provectis* corpore roseo-viridi, pinnis flavo; vittis maculisque corpore pinnisque diffusis vel nullis; squamis dorso singulis guttula rosea vel violascente.

B. 6. D. 10/10 vel 10/11. P. 2/12 vel 2/13. V. 1/5. A. 3/10 vel 3/11. C. 1/15/1 et lat. brev.

Syn. *Dentex xanthopterus* Blkr, Topogr. Batav., Nat. Gen. Arch. Ned. Ind. II p. 522 (nomen tantum.).
Dentex lethrinoides Blkr, Verh. Bat. Gen. XXIII Spar. p. 11; Faun. ichth. Jav. gen. et spec nov., Nat. T. Ned. Ind. I p. 102.
Lobotes microprion Blkr, Nieuwe bijdr. Perc. Sclerop. Sciaen., Nat. T. Ned. Ind. II p. 174.
Dentex griseus Blkr, Verh. Bat. Gen. XXVI, Nieuwe nalez. ichth. Japan p. 88 ex parte (nec Schl.).

Hab. Java (Batavia); Sumatra (Siboga); in mari.

Longitudo 11 speciminum 70‴ ad 250‴.

Rem. Les bandes transversales du corps, nettement dessinées dans les jeunes, deviennent plus faibles avec l'âge et disparaissent presque complètement dans les adultes.

Le Sparus cynodon Bl. (Ausl. Fisch. tab. 276), devenu le Cichla cynodon du Systema posthumum et le Dentex cynodon des auteurs modernes, pourrait bien ne représenter qu'un Gymnocranius. Bloch en dit expressément. »Der Kopf ist bis auf die Kiemendeckel schuppenlos," et il donne la formule de l'anale = 3/11. Peut-être que Bloch ait eu sous les yeux un individu du Gymnocranius lethrinoides. Le nom de »Ican Caccatoca iju", sous lequel il reçut l'exemplaire de son Sparus cynodon, indique qu'il provenait de la Malaisie et non du Japon. La formule de la dorsale du cynodon = 11/14 ferait cependant plutôt penser à un Lutjanus. La réexamination du poisson Blochien, s'il existe encore, pourrait seule décider de la valeur de ces rapprochements.

Gymnocranius frenatus Blkr, Verh. Kon. Ak. Wet. XIII, Révis. Dentex p. 46.— Atl. Tab. 333 Perc. tab. 55 fig. 3.

Gymnocr. corpore oblongo compresso altitudine 2⅖ circ. in ejus longitudine absque-, 3 et paulo in ejus longitudine cum pinna caudali; latitudine corporis 2⅓ circ. in ejus altitudine; capite acutiusculo non convexo 3¼ circ. in longitudine corporis absque-, 4¼ circ. in longitudine corporis cum pinna caudali aeque alto circ. ac longo; oculis diametro 2¾ circ. in longitudine capitis, diametro 1 fere distantibus; linea rostro-frontali rectiuscula; rostro non convexo oculo breviore; osse praeorbitali striato postice obtusangulo margine posteriore obliquo, ad angulum oris altitudine 1⅛ circ. in oculi diametro longitudinali; maxillis aequalibus, superiore vix ante oculum desinente 3⅓ circ. in longitudine capitis; dentibus intermaxillaribus pluriseriatis utroque latere serie externa antice caninis 2 vel 3 curvatis parvis, lateribus 6 circ. conicis inaequalibus dentibus seriebus internis majoribus; dentibus mandibularibus antice pluriseriatis minimis caninis vel caninoideis nullis, postice uniseriatis utroque latere conicis 12 circ. valde inaequalibus; praeoperculo squamis in series 5 vel 6 transversas curvatas dispositis, margine libero inferne tantum scabriusculo, limbo alepidoto parte squamata duplo circ. graciliore; squamis interoperculo pluriseriatis; operculo spina vera nulla; squamis corpore 50 circ. in linea laterali, 22 in serie transversa quarum 6 lineam lateralem inter et dorsalem spinosam mediam; linea laterali singulis squamis tubulo simplice notata; pinna dorsali spinis gracilibus pungentibus non flexilibus, mediis ceteris longioribus corpore triplo circ. humilioribus, membrana inter singulas spinas mediocriter incisa; dorsali radiosa dorsali spinosa altiore, obtusa, rotundata; pectoralibus ventralibus paulo longioribus capite paulo brevioribus; caudali radiis mediis oculo paulo longioribus, lobis acutis capite vix vel non brevioribus; anali spinis mediocribus sat crassis 3ª ceteris longiore radio 1° breviore, parte radiosa convexa postice obtusa; colore corpore superne olivascente-roseo basi squamarum profundiore, inferne aurantiaco-roseo vel flavescente basi squamarum dilutiore; iride flavescente vel rosea; fronte, rostro labiisque profunde violascente-viridibus; vitta rostro-oculari aurea nares amplectente; pinnis roseis vel aurantiacis, caudali utroque lobo dimidio posteriore macula violascente, dorsali spinosa membrana violascente nebulata.

B. 6. 10/10 vel 10/11. P. 2/12. V. 1/5. A. 3/10 vel 3/11. C. 1/15/1 et lat. brev.

Hab. Celebes (Macassar?) in mari.

Longitudo speciminis descripti 237‴.

Rem. Cette espèce et la suivante se distinguent des deux précédentes en ce que la hauteur de la tête égale sa longueur et que les canines mandibulaires sont peu développées ou presque nulles. Toutes les deux ont les épines dorsales fort grêles et flexibles et les épines médianes plus longues que les autres. L'espèce actuelle se distingue nettement du microdon par le peu de largeur du limbe nu du préopercule, largeur qui mesure deux fois ou presque deux fois dans la largeur de la région préoperculaire squammeuse. Elle a aussi le corps plus trapu, le profil obtus et l'oeil plus grand, et se fait reconnaître encore, à l'état frais, par la présence d'une bandelette rostro-oculaire dorée et par l'absence de bande sousoculaire noirâtre.

Gymnocranius microdon Blkr, Verh. Kon. Ak. Wet. XIII, Révis. Dentex p. 48. — Atl. Tab. 308, Perc. tab. 30 fig. 3.

Gymnocr. corpore oblongo compresso, altitudine $2^2/_3$ circ. in ejus longitudine absque-, $3^1/_2$ circ. in ejus longitudine cum pinna caudali; latitudine corporis $2^2/_3$ circ. in ejus altitudine; capite acutiusculo vix convexo 3 et paulo in longitudine corporis absque-, 4 et paulo in longitudine corporis cum pinna caudali, aeque alto circ. ac longo; oculis diametro 3 circ. in longitudine capitis, diametro $^3/_4$ circ. distantibus; linea rostro-frontali rectiuscula rostro tantum convexiuscula; rostro non vel vix convexo oculo breviore; osse praeorbitali granulato-striato postice valde obtusangulo margine posteriore valde obliquo, ad angulum oris altitudine $1^1/_2$ circ. in oculi diametro longitudinali; maxillis aequalibus, superiore vix ante oculum desinente $3^1/_2$ circ. in longitudine capitis; dentibus intermaxillaribus pluriseriatis utroque latere serie externa antice caninoideis 3 vel 4 aequalibus parvis, lateribus 8 circ. conicis inaequalibus dentibus seriebus internis majoribus; dentibus mandibularibus antice pluriseriatis postice uniseriatis utroque latere serie externa antice caninoideis 3 parvis, lateribus 16 circiter inaequalibus; praeoperculo squamis in series 4 transversas curvatas dispositis, margine libero edentulo, limbo alepidoto parte squamata non vel vix graciliore; squamis interoperculo pluriseriatis; operculo spina vera nulla; squamis corpore 50 circ. in linea laterali, 22 in serie transversa quarum 6 lineam lateralem inter et pinnam dorsalem spinosam mediam; linea laterali singulis squamis tubulo simplice notata; pinna dorsali spinis gracilibus pungentibus non flexilibus, 3^a 4^a et 5^a ceteris longioribus corpore triplo circ. humilioribus, membrana inter singulas spinas profunde incisa; dorsali radiosa dorsali spinosa paulo altiore, obtusa, rotundata; pectoralibus ventralibus longioribus capite brevioribus; caudali radiis mediis oculo conspicue longioribus, lobis acutis superiore inferiore longiore capite paulo breviore; anali spinis mediocribus sat crassis 3^a ceteris longiore radio 1° breviore, parte radiosa convexa postice obtusa; colore corpore superne viridescente-roseo, inferne dilutiore; iride flavescente-rosea; capite superne violascente; fascia oculo-interoperculari verticali nigricante-fusca; pinnis roseis vel flavescentibus.

B. 6. D. 10/10 vel 10/11. P. 2/12. V. 1/5. A. 3/10 vel 3/11. C. 1/15/1 et lat. brev.

Syn. *Dentex microdon* Blkr, N. bijdr. ichth. Celebes, Nat. T. Ned. Ind. II p. 219; Günth., Cat. Fish. I p. 372 (nec Agass.).

Paradentex microdon Blkr, Atl. Ichth. Tab. 308, Perc. tab. 30 fig. 3.

Hab. Celebes (Bulucomba); in mari.

Longitudo speciminis descripti 211'''.

Rem. Dans cette espèce les canines ou caninoïdes aux deux mâchoires sont plus faibles encore que dans le frenatus. Je trouve aussi, outre les différences énumerées, que le frenatus a le préorbitaire plus haut, la mâchoire supérieure plus longue, une ou deux rangées transversales d'écailles de plus au préopercule, le profil de la nuque plus convexe, etc.

SYNAGRIS Klein (nec Günth.) = Dentex Cuv. spec. typ. et affines.

C'est par erreur qu'une espèce de Synagris a été figurée dans l'Atlas (Synagris hypselosoma = Dentex hypselosoma Blkr, Tab. 314 Perc. tab. 36 fig. 2). Cette espèce n'a été trouvée jusqu'ici que dans les mers du Japon.

SYMPHORUS Günth.

Dentes maxillis pluriseriati, anteriores ex parte canini. Caput ossibus opercularibus tantum squamatum, squamis praeoperculo 5- ad 10-seriatis, limbo praeoperculi nullis. Praeoperculum denticulatum. Squamae trunco ctenoideae 55 circ. in serie longitudinali. Pinnae, dorsalis et analis alepidotae, parte radiosa acuta producta, parte spinosa parte radiosa multo humiliore; dorsalis spinis 10 et radiis 16 vel 17, analis spinis 3 et radiis 9 ad 11. B. 7.

Rem. La place naturelle du genre est manifestement a côté du Gymnocranius, comme M. Günther l'a indiqué lui-même en 1872, et non parmi les »Serranidae" où l'auteur le plaça deux ans plus tard. Des deux espèces connues, les Symphorus taeniolatus et spilurus, la première habite l'Insulinde. Je ne connais pas cette espèce sur nature. La description de M. Günther est conçue dans les termes suivants.

Symphorus taeniolatus Günth., Not. two new Fish. Celeb., Ann. Nat. hist. 4h Ser. IX p. 439.

»The height of the body is a little more than the length of the head, and one third of the total (without caudal). Eye situated immediately below the upper profile of the head, rather nearer to the extremity of the snout than to the end of the operculum, one fifth of the length of the head. Cleft of the mouth of moderate width, rather oblique, with the jaws nearly equal. The maxillary extends somewhat beyond the vertical from the front margin of the eye. The width of the interorbital space is not much more than the diameter of the eye. Scales on the cheek small, forming about ten series. (One continuous dorsal fin). Dorsal spines rather feeble and short, the third to ninth not much differing in length, about one fourth of the length of the head; the tenth is conspicuously longer, and attached to the first ray. The soft dorsal fin elevated, the third to sixth rays being produced into long filaments. Anal spines feeble, the third nearly thrice as long as the second; anal rays long, especially the third which is produced into a filament. Caudal fin emarginate. Pectoral reaching to the vent, the fifth upper ray being the longest. Ventrals not produced into filaments. Pseudobranchiae well developed. Olive, fins with a reddish tinge. Body with seven narrow, slightly oblique and undulating bluish bands, edged with darker; a narrower parallel stripe of the same colour between every pair of the bands. The bands and stripes are continued along the side of the head, but more irregular and broken up in their course. The interradial membrane of the soft vertical fins with round violet spots as large as the pupil of the eye. D. 10/16. A. 3/9. L. lat. 55. L. transv. 9/20."

Hab. Celebes (Macassar).

Longitudo speciminis descripti »12 inches".

GNATHODENTEX Blkr.

Dentes maxillis pluriseriati serie externa ceteris majores, anteriores ex parte canini. Caput regione temporali et ossibus opercularibus tantum squamatum, squamis praeoperculo et interoperculo pluriseriatis, limbo praeoperculari nullis. Operculum spina vera nulla. Maxillae subaequales, superior leviter protractilis. Os supramaxillare crista longitudinali dentata. Squamae trunco 70 circ. in serie longitudinali. Pinnae, dorsalis alepidota spinis 10 mediocribus et radiis 10 vel 11, analis basi leviter squamata spinis 3 et radiis 9 vel 10. B. 6.

Rem. Le genre Gnathodentex tient le milieu entre les genres Gymnocranius et Pentapus, mais il est le plus voisin du premier, dont il se distingue principalement par la présence d'une crête dentelée à l'os maxillaire, par la formule de l'anale et par les écailles du tronc relativement petites.

Gnathodentex aureolineatus Blkr, Verh. Kon. Ak. Wet. XIII, Révis. Dentex p. 49. — Atl. 318, Perc. tab. 40 fig. 3.

Gnathod. corpore oblongo compresso, altitudine 3 fere ad 3 in ejus longitudine absque-, 3¾ ad 4 circ. in ejus longitudine cum pinna caudali; latitudine corporis 2 fere ad 2 in ejus altitudine; capite acutiusculo convexo 3 ad 3¼ in longitudine corporis absque-, 4 ad 4¼ in longitudine corporis cum pinna caudali; altitudine capitis 1⅕ ad 1¼ in ejus longitudine; oculis diametro 2 et paulo ad 3 fere in longitudine capitis, diametro ⅔ ad 1 distantibus; linea rostro-frontali ante oculos vulgo convexa; rostro obtuso convexo oculo breviore; osse praeorbitali granulato postice valde obtusangulo margine posteriore valde obliquo, inferne non emarginato, ad angulum oris oculi diametro longitudinali plus duplo ad triplo humiliore; maxillis subaequalibus, superiore ante oculum desinente 3 et paulo ad 3⅜ in longitudine capitis; osse supramaxillari dentibus conicis longitudinaliter uniseriatis 10 circ. junioribus bene distinctis aetate provectis in cristam plus minusve coalitis; dentibus maxillis pluriseriatis, serie externa ceteris majoribus, intermaxillaribus utroque latere antice caninis 2 parvis curvatis subaequalibus lateribus 8 circ. conicis inaequalibus, mandibularibus utroque latere antice caninis 3 curvatis externa ceteris conspicue majore paulo extrorsum directo, lateribus 16 circ. conicis inaequalibus; praeoperculo squamis in series 5 circ. transversas curvatas dispositis, margine libero denticulis parvis serrato, limbo alepidoto parte squamata duplo circ. graciliore; squamis interoperculo pluriseriatis; operculo spina vera nulla; squamis corpore 70 circ. in linea laterali, 24 in serie transversa quarum 6 lineam lateralem inter et dorsalem spinosam mediam; linea laterali mediocriter curvata singulis squamis tubulo simplice notata; cauda parte libera duplo circ. longiore quam postice alta; pinna dorsali spinis mediocribus non flexilibus mediis ceteris longioribus 2 ad 2½ in altitudine corporis, membrana inter singulas spinas mediocriter incisa; dorsali radiosa dorsali spinosa altiore obtusa postice rotundata; pinnis pectoralibus ventralibus conspicue longioribus capite vix brevioribus; caudali squamata radiis mediis oculo non vel vix brevioribus, lobis acutis capite vix brevioribus; anali basi vagina squamosa humili, spinis mediocribus posteriore ceteris longiore radio 1° paulo breviore, parte radiosa non emarginata postice angulata; colore corpore superne coerulescente-roseo, inferne margaritaceo; vittis corpore longitudinalibus aureis 5 vel 6 supra lineam lateralem lineae dorsali paralellis, 4 vel 5 infra lineam lateralem rectiusculis; linea laterali fusca; capite superne olivascente vel violascente-roseo; iride flavescente vel rosea; dorso sub radiis dorsalibus posticis macula oblonga margaritacea; pinnis roseis, dorsali spinosa membrana violascente.

B. 6. D. 10/10 vel 10/11. P. 2/13. V. 1/5. A. 3/9 vel 3/10. C. 1/15/1 et lat. brev.

Syn. *Sparus aurolineatus* Lac., Poiss. IV p. 132.

Dentex lycogenis Benn., Fish. Maurit., Proceed. Comm. Sc. Zool. Soc. I 1830-1831 p. 127.

Pentapus aurolineatus CV., Poiss. VI p. 199, 420 tab. 157; Blkr, Bijdr. ichth. Halmah. Nat. T. Ned. Ind. IV p. 55; Günth., Cat. Fish. I p. 381; Fisch. Südsee I p. 33; Day, Fish. India I p. 93.

Hab. Cocos (Nova-selma); Halmahera (Sindangoie); Amboina; Banda (Neira); in mari.

Longitudo 3 speciminum 92''' ad 265'''.

Rem. Je ne connais jusqu'ici d'autre espèce de Gnathodentex que l'aureolineatus. Elle s'étend hors l'Insulinde, à l'ouest jusqu'à Ceylon, l'île Maurice et la côte orientale de l'Afrique et habite, dans l'Océan pacifique, les Louisiades, les îles de l'Amitié, de la Société, des Navigateurs (Samoa), Paumotu, Kingsmill, Hervey et Otaïti.

PENTAPUS Cuv. Val. = Heterognathodon Blkr

Dentes maxillis pluriseriati serie externa ceteris majores, anteriores ex parte canini. Caput acutum vertice, fronte, rostro et ossibus opercularibus tantum squamatum, squamis praeoperculo pluriseriatis, interoperculo bi-ad quadriseriatis. Operculum spina parva. Maxillae subaequales, superior leviter protractilis. Os supramaxillare laeve. Squamae trunco 35 ad 65 in serie longitudinali. Pinnae, dorsalis et analis alepidotae, dorsalis spinis gracilibus 10 et radiis 8 ad 10, analis spinis 3 et radiis 7 vel 8. B. 6.

Rem. Les Pentapus ont en commun avec les Synagris une tête couverte d'écailles au vertex et au front, mais dans les Pentapus le profil est toujours beaucoup moins obtus et les écailles frontales s'avancent plus en avant des yeux jusqu'à couvrir en grande partie le museau. Ils se distinguent encore par la protractilité de la mâchoire supérieure, par la faiblesse des dents canines dont celles de la mâchoire inférieure sont droites, courbées en dehors ou presque nulles, par la présence d'une petite épine operculaire bien poignante, par l'absence de gaîne squammeuse à la base de l'anale et par le nombre constant de dix épines dorsales.

Les espèces indo-archipélagiques connues de Pentapus sont au nombre de six, qui toutes font partie de mon cabinet. Les meilleurs caractères pour les distinguer se trouvent dans les canines mandibulaires, dans la nature du bord libre et du limbe du préopercule, dans les formules des écailles et dans le plus ou moins de longueur des pectorales et des lobes de la caudale. — Quant aux formules des écailles, il est à noter que dans quelques espèces les rangées transversales d'écailles au-dessous de la ligne latérale sont plus nombreuses que celles qui se trouvent au-dessus de cette ligne.

I. Environ 50 rangées transversales d'écailles au-dessus de la ligne latérale.
1. Préopercule à bord libre sans dents, lisse, et à limbe dénué d'écailles.
A. Une seule canine mandibulaire droite de chaque côté. Pectorale s'arrêtant fort en avant de l'anale. Environ 64 rangées transversales d'écailles au-dessous de la ligne latérale. Lobe supérieur de la caudale prolongé en filet. Une bande rostro-caudale jaune. Une tache brune cerclée d'une tache triangulaire bleue au milieu de la base de la caudale.

1. *Pentapus setosus* CV.

2. Préopercule à bord postérieur légèrement dentelé et à limbe entièrement squammeux. Pectorale s'arrêtant fort en avant de l'aplomb de l'anale.
A. Ecailles préoperculaires disposées sur 3 ou 4 rangées transversales. Canines mandibulaires rudimentaires ou nulles.
a. Canines mandibulaires nulles. Une bandelette rostro caudale jaune.

2. *Pentapus microdon* Blkr.

b. Canine mandibulaire fort-petite courbée en haut. Une bandelette rostro-caudale brune bordée de bandelettes jaunes. Deux rangées de points bleus tout près de la ligne latérale.

3. *Pentapus Hellmuthi* Blkr.

B. Ecailles préoperculaires disposées sur 5 à 7 rangées transversales. Une seule canine mandibulaire de chaque côté.
a. Canine conique droite dirigée en avant et en dehors. Caudale à lobes plus ou moins prolongés.
aa. 55 à 60 rangées transversales d'écailles au-dessous de la ligne latérale. Lobes de la caudale à filet mince et long. Corps à deux bandes longitudinales jaunes, la supérieure au-dessus de la ligne latérale.

4. *Pentapus nemurus* Blkr.

bb. 50 rangées transversales d'écailles au-dessous de la ligne latérale. Lobes de la caudale prolongés mais non en filet. Corps à une seule bande oculo-caudale jaune.

5. *Pentapus macrurus* Blkr.

b. Canine forte courbée en dehors et plus ou moins en arrière. Lobes de la caudale non prolongés. Corps à deux ou trois bandes longitudinales jaunes.

6. *Pentapus caninus* Blkr.

Pentapus setosus CV., Poiss. VI p. 200; Blkr, N. bijdr. Perc. Sclerop., Nat. T. Ned. Ind. II p. 175; Verh. Kon. Ak. Wet. XIII, Révis. Dentex p. 54; Günth., Catal. Fish. I p. 382; Kner, Zool. Reise Novara, Fisch. p. 60. — Atl. Tab. 324, Perc. tab. 46 fig. 1.

Pentap. corpore oblongo compresso, altitudine 3 ad $3^1/_2$ in ejus longitudine absque-, 4 ad $4^3/_4$ in ejus longitudine cum pinna caudali (absque filo); latitudine corporis $1^2/_3$ ad 2 in ejus altitudine; capite acuto $3^1/_4$ ad $3^3/_4$ in longitudine corporis absque-, 4 et paulo ad $4^3/_4$ in longitudine corporis cum pinna caudali (absque filo); altitudine capitis 1 ad $1^1/_4$ in ejus longitudine; oculis diametro $2^2/_3$ ad $3^1/_4$ in longitudine capitis, diametro $^3/_4$ ad 1 et paulo distantibus: linea rostro-frontali rectiuscula; rostro acuto oculo sat multo ad non breviore; osse praeorbitali granulato inferne sat profunde emarginato postice obtuse rotundato superne apice non libero acuto, parte humillima oculi diametro longitudinali plus triplo humiliore; maxillis aequalibus, superiore sub oculi margine anteriore desinente 3 fere ad 3 in longitudine capitis; dentibus maxillis pluriseriatis serie externa seriebus ceteris majoribus; caninis parvis utroque latere antice intermaxillaribus 2 curvatis subaequalibus verticalibus, mandibulari unico conico recto antrorsum et extrorsum spectante; mento utroque latere post labium poro parvo conspicuo; praeoperculo limbo alepidoto, squamis limbum inter et os praeorbitale in series 6 transversas curvatas dispositis, margine libero edentulo; squamis interoperculo longitudinaliter triseriatis; operculo spinula parum conspicua; squamis corpore infra lineam lateralem in series 64 circ., supra lineam lateralem in series 45 ad 50 transversas dispositis; squamis 22 circ. in serie transversa quarum 3 lineam lateralem inter et dorsalem spinosam mediam; linea laterali valde curvata singulis squamis tubulo bifido notata; cauda parte libera minus duplo longiore quam postice alta; pinna dorsali spinis gracilibus leviter flexilibus mediis ceteris longioribus 2 ad $2^1/_3$ in altitudine corporis, membrana inter singulas spinas leviter emarginata; dorsali radiosa dorsali spinosa non vel vix altiore postice angulata; pectoralibus acute rotundatis capite absque rostro non vel vix brevioribus; ventralibus acutis radio 1° plus minusve producto pectoralibus non vel paulo tantum brevioribus; caudali radiis mediis oculo longioribus lobis acutis superiore in setam capite breviorem ad longiorem producto; anali spinis gracilibus 3ª ceteris longiore radio 1° breviore, parte radiosa non emarginata postice acutangula; colore corpore superne violascente-roseo, inferne roseo-margaritaceo; iride flavescente vel rosea; vitta maxillo-oculo-operculari duplice coerulescente et aurantiaca; vitta operculo-caudali lutea cauda superne desinente; dorso ad basin pinnae et cauda inferne frequenter vittula longitudinali dilute coerulea; cauda ad mediam basin pinnae caudalis macula rotunda fusca macula triangulari coerulea cincta; pinnis roseis vel roseo-hyalinis, dorsali flavo marginata.

B. 6. D. 10/9 vel 10/10. P. 2/14. V. 1/5. A. 3/7 vel 3/8. C. 1/15/1 et lat. brev.

Syn. *Pentapus paradiseus* Günth., Catal. Fish. I p. 383.

Passir Mal. Batav.; *Empasee* Mal Bintang.

Hab. Sumatra; Singapura; Bintang (Rio); Bangka (Muntok, Klabat, Tandjong-berikat), Biliton (Ora occid.) Duizend-ins.; Java (Batavia); Celebes (Macassar, Bonthain); Batjan (Labuha); in mari.

Longitudo 31 speciminum 75''' ad 203''' absque filo caudali.

Rem. Les rangées transversales d'écailles au-dessous de la ligne latérale, dans cette espèce, sont notablement plus nombreuses que celles situées au-dessus de cette ligne, ce qui explique les différences des nombres donnés par les auteurs comme ceux des écailles sur une rangée longitudinale. L'espèce est des mieux caractérisées, tant par le limbe préoperculaire dénué d'écailles que par la tache bleue à centre brun à la base de la caudale. — Elle habite, hors l'Insulinde, les côtes de Madras, de la Nouvelle-Hollande, de l'île de Moreton et l'Archipel des Louisiades.

Pentapus microdon Blkr, Verh. Kon. Akad. Wet. XIII, Révis. Dentex p. 56. — Atl. Tab. 298, Perc. tab. 20 fig. 1.

Pentap. corpore oblongo compresso, altitudine $3^2/_5$ circ. in ejus longitudine absque-, $4^2/_3$ circ. in ejus longitudine cum pinna caudali (cum parte producta); latitudine corporis 2 circ. in ejus altitudine; capite acuto $3^3/_5$ circ. in longitudine corporis absque-, $4^3/_4$ circ. in longitudine corporis cum pinna caudali (cum parte producta); altitudine capitis $1^1/_3$ circ. in ejus longitudine; oculis diametro 3 circ. in longitudine capitis, diametro 1 circ. distantibus; linea rostro-frontali convexiuscula; osse praeorbitali granulato inferne obtuse rotundato superne apice libero acuto, parte humillima oculi diametro longitudinali plus triplo humiliore; maxillis aequalibus, superiore sub oculi margine anteriore desinente 3 circ. in longitudine capitis; dentibus maxillis pluriseriatis serie externa iis seriebus internis majoribus; caninis utroque latere intermaxillaribus antice 3 curvatis parvis verticalibus externo ceteris paulo majore, mandibularibus nullis; praeoperculo squamis limbo pluriseriatis, limbum inter et os praeorbitale in series 3 transversas curvatas dispositis, margine libero denticulis minimis scabro; squamis interoperculo longitudinaliter biseriatis; operculo spina parva bene conspicua; squamis corpore infra et supra lineam lateralem in series 50 circ. transversas dispositis; squamis 18 circ. in serie transversa quarum 3 lineam lateralem inter et dorsalem spinosam mediam; linea laterali valde curvata singulis squamis tubulo simplice vel bifido notata; cauda parte libera minus duplo longiore quam postice alta; pinna dorsali spinis gracilibus mediis ceteris longioribus 2 circ. in altitudine corporis, membrana inter singulas spinas mediocriter incisa; dorsali radiosa dorsali spinosa non altiore postice rotundata; pectoralibus acute rotundatis capitis parte postoculari vix longioribus; ventralibus acutis radio 1° plus minusve producto pectoralibus paulo longioribus; caudali radiis mediis capitis parte postoculari pau lo longioribus lobis acutissimis sed non in setam productis superiore inferiore et capite longiore; anali spinis gracilibus 3a ceteris longiore radio 1° breviore, parte radiosa non emarginata postice rotundata; colore corpore superne roseo, inferne roseo-margaritaceo; iride flavescente vel rosea; vitta oculo-caudali flava; linea laterali fusca; pinnis roseis.

B. 6. D. 10/9 vel 10/10. P. 2/13. V. 1/5. A 3/7 vel 3/8. C. 1/15/1 et lat. brev.

Syn. *Heterognathodon microdon* Blkr, Diagn n. vischs Batav., Nat. T. Ned. Ind. IV p. 464; Günth, Cat. Fish. I p. 366.

Heterognathodon caninus Günth., Fisch. Südsee I p. 33 (nec syn. part.).

Passir-passir Mal.

Hab. Java (Batavia); Amboina, in mari.

Longitudo speciminis descripti 185'''.

Rem. Le Pentapus microdon est remarquable parmi ses congénères par l'absence complète de canines ou de caninoïdes à la mâchoire inférieure, et se fait reconnaître en outre par les 5 rangées transversales d'écailles entre le limbe préoperculaire et le préorbitaire et par la bande rostro-caudale jaune.

Pentapus Hellmuthi Blkr, Verh, Kon. Akad. Wet. XIII, Révis. Dentex p. 57. Atl. Tab. 345, Perc. tab. 67 fig. 1.

Pentap. corpore oblongo compresso, altitudine $3^2/_3$ circ. in ejus longitudine absque-, $4^3/_4$ circ. in ejus longitudine cum pinna caudali; latitudine corporis 2 fere in ejus altitudine; capite acuto $3^2/_5$ ad $3^1/_5$ in longitudine corporis absque-, $4^1/_2$ ad 5 fere in longitudine corporis cum pinna caudali; altitudine capitis $1^1/_3$ circ. in ejus longitudine; oculis diametro 3 circ. in longitudine capitis, diametro $^3/_4$ ad 1 fere distantibus; linea rostro-frontali convexiuscula; osse praeorbitali granulato, inferne sat profunde emarginato, postice inferne obtuse rotundato superne apice libero acuto, parte humillima oculi diametro longitudinali plus triplo humiliore; maxillis aequalibus, superiore sub oculi margine anteriore vel vix ante oculum desinente, $3^1/_3$ ad $3^1/_2$ in longitudine capitis; dentibus maxillis pluriseriatis serie externa iis seriebus internis majoribus; caninis utroque latere antice intermaxillaribus 2 vel 3 curvatis parvis subverticalibus, mandibulari unico tantum parum conspicuo curvato sursum (nec antrorsum nec extrorsum) spectante; squamis praeoperculo limbo pluriseriatis, limbum inter et os praeorbitale in series 3 vel 4 curvatas transversas dispositis, margine libero denticulis parvis scabro; squamis interoperculo longitudinaliter biseriatis; operculo spina parva sat conspicua; squamis corpore infra et supra lineam lateralem in series 50 circ. transversas dispositis; squamis 15 circ. in serie transversa quarum 3 lineam lateralem inter et dorsalem spinosam mediam; linea laterali valde curvata singulis squamis tubulo simplice notata; cauda parte libera minus duplo longiore quam postice alta; pinna dorsali spinis gracilibus mediis ceteris longioribus 2 circ. in altitudine corporis, membrana inter singulas spinas mediocriter incisa; dorsali radiosa dorsali spinosa non altiore postice rotundata; pectoralibus acutiuscule rotundatis capite absque rostro vix brevioribus; ventralibus acutis radio 1° paulo producto pectoralibus longioribus; caudali radiis mediis capitis parte postoculari longioribus, lobis acutis non productis subaequalibus capite paulo longioribus; anali spinis gracilibus 3a ceteris longiore radio 1° breviore, parte radiosa non emarginata postice angulata; colore corpore superne umbrino vel roseo, inferne roseo vel margaritaceo; iride flava vel rosea; vitta rostro-oculo-caudali fusca superne et inferne aurantiaco vel flavo limbata; punctis coeruleis lineae laterali maxime approximatis supra et infra lineam lateralem in seriem longitudinalem dispositis; pinnis roseis dorsali aurantiaco marginata.

B. 6. D. 10/9 vel 10/10. P. 2/13. V. 1/5. A. 3/7 vel 3/8. C. 1/15/1 et lat. brev.

Syn. *Heterognathodon Hellmuthii* Blkr, Bijdr. ichth. Solor, Nat. T. Ned. Ind. V p. 75; Günth, Catal. Fish. I p 364.

Hab. Bangka (Muntok); Solor (Lawajong); in mari.

Longitudo 4 speciminum 70''' ad 148'''.

Rem. Le Pentapus Hellmuthi est voisin du Pentapus vitta Q. CV. par la bande rostro-caudale brune, mais le vitta se distingue par plusieurs caractères, la bande susdite s'arrêtant sur le haut de la queue et le limbe préoperculaire étant dénué d'écailles. Puis encore les canines mandibulaires (plus d'une seule de chaque côté) y sont plus grandes, les externes dirigées en dehors et plus grosses que les autres et les écailles du corps plus petites et celles du préopercule disposées sur six rangées transversales. On ne saurait pas non plus confondre le Hellmuthi avec le Pentapus Peronii qui a, lui-aussi, une bande céphalo-caudale noirâtre, mais le limbe preoperculaire nu, le front convexe, un grand pore sous le bord postérieur du sousorbitaire, la pectorale courte et coupée presque carrément, deux raies brillantes sur le dos, etc.

Pentapus nemurus Blkr, Verh. Kon. Akad. Wet. XIII, Révis. Dentex p. 58. — Atl. Tab. 294, Perc. tab. 16 fig. 3.

Pentap. corpore oblongo compresso, altitudine $3^2/_5$ ad $3^1/_2$ in ejus longitudine absque-, $4^2/_5$ ad $4^1/_2$ in ejus longitudine cum pinna caudali (absque filo); latitudine corporis $1^3/_4$ ad 2 in ejus altitudine; capite acuto $3^1/_2$ ad 4 fere in longitudine corporis absque-, $4^1/_2$ ad 5 in longitudine corporis cum pinna caudali (absque filo); altitudine capitis 1 et paulo ad $1^1/_3$ in ejus longitudine; oculis diametro 3 ad $3^1/_3$ in longitudine capitis, diametro 1 fere ad $1^1/_4$ distantibus; linea rostro-frontali junioribus convexiuscula aetate provectioribus rectiuscula; rostro acuto oculo paulo ad non breviore; osse praeorbitali granulato inferne sat profunde emarginato, postice inferne obtuse rotundato superne apice libero acuto, parte humillima oculi diametro longitudinali triplo circiter humiliore; maxillis subaequalibus, superiore sub oculi margine anteriore vel vix ante oculum desinente, 3 ad 3 et paulo longitudine capitis; dentibus maxillis pluriseriatis serie externa seriebus ceteris majoribus; caninis mediocribus utroque latere antice intermaxillaribus 2 curvatis inaequalibus, mandibulari unico conico recto paulo antrorsum et extrorsum directo; praeoperculo squamis limbo pluriseriatis, limbum inter et os praeorbitale in series 6 vel 7 transversas curvatas dispositis, margine libero denti-

culis minimis scabro ; squamis interoperculo longitudinaliter triseriatis; operculo spinula parum conspicua; squamis corpore infra lineam lateralem in series 55 ad 60, supra lineam in series 50 circ. transversas dispositis; squamis 21 circ. in serie transversa quarum 3 lineam lateralem inter et dorsalem spinosam mediam; linea laterali valde curvata singulis squamis tubulo simplice notata; cauda parte libera minus duplo longiore quam postice alta; pinna dorsali spinis gracilibus mediis ceteris longioribus $2^1/_3$ ad $2^2/_3$ in altitudine corporis, membrana inter singulas spinas leviter emarginata; dorsali radiosa dorsali spinosa paulo altiore postice rotundata; pectoralibus acute rotundatis capite absque rostro non ad vix longioribus; ventralibus acutis pectoralibus longioribus radio 1° plus minusve producto; caudali radiis mediis capitis parte postoculari longioribus, lobis acutissimis in setam aetate provectis pinna ipsa longiorem productis; anali spinis gracilibus 3ª ceteris longiore radio 1° breviore, parte radiosa non emarginata postice angulata; colore corpore superne roseo, inferne dilutiore; iride flavescente vel rosea; vittis corpore 2 flavis, superiore oculo-dorsali lineam lateralem inter et pinnam dorsalem decurrente et basi radii dorsalis postici desinente, inferiore maxillo-oculo-caudali superiore latiore mediam basin pinnae caudalis attingente; linea laterali violascente; pinnis roseis; caudali medio flava, marginibus superiore et inferiore violascente.
B. 6 D. 10/9 vel 10/10. P. 2/14. V. 1/5. A. 3/7 vel 3/8. C. 1/15/1 et lat. brev.
Syn. *Heterognathodon nemurus* Blkr, Derde bijdr ichth. Celebes, Nat. T. Ned Ind. III p. 754; Günth., Cat. Fish. I p. 365.
Hab. Celebes (Macassar, Tanawanco); Timor (Atapupu); Amboina; Aru; in mari.
Longitudo 4 speciminum absque filis caudalibus 150''' ad 280''', cum filis 180''' ad 365'''.

Rem. On reconnaît aisément l'espèce actuelle au prolongement extraordinaire des lobes de la caudale, aux deux bandelettes jaunes du corps dont la supérieure se trouve entièrement au-dessus de la ligne latérale, et aux 55 à 60 rangées d'écailles au-dessous de la ligne latérale. La diagnose est facilitée encore par la canine mandibulaire droite dirigée en avant et en dehors et par les six ou sept rangées transversales d'écailles préoperculaires.

Pentapus macrurus Blkr, Verh. Kon. Akad. Wet. XIII, Révis. Dentex p. 60. — Atl. Tab. 340, Perc. tab. 62 fig. 4.

Pentap. corpore oblongo compresso, altitudine 3 et paulo in ejus longitudine absque-, $4^1/_4$ ad $4^3/_4$ in ejus longitudine cum pinna caudali (cum parte producta); latitudine corporis 2 circ. in ejus altitudine; capite acuto $3^1/_2$ ad $3^3/_5$ in longitudine corporis absque-, $4^3/_4$ ad $5^1/_4$ in longitudine corporis cum pinna caudali (cum parte producta); altitudine capitis 1 et paulo in ejus longitudine; oculis diametro 3 circ. in longitudine capitis, diametro 1 et paulo distantibus; linea rostro-frontali rectiuscula; rostro acuto oculo breviore; osse praeorbitali granulato inferne profunde emarginato, postice inferne obtuse rotundato superne apice libero acuto, parte humillima oculi diametro longitudinali plus triplo humiliore; maxillis subaequalibus, superiore sub oculi margine anteriore vel vix ante oculum desinente 3 ad $3^1/_3$ in longitudine capitis; dentibus maxillis pluriseriatis serie externa seriebus ceteris majoribus; caninis mediocribus utroque latere antice, intermaxillaribus 2 interno curvato subverticali externo conico recto antrorsum et paulo extrorsum directo, mandibulari unico conico recto extrorsum et antrorsum directo; praeoperculo squamis limbo pluriseriatis, limbum inter et os praeorbitale in series 6 vel 7 transversas curvatas dispositis, margine libero denticulis minimis scabro; squamis interoperculo longitudinaliter bi- vel triseriatis; operculo spinula parva parum conspicua; squamis corpore infra et supra lineam lateralem in series 50 circ. transversas dispositis; squamis 18 in serie transversa quarum 3 lineam lateralem inter et dorsalem spinosam mediam; linea laterali valde curvata singulis squamis tubulo simplice notata; cauda parte libera minus duplo longiore quam postice alta; pinna dorsali spinis gracilibus mediis ceteris longioribus $2^1/_3$ ad $2^1/_2$ in altitudine corporis, membrana inter singulas spinas vix emarginata; dorsali radiosa dorsali spinosa paulo altiore postice rotundata; pectoralibus acute rotundatis capite absque rostro non ad paulo longioribus; ventralibus acutis pectoralibus longioribus radio 1° leviter producto; caudali radiis mediis capitis parte postoculari longioribus, lobis acutissimis sed non in setam productis superiore inferiore et capite sat multo longiore; anali spinis gracilibus 3ª ceteris longiore radio 1° breviore, parte radiosa non emarginata postice acutangula; colore corpore superne olivascente-roseo, inferne flavescente-argenteo; iride flavescente-rosea; fascia lata cephalo-caudali flavescente diffusa rectiuscula; pinnis roseis vel flavescentibus.
B. 6. D. 10/9 vel 10/10. P. 2/12 ad 2/14. V. 1/5. A. 3/7 vel 3/8. C. 1/15/1 et lat. brev.
Syn. *Heterognathodon macrurus* Blkr, Faun. Jav. ins. adjac. spec. nov., Nat. T. Ned. Ind. I p. 101; Verh. Bat. Gen. XXIII, Sciaen. p. 31; Günth., Cat Fish. I p. 365.
Passir-passir Mal. Batav.
Hab. Java (Batavia); in mari.
Longitudo 4 speciminum 196''' ad 240'''.

Rem. Cette espèce est fort voisine du nemurus par la dentition et par l'écaillure, mais elle se fait aisément distinguer par les lobes de la caudale qui, bien que fort pointus et allongés, ne se prolongent point en filet. Elle se distingue encore par la simple bande longitudinale jaune et par le nombre de 50 rangées transversales seulement au-dessous de la ligne latérale.

Pentapus caninus Blkr, Verh. Kon. Akad. Wet. XIII, Révis. Dentex p. 61. — Atl. Tab. 294, Perc. tab. 16 fig. 5; Tab. 310, Perc. tab. 30 fig. 3.

Pentap. corpore oblongo compresso, altitudine 3 ad $3^2/_3$ in ejus longitudine absque-, $3^3/_4$ ad $4^2/_5$ in ejus longitudine cum pinna caudali; latitudine corporis 2 fere ad 2 in ejus altitudine; capite acuto 3 et paulo ad $3^2/_5$ in longitudine corporis absque-, 4 ad $4^1/_2$ in longitudine corporis cum pinna caudali; altitudine capitis 1 ad $1^1/_4$ in ejus longitudine; oculis diametro $2^3/_4$ ad $3^1/_2$ in longitudine capitis, diametro $^3/_4$ ad $1^1/_3$ distantibus; linea rostro-frontali recta vel convexa; rostro acuto oculo multo ad non breviore; osse praeorbitali rugoso, inferne vix emarginato postice obtuse rotundato, margine posteriore valde convexo superne apice non libero, parte humillima oculi diametro longitudinali plus triplo ad duplo humiliore; maxillis subaequalibus, superiore sub oculi dimidio anteriore desinente 3 fere ad 3 in longitudine capitis; dentibus maxillis pluriseriatis serie externa maxilla inferiore praesertim dentibus seriebus ceteris majoribus; caninis utroque latere antice, intermaxillaribus 2 mediocribus curvatis subaequalibus subverticalibus, mandibulari unico valde curvato magno subhorizontaliter extrorsum et paulo postrorsum directo; mento post labium utroque latere poro parvo (interdum poris 2 vel 3); praeoperculo squamis limbo pluriseriatis, limbum inter et os praeorbitale in series 5 vel 6 transversas curvatas dispositis, margine libero postice denticulis parvis serrato; squamis interoperculo in series 3 vel 4 longitudinales dispositis; operculo spina parva parum conspicua; squamis corpore infra et supra lineam lateralem in series 50 circ. transversas dispositis; squamis 19 in serie transversa quarum 3 ($2^1/_2$) lineam lateralem inter et dorsalem spinosam mediam; linea laterali valde curvata, singulis squamis tubulo vulgo bifido notata; cauda parte libera minus duplo longiore quam postice alta; pinna dorsali spinis gracilibus non flexilibus mediis ceteris longioribus 2 ad 3 in altitudine corporis, membrana inter singulas spinis sat profunde incisa; dorsali radiosa dorsali spinosa paulo altiore postice rotundata; pectoralibus acute rotundatis capite absque rostro non ad vix longioribus; ventralibus acutis radio 1° non ad paulo producto pectoralibus non vel paulo longioribus; caudali radiis mediis oculo multo ad duplo longioribus lobis acutis non productis subaequilongis, superiore inferiore vulgo paulo longiore capite non vel vix breviore; anali spinis mediocribus 3ª ceteris longiore radio 1° breviore, parte radiosa non emarginata postice acutangula; colore corpore superne lateribusque fusco-olivaceo vel olivaceo, inferne flavescente-argenteo vel margaritaceo; iride flavescente vel rosea; vittis juvenilibus et aetate provectis 2 oculo-caudalibus capite margaritaceis corpore luteis medio quam antice et postice latioribus, aetate magis provectis diffusis, vitta superiore dorso caudae desinente, vitta inferiore mediam basin caudalis attingente; juvenilibus insuper vittula supraoculo-dorsali lutea vel margaritacea lineae dorsali approximata sub spinis dorsi posticis desinente; pinnis flavescentibus vel roseo-hyalinis, dorsali junioribus vittula longitudinali margaritacea, superne flavo marginata; pectoralibus basi vitta transversa olivacea.

B. 6. D. 10/9 vel 10/10. P. 2/14. V. 1/5. A. 3/7 vel 3/8. C. 1/15/1 et lat. brev.

Syn. *Scolopsides caninus* CV., Poiss. V p. 266; Günth., Catal. Fish. I p. 364.

Heterodon zonatus Blkr, Topogr. Batav., Natuur- en Geneesk. Arch. Ned. Ind. II p. 523 (nomen tantum).

Heterognathodon bifasciatus Blkr, Verh. Bat. Gen. XXIII, Sciaen. p. 30; Günth., Catal. Fish. I p. 364.

Heterognathodon xanthopleura Blkr, Faun. ichth. Javae spec. nov., Nat. T. Ned Ind. I p. 101; Verh. Bat. Gen. XXIII, Sciaen p. 31; Günth., Catal. Fish. I p. 365.

Pentapus xanthopleura Kner, Zool. Reis. Novara, Fisch. p. 65; Blkr, Atl. Ichth. Tab. 310, Perc. tab. 32 fig. 3.

Pentapus bifasciatus Blkr, Atl. Ichth. Tab. 294, Perc. tab. 16 fig. 5.

Passir-passir Mal. Batav.; *Andjong-andjong* Mal. Bintang.; *Mohung* Timor.

Hab. Sumatra (Telokbetong); Singapura; Bintang (Rio); Bangka (Toboali); Biliton; Java (Batavia); Bawean; Celebes (Macassar, Badjoa, Manado); Sumbawa (Bima); Timor (Kupang); Ternata; Batjan (Labuha); Amboina; Nova-Guinea (Doreh); in mari.

Longitudo 31 speciminum 70‴ ad 280‴.

Rem. Cette belle espèce est la seule insulindienne connue où les canines mandibulaires, très-développées, se recourbent plus ou moins horizontalement en dehors et en arrière. J'ai cru autrefois l'espèce inédite en décrivant des individus adultes sous le nom de Heterognathodon xanthopleura. Les adultes ne montrent ordinairement que deux bandes longitudinales, mais dans les individus moins âgés on les voit distinctement toutes les trois. Je réunis maintenant le xanthopleura au bifasciatus qu'autrefois déjà j'ai indiqué comme peut-être pas distinct du Scolopsides caninus CV., opinion qui s'est changée depuis en conviction. J'ai donc du rétablir le nom spécifique de caninus. Je ne m'étonnerais même nullement qu'un examen nouveau des individus types du Labrus trivittatus de Bloch (c'est-à-dire du Sparus vittatus de la planche 275 de sa grande Ichthyologie) et du Pentapus vittatus CV. vînt d'apprendre que cette espèce soit à rapporter, elle-aussi, à l'espèce actuelle et que les formules des rayons et des écailles du vittatus n'aient point été rendues conformément à la nature. Le caninus est l'espèce la plus commune du genre dans les mers de l'Insulinde. — Hors l'Inde archipélagique elle n'est connue que des côtes de Madras.

Phalanx *Sparini*.

Spariformes corpore oblongo vel oblongo-subelongato squamis ctenoideis vestito; ore non vel vix protractili; dentibus maxillis ex parte conicis ex parte molaribus; dentibus incisivis nullis; palato edentulo; pinnis, dorsali indivisa alepidota vel infima basi tantum squamata parte spinosa parte radiosa non breviore, pectoralibus acutis, anali spinis 3.

MONOTAXIS Benn. = Sphaerodon Rüpp.

Dentes maxillis anteriores pluriseriati acuti, serie externa canini conici curvati seriebus internis setacei, laterales et posteriores uniseriati molares. Caput superne regione posttemporali tantum, lateribus ossibus opercularibus omnibus squamatum. Operculum spina plana parva. Squamae trunco 46 circ. in serie longitudinali. Pinnae dorsalis et analis radiosae infima basi tantum squamatae, dorsalis spinis 10 et radiis 10 vel 11, analis radiis 9 vel 10. B. 6.

Rem. Le genre Monotaxis est bien distinct du genre Sparus, non seulement par les molaires unisériales des mâchoires, mais aussi par la bande de petites dents pointues et grêles (en velours) en arrière les dents antérieures canines de la rangée externe et par l'absence d'écailles sur le front et sur l'occiput. Le genre fut le premier proposé par Bennet, en 1830, et bien caractérisé dans les termes suivants »dentes antici velutini caninique; laterales molares in unica serie" mais je ne trouve pas de description de l'espèce type, le Monotaxis indica, laquelle cependant probablement ne diffère pas de l'espèce type du Sphaerodon Rüpp., seule espèce connue du genre mais dont on a fait plusieurs espèces nominales.

Monotaxis grandoculis Blkr. — Atl. Tab. 299, Perc. tab. 21 fig. 1.

Monot. corpore oblongo compresso, altitudine $2^2/_5$ ad $3^1/_3$ in ejus longitudine absque-, $3^1/_4$ ad $3^3/_4$ in ejus longitudine cum pinna caudali; latitudine corporis 2 circ. in ejus altitudine; capite obtuso convexo, 3 ad $3^1/_4$ in longitudine corporis absque-, 4 et paulo ad $4^1/_2$ in longitudine corporis cum pinna caudali, aeque alto ac longo ad altiore quam longo; latitudine capitis 2 fere ad 2 in ejus longitudine; capite superne, fascia squamarum temporali gracili excepta, plane alepidoto; linea rostro-frontali ante oculos convexa; oculis diametro 2 et paulo ad 3 in longitudine capitis, diametro $^1/_3$ ad 1 fere distantibus; orbita antice crista prominente; rostro juvenilibus convexiusculo aetate provectis truncatiusculo, oculo multo breviore; naribus orbitae approximatis ante pupillam perforatis, parum distantibus, posterioribus quam anterioribus valvula claudendis majoribus oblongis; osse praeorbitali sub oculo oculi diametro plus duplo ad non humiliore, margine inferiore aetate provectis scabro; maxillis aequalibus, superiore junioribus sub oculi parte anteriore adultis sub oculi parte posteriore desinente; labiis mediocribus; dentibus caninis utraque maxilla antice utroque latere 2 vel 3 curvatis mediocribus externo quam interno vulgo majore; dentibus molaribus utraque maxilla 5 ad 7 quorum anteriore conico obtuso ceteris latis planis facie masticatoria plus minusve concavis; dentibus pharyngealibus conicis acutis, superioribus osse medio ceteris fortioribus, inferioribus serie postero-interno ceteris longioribus et magis curvatis; praeoperculo margine libero junioribus scabriusculo aetate provectis laevi, limbo alepidoto parte ejus squamata postsuborbitali duplo vel plus duplo graciliore, parte postsuborbitali squamis transversim 5-seriatis; operculo angulo in spinam parvam desinente, medio squamis transversim 4 vel 5-seriatis; linea laterali mediocriter curvata; cauda parte libera paulo longiore quam postice alta; squamis trunco angulum aperturae branchialis superiorem inter et basin pinnae caudalis supra lineam lateralem in series 46 circ., infra lineam lateralem in series 44 circ. transversas dispositis; squamis 20 circ. in serie transversa basin pinnae ventralis inter et dorsalem, quarum 5 lineam lateralem inter et spinas dorsales medias; pinna dorsali spinis mediocribus rigidis 4^a 5^a et 6^a ceteris longioribus $2^1/_2$ ad 3 in altitudine corporis; dorsali radiosa basi tantum leviter squamata dorsali spinosa altiore obtusa rotundata; pectoralibus capite paulo brevioribus ad paulo longioribus; ventralibus acutis radio 1° frequenter productis pectoralibus paulo ad non brevioribus; anali basi squamata, spinis mediocribus 3^a ceteris longiore, parte radiosa parte spinosa altiore obtusa convexa; caudali profunde incisa lobis acutis capite vulgo longioribus; colore corpore superne roseo vel purpureo, inferne dilutiore; iride flavescente vel rosea; vittis corpore junioribus 4 transversis luteis, anteriore fronto-postoculari, 2^a dorso-postaxillari, 3^a dorso-laterali, 4^a caudali; axilla macula nigricante vel purpurea; pinnis dorsali, anali et caudali vulgo purpureis juvenilibus dilutioribus; pectoralibus ventralibusque roseis; pectoralibus basi vitta transversa violacea; dorsali et anali radiosis basi inter singulas radios 4 ad 6 anteriores interdum guttula nigra vel profunde coerulea.

B. 6. D. 10/10 vel 10/11. P. 2/12. V. 1/5. A. 3/9 vel 3/10. C. 1/15/1 et lat. brev.

Syn. *Sciaena grandoculis* Forsk., Descr. anim. p. 53; L. Gmel., Syst. Nat. ed. 13^a p. 1305.
Sparus grandoculis Bl. Schn., Syst. p. 276; Lac., Poiss. IV p. 111.
Monotaxis indica Benn., Life Raffles, Cat. Fish. Snmatr. p. 683.
Chrysophrys grandoculis CV., Poiss. VI p. 98.
Lethrinus latidens CV., Poiss. VI p. 236; Günth., Cat. Fish. I p. 464.
Sphaerodon grandoculis Rüpp., N. Wirb. Fisch. R. M. p. 113 tab. 28 fig. 2; Günth., Cat. Fish. I p. 465; Fisch. Südsee I p. 67; Klunz., Syn. Fisch. R. M. Verh. z. b. Ges. Wien. XX p. 756.
Pagrus heterodon Blkr, Bijdr. ichth. Halmaher. Nat. T. Ned. Ind. VI p. 54.
Sphaerodon heterodon Günth., Cat. Fish. I p. 465; Blkr, Atl. Ichth. Tab. 299, Perc. tab. 21 fig. 1; Day, Fish. India I p. 138.
Sphaerodon latidens Kner, Zool. Reis. Novara, Fisch. p. 83 tab. 4 fig. 1.

Hab. Sumatra (Benculen); Batu; Celebes (Manado); Halmahera (Sindangole); Obi-major; Amboina; in mari.

Longitudo 9 speciminum 63''' ad 390'''.

Rem. Je puis constater, par la belle série d'individus de mon cabinet, l'identité spécifique des Sciaena grandoculis Forsk., Lethrinus latidens CV. et Pagrus heterodon Blkr. L'espèce subit de notables changements avec l'âge des individus. Dans les adultes la tête est beaucoup plus obtuse, le préorbitaire relativement beaucoup plus haut et la mâchoire supérieure plus longue et s'étendant beaucoup plus en arrière que dans les adolescents ou dans les jeunes. Les bandelettes transversales du corps, nettement dessinées dans les jeunes et même dans l'adolescence assez avancée, disparaissent dans les adultes, mais ce sont par contre les gouttes noires ou d'un bleu profond à la base de la dorsale et de l'anale qui sont le plus fortement marquées dans les adultes et dont on ne voit rien dans les individus du fort jeune âge.

L'espèce habite, hors l'Inde archipélagique, la Mer rouge, les côtes de Ceylon, de la Nouvelle-Hollande méridionale et les îles Samoa, des Amis, de la Société, Kingsmill, Hervey, Pelew et Sandwich.

SPARUS Art. = Chrysophrys, Pagrus, Pagellus Cuv. = Chrysoblephus, Argyrops, Calamus Swns. = Pagrichthys Blkr = Grammateus Poey.

Dentes maxillis bi- ad pluriseriati, antici frequenter canini vel caninoidei, ceteri obtusi plerique molares. Dentes pharyngeales conici acuti. Caput fronte, vertice, regione temporali ossibusque opercularibus omnibus squamatum. Squamae trunco 40 ad 85 in serie longitudinali. Pinnae, dorsalis et analis radiosae infima basi tantum squamatae, dorsalis spinis 11 ad 13 et radiis 9 ad 13, analis radiis 8 ad 12. B. 6.

Rem. Je rapporte à ce genre non seulement les espèces de Chrysophrys des auteurs, mais aussi celles qui ont été placées sous le noms génériques de Pagrus, Pagellus et Pagrichthys.

Les genres Chrysophrys, Pagrus et Pagellus n'ont été distingués que par les différences dans la dentition. Or, parmi les espèces connues il y a tant de transitions entre ce qu'on pourrait nommer canines et dents ordinaires, et tant de variations dans le nombre des rangées des molaires aux deux mâchoires, quelquefois même dans les individus d'une même espèce, qu'on ne saurait y voir de bons caractères génériques. Je ne trouve pas non plus dans ces espèces d'autres caractères constants d'une valeur qui pourrait légitimer leur séparation en types génériques distincts. Les démembrements proposés sous les noms de Chrysoblephus, Calamus, Argyrops et Grammateus me semblent ne pouvoir pas être admis comme des genres valides. Pour ce qui regarde le genre Pagrichthys, je dois noter, qu'il ne repose que sur un individu de Sparus en peau sèche, où la première épine anale avait été enlevée.

Dans l'Insulinde les espèces de Sparus sont rares. Il n'y a que le Sparus hasta qui y est assez commun, mais cela seulement encore dans les mers de la Sonde. Je n'ai vu aux Indes que trois individus du Sparus spinifer, provenant de Célèbes. Le Sparus datnia paraît habiter les Philippines, mais les individus que j'en possède proviennent tous du Bengale et du Japon. Le Sparus bifasciatus est dit habiter la mer d'Amboine mais je ne l'ai jamais reçu de ces parages. Du Sparus sarba il reste même incertain si en effet il habite l'Insulinde. Ces cinq espèces sont les seules, enrégistrées jusqu'ici comme insulindiennes. L'exposé suivant en résume les principaux caractères.

I. Canines intermaxillares et mandibulaires. A. 3/8 à 3/10.
A. Dorsale à toutes les épines fortes et raides non prolongées. Molaires aux deux mâchoires disposées sur trois à cinq rangées. Limbe du préopercule dénué d'écailles.
a. Six rangées d'écailles entre la ligne latérale et les épines dorsales médianes. Seconde épine anale pas ou pas beaucoup plus longue que la troisième.
aa. 60 ou plus de 60 rangées d'écailles transversales au-dessus de la ligne latérale. Ecailles préoperculaires postsous-orbitaires transversalement 5-sériales. Profil convexe. Tête sans bandes transversales.

1. *Sparus sarba* Forsk.

bb. Environ 50 rangées transversales d'écailles au-dessus de la ligne latérale. Ecailles préoperculaires postsousorbitaires transversalement 6- ou 7-sériales. Profil droit. Tête à deux larges bandes transversales noirâtres.

2. *Sparus bifasciatus* Blkr.

b. Quatre rangées d'écailles entre la ligne latérale et les épines dorsales médianes. Ecailles préoperculaires postsousorbitaires transversalement 5-sériales. Seconde épine anale beaucoup plus longue que la troisième. Profil droit. Largeur du limbe du préopercule deux fois dans celle de sa partie squammeuse postsousorbitaire.
aa. 48 ou 49 rangées transversales d'écailles au-dessus, 42 ou 43 au-dessous de la ligne latérale. Tête aussi haute que longue. Hauteur du corps $2^1/_3$ à $2^2/_5$ fois dans sa longueur sans la caudale.

3. *Sparus datnia* Blkr.

bb. 41 ou 42 rangées transversales d'écailles au-dessus, 38 ou 39 au-dessous de la ligne latérale. Tête plus haute que longue. Hauteur du corps 2 à $2^1/_8$ fois dans sa longueur sans la caudale.

4. *Sparus hasta* Bl. Schn.

B. Dorsale à plusieurs épines flexibles et prolongées en soie. Mâchoires à deux rangées de molaires bien développées parfois avec une troisième rangée interne rudimentaire. Canines mandibulaires plus petites que les intermaxillaires. A. 3/8 ou 3/9.
a. Six rangées d'écailles entre la ligne latérale et les épines dorsales médianes.

aa. 54 rangées transversales d'écailles au-dessus de la ligne latérale. Ecailles préoperculaires postsousorbitaires transversalement 6- ou 7-sériales. La première ou les deux premières épines dorsales rudimentaires. Hauteur du corps presque 2 fois dans sa longueur sans la caudale. Yeux presque 3 fois dans la longueur de la tête.

5. *Sparus spinifer* Forsk.

Sparus sarba Forsk., Descr. anim. p. 31 ; L. Gm., Syst. nat. ed. 13a p. 1275 ; Bl. Schn., Syst. p. 280; Lac., Poiss. IV p. 97, 103.

Descriptio Dayana sequens.

»Length of head 1/4 to 4 1/4, of caudal 2/11 to 1/5, height of body 2/5 to 4/11 in the total length Eyes — diameter 1/3 to 3 3/4 in the length of head, 1 1/2 diameters from end of snout, and 1 1/4 apart. Dorsal profile slightly more convex than that of the abdomen. The maxilla reaches to below the front edge of the eye. Preorbital rather above one diameter of the eye in height. Vertical limb of preopercule entire, its angle and lower edge crenulated; opercle with a badly marked spine. Teeth — from four to six broad and compressed incisors in the front of the upper jaw and six to eight in the lower, the remainder of the teeth with rounded crowns the largest being in the inner row; about three rows in the lower and four in the upper jaw. Fins — dorsal spines of moderate strength alternately broader on one side, the fourth being the highest and equal to a little more than half the length of the head. Pectoral longer than the head; ventral not quite reaching the anal and its spine rather longer than the highest in the dorsal fin; second anal spine strongest, of equal length or a little shorter than the third and equal to the length of the sixth of the dorsal or 1/2 the length of the head; caudal emarginated or slightly lobed. Scales — five rows between the eye and the angle of the preopercule; some small ones over the caudal fin, about 5 1/2 rows between the almost straight lateral line and the base of the dorsal fin. Colours — silvery, with golden bands along each row of scales, parallel to the back above the lateral-line and horizontal below it; no dark blotch on the shoulder above the opercle; fins yellowish with a tinge of grey along the upper portion of the dorsal and the end of the caudal; a dark band along the middle of the former fin. Eyes golden. Attaining at least 16 inches in length. B. 6. D. 11/13 or 11/14. P. 15. V. 1/5. A. 3/11. C. 17. Lin. l. 55—60; L. tr. 6—7/14."

Syn. *Sparus bufonites* et *psittacus* Lac., Poiss. IV p. 141, 143 tab. 26 fig. 3.
Chitchillee Russ., Fish. Corom. I p. 73 fig. 91.
Chrysophrys sarba CV., Poiss. VI p. 75; Rüpp., N. Wirb. Fisch. R. M. p. 110 tab. 28 fig. 1; Günth., Cat. Fish. I p. 488; Kner, Zool. Reis. Novara, Fisch. p. 88; Klunz., Syn. R. F. M. Verh. z. b. Ges. Wien. XX p. 759; Day, Fish. India I p. 142.
Chrysophrys chrysargyra CV., Poiss. VI p. 78.

Hab. Archipel. Molucc.?; Madras; Mauritius; Zanzibar; Mare rubrum; China; Nova-Hollandia (ora septentr.).

Rem. Il n'est pas certain que le sarba habite en effet les Moluques. Le Stompneus de Renard (Poiss. Mol. I tab. 27 fig. 147), copié sur un dessin de de Vlamingh et rapporté par Cuvier-Valenciennes au Sparus sarba, pourraît bien ne représenter qu'un Plectorhynchus, et si en effet l'original ait été pris sur un Sparus sarba, il serait possible que ce poisson vînt de l'île Maurice, d'où provenaient bon nombre de poissons des dessins de de Vlamingh copiés par Valentyn et Renard et donnés par eux comme des poissons des Moluques. Il est cependant probable que l'espèce habite l'Insulinde, puis qu'elle s'étend depuis la Mer rouge jusqu'aux côtes de Chine, du Japon et de la Nouvelle-Hollande septentrionale.

Sparus bifasciatus Blkr.

Descriptio Dayana sequens.

»Length of head 2/7, of caudal 2/11, height of body 2/5 of the total length. Eyes — diameter 2/9 of length of head, 1 1/2 to 2 diameters from the end of snout, and 1 1/3 apart. Dorsal profile more convex than the abdominal; a slight elevation above the anterior angle of the eye. The maxilla reaches to below the middle of the orbit; preopercular margin a little roughened above its angle, its height equal to at least the diameter of the eye. Teeth — six large compressed incisors in the front of the upper and four in the lower jaw; five rows of rounded molars along the sides of the upper and four in the lower jaw. Fins — dorsal spines strong increasing in length to the fifth, which is two-fifths of the length of the head, whilst the rays are scarcely higher than the spines; pectoral a little longer than the head; ventral does not reach the anus; second anal spine much the strongest and equal in length to the third; caudal forked. Colours — silvery, with dark lines along each row of scales on the body, and having two black cross bands, the first through the eye, the second over the hind edge of the opercle; a yellow band before the eyes; snout black, dorsal, caudal and pectoral yellow; dorsal spine black, and a narrow black edge along soft dorsal; ventral and anal black except the last anal ray which is yellow. Attaining at least 15 inches in length."

»B. 6. D. 11/12 ad 11/15. V. 1/5. A. 3/10 vel 3/11. C. 19. — Lin. l. 48—50, L. tr. 7/15. Coec. pyl. 2."

Syn. *Caffer* Ruysch, Coll. nov. pisc. Amb. p. 17 tab. 2 fig. 14, 15; Valent., Amb. fig. 147; Ren., Poiss. Mol. II tab. 19 fig. 91.
Chaetodon bifasciatus Forsk., Descr. anim. p. 64; Bonnat., Ichth. p. 85; L. Gm., Syst. nat. ed. 13a p. 1269.
Sparus mylio Lac., Poiss. III tab. 26 fig. 2, IV p. 131.
Labrus catenula et *Holocentrus rabaji* Lac., Poiss. III p. 467 tab. 26 fig. 3, IV p. 724, 725.
Chrysophrys bifasciata CV., Poiss. VI p. 87; Günth., Cat. Fish. I p. 188; Klunz., Syn. F. R. M. Verh. z. b. Ges. Wien. XX p. 758; Day, Fish. India I p. 141 tab. 34 fig. 5.
Chrysophrys bifasciatus Rüpp., N. Wirb. Fisch. R. M. p. 112.

Hab. Amboina; — Sind; Mauritius; Zanzibar; Mare rubrum.

Sparus hasta Bl. Schn., Syst. p. 275; Blkr, Espèc. Chrysophr. Versl. Kon. Ak. Wet. 2e Rks XI pag. 9 tab. 3. — Atl. Tab. 345, Perc. tab. 67 fig. 3.

Spar. corpore oblongo valde compresso, altitudine 2 ad 2¹/₃ in ejus longitudine absque, 2³/₅ ad 2³/₄ in ejus longitudine cum pinna caudali; latitudine corporis 2¹/₂ ad 2³/₄ in ejus altitudine; capite obtuso vix plus quam 3 ad 3¹/₆ in longitudine corporis absque, 4 fere ad 4 in longitudine corporis cum pinna caudali, paulo altiore quam longo; latitudine capitis 1²/₃ ad 1³/₄ in ejus longitudine; fronte usque supra pupillae partem anteriorem squamata; fascia squamarum temporali parum distincta; linea rostro-dorsali capite rectiuscula, nucha convexa; oculis diametro 3¹/₃ ad 4 circ. in longitudine capitis, diametro 1 fere ad 1¹/₃ distantibus; orbita antice leviter tumida; naribus posterioribus naribus anterioribus valvula claudendis multo majoribus, orbitae approximatis, ante pupillae partem inferiorem perforatis, rimaeformibus; rostro oculo non ad non multo longiore; osse praeorbitali sub oculo oculi diametro longitudinali multo ad duplo circ. humiliore; maxillis subaequalibus, superiore sub oculi dimidio anteriore desinente; dentibus utraque maxilla utroque latere, antice serie externa caninis 2 vel 3 mediocribus conicis curvatis interno ceteris vulgo majore seriebus internis pluriseriatis parvis graniformibus, lateribus inaequalibus intermaxillaribus 3-ad 5-seriatis mandibularibus 2- vel 3-seriatis serie externa juvenilibus conicis valde obtusis aetate provectis graniformibus seriebus internis graniformibus postrorsum latitudine accrescentibus molari posteriore ovali ceteris multo latiore nullo; dentibus pharyngealibus conicis acutis, superioribus singulis ossibus anterioribus, inferioribus serie posteriore ceteris longioribus et magis curvatis; praeoperculo limbo alepidoto parte squamata postsuborbitali duplo circ. graciliore, parte squamata medio squamis in series 5 transversas dispositis; operculo angulo spina parva, medio squamis transversim 5- vel 6-seriatis; linea laterali valde curvata; cauda parte libera non longiore quam postice alta; squamis trunco angulum aperturae branchialis superiorem inter et basin pinnae caudalis supra lineam lateralem in series 41 vel 42, infra lineam lateralem in series 38 vel 39 transversas dispositis; squamis 15 circ. in serie transversa basin pinnae ventralis inter et pinnam dorsalem quarum 4 lineam lateralem inter et spinas dorsales medias; squamis 35 circ. in serie horizontali angulum operculi posteriorem inter et basin pinnae caudalis; pinna dorsali spinis validis compressis valde heteracanthis apice non flexilibus 4ª 5ª et 6ª ceteris longioribus capitis parte postpupillari paulo ad non brevioribus, spina postica radio 1° breviore; dorsali radiosa dorsali spinosa paulo humiliore obtusa convexa; pectoralibus falcatis capite sat multo longioribus; ventralibus acutis capite paulo brevioribus; anali spinis crassis 2ª validissima spina 3ª longiore et multo crassiore oculo plus duplo sed minus triplo longiore; caudali profunde emarginata lobis juvenilibus acutiusculis aetate provectis obtusis vel obtusiusculis capite vix ad sat multo brevioribus; colore corpore superne ex griseo viridi basi squamarum vulgo profundiore, inferne argenteo; iride flavescente vel argentea; pinnis flavis vel flavescentibus vel dilute aurantiacis, verticalibus fusco plus minusve arenatis, dorsali spinosa, anali et caudali fusco vel nigricante marginatis, ventralibus apice frequenter fuscis.

B. 6. D. 11/11 vel 11/12. P. 2/13 vel 2/14. V. 1/5. A 3/8 (rarius 3/9 vel 3/10). C. 1/15/1 et lat. brev.

Syn. *Calamara* Russ., Fish. Corom. I. p. 73 fig. 92.

Chrysophrys calamara CV., Poiss. VI p. 85; Cant., Catal. Mal. Fish. p. 48; Blkr, Verh. Bat. Gen. XXIII Spar. p. 10; Günth., Cat. Fish. I p. 493; an et Day, Fish. Malab. p. 30?

Chrysophrys berda CV., Poiss. VI p. 83; Rich., Rep. ichth. China in Rep. 15h meet. Brit. Assoc. p. 240; Blkr, Topogr. Batav. Nat. Gen. Arch. N. Ind. II p. 522; Verh. Bat. Gen. XXII Ichth. Madura p. 4; Day, Fish. India I p. 149 ex parte (nec Rüpp).

Chrysophrys hasta Günth., Cat. Fish. I p. 490 ex parte.

Okeh, *Kapas*, *Bekukung* Mal; *Katombol* Javan.

Hab. Sumatra (Benculen); Pinang; Singapura; Bintang (Rio); Java (Batavia, Samarang, Surabaya, Tjilatjap); Madura (Kammal, Sampang); Bali (Djembrana, Boleling); Celebes (Macassar); Ins. Philipp.?; in mari.

Longitudo 17 speciminum 140‴ ad 322‴.

Rem. Cette espèce est la plus voisine du Sparus datnia, mais elle est bien distincte. Dans tous mes individus du datnia le corps est moins trapu, la tige de la queue plus longue que haute et la tête pas plus haute que longue. Un caractère différentiel plus essentiel cependant se trouve dans la formule des écailles. Dans le datnia je compte 48 ou 49 rangées transversales d'écailles au-dessus et 42 ou 43 au-dessous de la ligne latérale et le nombre des écailles sur une rangée horizontale au milieu des flancs y va à 58. Les écailles, dans le hasta, dans toutes les rangées longitudinales du tronc, sont donc moins nombreuses et ce caractère est constant pour tous les individus de mon cabinet.

Le Sparus hasta fut introduit dans la science dans le Systema de Bloch, mais la description qu'il y est donnée ne permet pas de décider si l'auteur a eu sous les yeux l'espèce actuelle ou bien le datnia ou le Schlegeli; mais Valenciennes, qui a examiné l'individu type de Bloch, le déclare spécifiquement identique avec le Chrysophrys berda CV. Ce berda cependant n'est pas le Sparus berda Forsk., ou le Chrysophrys berda Rüpp., espèce imparfaitement connue, mais qui, à en juger d'après la figure publiée par Rüppell, a six ou sept rangées longitudinales entre la ligne latérale et les épines médianes de la dorsale et les écailles sur les rangées transversales en général plus nombreuses. Le berda de Cuvier-Valenciennes est donc le hasta de Bl. Schn. C'est probablement aussi la même espèce dont Russell a publié une figure sous le nom de calamara et qui se trouve dans la grande Histoire naturelle des Poissons sous le nom de Chrysophrys calamara, espèce que j'ai reproduite autrefois sous la même dénomination.

Le Chrysophrys hasta Günth. me paraît une espèce composée, qui comprend le hasta, le datnia et le Schlegeli. Des individus assez nombreux que M. Günther a eus sous les yeux, ceux qu'il place sous le chef »western specimens with 11 dorsal spines" pourraient bien appartenir, en partie au moins, à l'espèce actuelle.

Si la synonomie du hasta, telle que je viens de la présenter, soit prouvée être juste, l'espèce n'aurait été trouvée jusqu'ici, hors l'Insulinde, que sur les côtes de l'Inde continentale.

Sparus datnia Blkr, Esp. Chrysophr., Versl. Kon. Ak. Wet. 2e Rks. XI p. 5 tab. 2. — Atl. Tab. 361, Perc. tab. 77 fig. 4.

Spar. corpore oblongo valde compresso, altitudine $2^1/_3$ ad $2^2/_5$ in ejus longitudine absque, 3 fere ad $3^1/_3$ in ejus longitudine cum pinna caudali; latitudine corporis $2^1/_2$ ad $2^3/_4$ in ejus altitudine; capite obtuso 3 ad $3^2/_5$ in longitudine corporis absque, $3^4/_5$ ad $4^1/_3$ in longitudine corporis cum pinna caudali, aeque alto ac longo; latitudine capitis 2 fere ad 2 et paulo in ejus longitudine; fronte usque supra pupillam squamata; fascia squamarum temporali bene distincta; linea rostro-dorsali capite rectiuscula, nucha convexa; oculis diametro 3 ad $3^2/_3$ in longitudine capitis, diametro $^3/_4$ ad 1 distantibus; orbita antice leviter tumida; naribus posterioribus naribus anterioribus valvula claudendis multo majoribus, orbitae approximatis, ante mediam pupillam perforatis, oblongo-rimaeformibus; rostro oculo non ad vix longiore; osse praeorbitali sub oculo oculi diametro longitudinali duplo fere ad plus duplo humiliore; maxillis subaequalibus, superiore sub oculi dimidio anteriore desinente; dentibus utraque maxilla utroque latere, antice serie externa caninis 2 vel 3 mediocribus conicis curvatis mandibularibus subaequalibus intermaxillari interno ceteris vulgo majore seriebus internis pluriseriatis conico-graniformibus, lateribus inaequalibus intermaxillaribus 4-seriatis mandibularibus 3-seriatis serie externa anterioribus conicis valde obtusis posterioribus graniformibus seriebus internis graniformibus postrorsum magnitudine accrescentibus molari posteriore ovali ceteris multo latiore nullo; dentibus pharyngealibus conicis acutis, superioribus singulis ossibus anterioribus, inferioribus serie posteriore ceteris longioribus et magis curvatis; praeoperculo margine posteriore edentulo vel scabriusculo, limbo alepidoto parte squamata postsuborbitali duplo circ. graciliore, parte squamata medio squamis in series 5 transversas dispositis; operculo angulo in spinam parvam desinente, medio squamis transversim 4- vel 5-seriatis; linea laterali valde curvata; cauda parte libera juvenilibus non, aetate provectioribus paulo longiore quam postice alta; squamis trunco angulum aperturae branchialis superiorem inter et basin pinnae caudalis supra lineam lateralem in series 48 vel 49, infra lineam lateralem in series 42 vel 43 transversas dispositis; squamis 15 circ. in serie transversa basin pinnae ventralis inter et pinnam dorsalem quarum 4 lineam lateralem inter et spinas dorsales medias; squamis 38 circ. in serie horizontali angulum operculi inter et basin pinnae caudalis; pinna dorsali spinis validis compressis valde heteracanthis apice non flexilibus 3_a 4^a et 5^a ceteris et capitis parte postpupillari longioribus spina postica radio 1° breviore; dorsali radiosa dorsali spinosa conspicue humiliore obtusa convexa; pectolibus falcatis capite longioribus; ventralibus capite brevioribus; anali spinis crassis 2^a validissima spina 3^a longiore et crassiore oculo duplo ad sat multo plus duplo longiore; caudali profunde emarginata lobis acutis capite paulo brevioribus; colore corpore superne ex griseo viridi, inferne argenteo; iride flavescente vel argentea; seriebus squamarum longitudinalibus corpore superne singulis medio vittula griseo-fusca e maculis parvis contiguis vel continuis composita; pinnis flavescentibus, dorsali spinosa margine superiore fuscescente.

B. 6. D. 11/11 vel 11/12 vel 12/10 vel 12/11. P. 2/13. V. 1/5. A. 3/8 vel 3/9. C. 1/15/1 et lat. brev.

Syn. *Coius datnia* Ham. Buch., Fish. Gang. p. 88 tab. 6 fig. 29.

Chrysophrys longispinis CV., Poiss. VI p 85 (ex parte = specim. bengalens.); Blkr, Verh. Bat. Gen. XXIV Nalez. ichth. Bengal. p 93 (specimina spinis dorsi 12).

Chrysophrys xanthopoda et *auripes* Rich., Rep. ichth. China in Rep. 15h meet. Brit. Assoc. p. 241 ?

Chrysophrys hasta Günth., Cat. Fish. I p. 490 ex parte; Day, Fish. Malab. p. 29.

Chrysophrys berda var. *calamara* Day, Fish. India I tab. 35 fig. 2.

Hab. Java ?; Philippin. (Manilla)?

Longit. 5 spec. japon. 96‴ ad 186‴, 6 spec. bengal. 67‴ ad 125‴.

Rem. Cette espèce a en commun avec le Sparus hasta Bl. Schn. les quatre rangées d'écailles au-dessus de la ligne latérale et la formule des écailles préoperculaires et operculaires, mais on y trouve quelques écailles de plus dans les rangées longitudinales au-dessus et au-dessous de la ligne latérale, et elle se distingue encore du hasta par le corps qui est moins trapu et par la tête qui est aussi longue que haute.

Dans les »Fische" du Voyage du Novara (p. 88) il est fait quelques observations par rapport à des individus de Java et de Manilla, considérés comme des Chrysophrys hasta Günth., mais qui pourraient bien appartenir en partie au Sparus hasta, question que ne pourra être resolue que par l'examen nouveau des spécimens conservés à Vienne.

Hors l'Insulinde le datnia est connu des côtes méridionales du Japon et des delta's du Bengale.

Sparus spinifer Forsk., Descript. anim. p. 32, L. Gm., Syst. Nat. ed. 13a p. 1273; Bl. Schn., Syst. p. 281. — Blkr, Atl. tab. 313, Perc. tab. 35 fig, 3.

Spar. corpore oblongo valde compresso, altitudine 2 fere in ejus longitudine absque, $2^2/_5$ circ. in ejus longitudine cum pinna caudali; latitudine corporis 3 circ. in ejus altitudine; capite valde obtuso truncato $3^1/_4$ ad $3^2/_5$ in longitudine corporis absque, $4^1/_4$ ad $4^2/_5$ in longitudine corporis cum pinna caudali, multo altiore quam longo; latitudine capitis $1^3/_4$ ad 2 in ejus longitudine; fronte usque supra orbitae marginem anteriorem squamata; fascia squamarum temporali parum distincta; linea rostro-dorsali rostro rectiuscula, fronte et nucha convexa; oculis diametro $2^4/_5$ circ. in longitudine capitis, diametro 1 fere distantibus; orbita antice crista plus minusve prominente; naribus posterioribus anterioribus valvula claudendis multo majoribus, orbitae approximatis, ante pupillae partem inferiorem perforatis oblongo-elongatis vel rimaeformibus; osse praeorbitali sub oculo oculi diametro non ad paulo altiore; maxillis subaequalibus, superiore sub oculi margine anteriore desinente; dentibus intermaxillaribus utroque latere antice serie externa caninis 2 conicis curvatis seriebus internis parvis graniformibus, lateribus biseriatis serie externa anterioribus conicis obtusis ceteris molaribus serie interna omnibus molaribus postrorsum magnitudine accrescentibus; dentibus mandibularibus utroque latere antice serie externa caninis vel caninoideis 2 vel 3 conicis vix curvatis caninis intermaxillaribus conspicue brevioribus, dentibus ceteris ut in maxilla superiore; serie insuper utraque maxilla dentium molarium parvorum tertia vel interna non semper conspicua; dentibus pharyngealibus conicis acutis superioribus osse medio ceteris longioribus, inferioribus serie postero-interna ceteris longioribus et magis curvatis; praeoperculo limbo alepidoto parte squamata postsuborbitali vix graciliore medio squamis in series 5 transversas dispositis; operculo angulo in spinam parvam desinente, medio squamis transversim 6- vel 7-seriatis; linea laterali valde curvata; cauda parte libera aeque longa circ. ac postice alta; squamis trunco angulum aperturae branchialis superiorem inter et basin pinnae caudalis supra lineam lateralem in series 53 vel 54, infra lineam lateralem in series 49 vel 50 transversas dispositis; squamis 23 vel 24 in serie tranversa basin pinnae ventralis inter et pinnam dorsalem quarum 6 lineam lateralem inter et spinas dorsales medias; squamis 45 vel 46 in serie horizontali os scapulare inter et basin pinnae caudalis; pinna dorsali spinis compressis heteracanthis, 1ª brevissima, sequentibus 4 vel 5 elongatis flexilibus in setam productis setis ex parte caudam vel basin pinnae caudalis attingentibus, spinis ceteris sat validis rigidis pungentibus posterioribus subaequilongis radio 1° brevioribus; dorsali radiosa corpore plus triplo humiliore, obtusa, convexa; pectoralibus capite multo longioribus; ventralibus radio 1° plus minusve producto capite paulo ad non longioribus spina gracili oculo duplo circ. longiore; anali spinis validis 2ª quam 3ª crassiore et paulo ad vix longiore oculo multo minus duplo longiore, parte radiosa corpore plus quadruplo humiliore postice acutangula; caudali profunde emarginata lobis acutis capite non ad vix longioribus; colore corpore superne roseo, inferne roseo-argenteo vel argenteo; seriebus squamarum longitudinalibus dorso lateribusque superne singulis medio vitta rosea profundiore percursis; iride flavescente; pinnis dilute roseis vel flavescentibus.

B. 6. D. 11/10 vel 11/11. P. 2/13 vel 2/14. V. 1/5. A. 3/8 vel 3/9. C. 1/15/1 et lat. brev.

Syn. *Kooroota* Russ., Fish. Corom. II p. 1 fig. 101.
Pagrus spinifer CV., Poiss. VI p. 115; Rüpp., N. Wirb. F. R. M. p 114; Günth., Cat. Fish. I p. 472; Klunz , Syn. Fisch. R. M. Verh. z. b. Ges. Wien XX p. 761; Day, Fish. India I p. 138 tab. 33 fig. 5.
Pagrus longifilis CV., Poiss. VI p. 118; Blkr, Derde bijdr. ichth. Celebes, Nat. T. Ned. Ind. III p. 756.
Argyrops spinifer Swns., Nat. Hist. Fish. II p. 221.

Hab. Celebes (Bulucomba, Macassar); in mari.

Longitudo 3 speciminum 180''' ad 201'''.

Rem. Aucun de mes trois individus ne montre que onze épines dorsales, l'une des deux épines rudimentaires antérieures (qu'on trouve généralement dans les individus de la Mer rouge et de l'Inde) n'y étant pas développée. Dans les jeunes le corps est dit être marqué de cinq bandes transversales.

Il mérite d'être examiné si les différences par rapport au développement des épines de la moitié antérieure de la dorsale, indiquées dans les descriptions du Pagrus Ehrenbergii CV. et du Pagrus filamentosus CV., soient en effet de valeur spécifique. Ces deux espèces pourraient bien ne représenter que des variétés ou que des variations du Sparus spinifer.

Le Sparus actuel doit être rare dans l'Insulinde, la partie méridionale de Célèbes y étant la seule localité connue. Hors l'Insulinde il habite les côtes de Coromandel, de Sind et de Chine et il s'étend même jusqu'aux côtes orientales de l'Afrique et dans la Mer rouge.

LETHRINUS Cuv.

Dentes maxillis anteriores pluriseriati conici acuti vel acutiusculi, serie externa canini 2 curvati, posteriores uniseriati conici obtusi vel rotundati molares. Caput regione postoculari, operculo et suboperculo tantum squamatum. Operculum spina parva plana. Squamae trunco 45 ad 50 in serie longitudinali. Pinnae dorsalis et analis radiosae infima basi tantum squamatae, dorsalis spinis 10 et radiis 9 vel 10, analis radiis 8 vel 9. B. 6.

Rem. Le genre Lethrinus est des plus faciles à reconnaître par la dentition et par les joues et le préopercule à peau lisse sans écailles.

Les espèces du genre sont nombreuses mais assez difficiles à bien caractériser. Elles se ressemblent toutes par la formule des épines et des rayons, par un nombre d'écailles dans la ligne latérale ne variant qu'entre 45 et 50, par l'écaillure de la tête, etc. On a cru trouver des caractères spécifiques dans la longueur du museau, dans la hauteur relative des préorbitaires et dans la forme des dents postérieures des mâchoires, mais ces caractères n'ont qu'une valeur fort relative, le museau s'allongeant avec l'âge des individus, la hauteur du préorbitaire accroissant depuis la jeunesse jusqu'à l'état adulte et les dents latérales des mâchoires, obtuses ou arrondies et molaires dans les individus âgés, étant souvent coniques et pointues dans les jeunes de la même espèce.

On ne trouve pas non plus des caractères très-nets dans les couleurs. La grande tache latérale noirâtre, considérée comme caractéristique pour quelques espèces, ne se voit souvent que dans les individus peu âgés et disparaît ordinairement dans un âge plus avancé. Les couleurs du corps, vives dans les jeunes et souvent variées de bandes, de bandelettes, d'ocelles et de taches, deviennent plus ou moins uniformes dans les adultes et elles disparaissent ordinairement aussi par une conservation un peu prolongée dans la liqueur.

Les meilleurs caractères se trouvent dans le nombre des rangées longitudinales d'écailles au-dessus de la ligne latérale, dans la forme du profil, dans la hauteur relative du corps et de la tête, dans la force et la longueur relative des épines dorsales, et dans la hauteur relative de l'anale. C'est en utilisant ces caractères, combinés à ceux d'une valeur plus relative, que j'ai dressé l'exposé diagnostique suivant.

Je note encore que je trouve, dans toutes les espèces qui sont à ma disposition, deux rangées transversales d'écailles à la région postoculaire, caractère qui paraît être générique.

I. Cinq rangées longitudinales d'écailles au-dessus de la ligne latérale.

A. Hauteur du corps $2^1/_5$ à $2^3/_4$ fois dans sa longueur sans la caudale. Epines dorsales assez fortes, non flexibles, non prolongées, les médianes plus longues que les autres. Tête aussi haute environ que longue.

a. Anale molle pas plus haute que longue. Mâchoire supérieure 3 fois dans la longueur de la tête, s'arrêtant en avant de l'oeil. Molaires conico-graniformes. Hauteur du corps $2^1/_5$ à $2^2/_5$ fois dans sa longueur sans la caudale. Caudale à lobes pointus. Nageoires sans bandes ni ocelles.

1. *Lethrinus haematopterus* Schl.

b. Anale molle plus haute que longue.

aa. Mâchoire supérieure 2 fois dans la longueur de la tête, s'arrêtant sous l'oeil. Molaires conico-graniformes. Hauteur du corps $2^2/_5$ à $2^3/_4$ fois dans sa longueur sans la caudale. Caudale à lobes obtus. Nageoires verticales à bandelettes ou ocelles orangés.

2. *Lethrinus kallopterus* Blkr.

bb. Mâchoire supérieure 3 fois dans la longueur de la tête, s'arrêtant en avant de l'oeil. Molaires graniformes. Hauteur du corps $2^1/_3$ à $2^1/_2$ fois dans sa longueur sans la caudale. Caudale à lobes pointus. Nageoires verticales sans ocelles ni bandelettes.

3. *Lethrinus hypselopterus* Blkr.

B. Hauteur du corps 3 fois à plus de 3 fois dans sa longueur sans la caudale. Tête et anale molle plus longues que hautes. Caudale à lobes pointus.

a. Hauteur du corps 3 à $3^1/_3$ fois dans sa longueur sans la caudale.

aa. Seconde épine dorsale plus longue que les suivantes, flexible, plus ou moins prolongée. Canines mandibulaires externes courbées en dehors. Ligne latérale peu courbée. Corps à bandelettes longitudinales orangées.

4. *Lethrinus nematacanthus* Blkr.

bb Épines dorsales non flexibles et non prolongées, les 3e et 4e plus longues que les autres. Mâchoire supérieure $2^3/_4$ à 3 fois dans la longueur de la tête s'arrêtant en avant de l'oeil. Profil pointu.

† Molaires arrondies. Corps à bandes transversales diffuses brunâtres. Une tache latérale noirâtre (dans les jeunes) vis à vis de l'anale.

5. *Lethrinus Moensi* Blkr.

†' Molaires conico-graniformes. Corps réticulé de violâtre. Point de tache latérale.

6. *Lethrinus reticulatus* CV.

†'' Molaires coniques pointues. Corps à bandelettes transversales brunâtres. Une tache latérale noirâtre postscapulaire.

7. *Lethrinus amboinensis* Blkr.

b. Hauteur du corps $3^1/_2$ à $3^4/_5$ fois dans sa longueur sans la caudale.

aa. Épines dorsales grêles non prolongées, la 3e et la 4e plus longues que les autres. Molaires coniques dans les jeunes, arrondies dans les adultes. Corps à bande oculo-caudale dans le jeune âge, à bandes transversales dans les adolescents, sans bandes dans les adultes.

8. *Lethrinus variegatus* Ehr. = L. latifrons Rüpp.

II. Six rangées longitudinales d'écailles au-dessus de la ligne latérale. Épines dorsales non flexibles et non prolongées, les médianes plus longues que les autres. Anale molle plus longue que haute.

A. Molaires arrondies dans l'âge avancé. Lèvre supérieure moins large (en-dessus) que la pupille.

a. Hauteur du corps moins de 3 fois dans sa longueur sans la caudale.

aa. Tête obtuse plus haute que longue ou aussi haute que longue. Mâchoire supérieure s'arrêtant sous- ou presque pas en avant de l'oeil.

† Hauteur du corps $2^1/_4$ à $2^2/_5$ fois dans sa longueur sans la caudale. Mâchoire supérieure $2^1/_2$ fois dans la longueur de la tête. Dorsale molle presque du double plus longue que haute. Corps sans bandes.

9. *Lethrinus insulindicus* Blkr.

† Hauteur du corps $2^1/_2$ à $2^2/_3$ fois dans sa longueur sans la caudale. Mâchoire supérieure $2^1/_2$ à 3 fois dans la longueur de la tête. Dorsale molle beaucoup moins du double plus longue que haute. Corps à bandelettes longitudinales roses ou jaunâtres.

10. *Lethrinus ornatus* CV. = L. xanthotaenia Blkr.

bb. Tête pointue aussi haute que longue ou un peu plus longue que haute. Mâchoire supérieure s'arrêtant fort en avant de l'oeil, 3 fois dans la longueur de la tête.

† Hauteur du corps $2^2/_5$ à $2^4/_5$ fois dans sa longueur sans la caudale. Dorsale molle beaucoup plus longue que haute. Écailles du dos et des flancs à gouttelette nacrée.

11. *Lethrinus opercularis* CV.

b. Hauteur du corps environ 3 fois dans sa longueur sans la caudale.

aa. Tête aussi haute que longue à profil frontal convexe. Une large tache noirâtre sous la ligne latérale vis-à-vis de la région anale.

12. *Lethrinus harak* Rüpp. = L. rhodopterus Blkr.

bb. Tête plus longue que haute, à profil droit. Point de tache latérale noirâtre.

† Partie libre de la queue beaucoup plus longue que haute. Épines dorsales médianes 3 fois dans la hauteur du corps. Corps sans bandes.

13. *Lethrinus leutjanus* CV. ? Blkr.

†' Partie libre de la queue un peu plus longue que haute. Épines dorsales médianes $2^1/_2$ fois dans la hauteur du corps. Corps à bandelettes transversales et longitudinales.

14. *Lethrinus cocosensis* Blkr.

B. Molaires coniques et plus ou moins pointues tant dans les jeunes que dans les adultes. Lèvre supérieure plus large en-dessus que la pupille.

a. Hauteur du corps moins- à plus de 3 fois dans sa longueur sans la caudale.

aa. Tête fort pointue et notablement plus longue que haute. Museau fort pointu à bandelettes obliques rouges.

15. *Lethrinus miniatus* CV.

A cette dernière section semble appartenir le Pentapodus nubilus Cant., espèce qui peut-être ne diffère pas du Lethrinus sordidus CV.

Lethrinus haematopterus Schl., Faun. Jap. Poiss. p. 74 tab. 38; Blkr, Verh. Bat. Gen. XXVI N. nalez. ichth. Japan p 91; Révis. Lethrin. Ned T. Dierk. IV p. 323; Kner, Zoöl. Novara, Fisch. p. 80 (nec Rich. nec Günth.). — Atl. Tab. 331, Perc. tab. 57 fig. 4.

Lethrin. corpore oblongo compresso, altitudine $2^1/_5$ ad $2^2/_5$ in ejus longitudine absque-, 3 fere ad 3 et paulo in ejus longitudine cum pinna caudali; latitudine corporis $2^1/_2$ ad 3 fere in ejus altitudine; capite acutiusculo 3 fere ad 3 in longitudine corporis absque-, $3^3/_4$ ad 4 fere in longitudine corporis cum pinna caudali; altitudine capitis 1 fere ad 1, latitudine capitis 2 ad 2 et paulo in ejus longitudine; linea rostro-frontali rectiuscula; oculis diametro 3 ad $3^3/_4$-, distantia interoculari $3^1/_2$ ad 4 et paulo in longitudine capitis; naribus distantibus, anterioribus valvato-tubulatis; rostro acutiusculo oculo non ad multo longiore; osse praeorbitali oculi diametro longitudinali paulo humiliore ad multo altiore; maxillis aequalibus, superiore ante oculum desinente 3 ad 3 et paulo in longitudine capitis; maxilla inferiore $2^2/_5$ ad $2^1/_2$ in longitudine capitis; dentibus maxillis antice pluriseriatis, lateribus vel postice uniseriatis serie externa utroque latere antice caninis 2 mediocribus curvatis non extrorsum directis, lateribus 11 ad 14 anterioribus conicis inaequalibus acutiusculis posterioribus conicis obtusis vel rotundatis submolaribus; labiis latis carnosis, superiore antice superne pupilla non latiore; operculo spina plana parum conspicua; squamis corpore 48 vel 49 in linea laterali, 24 in serie transversa quarum 5 ($4^1/_2$) lineam lateralem inter et dorsalem spinosam mediam; linea laterali singulis squamis tubulo simplice notata; cauda parte libera paulo longiore quam postice alta; pinna dorsali spinis mediocribus osseis non flexilibus mediis ceteris longioribus 3 circ. in altitudine corporis; dorsali radiosa dorsali spinosa paulo vel vix altiore, non multo longiore quam alta, obtusa, rotundata; pectoralibus ventralibus sat multo longioribus, capite non ad paulo brevioribus; anali spinis mediocribus 2ª et 3ª subaequilongis radio 1° brevioribus, parte radiosa vix longiore quam alta, convexa, postice angulata; caudali mediocriter incisa lobis acutis capite paulo brevioribus; colore corpore superne pulchre olivaceo basi squamarum profundiore, inferne margaritaceo-roseo; iride flava; regione postscapulari sub linea laterali vulgo macula diffusa olivaceo-violascente; pinnis membrana roseis; radiis pectoralibus roseis pinnis ceteris aurantiacis; ventralibus et anali antice roseo, dorsali superne rubro marginatis.

B. 6. D. 10/9 vel 10/10. P. 2/11. V. 1/5. A. 3/8 vel 3/9. C. 1/15/1 et lat. brev.

Hab. Amboina; Luzon (Manilla); in mari.

Longitudo 6 speciminum 112''' ad 240'''.

Rem. Cette espèce, que j'ai décrite autrefois sur des individus du Japon seulement, est bien positivement le Lethrinus haematopterus Schl. M. Günther rapporte l'espèce de la Faune japonaise à une espèce à laquelle il donne la même dénomination, mais qui se distingue du véritable haematopterus par une rangée longitudinale d'écailles de plus au-dessus de la ligne latérale, et que j'ai nommée Lethrinus Güntheri. — Le Lethrinus haematopterus Rich. (Zool. Voy. Sulph. Fish. p. 144 tab. 64 fig. 1—3) me paraît, lui-aussi, distinct du haematopterus Schl. Sa physionomie, à en juger d'après la figure, est assez différente et en outre il a les lobes de la caudale beaucoup plus obtus et le corps nuagé de brunâtre, la dorsale, les ventrales et l'anale variées de la même couleur et une tache ronde et noire entre la ligne latérale et la pectorale. Je ne vois rien de cette maculature sur mes individus du haematopterus qui cependant sont d'une conservation parfaite. L'espèce de Richardson peut donc continuer à porter le nom de Lethrinus Richardsonii proposé par M. Günther.

Lethrinus mahsena CV., Poiss. VI p. 233; Rüpp., N. Wirb. Fisch. R. M. p. 119 tab. 29 fig. 4; Günth., Cat. Fish. I p. 463; Fisch. Südsee I p. 65 tab. 48; Klunz., Syn. Fisch. R. M. Verh. zool. bot. Ges. Wien XX p. 753.

Diagnosis Güntheriana recentior sequens.

»Die Körperhöhe ist in der Totallänge (ohne Schwanzflosse) $2^1/_2$ Mal, die Kopflänge $3^1/_4$ Mal enthalten. Schnautze mässig vorgezogen, sehr hoch, mit dem oberen Profil etwas concav; in ausgewachsenen Exemplaren (von 13 Zoll Länge) ist die Länge des postorbitalen Theiles des Kopfes $1^2/_3$ Mal in der Länge der Schnautze enthalten, und der Maxillarknochen reicht bis zum Niveau des hintern Nasenloches zurück. Hundszähne gross; starke Mahlzähne auf der Seite. Dorsalstacheln sehr stark; der dritte, vierte und fünfte, sind die längsten, $2^3/_4$ oder 3 Mal in der Kopflänge enthalten; die Stacheln sind breiter auf der einen Seite, als auf der andern. Die Brustflossen reichen bis an, oder sogar über den Anfang der Afterflosse. Bauchflossen überragen den After. Schwanzflosse gespalten. Körper ohne bestimmte Zeichnung, bald einfarbig, bald mit unregelmässigen gewölbten Flecken; kein scharf begrenzter Seitenfleck. (Squam.) L. lat. 48. L. transv. $4^1/_2$/15."

Syn. *Sciaena mahsena* Forsk., Descr. animal. p. 52.

Lethrinus bungus CV., Poiss. VI p. 207.

Lethrinus abbreviatus CV., Poiss. VI p. 233.

Hab. Insul. Philippin. (Günth.).

Rem. Cette espèce ne fait pas partie de mes collections. Le cercle de son distribution géographique est fort étendue et comprend la Mer rouge, les Seychelles, et les îles Pelew, Viti, Hervey et Paumotu. — Dans l'exposé diagnostique qui précède la place du mahsena serait entre les Lethrinus haematopterus et kallopterus.

Lethrinus kallopterus Blkr, Act. Soc. Scient. Ind. Neerl. I, Beschr. vischs. Manado p. 47, Révis. Lethrin. Ned. T. Dierk IV p. 324; Günth., Cat. Fish. I p. 460. — Atl. Tab. 351, Perc. tab. 73 fig. 3.

Lethr. corpore oblongo compresso, altitudine $2^3/_5$ ad $2^3/_4$ in ejus longitudine absque-, $3^1/_5$ ad $3^1/_2$ in ejus longitudine cum pinna caudali; latitudine corporis $2^1/_3$ circ. in ejus altitudine; capite acuto $2^1/_5$ circ. in longitudine corporis absque-, $3^2/_5$ ad $3^1/_2$ in longitudine corporis cum pinna caudali; altitudine capitis 1 et paulo-, latitudine capitis $2^1/_3$ ad $2^1/_4$ in ejus longitudine; linea rostro-frontali ante oculos convexa rostro rectiuscula vel concaviuscula; oculis diametro $3^2/_5$ ad $3^1/_5$, distantia interoculari 4 circ. in longitudine capitis; rostro acuto oculi diametro longiore; osse praeorbitali altitudine oculi diametrum longitudinalem aequante ad superante; maxillis aequalibus, superiore sub oculi margine anteriore desinente, 2 ad 2 et paulo in longitudine capitis; maxilla inferiore 2 circ. in longitudine capitis; dentibus maxillis antice pluriseriatis, lateribus vel postice uniseriatis, serie externa utroque latere antice caninis 2 magnis curvatis non extrorsum spectantibus, lateribus 10 circ. conicis crassis inaequalibus anterioribus obtusiusculis posterioribus obtusis; labiis latis carnosis, superiore antice superne pupilla non latiore; operculo postice spinula vix conspicua; squamis corpore 48 vel 49 in linea laterali, 24 in serie transversa quarum 5 ($4^1/_2$) lineam lateralem inter et dorsalem spinosam mediam; linea laterali leviter curvata; cauda parte libera paulo longiore quam postice alta; pinna dorsali spinis osseis mediocribus non flexilibus mediis sequentibus paulo ad vix longioribus 3 circ. in altitudine corporis, parte radiosa parte spinosa altiore, non vel vix longiore quam alta, obtuse rotundata; pectoralibus ventralibus paulo longioribus capite paulo brevioribus; anali spinis validis 3ª 2ª paulo longiore radio 1° breviore, parte radiosa altiore quam longa, obtuse rotundata; caudali mediocriter emarginata lobis latis obtuse rotundatis capite multo brevioribus; colore corpore superne olivaceo, inferne olivascente-margaritaceo; iride flava roseo tincta; labio inferiore facie interna membranaque operculari sanguineis; rostro genisque maculis irregularibus pulchre rubris; lateribus media aetate stria operculo-caudali dilutiore (aurantiaca?); squamis dorso lateribusque plurimis media aetate et aetate provectiore basi plus minusve aurantiaco tinctis; pinnis radiis roseis membrana violascentibus vel roseo-hyalinis; dorsali spinosa tota et dorsali radiosa antice aurantiaco et violaceo maculatis et subvittato-reticulatis; anali et caudali basi praesertim maculis vel guttis aurantiacis.

B. 6. 10/9 vel 10/10. P. 2/11. V. 1/5. A. 3/8 vel 3/9. C. 1/15/1 et lat. brev.

Hab. Celebes (Manado); Batjan (Labuha); Nova-Guinea (or. sept. occid.); in mari.

Longitudo 2 speciminum 250‴ et 375‴.

Rem. Le Lethrinus kallopterus est une des espèces les mieux reconnaissables par la combinaison des caractères d'une anale molle plus haute que longue, de la hauteur relative du corps et de la coloration toute exceptionnelle (dans les Lethrinus) des nageoires verticales.

Lethrinus hypselopterus Blkr, Révis. Lethrin. Ned. T. Dierk. IV p. 326, Atl. Tab. 330, Perc. tab. 52 fig. 3.

Lethr. corpore oblongo compresso, altitudine $2^1/_3$ ad $2^1/_2$ in ejus longitudine absque-, 3 ad $3^1/_5$ in ejus longitudine cum pinna caudali; latitudine corporis $2^1/_4$ ad $2^2/_5$ in ejus altitudine; capite obtusiusculo 3 ad 3 et paulo in longitudine corporis absque-, $3^5/_6$ ad 4 et paulo in longitudine corporis cum pinna caudali, paulo altiore quam longo; latitudine capitis 2 circ. in ejus longitudine; linea rostro-frontali ante oculos convexa rostro rectiuscula vel concaviuscula; oculis diametro $3^1/_3$ ad $3^1/_4$-, distantia interoculari 4 circ. in longitudine capitis; rostro acutiusculo oculo sat multo longiore; osse praeorbitali oculi diametro longitudinali sat multo altiore; maxillis aequalibus, superiore ante oculum desinente 3 circ. in longitudine capitis; maxilla inferiore $2^1/_3$ circ. in longitudine capitis; dentibus maxillis antice pluriseriatis lateribus vel postice uniseriatis, serie externa utroque latere antice caninis 2 mediocribus curvatis non extrorsum spectantibus, lateribus 10 circ. anterioribus conicis inaequalibus obtusiusculis posterioribus rotundatis molaribus; labiis latis carnosis, superiore antice superne pupilla non latiore; operculo postice spina plana parum conspicua; squamis corpore 47 vel 48 in linea laterali, 23 in serie transversa quarum 5 ($4^1/_2$) lineam lateralem inter et dorsalem spinosam mediam; linea laterali leviter curvata; cauda parte libera non ad vix longiore quam postice alta; pinna dorsali spinis osseis mediocribus non flexilibus mediis ceteris longioribus 3 circ in altitudine corporis, parte radiosa parte spinosa altiore, aeque alta ac longa, obtuse rotundata; pectoralibus ventralibus longioribns capite non vel vix brevioribus; anali spinis mediocribus 3ª ceteris longiore radio 1° breviore, parte radiosa breviore quam alta, obtuse rotundata; caudali mediocriter emarginata lobis acutis capite paulo brevioribus; colore corpore superne olivaceo marginibus squamarum profundiore, inferne olivascente- vel flavescente-margaritaceo; iride flavescente roseo tincta; vitta rostro-oculari diffusa violacea; pinnis roseis, pectoralibus basi vittulis 2 transversis rubris.

B. 6. D. 10/9 vel 10/10. P. 2/11. V. 1/5. A 3/8 vel 3/9. C. 1/15/1 et lat. brev.

Syn. *Mata-hari* Mal.; *Ling-tjam* Sinens. Batav.

Hab. Sumatra (Benculen); Singapura; Java (Batavia); Obi-major; Solor (Lawajong); Waigiu; in mari.

Longitudo 5 speciminum 220‴ ad 260‴.

Rem. Je ne puis rapporter cette espèce à aucune des espèces connues. Seule de toutes les espèces insulindiennes elle a en commun avec le kallopterus une anale molle plus haute que longue, et elle est fort voisine du kallopterus aussi par d'autres caractères, mais se distingue encore suffisamment par le corps qui est plus trapu, par les nageoires impaires roses sans taches ni bandelettes, par les épines médianes de la dorsale qui sont plus longues que les suivantes, par la mâchoire supérieure qui est beaucoup plus courte, etc.

Lethrinus nematacanthus Blkr, Verh. Bat. Gen. XXVI, N. nalez. ichth. Japan p. 90 tab. 6; Révis. Lethrin. Ned. T. Dierk. IV p. 327; Günth., Catal. Fish. I p. 456. — Atl. Tab. 337, Perc. tab. 95 fig. 3.

Lethr. corpore oblongo compresso, altitudine 3 fere ad 3 in ejus longitudine absque-, $3^3/_4$ ad 4 fere in ejus longitudine cum pinna caudali; latitudine corporis 2 et paulo in ejus altitudine; capite acutiusculo 3 fere ad 3 et paulo in longitudine corporis absque-, $3^2/_3$ ad 4 in longitudine corporis cum pinna caudali; altitudine capitis $1^1/_5$ ad $1^1/_4$-, latitudine capitis 2 et paulo in ejus longitudine; linea rostro-frontali convexa inferne tantum concaviuscula vel convexiuscula; oculis diametro 3 ad $3^1/_2$-, distantia interoculari 4 circ. in longitudine capitis; rostro acutiusculo vel obtusiusculo oculo non ad paulo longiore; osse praeorbitali oculi diametro longitudinali humiliore ad paulo altiore; maxillis aequalibus, superiore vix ante oculum desinente $2^3/_5$ circ. in longitudine capitis; maxilla inferiore $2^1/_2$ circ. in longitudine capitis; dentibus maxillis antice pluriseriatis, lateribus vel postice uniseriatis, serie externa utroque latere antice caninis 2 magnis curvatis mandibularibus externis plus minusve extrorsum directis, lateribus 12 ad 16 anterioribus conicis acutis vel acutiusculis posterioribus juvenilibus conicis obtusis aetate provectis rotundatis submolaribus; labiis latis carnosis, superiore antice superne pupilla non latiore; operculo postice spina plana parum conspicua; squamis corpore 47 vel 48 in linea laterali, 22 in serie transversa quarum 5 ($4^1/_2$) lineam lateralem inter et dorsalem radiosam mediam; linea laterali vix curvata; cauda parte libera paulo longiore quam postice alta; pinna dorsali spinis gracilibus 2ª ceteris longiore plus minusve producta et flexili $1^1/_2$ ad $1^2/_3$ in altitudine corporis, spina 1ª spina 2ª plus duplo breviore, spinis 8 posterioribus postrorsum longitudine sensim decrescentibus; dorsali radiosa spinis 2ª et 3ª humiliore, paulo longiore quam alta, obtusa, rotundata; pectoralibus ventralibus longioribus capite paulo brevioribus; anali spinis mediocribus 3ª ceteris longiore radio 1° breviore, parte radiosa longiore quam alta, convexa, postice angulata; caudali mediocriter emarginata lobis acutis capite paulo brevioribus; colore corpore superne aureo-olivaceo, inferne roseo-margaritaceo; iride flavescente vel rosea; regione postscapulari sub linea laterali macula magna fuscescente; vittis corpore cephalo-caudalibus 4 vel 5 aurantiacis; dorso lateribusque maculis irregularibus diffusis fuscescentibus variegatis; labiis aurantiacis; pinnis roseo-aurantiacis, imparibus et ventralibus spinis et radiis fuscescente variegatis.

B. 6. D. 10/9 vel 10/10. P. 2/11. V. 1/5. A. 3/8 vel 3/9. C. 1/15/1 et lat. brev.

Hab. Amboina; in mari.

Longitudo 3 speciminum 92‴ ad 242‴.

Rem. Le Lethrinus nematacanthus est une des espèces les plus nettement caractérisées du genre, tant par les épines dorsales grêles dont la seconde est la plus longue et plus on moins prolongée et flexible, que par les fortes canines dont la mandibulaire externe est courbée en dehors. Elle appartient au groupe à 5 rangées d'écailles au-dessus de la ligne latérale et à corps assez grêle et se fait reconnaître aussi par les bandes longitudinales du corps, par les petites taches des épines et des rayons des nageoires impaires, et par la très-faible courbure de la ligne latérale.

Hors l'Insulinde le nematacanthus n'est connu que des côtes méridionales du Japon.

Lethrinus Moensi Blkr, Bijdr. ichth. Groot-Obi, Nat. T. Ned. Ind. IX p. 435; Révis. Lethrin. Ned. T. Dierk IV p. 328; Günth., Cat. Fish. I p. 455; Fisch. Südsee I p. 64 tab. 46 fig. A. — Atl. Tab. 297, Perc. tab. 19 fig. 3.

Lethr. corpore oblongo compresso, altitudine 3 ad $3^1/_5$ in ejus longitudine absque-, 4 ad $4^1/_5$ in ejus longitudine cum pinna caudali; latitudine corporis 2 fere in ejus altitudine; capite acuto $2^5/_6$ ad 3 in longitudine corporis absque-, $3^2/_3$ ad 4 in longitudine corporis cum pinna caudali; altitudine capitis $1^1/_4$ ad $1^1/_5$, latitudine capitis 2 et paulo ad $2^1/_4$ in ejus longitudine; linea rostro-frontali ante oculos convexa, rostro rectiuscula vel convexiuscula; oculis diametro $3^1/_3$ ad $3^1/_2$-, distantia interoculari $4^1/_2$ ad 5 in longitudine capitis; rostro acuto oculi diametro sat multo longiore; osse praeorbitali oculi diametro longitudinali multo altiore; maxillis aequalibus, superiore ante oculum desinente 3 fere ad 3 in longitudine capitis; maxilla inferiore $2^1/_3$ ad $2^1/_4$ in longitudine capitis; dentibus maxillis antice pluriseriatis, lateribus vel postice uniseriatis, serie externa utroque latere caninis 2 magnis curvatis non extrorsum spectantibus, lateribus 12 ad 15 conicis crassis inaequalibus anterioribus acutiusculis posterioribus obtusis submolaribus; labiis latis carnosis, superiore antice superne pupilla graciliore; operculo postice spinula plana parum conspicua; squamis corpore 48 in linea laterali, 21 in serie transversa quarum 5 ($4^1/_2$) lineam lateralem inter et dorsalem spinosam mediam; linea laterali vix curvata; cauda parte libera sat multo longiore quam postice alta; pinna dorsali spinis osseis mediocribus non flexilibus 2ª 3ª et 4ª ceteris longioribus $2^2/_5$ ad $2^1/_2$ in altitudine corporis, parte radiosa parte spinosa non vel vix altiore, multo longiore quam alta, obtuse rotundata; pectoralibus ventralibus longioribus capite sat multo brevioribus; anali spinis mediocribus 3ª ceteris longiore radio 1° breviore, parte radiosa longiore quam alta, convexa, postice angulata; caudali profunde incisa lobis gracilibus acutis capite paulo brevioribus; colore corpore superne olivaceo vel aurantiaco-olivaceo vittis diffusis longitudinalibus flavescentibus, inferne flavescente vel roseo-margaritaceo; iride flava; dorso lateribusque vestigiis diffusis fasciarum 7 circ. transversarum fuscarum; aetate minus provectis macula magna oblonga nigricante sub anteriore dimidio dorsalis radiosae maxima parte sub linea laterali sita; membrana operculari oreque interno magna parte rubris; pinnis radiis aurantiacis membrana coerulescente-hyalinis; dorsali singulis spinis radiisque basi macula diffusa fuscescente.

B. 6. D. 10/9 vel 10/10. P. 2/11. V. 1/5. A. 3/8 vel 3/9. C. 1/15/1 et lat. brev.

Syn. *Lethrinus genivittatus* Playf., Fish. Seychell. Proc. Zool. Soc. 1867 p. 853 (nec CV.) sec. Günth.

Hab. Batjan (Labuha); Obi-major; Timor (Kupang); in mari.

Longitudo 2 speciminum 245‴ et 305‴.

Rem Cette espèce habite aussi l'Archipel des Louisiades, les îles des Amis, de la Société, des Navigateurs et les iles Pelew, Kingsmill, Hervey et Paumotu, et s'étend à l'ouest jusqu'aux Seychelles. Elle est voisine du Lethrinus reticulatus CV., dont on ne connait jusqu'ici que des individus d'un âge peu avancé. Il est possible qu'elle ne représente que l'état adulte du reticulatus et que les différences dans la longueur du museau, dans la dentition et dans les couleurs ne soient à attribuer qu'à l'âge. Il me paraît cependant plus sûr de tenir séparées les deux formes jusqu'à ce que de nouvelles observations aient mis à même de prononcer décidément sur la valeur spécifique des différences notées.

Lethrinus reticulatus CV., Poiss. VI p. 221 ?; Blkr, Derde bijdr. ichth. Banda, Nat. T. Ned. Ind. VI p. 96; Révis. Lethrin. Ned. T. Dierk. IV p. 329; Günth., Catal. Fish. I p. 457. — Atl. Tab. 330, Perc. tab. 52 fig. 1.

Lethr. corpore oblongo compresso, altitudine 2 fere ad 3 in ejus longitudine absque-, $3^2/_3$ ap 4 fere in ejus longitudine cum pinna caudali; latitudine corporis 2 et paulo in ejus altitudine; capite acuto 3 fere in longitudine corporis absque-, $3^2/_3$ circ. in longitudine corporis cum pinna caudali; altitudine capitis $1^1/_4$ ad $1^1/_6$-, latitudine capitis 2 circ. in ejus longitudine; linea rostro-frontali ante oculos convexa, rostro rectiuscula vel concaviuscula; oculis diametro 3 circ.-, distantia interoculari 4 ad $4^2/_3$ in longitudine capitis; rostro acuto oculi diametro breviore ad paulo longiore; osse praeorbitali altitudine $1^1/_4$ ad 2 in oculi diametro longitudinali; maxillis aequalibus, superiore vix ante oculum desinente 3 circ. in longitudine capitis; maxilla inferiore $2^1/_3$ ad $2^1/_4$ in longitudine capitis; dentibus maxillis antice pluriseriatis lateribus vel postice uniseriatis, serie externa utroque latere antice caninis 2 mediocribus curvatis non extrorsum directis, lateribus 12 circ. anterioribus conicis acutiusculis inaequalibus posterioribus conico-graniformibus obtusis; labiis latis carnosis, superiore antice superne pupilla non latiore; operculo postice spina plana parum conspicua; squamis corpore 48 in linea laterali, 21 in serie transversa quarum 5 ($4^1/_2$) lineam lateralem inter et dorsalem spinosam mediam; linea laterali leviter curvata; cauda parte libera sat multo longiore quam postice alta; pinna dorsali spinis osseis mediocribus non flexilibus 3ª 4ª et 5ª ceteris longioribus 2 et paulo ad $2^1/_5$ in altitudine corporis; dorsali radiosa dorsali spinosa non ad vix altiore, sat multo longiore quam alta, obtusa, rotundata; pectoralibus ventralibus longioribus capite sat multo brevioribus; anali spinis mediocribus 3ª 2ª vix longiore radio 1° breviore, parte radiosa longiore quam alta convexa postice angulata; caudali sat profunde incisa lobis acutis capite sat multo brevioribus; colore corpore superne dilute olivaceo vel olivascente-roseo, inferne margaritaceo; iride flava; capite, dorso lateribusque maculis parvis violaceis transversim vel subreticulatim vel subfasciatim aggregatis; valde juvenilibus vittis vulgo 2 rostro-ocularibus violaceis; vitta juvenilibus operculo-axillo-caudali margaritacea vel rosea; pinnis roseis, dorsali spinosa interdum maculis diffusis violascentibus; ventralibus violascentibus basi flavis.
B. 6. D. 10/9 vel 10/10. P. 2/11 ad 2/13. V. 1/5. A. 3/8 vel 3/9. C. 1/15/1 et lat. brev.
Hab. Celebes (Manado); Ternata; Batjan (Labuha); Amboina; Banda (Neira); Nova-Guinea; in mari.
Longitudo 14 speciminum 60‴ ad 145‴.

Rem. Je crois devoir rapporter les individus décrits au Lethrinus nommé, mais le rapprochement ne peut pas être sûr vu la brièveté de la description dans la grande Histoire naturelle des Poissons. Cette description se borne presque aux couleurs, et les phrases morphologiques se résument en ces termes: »museau un peu plus court, front plus large, rayons de la dorsale plus bas" (que dans le waigiensis = rostratus = miniatus.)

Lethrinus amboinensis Blkr, Vijfde bijdr. ichth. Amb., Nat. T. Ned. Ind. VI p. 490; Révis. Lethrin. Ned. T. Dierk. IV p. 341; Günth., Cat. Fish. I p. 455; Fisch. Südsee I p. 65. — Atl. Tab. 311, Perc. tab. 33 fig. 3.

Lethr. corpore oblongo compresso, altitudine $3^1/_3$ circ. in ejus longitudine absque-, 4 et paulo in ejus longitudine cum pinna caudali; latitudine corporis 2 circ. in ejus altitudine; capite acuto $3^2/_5$ circ. in longitudine corporis absque-, $3^5/_6$ circ. in longitudine corporis cum pinna caudali; altitudine capitis $1^1/_3$ ad $1^1/_4$-, latitudine capitis 2 et paulo in ejus longitudine; linea rostro-frontali ante oculos convexa rostro rectiuscula; oculis diametro 3 circ.-, distantia interoculari 4 circ. in longitudine capitis; rostro acuto oculi diametro non ad paulo longiore; osse praeorbitali oculi diametro longitudinali multo ad paulo humiliore; maxillis aequalibus, superiore ante oculum desinente $2^3/_4$ circ. in longitudine capitis; maxilla inferiore 2 et paulo in longitudine capitis; dentibus maxillis antice pluriseriatis, lateribus vel postice uniseriatis, serie externa utroque latere antice caninis 2 mediocribus curvatis non extrorsum spectantibus, lateribus 15 circ. conicis acutis inaequalibus molaribus nullis; labiis latis carnosis, superiore antice superne pupilla non latiore; operculo postice spina parva parum conspicua; squamis corpore 48 circ. in linea laterali, 21 in serie transversa quarum 5 ($4^1/_2$) lineam lateralem inter et dorsalem spinosam mediam; linea laterali leviter curvata; cauda parte libera sat multo longiore quam postice alta; pinna dorsal spinis osseis mediocribus non flexilibus 3ª et 4ᵉ ceteris longioribus 2 ad $2^1/_4$ in altitudine corporis, parte radiosa parte spinosa non vel vix humiliore, sat multo longiore quam alta, obtusa, rotundata; pectoralibus ventralibus sat multo longioribus capite sat multo brevioribus; anali spinis mediocribus 3ª ceteris longiore radio 1° breviore, parte radiosa aeque alta circ. ac longa, convexa, postice angulata; caudali mediocriter emarginata lobis acutis capite sat multo brevioribus; colore corpore superne olivaceo, inferne flavescente-roseo; iride flavescente; rostro genisque vittis vel maculis nullis; regione postscapulari infra lineam lateralem macula irregulari nigricante-fusca; dorso lateribusque maculis irregularibus nigricante-fuscis vittas 10 vel 11 transversas subsimilantibus; pinnis aurantiacis vel flavescente-roseis, radiis, pectoralibus exceptis, striis transversis profunde violaceis variis; dorsali basi et spinis maculis violaceis variegata.
B. 6. D. 10/9 vel 10/10. P. 2/11. V. 1/5. A. 3/8 vel 3/9. C. 1/15/1 et lat. brev.
Hab. Amboina; Flores (Larantuca); Ceram (Piru, Wahai); in mari.
Longitudo 3 speciminum 97‴ ad 115‴.

Rem. La place naturelle du Lethrinus amboinensis est entre le reticulatus et le variegatus, mais il est le plus voisin du premier. On le reconnait aux dents pointues de l'arrière des mâchoires, aux bandelettes transversales brunâtres du corps et à la tache brune postscapulaire un peu au-dessous de la ligne latérale.

Kner a cru reconnaître l'amboinensis dans quelques petits individus des iles Nicobares et pense qu'ils pussent bien ne représenter que le jeune âge du Lethrinus harak. Ces individus cependant ne peuvent pas être de l'espèce de l'amboinensis, à cause de leur écaillure (6 ou $5^1/_2$) rangées d'écailles au-dessus de la ligne latérale) et de la tache noire des flancs, laquelle, dans l'amboinensis, n'est point supra-anale comme dans le harak, mais postscapulaire. Il me paraît plus probable que ces individus soient en effet des jeunes du harak. — Le Lethrinus amboinensis habite aussi l'Archipel Pelew.

M. Peters a brièvement indiqué, sous le nom de Lethrinus Jagorii, une espèce de Luzon, qui doit être voisine de l'amboinensis, en ayant la formule des écailles, la dentition et les proportions, et ne s'en distinguant que par les couleurs. La diagnose de cette espèce est formulée par M. Peters comme suit.

Lethrinus Jagorii Pet., Ueber von Dr Jagor in dem Ostind. Archip. gesammelten Fische, Monatsber. kön. preuss. Akad. Wiss. 1868 p. 257.

Hintere Seitenzähne conisch. Schnauze so lang wie das Auge. Oberkiefer nicht bis zum Auge reichend. Körperhöhe zur Länge (ohne Schwanzflosse) wie 1 : $3^1/_2$. Oben bräunlich, unten silberig. Kiemenhaut und Flossen blass rosenfarbig D. 10/9. A. 3/8. Lin. lat. 47; tr. 5/14. Länge 5 Centimeter (ohne die Schwanzflosse) Hab. Luzon, Paracali.

Lethrinus variegatus Ehr., CV., Poiss. VI p. 213; Klunz., Syn. Fisch. Roth. Meer. Verh. z. b. Ges. Wien XX p. 751; Blkr, Révis. Lethrin. Ned. T. Dierk. IV p. 332. — Atl. Tab. 317, Perc. tab. 39 fig. 1; Tab. 328, Perc. tab. 50 fig. 3; Tab. 330, Perc. tab. 52 fig 2.

Lethr. corpore oblongo-subelongato, compresso altitudine $3^1/_2$ ad $3^4/_5$ in ejus longitudine absque-, $4^1/_3$ ad $4^3/_4$ in ejus longitudine cum pinna caudali; latitudine corporis $1^2/_3$ ad $1^3/_4$ in ejus altitudine; capite acuto 3 fere ad 3 et paulo in longitudine corporis absque-, $3^3/_5$ ad 4 fere in longitudine corporis cum pinna caudali; altitudine capitis $1^1/_5$ ad $1^2/_5$-, latitudine capitis 2 ad 2 et paulo in ejus longitudine; linea rostro-frontali convexiuscula vel ante oculos convexiuscula rostro rectiuscula; oculis diametro 3 fere ad $3^3/_4$-, distantia interoculari $3^1/_2$ ad $5^1/_3$ in longitudine capitis; rostro acuto oculo non ad duplo fere longiore; osse praeorbitali oculi diametro longitudinali multo humiliore ad multo altiore; maxillis subaequalibus, superiore ante oculum desinente 3 circ. in longitudine capitis; maxilla inferiore 2 et paulo ad $2^1/_4$ in longitudine capitis; dentibus maxillis antice pluriseriatis, lateribus vel postice uniseriatis, serie externa utroque latere antice caninis 2 mediocribus curvatis non extrorsum spectantibus, lateribus 12 ad 14 circ. inaequalibus junioribus omnibus conicis acutiusculis aetate provectis obtusis anterioribus conicis posticis rotundatis molaribus; labiis latis carnosis superiore antice superne pupilla non latiore; operculo postice spina plana parum conspicua; squamis corpore 48 in linea laterali, 22 in serie transversa quarum 5 ($4^1/_2$) lineam lateralem inter et dorsalem spinosam mediam; linea laterali leviter curvata; cauda parte libera sat multo ad duplo fere longiore quam postice alta; pinna dorsali spinis gracilibus non flexilibus 3ª 4ª et 5ª ceteris longioribus 2 ad $2^1/_3$ in altitudine corporis, parte radiosa parte spinosa non ad paulo altiore, multo longiore quam alta, obtusa, rotundata; pectoralibus ventralibus non multo ad vix longioribus capite multo brevioribus; anali spinis mediocribus 3ª ceteris longiore radio 1° breviore, parte radiosa longiore quam alta, convexa, postice angulata; caudali mediocriter emarginata lobis acutis capite multo brevioribus; colore corpore superne olivaceo, inferne aurantiaco vel olivascente-margaritaceo; iride flavescente vel dilute rosea; *juvenilibus* vitta rostro-oculo-caudali sat lata fuscescente vel violacea; *aetate provectioribus* vitta corpore longitudinali nulla sed maculis diffusis fuscis fascias plures transversas irregulares similantibus vel subsimilantibus et vitta vulgo suboculari fusca vel violacea; *adultis* vittis vel fasciis conspicuis nullis sed capite corporeque guttulis sparsis parcis fuscis vel nigricantibus; pinnis omni aetate roseis vel aurantiacis, dorsali et caudali radiis frequenter fusco variegatis.

B. 6. D. 10/9 vel 10/10. P. 2/11. V. 1/5. A. 3/8 vel 3/9. C. 1/15/1 et lat. brev.

Syn. *Lethrinus elongatus*, *semicinctus* et *microdon* CV., Poiss. VI p. 218, 219.

Lethrinus latifrons Rüpp., N. Wirb. Fisch. p. 118 tab. 28 fig. 4; Blkr, N. bijdr. ichth. Celebes, Nat. T. Ned. Ind. II p. 220; Günth., Catal. Fish. I p. 458.

Hab. Celebes (Bulucomba, Manado); Flores (Larantuca); Timor (Atapupu); Halmahera (Sindangole); Ternata; Buro (Kajeli); Ceram (Wahai); Amboina; Goram; Banda (Neira); in mari.

Longitudo 18 speciminum 80''' ad 340'''.

Rem. Cette espèce subit d'assez notables modifications dans le système de coloration avec l'âge des individus. Dans les jeunes il existe une bandelette rostro-caudale brunâtre assez nettement dessinée, mais elle s'efface déjà dans l'adolescence pour faire place à des bandes transversales brunâtres, qui, elles aussi, disparaissent dans l'âge plus avancé. Au reste l'espèce est assez facile à reconnaître par les caractères combinés de 5 ($4^1/_2$) rangées d'écailles au-dessus de la ligne latérale, de la hauteur du corps (qui mesure $3^1/_2$ à $3^4/_5$ fois dans sa longueur sans la caudale), du profil pointu, des épines dorsales grêles et de l'anale molle qui est plus longue que haute.

Le variegatus est connu habiter, hors l'Inde archipélagique, la Mer rouge et les côtes de Zanzibar et de Mossambique.

Lethrinus insulindicus Blkr, Révis. Lethrin. Ned. T. Dierk. IV p. 334. — Atl. Tab 316, Perc. tab. 38 fig. 3.

Lethrin. corpore oblongo compresso, altitudine $2^1/_4$ ad $2^2/_5$ in ejus longitudine absque-, 3 fere ad 3 et paulo in ejus longitudine cum pinna caudali; latitudine corporis $2^1/_2$ ad $2^2/_3$ in ejus altitudine; capite obtuso 3 ad $3^1/_5$ in longitudine corporis absque-, $3^4/_5$ ad 4 et paulo in longitudine corporis cum pinna caudali; altitudine capitis 1 fere-, latitudine capitis 2 circ. in ejus longitudine; linea rostro-frontali ante oculos convexa rostro rectiuscula vel concaviuscula; oculis diametro 3 ad 3 et paulo-, distantia interoculari $3^2/_3$ ad 4 in longitudine capitis; rostro obtuso oculi diametro non ad paulo longiore; osse praeorbitali oculi diametro longitudinali paulo ad multo altiore; maxillis aequalibus, superiore sub oculi margine anteriore vel vix ante oculum desinente $2^1/_2$ circ. in longitudine capitis; maxilla inferiore 2 et paulo ad $2^1/_4$ in longitudine capitis; dentibus maxillis antice pluriseriatis, lateribus postice uniseriatis, serie externa utroque latere antice caninis 2 mediocribus curvatis non extrorsum spectantibus, lateribus anterioribus conicis obtusiusculis posterioribus molaribus rotundatis; labiis latis carnosis, superiore antice superne pupilla non latiore; operculo postice spinula plana parum conspicua; squamis corpore 46 vel 47 in linea laterali, 24 in serie transversa quarum 6 ($5^1/_2$) lineam lateralem inter et dorsalem spinosam mediam; linea laterali leviter curvata; cauda parte libera paulo longiore quam postice alta; pinna dorsali spinis osseis validis non flexilibus mediis sequentibus longioribus 3 ad $3^1/_2$ in altitudine corporis, parte radiosa parte spinosa paulo altiore, paulo longiore quam alta, obtuse rotundata; pectoralibus ventralibus longioribus capite non vel vix brevioribus; anali spinis crassis validis 3ª ceteris longiore radio 1° breviore, parte radiosa aeque longa circ. ac alta, convexa, postice rotundata; caudali sat profunde emarginata lobis latis acute rotundatis capite paulo brevioribus; colore corpore superne olivaceo, inferne olivascente-argenteo; iride flavescente, roseo tincta; membrana operculari rubra; pinnis roseis vel flavescentibus.

B. 6. D. 10/9 vel 10/10. P. 2/11. V. 1/5. A. 3/8 vel 3/9. C. 1/15/1 et lat. brev.

Syn. *Lethrinus mahsenoides* Ehr. CV., Poiss. VI p. 212?; Blkr, Verh. Bat. Gen. XXIII Spar. p. 15; Günth., Catal. Fish. I p. 464.

Mata-hari Mal. Batav.; *Ling-tjam* Sinens. Batav.

Hab. Java (Batavia); Celebes (Macassar); Amboina; Timor (Atapupu); Ins. Philipp.; in mari.

Longitudo 5 speciminum 165''' ad 320'''.

Rem. J'ai cru reconnaître autrefois, dans les individus décrits, le Lethrinus mahsenoides Ehr. CV., mais la description fort superficielle de l'Histoire naturelle des Poissons n'admit point une détermination rigoureuse. De l'examen des individus types du Lethrinus mahsenoides, par M. Klunzinger, il résulte que le mahsenoides est d'une espèce distincte de l'insulindicus, à corps moins trapu et à 5 ou $4^1/_2$ rangées longitudinales d'écailles au-dessus de la ligne latérale. Parmi les espèces insulindiennes à 6 rangées d'écailles au-dessus de la ligne latérale c'est l'actuelle qui a le corps le plus trapu. Elle se distingue encore par l'absence de bandes et de grande tache latérale.

Elle est connue habiter, hors l'Inde archipélagique, la côte de Mossambique.

Lethrinus ornatus CV., Poiss. VI p. 231; Blkr, Révis. Lethrin. Ned. T. Dierk IV p. 335; Day, Fish. India I p. 137 (ex parte). — Atl. Tab. 350, Perc. tab. 72 fig. 4.

Lethr. corpore oblongo compresso, altitudine $2^1/_2$ ad $2^2/_3$ in ejus longitudine absque-, $3^1/_5$ ad $3^1/_3$ in ejus longitudine cum pinna caudali; latitudine corporis $2^1/_3$ ad $2^1/_2$ in ejus altitudine; capite obtuso 3 fere ad $3^1/_4$ in longitudine corporis absque-, $3^2/_3$ ad $4^1/_3$ in longitudine corporis cum pinna caudali; altitudine capitis 1 fere ad 1-, latitudine capitis 2 fere ad 2 et paulo in ejus longitudine; linea rostro-frontali ante oculos convexa rostro rectiuscula vel concaviuscula; oculis diametro 3 ad $3^1/_2$-, distantia interoculari $3^2/_3$ ad 4 et paulo in longitudine capitis; rostro obtuso oculi diametro paulo breviore ad sat multo longiore; osse praeorbitali oculi diametro longitudinali multo humiliore ad multo altiore; maxillis aequalibus, superiore sub oculi margine anteriore vel vix ante oculum desinente $2^2/_3$ ad 3 in longitudine capitis; maxilla inferiore 2 et paulo ad $2^1/_3$ in longitudine capitis; dentibus maxillis antice pluriseriatis, lateribus vel postice uniseriatis, serie externa utroque latere antice caninis 2 sat magnis curvatis non extrorsum spectantibus, lateribus conicis obtusis inaequilongis posterioribus 3 ad 5 aetate provectioribus valde obtusis rotundatis molaribus; labiis latis carnosis, superiore antice superne pupilla non latiore; operculo postice spina plana parum conspicua; squamis corpore 48 in linea laterali, 24 in serie transversa quarum 6 ($5^1/_2$) lineam lateralem inter et dorsalem spinosam mediam; linea laterali leviter curvata; cauda parte libera non multo longiore quam postice alta; pinna dorsali spinis osseis validis non flexilibus mediis sequentibus longioribus 3 ad $3^1/_2$ in altitudine corporis, parte radiosa parte spinosa paulo altiore obtuse rotundata non multo longiore quam alta; pectoralibus ventralibus longioribus capite non ad paulo brevioribus; anali spinis validis crassis 3ª 2ª paulo longiore radio 1° paulo breviore, parte radiosa aeque longa ac alta ad longiore quam alta, convexa, postice angulata; caudali sat profunde emarginata lobis latis acutiusculis vel obtusiusculis capite non multo brevioribus; colore corpore superne olivaceo, inferne olivascente-margaritaceo; iride flava, roseo tincta; operculo antice membranaque postice rubro; vittis corpore 6 vel 7 longitudinalibus roseis vel flavescentibus; pinnis imparibus roseis, ceteris flavis vel aurantiacis, pectoralibus basi frequenter vittula transversa violascente.

B. 6. D. 10/9 vel 10/10. P. 2/11. V. 1/5. A. 3/8 vel 3/9. C. 1/15/1 et lat. brev.

Syn. *Lethrinus xanthotaenia* Blkr, N. bijdr. Perc. Sclerop., ~~Nat.~~ T. Ned. Ind. II p. 176; Günth., Cat. Fish. I p. 461.

Mata-hari Mal. Batav.

Hab. Sumatra (Padang, Benculen, Siboga); Java (Batavia); Bali (Boleling); Celebes (Macassar, Bonthain, Badjoa, Manado); Flores (Larantuca); Timor (Kupang, Atapupu); Ternata; Ceram (Wahai); Amboina; Banda (Neira); Goram; Aru; Nova-Guinea (or. sept.); in mari.

Longitudo 40 speciminum 60''' ad 302''',

Rem. Je possède un dessin, laissé par Kuhl et Van Hasselt, d'une espèce de Batavia que ces infortunés voyageurs avaient nommée Pagrus nudicephalus et qui est devenue le Lethrinus ornatus de la grande Histoire naturelle des Poissons. C'est sur ce document que j'ai pu constater que le Lethrinus xanthotaenia n'est pas d'une espèce distincte et qu'il faut lui conserver le nom sous lequel il a été publié le premier.

M. Day rapporte à cette espèce le Lethrinus erythrurus CV. comme en représentant le jeune âge. Je ne puis pas partager cette opinion, les plus petits individus de l'ornatus de mon cabinet présentant parfaitement la même coloration que les plus âgés. L'erythrurus est décrit comme ayant une tache noire sur les côtés, le corps rayé longitudinalement de petits traits fins et noirâtres, etc. — Le Lethrinus ornatus paraît habiter aussi les îles Andaman.

Lethrinus opercularis CV., Poiss. VI p. 214 ?; Blkr, Verh. Bat. Gen. XXIII Spar. p. 14; Révis. Lethrin. Ned. T. Dierk. IV p. 337; Günth., Cat. Fish. I p. 461; Day, Fish. India I p. 136. — Atl. Tab. 335, Perc. tab. 57 fig. 5.

Lethr. corpore oblongo compresso altitudine 2²/₅ ad 2¹/₅ in ejus longitudine absque-, 3¹/₂ ad 3³/₅ in ejus longitudine cum pinna caudali; latitudine corporis 2 ad 2¹/₃ in ejus altitudine; capite acutiusculo 2³/₄ ad 3¹/₄ in longitudine corporis absque-, 3³/₄ ad 4¹/₆ in longitudine corporis cum pinna caudali; altitudine capitis 1 ad 1 et paulo-, latitudine capitis 2 et paulo in ejus longitudine; linea rostro-frontali rectiuscula; oculis diametro 3 fere ad 4-, distantia interoculari 4 ad 4¹/₃ in longitudine capitis; rostro oculo non ad multo longiore; osse praeorbitali oculi diametro longitudinali paulo humiliore ad multo altiore; maxillis aequalibus, superiore ante oculum desinente 3 circ. in longitudine capitis; maxilla inferiore 2¹/₃ circ. in longitudine capitis; dentibus maxillis antice pluriseriatis lateribus vel postice uniseriatis, serie externa utroque latere antice caninis 2 mediocribus curvatis non extrorsum spectantibus, lateribus 10 circ. juvenilibus conicis anterioribus acutiusculis posterioribus obtusis aetate provectis anterioribus conicis obtusiusculis posterioribus rotundatis molaribus; labiis latis carnosis, superiore antice superne pupilla non latiore; operculo postice spina plana parum conspicua; squamis corpore 47 vel 48 in linea laterali, 24 in serie transversa quarum 6 (5¹/₂) lineam lateralem inter et dorsalem spinosam mediam; linea laterali leviter curvata; cauda parte libera paulo ad sat multo longiore quam postice alta; pinna dorsali spinis osseis mediocribus non flexilibus mediis ceteris longioribus 2¹/₂ ad 3 et paulo in altitudine corporis; dorsali radiosa dorsali spinosa non vel vix altiore, sat multo longiore quam alta, obtusa, rotundata; pectoralibus ventralibus sat multo longioribus capite non ad paulo brevioribus; anali spinis mediocribus 3ª ceteris longiore radio 1° breviore, parte radiosa longiore quam alta, convexa, postice obtusa; caudali mediocriter emarginata lobis acutis capite paulo brevioribus; colore corpore superne olivaceo, inferne flavescente-argenteo; iride flava; gingiva et membrana operculari rubris; squamis dorso lateribusque singulis basi vulgo guttula margaritacea; pinnis imparibus roseis vel roseo-hyalinis, caudali interdum vittulis transversis undulatis violascentibus; pinnis paribus flavis vel aurantiacis, pectoralibus basi vittula transversa rubra.

B. 6. D. 10/9 vel 10/10. P. 2/11. V. 1/5. A. 3/8 vel 3/9. C. 1/15/1 et lat. brev.

Syn. *Mata-hari* Mal. Bat.; *Ling-tjam* Sinens. Batav.

Hab. Sumatra (Benculen, Siboga); Nias; Singapura; Bintang (Rio); Bangka (Muntok, Karanghadji, Tandjong-biat); Biliton (Tjirutjup).; Java (Batavia, Bantam, Samarang); Duizend-insul.; Bawean; Bali (Boleling); Celebes (Macassar, Badjoa, Manado); Sangir; Flores (Larantuca); Timor (Kupang); Batjan (Labuha); Obi-major, Ceram (Piru); Amboina; in mari.

Longitudo 48 speciminum 80‴ ad 381‴.

Rem. L'espèce actuelle est la plus commune du genre dans l'Insulinde. — Si le rapprochement que j'en ai fait soit juste, elle habite aussi les côtes de Ceylon.

Lethrinus ramak Rüpp., N. Wirb. Fisch. R. M. p. 117 tab. 28 fig. 3; Günth., Cat. Fish. I p. 459; Fische Südsee I p. 64 tab. 46 fig. B; Day, Fish. India I p. 137.

Descriptio Güntheriana recentior sequens.

»Die Körperhöhe ist in der Totallänge (ohne Schwanzflosse) 2³/₄ Mal enthalten, die Kopflänge 3 Mal. Schnautze etwas vorgezogen; die Länge des postorbitalen Kopftheiles ist in der Schnautzenlänge 1¹/₈ Mal enthalten, und der Maxillarknochen reicht bis unter das vordere Nasenloch. Sowohl die oberen als unteren seitlichen Zähne sind stumpfe kleine Mahlzähne. Kiefer gleich lang. Dorsalstacheln von mässiger Starke, deutlich heteracanth. Schwanzflosse ziemlich tief ausgeschnitten. Brustflosse bis zum Anfange der Afterflosse, Bauchflosse bis zum After reichend. Kopf ungefleckt. Körper mit zwei gelben Binden während des Lebens; conservirte Exemplare ohne deutliche Zeichnung; es läuft jedoch eine goldglänzende Linie entlang jeder Schuppenreihe. Die Articulationen der Strahlen der Rücken- und Afterflosse sind als schwärzliche Querlinien sehr deutlich. — (Squamae) L. lat. 47. L. transv. 5¹/₂/16."

Syn. *Sciaena ramak* Forsk., Descript. anim. p. 52.

Lethrinus flavescens et *Ehrenbergii* CV., Poiss. VI p. 222; 233.

Hab. Celebes septentrionalis (Günther).

Rem. L'espèce habite, hors l'Insulinde, la Mer rouge, la côte de Zanzibar, de Tongatabu et des îles Kingsmill.

Lethrinus harak Rüpp., N. Wirb. Fisch. p. 116 tab. 29 fig. 3; Blkr, Verh. Bat. Gen. XXIII Spar. p. 15; Révis. Lethrin. Ned. T. Dierk. IV p. 338; Günth., Cat. Fish. I p. 458; Kner, Zool. Novar., Fisch. p. 81 ?; Day, Fish. India I p. 137 tab. 33 fig. 3 (nec Klunz., Fisch. R. M. Verh. z. b. Ges. Wien XX p. 755). — Atl. Tab. 327, Perc. tab. 49 fig. 3.

Lethr. corpore oblongo compresso altitudine 2¹/₅ ad 3 in ejus longitudine absque-, 3²/₃ ad 3³/₄ in ejus longitudine cum pinna caudali; latitudine corporis $2\frac{1}{3}$ ad $2\frac{1}{4}$ in ejus altitudine; capite obtusiusculo 3 et paulo ad $3\frac{1}{4}$ in longitudine corporis absque-, 4 ad 4 et paulo in longitudine corporis cum pinna caudali; altitudine capitis 1 circ.-, latitudine capitis 2 ad $2\frac{1}{4}$ in ejus longitudine; linea rostro-frontali ante oculos convexa rostro rectiuscula vel concaviuscula; oculis diametro 3 ad $3\frac{1}{2}$-, distantia interoculari 4 ad $4\frac{1}{2}$ in longitudine capitis; rostro acutiusculo oculo non ad sat multo longiore; osse praeorbitali oculi diametro longitudinali paulo humiliore ad sat multo altiore; maxillis aequalibus, superiore ante oculum desinente $2\frac{2}{3}$ ad 3 circ. in longitudine capitis; maxilla inferiore 2 et paulo ad $2\frac{1}{3}$ in longitudine capitis; dentibus maxillis antice pluriseriatis, lateribus vel postice uniseriatis, serie externa utroque latere antice caninis 2 mediocribus curvatis non extrorsum spectantibus, lateribus 8 ad 13 anterioribus conicis inaequalibus obtusiusculis vel obtusis posterioribus molaribus rotundatis; labiis latis carnosis, superiore antice superne pupilla non latiore; operculo postice spina plana parum conspicua; squamis corpore 47 vel 48 in linea laterali, 23 in serie transversa quarum 6 ($5\frac{1}{2}$) lineam lateralem inter et dorsalem spinosam mediam; linea laterali leviter curvata; cauda parte libera paulo ad sat multo longiore quam postice alta; pinna dorsali spinis osseis mediocribus non flexilibus mediis ceteris longioribus $2\frac{1}{2}$ ad 3 in altitudine corporis, parte radiosa parte spinosa altiore, multo longiore quam alta, obtuse rotundata; pectoralibus ventralibus longioribus capite paulo ad non brevioribus; anali spinis mediocribus 3^a 2^a vix longiore radio 1° breviore, parte radiosa longiore quam alta, convexa, postice angulata; caudali mediocriter incisa lobis acutis capite paulo ad sat multo brevioribus; colore corpore superne olivaceo, inferne flavescente vel margaritaceo; iride flava roseo tincta; membrana operculari rubra; lateribus macula magna oblongo-rotunda nigricante regioni anali opposita sub linea laterali eaeque approximata, aetate provectis tabescente vel vix conspicua; pinnis flavescentibus vel roseis; *juvenilibus* corpore vittis 8 circ. transversis diffusis fuscescentibus

B. 6. D. 10/9 vel 10/10. P. 2/11. V 1/5. A. 3/8 vel 3/9. C. 1/15/1 et lat. brev.

Syn. *Sciaena harak* Forsk., Descript. anim. p 52 N°. 63.
Lethrinus erythrurus CV, Poiss. VI p 217?
Lethrinus rhodopterus Blkr, Bijdr. ichth. Singapore, Nat T. Ned. Ind. III p. 65.
Lethrinus amboinensis Kner, Zoöl. Novara, Fisch. p. 80? (nec Blkr).
Mata-hari Mal. Batav.; *Ling-tjam* Sinens. Batav.

Hab. Sumatra (Benculen, Padang); Singapura; Java (Batavia); Bawean; Obi-major; Banda (Neira); Solor (Lawajong); Ceram (Wahai); Waigiu; in mari.

Longitudo 10 speciminum 114''' ad 342'''.

Rem. Je possède quatre espèces archipélagiques à six rangées d'écailles au-dessus de la ligne latérale et à hauteur de la tête égalant ou dépassant plus ou moins sa longueur. Ce sont les Lethrinus insulindicus, ornatus, harak et opercularis. Seul entre elles le harak se distingne par une large tache noirâtre et ovale au-dessous de la ligne latérale à l'aplomb de la région anale et cette tache se voit très-bien encore sur les individus les plus âgés de ma collection. Il a aussi le corps plus allongé que les espèces nommées, sa hauteur mesurant trois fois ou presque trois fois dans sa longueur sans la caudale. — Le harak habite aussi la Mer rouge, les côtes de Zanzibar, des îles Andaman et de la Nouvelle-Hollande orientale (Sydney). — L'espèce décrite sous le nom de harak par M. Klunzinger, n'ayant que $4\frac{1}{2}$ rangées longitudinales d'écailles au-dessus de la ligne latérale, ne peut pas être de l'espèce actuelle. Le Lethrinus bonhamensis Günth. (Fisch. Südsee I p. 65 = Lethrinus banhamensis ib. tab. 47), ressemble beaucoup à l'harak mais il est dit n'avoir que $5(4\frac{1}{2})$ rangées d'écailles au-dessus de la ligne latérale, etc.

Lethrinus leutjanus CV., Poiss. VI p. 251?; Blkr, Verh. Bat. Gen. XXIII Spar. p. 14; Révis. Lethrin. Ned. T. Dierk. IV p. 340; Günth., Catal. Fish. I p. 461 (nec Kner). — Atl. Tab 354, Perc. tab. 76 fig. 5

Lethr corpore oblongo compresso, altitudine 3 circ. in ejus longitudine absque-, $3\frac{3}{4}$ circ. in ejus longitudine cum pinna caudali; latitudine corporis 2 et paulo in ejus altitudine; capite acutiusculo 3 circ. in longitudine corporis absque-, 4 fere in longitudine corporis cum pinna caudali; altitudine capitis 1 et paulo-. latitudine capitis 2 et paulo in ejus longitudine; linea rostrofrontali rectiuscula; oculis diametro $3\frac{1}{2}$ circ.- distantia interoculari $4\frac{1}{2}$ circ. in longitudine capitis; rostro acutiusculo oculo non ad sat multo longiore; osse praeorbitali oculi diametro longitudinali non ad sat multo altiore; maxillis aequalibus, superiore vix ante oculum desinente 3 circ. in longitudine capitis; maxilla inferiore $2\frac{1}{2}$ circ. in longitudine capitis; dentibus maxillis antice pluriseriatis, lateribus vel postice uniseriatis, serie externa utroque latere antice caninis 2 mediocribus curvatis non extrorsum spectantibus, lateribus 10 ad 12 anterioribus conicis inaequalibus obtusiusculis posterioribus rotundatis molaribus; labiis latis carnosis superiore antice superne pupilla non latiore; operculo postice spina plana parum conspicua; squamis corpore 48 vel 49 in linea laterali, 23 in serie transversa quarum 6 ($5\frac{1}{2}$) lineam lateralem inter et dorsalem spinosam mediam; linea laterali leviter curvata; cauda parte libera multo longiore quam postice alta; pinna dorsali spinis osseis mediocribus non flexilibus 4^a et 5^a ceteris longioribus 3 circ. in altitudine corporis, parte radiosa parte spinosa vix altiore, multo longiore quam alta, obtuse rotundata; pectoralibus ventralibus sat multo longioribus capite vix brevioribus; anali spinis mediocribus 2^a et 3^a subaequilongis radio 1° brevioribus, parte radiosa longiore quam alta, obtusa, rotundata; caudali mediocriter emarginata lobis acutis capite paulo brevioribus; colore corpore superne olivaceo, inferne olivascente-flavo vel margaritaceo, basi squamarum dilutiore; membrana operculari rubra; pinnis roseis.

B. 6. D. 10/9 vel 10/10. P. 2/11. V. 1/5. A. 3/8 vel 3/9. C. 1/15/1 et lat. brev.

Syn. *Bodianus leutjanus* Lac., Poiss. IV p. 281?
Mata-hari Mal., *Ling-tjam* Sin. Batav.

Hab. Sumatra (Siboga); Java (Batavia); Amboina; in mari.

Longitudo speciminis descripti 225'''.

Rem. Le Lethrinus leutjanus Kner, de Madras (Zool. Novara, Fisch. p. 82), ne peut pas être de l'espèce actuelle, puisqu'il en est dit qu'il n'y a que 5 rangées d'écailles au-dessus de la ligne latérale et que les ventrales atteignent l'anale. Ces nageoires, dans l'espèce actuelle, sont notablement plus courtes et s'arrêtent fort en avant de l'anale, et les molaires sont bien développées, même dans les jeunes, tandis que Kner dit de son leutjanus que la plupart des dents aux deux mâchoires sont pointues, excepté les postérieures qui montrent »Neigung zu kugelige Abrundung."

Lethrinus cocosensis Blkr, Bijdr. ichth. Kokos-eil., Nat. T. Ned. Ind. VII p. 40; Rév. Lethrin. Ned. T. Dierk. IV p. 341; Günth., Cat. Fish. I p. 459 — Atl. Tab. 296, Perc. tab. 18 fig 1.

Lethr. corpore oblongo compresso altitudine $2^1/_5$ ad 3 in ejus longitudine absque-, $3^2/_3$ ad 4 fere in ejus longitudine cum pinna caudali; latitudine corporis 2 circ. in ejus altitudine; capite acuto $2^4/_5$ ad 3 in longitudine corporis absque-, $3^2/_3$ ad 4 fere in longitudine corporis cum pinna caudali; altitudine capitis 1 et paulo-, latitudine capitis $2^1/_3$ ad $2^1/_4$ in ejus longitudine; linea rostro-frontali ante oculos convexiuscula rostro rectiuscula vel concaviuscula; oculis diametro 3 ad $3^1/_2$,- distantia interoculari 4 ad $4^1/_3$ in longitudine capitis; rostro acuto oculo non ad sat multo longiore; maxillis aequalibus, superiore ante oculum desinente 3 circ. in longitudine capitis; maxilla inferiore $2^1/_3$ ad $2^1/_4$ in longitudine capitis; dentibus maxillis antice pluriseriatis, lateribus vel postice uniseriatis, serie externa utroque latere antice caninis 2 mediocribus curvatis non extrorsum spectantibus, lateribus 8 ad 12 anterioribus conicis inaequalibus acutiusculis posterioribus rotundatis molaribus; labiis latis carnosis, superiore antice superne pupilla non latiore; operculo postice spina plana vix conspicua; squamis corpore 48 circ. in linea laterali, 22 in serie transversa quarum 6 ($5^1/_2$) lineam lateralem inter et dorsalem spinosam mediam; linea laterali leviter curvata; cauda parte libera non multo longiore quam postice alta; pinna dorsali spinis osseis mediocribus non flexilibus mediis ceteris longioribus $2^1/_2$ circ. in altitudine corporis, parte radiosa parte spinosa vix altiore, sat multo longiore quam alta, obtusa, rotundata; pectoralibus ventralibus longioribus capite paulo brevioribus; anali spinis mediocribus 3ª ceteris longiore radio 1º breviore, parte radiosa longiore quam alta, convexa, postice angulata; caudali mediocriter emarginata lobis acutis capite paulo brevioribus; colore corpore superne olivaceo, inferne roseo vel olivascente-margaritaceo; iride flavescente; membrana operculari rubra; corpore vittis 4 vel 5 diffusis longitudinalibus flavescentibus et fasciis transversis diffusis fuscescentibus (conservatione liquore prolongata plane evanescentibus); pinnis aurantiaco-rubris, dorsali spinosa vulgo fusco marginata.

B. 6. D. 10/9 vel 10/10. P. 2/11. V. 1/5. A. 3/8 vel 3/9. C. 1/15/1 et lat. brev.

Syn. *Lethrinus sordidus* CV., Poiss. VI p. 222??

Lethrinus fasciatus Kner, Zool. Reis. Novara, Fisch. p. 82? (nec CV.)

Hab. Cocos (Nova-selma); Celebes (Manado); Halmahera (Sindangole); Nova-Guinea?; in mari.

Longitudo 6 speciminum 80''' ad 162'''.

Rem. Le Lethrinus cocosensis a, comme le leutjanus, la tête plus longue que haute et lui ressemble sur presque tous les points. Cependant il a les épines dorsales plus hautes et se fait reconnaître aisément, à l'état frais, par les bandelettes longitudinales et transversales du corps.

Lethrinus sordidus CV., Poiss. VI p. 222.

Descriptio Cuviero-Valenciennesiana sequens.

»Il a le museau encore plus court (que le Lethrinus reticulatus CV.), les yeux plus petits, l'espace qui les sépare plus étroit, les rayures de la caudale moins fines. La tête est rousse, sans traces de bandes. Le corps est roussâtre, avec huit bandes verticales, étroites, noirâtres, mal arrêtées, qui croissent les dix-huit à vingt traits longitudinaux noirâtres que l'on voit sur les flancs plus ou moins nettement, suivant les diverses incidences de la lumière Il y a en outre deux taches nuageuses sur chaque côté, une au-dessus de la pectorale, et la seconde, plus large, sous le dernier rayon mou de la dorsale. — Longueur trois pouces et demi."

Hab. Nova-Guinea.

Rem. La description transcrite se rapporte manifestement à des individus du jeune âge. L'espèce paraît voisine du cocosensis, mais il en est dit qu'elle a le museau plus court que le reticulatus, ce qui ne cadre pas avec le cocosensis.

Lethrinus miniatus CV., Poiss VI p. 235; Günth., Fisch. Südsee I p. 63. — Atl. Tab. 309, Perc. tab. 31 fig. 3.

Lethr. corpore oblongo compresso, altitudine $2^2/_3$ ad $3^1/_3$ in ejus longitudine absque-, $3^3/_5$ ad $4^1/_2$ in ejus longitudine cum pinna caudali; latitudine corporis $2^1/_4$ ad $2^1/_3$ in ejus altitudine; capite valde acuto suilloideo $2^1/_2$ ad 3 fere in longitudine corporis absque-, $3^1/_4$ ad $3^2/_3$ in longitudine corporis cum pinna caudali; altitudine capitis $1^1/_4$ ad $1^2/_5$, latitudine capitis $2^2/_3$ ad 3 fere in ejus longitudine; linea rostro-frontali ante oculos non vel vix convexa rostro rectiuscula vel concaviuscula; oculis diametro 3 et paulo ad 5 fere-, distantia interoculari 4 ad 5 in longitudine capitis; rostro valde acuto, valde juvenilibus oculo non, aetate provectis oculo plus duplo longiore; osse praeorbitali orbitam inter et angulum oris oculi diametro longitudinali humiliore ad multo altiore; maxillis aequalibus, superiore ante oculum desinente $2^3/_4$ ad 3 fere in longitudine capitis; maxilla inferiore 2 et paulo in longitudine capitis; dentibus maxillis antice pluriseriatis, lateribus vel postice uniseriatis, serie externa utroque latere antice caninis 2 mediocribus vel parvis curvatis non extrorsum spectantibus, lateribus conicis acutis vel acutiusculis inaequalibus intermaxillaribus 15 circ. mandibularibus 20 circ.; labiis latis carnosis, superiore antice superne aetate provectis pupilla latiore;

operculo postice spina obtusa parum conspicua; squamis corpore 48 vel 49 in linea laterali, 24 in serie transversa quaum 6 ($5^1/_2$) lineam lateralem inter et dorsalem spinosam mediam; linea laterali leviter curvata; cauda parte libera multo longiore quam postice alta; pinna dorsali spinis osseis mediocribus non flexilibus mediis sequentibus paulo longioribus $2^1/_2$ ad $2^2/_3$ in altitudine corporis, parte radiosa parte spinosa altiore, sat multo longiore quam alta, obtusa, rotundata; pectoralibus ventralibus longioribus capite sat multo brevioribus; anali spinis sat validis 3a ceteris longiore radio 1° breviore, parte radiosa longiore quam alta, convexa, postice angulata; caudali semilunariter emarginata lobis acutis capite sat multo brevioribus; colore corpore, *aetate provectis* superne olivaceo, inferne olivascente-margaritaceo vel flavescente-margaritaceo; pinnis roseis vel roseo-flavescentibus; dorso lateribusque superne nebulis violascentibus diffusis vel nullis; — colore *juvenilibus* corpore fuscescente- vel aurantiaco-olivaceo, inferne tantum flavescente vel albido; regione postscapulari macula rotunda fusca sub linea laterali caeque approximata; dorso lateribusque vittis 8 circ. transversis irregularibus fuscis plus minusve unitis; pinnis roseis, dorsali ventralibusque vulgo fusco arenatis; iride flavescente roseo tincta; rostro genisque omni aetate vittis 4 vel 5 obliquis roseis vel carneis.

B 6. D. 10/9 vel 10/10. P. 2/11. V. 1/5. A. 3/8 vel 3/9. C. 1/15/1 et lat. brev.

Syn. *Sparus miniatus* (Forst.) Bl. Schn., Syst. p. 281.

Lethrinus rostratus K. V. H., CV., Poiss. VI p. 220; Blkr, Verh Bat. Gen. XXIII Spar. p. 13; Révis. Lethrin. Ned. T. Dierk. IV p. 343; Day, Fish. India p. 134 tab. 33 fig. 1. — Atl. Ichth. Tab. 309, Perc. tab. 31 fig. 3.

Lethrinus olivaceus et *waigiensis* CV., Poiss. VI p. 219, 221.

Lethrinus longirostris Playf. Günth., Fish. Zanzib. p. 44 tab. 7 fig. 2.

Lethrinus ramak Klunz., Fisch. R. M. Verh. zool. bot. Ges Wien XX p. 752 (nec auct.).

Hab. Java (Batavia, Bantam, Anjer, Samarang); Bali (Boleling); Celebes (Badjoa, Manado); Batjan (Labuha); Ceram; Amboina; Banda (Neira); Waigiu; Nova-Guinea; in mari.

Longitudo 37 speciminum 75''' ad 370'''.

Rem. Le Lethrinus actuel se fait aisément reconnaître par son museau plus allongé et plus pointu que dans les autres espèces connues du genre, par la largeur du dessus de la partie antérieure de la lèvre supérieure qui est plus grande que le diamètre de la pupille, et par les bandelettes obliques rouges du museau et des joues qui s'observent tant dans les jeunes que dans les adultes.

L'espèce s'étend, hors l'Insulinde, à l'ouest jusqu'aux côtes de Ceylon, de Bombay, de Zanzibar, de Mossambique et dans la Mer rouge, et à l'est jusqu'à Upolu.

Lethrinus nebulosus CV, Poiss. VI p. 211 ??

M. Günther, après avoir examiné l'individu type du Pentapodus nubilus Cant., le déclare être un Lethrinus et peut-être de l'espèce du Lethrinus nebulosus CV. (nec Lethrinus sordidus CV. ut supra p. 112). L'individu est du jeune âge et en peau sèche. Je transcris ici la description de Cantor.

Pentapodus nubilus Cant., Cat. Mal. Fish. p. 49.

»The head is elongated, the profile much sloping, its length, when the muzzle is protracted, is $^1/_3$ of that of the body, the tail not included. The eye is situated behind the centre of a line drawn from the protracted muzzle to the point of the opercle; its diameter is a little less than $^1/_3$ of the length of the head. The canines of both jaws are very small; there are 4 in the upper 6 in the lower of which the two outer ones are the largest and slightly outwards arched. The pores are very minute, scarcely perceptible by the naked eye, rather closely distributed over the infraorbitals, the cheeks, the margin of the preopercle and the lower jaw. The lateral line is very distinct following the outline of the back. The scales are very finely ciliated; there are about 47 on a straight line. The second and third upper rays (of pectorals) reaches the anal spine. The anterior anal spine is half the length of the second and third, which are equal and of nearly the same length as the succeeding soft rays. — Head above and back light reddish brown, paler on the sides; cheeks, gill-covers and abdomen silvery white; an indistinct blackish oblique band from the nape of the neck to the point of the opercle; a second similar in front of the dorsal, terminating beneath the lateral line in a large rounded spot; a few indistinct blackish clouded spots along the sides; the scales of the body indistinctly edged with brownish and minutely dotted with brown; dorsal, caudal and anal pale yellowish; pectorals and ventrals white, the posterior half of the latter pale blackish; the fin-membranes minutely dotted with brown. Iris pale golden. — A number of minute pores on the infraorbital bones, the cheeks, the margin of the preopercle and on the lower jaw. B. 6. D. 10/9. P. 13. V. 1/5. A. 3/8. C. 7/17/7." »Hab. Pinang; in mari." Long. speciminis unici descripti »$4^2/_3$ inch."

Subfamilia GERREIFORMES.

Percoidei corpore oblongo-ovali valde compresso squamis imbricatis cycloideis vestito; capite superne lateribusque squamato; ore antico parvo in tubum conicum protractili; dentibus, maxillis parvis acutis, incisivis vel molaribus nullis, pharyngealibus acutis vel molaribus, vomerinis et palatinis nullis; linea laterali continua; squamis inguinibus elongatis; pinnis, dorsali indivisa, basi vagina squamosa propria libera, spinis valde compressis, parte spinosa et parte radiosa aequilongis vel spinosa radiosa breviore; pectoralibus falcatis; anali spinis 3 ad 5, parte radiosa dorsali radiosa breviore; caudali biloba radiis fissis 15; ossibus pharyngealibus inferioribus liberis, coadunatis vel coalitis. B. 6.

DIAPTERUS Ranz. = Gerres Cuv. (nec Latr.) = Catochaenum Cant. = Eucinostomus Baird Gir. = Synistius Gill.

Dentes maxillis pluriseriati acuti, pharyngeales obtusi vel molares. Squamae trunco 35 ad 50 in serie longitudinali. Pinnae; dorsalis spinis 9 vel 10 et radiis 10 vel 11, parte spinosa et parte radiosa subaequilongis; ventrales post basin pectoralium insertae; analis spinis 3 et radiis 7 vel 8. Osse pharyngealia inferiora triquetra coadunata vel coalita.

Rem. Des douze espèces insulindiennes connues de Diapterus huit seulement font partie de mes collections. Dans aucune de ces espèces je ne vois des pseudobranchies, et, à l'exception des Diapterus abbreviatus et kapas, toutes ont les os pharyngiens inférieurs réunis seulement par une suture mobile et armés au milieu de dents arrondies assez petites sans grandes molaires aplaties. — Quant aux caractères extérieurs des espèces de Diapterus, ils sont ordinairement peu saillants, mais on arrive à les bien fixer en les prenant dans la hauteur relative du corps, dans la nature du bord libre des sousorbitaires et du préopercule, dans la nature, la force et la longueur relative des épines de la dorsale et de l'anale, dans la formule de la dorsale et dans quelques détails par rapport aux nageoires paires et aux couleurs. L'exposé suivant résume les caractères des espèces insulindiennes connues en tant qu'il a été possible de les constater.

I. Epines dorsales au nombre de neuf, les antérieures (la 2e et 3e) beaucoup plus longues que les postérieures. Sousorbitaire à bord lisse non dentelé. Préopercule à bord lisse quelquefois un peu rude vers l'angle. Sillon interoculaire entièrement dénué d'écailles. Point de pseudobranchies pectinées.

A. Seconde épine dorsale fort prolongée en soie flexible, plus longue que la hauteur du corps et beaucoup plus longue que la dorsale épineuse. 43 à 45 écailles dans la ligne latérale, 5 au-dessus de la ligne latérale sans la gaîne squammeuse de la dorsale. Pectorales atteignant l'anale. Os pharyngiens inférieurs séparés par une suture mobile.

a. Hauteur du corps 2 à $2^1/_2$ fois dans sa longueur sans la caudale. Profil gulaire fort concave. Corps à taches oblongues grisâtres disposées sur 8 à 12 rangées transversales plus ou moins irrégulières.

1. *Diapterus filamentosus* Blkr.

b. Hauteur du corps $2^1/_4$ à $2^2/_5$ fois dans sa longueur sans la caudale. Profil gulaire peu concave presque droit. Corps sans taches mais quelquefois à cinq bandes transversales d'un brun grisâtre.

2. *Diapterus macracanthus* Blkr.

B. Seconde épine dorsale prolongée en petit filet, plus courte (avec le filet) que la hauteur du corps. Hauteur du corps $3^1/_2$ fois dans la longueur totale. Base des rayons de la dorsale à petite tache brune. Corps, dans le jeune âge, à bandes transversales diffuses.

3. *Diapterus punctatus* Blkr.

C. Seconde épine dorsale non prolongée en soie, beaucoup plus courte que la hauteur du corps. Corps sans bandes ni taches.

a. 48 écailles dans la ligne latérale, 6 au-dessus de la ligne latérale. Hauteur du corps $2^2/_5$ fois dans sa longueur sans la caudale. Seconde épine dorsale $1^1/_3$ fois dans la hauteur du corps. Pectorales atteignant l'anale.

4. *Diapterus philippinus* Blkr.

b. 43 à 45 écailles dans la ligne latérale. Os pharyngiens inférieurs separés par une suture mobile.

aa. Hauteur du corps presque $2^2/_3$ fois dans sa longueur sans la caudale. 5 écailles au-dessus de la ligne latérale. Seconde épine dorsale presque de la longueur de la dorsale épineuse, un peu plus de $1^1/_2$ fois dans hauteur du corps et beaucoup moins de deux fois plus longue que la seconde épine anale. Pectorales atteignant l'anale molle.

5. *Diapterus acinaces* Blkr.

bb. Hauteur du corps 3 fois dans sa longueur sans la caudale.

† 5 écailles au-dessus de ligne latérale. Seconde épine dorsale notablement plus courte que la dorsale épineuse, moins du double plus courte que la hauteur du corps et beaucoup moins du double plus longue que la seconde épine anale. Pectorales n'atteignant pas l'anale. P. 1/16. A. 3/7 ou 3/8. Dorsale sans taches mais à bordure brune.

6 *Diapterus macrosoma* Blkr.

† Seconde épine dorsale 2 fois dans la hauteur du corps et plus du double plus longue que la seconde épine anale.

7. *Diapterus argyreus* Blkr.

c. 40 écailles dans la ligne latérale, 4 au-dessus de la ligne latérale. Hauteur du corps $2^1/_4$ à $2^1/_3$ fois dans sa longueur sans la caudale. Seconde épine dorsale $1^1/_2$ à 2 fois dans la hauteur du corps et presque deux fois plus longue que la seconde épine anale. Pectorales atteignant ou atteignant presque la première épine anale. Os pharyngiens inférieurs intimement soudés ensemble et à dents médianes plus ou moins aplaties mais peu larges et irrégulièrement disposées.

8 *Diapterus kapas* Blkr.

d. 33 à 37 écailles dans la ligne latérale, 4(ou $3^1/_2$) au-dessus de la ligne latérale.

aa. Hauteur du corps environ 2 fois dans sa longueur sans la caudale. Seconde épine dorsale $1^2/_3$ à 2 fois dans la hauteur du corps et moins du double plus longue que la seconde épine anale. Pectorales atteignant l'anale molle. Os pharyngiens inférieurs soudés ensemble et à dents médianes régulièrement disposées et très-larges et aplaties.

9. *Diapterus abbreviatus* Blkr.

bb. Hauteur du corps $2^2/_5$ à $2^1/_2$ fois dans sa longueur sans la caudale.

† Seconde épine dorsale moins de 2 jusqu'à 2 fois dans la hauteur du corps. Seconde épine anale moins du double plus courte que la seconde épine dorsale.

10. *Diapterus limbatus* Blkr.

†' Epines dorsales assez fortes. Seconde épine anale plus forte et aussi longue ou presque aussi longue que la seconde épine dorsale. Pectorales n'atteignant pas l'anale Os phargyngiens inférieurs séparés par une suture mobile.

11. *Diapterus poetie* Blkr.

cc. Hauteur du corps $2^2/_3$ à 3 fois dans la hauteur du corps sans la caudale.

† Epines grêles; la seconde épine dorsale $1^2/_3$ à 2 fois dans la hauteur du corps et plus longue que la seconde épine anale. Pectorales atteignant la première épine anale. Os pharyngiens inférieurs séparés par une suture mobile.

12. *Diapterus oyena* Blkr.

Diapterus filamentosus Blkr, Onzième notic. ichth. Ternate, Ned. T. Dierk. I p. 231; Révis. Diapter. Versl. Kon Ak. Wet. 2e Reeks VII p. 237. — Atl. Tab. 362, Perc. tab. 78 fig. 3.

Diapt corpore oblongo compresso, altitudine 2 ad $2^1/_2$ in ejus longitudine absque, $2^1/_4$ ad $3^1/_4$ in ejus longitudine cum pinna caudali; latitudine corporis $2^1/_3$ ad $2^1/_2$ in ejus altitudine; capite acuto 3 ad $3^1/_4$ in longitudine corporis absque-, 4 ad $4^1/_4$ in longitudine corporis cum pinna caudali; altitudine capitis 1 circ.-, latitudine capitis 2 circ. in ejus longitudine; oculis diametro $2^1/_2$ ad 3 in longitudine capitis, diametro 1 circ. distantibus; fronte linea mediana alepidota, fossa processus intermaxillaris usque supra oculi marginem anteriorem adscendente; linea rostro-nuchali ante oculos concava vel rectiuscula; linea maxillo-gulari valde concava; rostro acuto oculo breviore; osse suborbitali inferne edentulo; praeoperculo margine libero laevi vel angulum versus tantum scabriusculo; ossibus pharyngealibus superioribus dentibus parvis ex parte conicis acutis ex parte conico-graniformibus, molaribus majoribus nullis; osse pharyngeali inferiore triangulari margine posteriore concavo, sutura mediana mobili bipartito, dentibus parvis, periphericis conicis ex parte acutis, mediis conico-graniformibus, molaribus majoribus nullis; squamis genis 3-seriatis, trunco 45 circ. in linea laterali angulum aperturae branchialis superiorem inter et basin pinnae caudalis, 18 in serie transversa anum inter et pinnam dorsalem quarum 5 lineam lateralem inter et spinas dorsi medias (absque vagina dorsalis squamosa); cauda parte libera non longiore quam postice alta; pinnis dorsali et anali basi vagina squamosa elevata; dorsali spinosa spinis 2^a 3^a et 4^a ceteris longioribus, 2^a in setam producta corpore non ad paulo humiliore; pectoralibus analem attingentibus, capite paulo ad sat multo longioribus; ventralibus pectoralibus capite absque rostro non longioribus margine inferiore rectiusculis; caudali lobis acutis capite paulo ad non brevioribus; anali spinis 2^a et 3^a subaequilongis oculo paulo ad non longioribus; colore corpore superne coerulescente- vel viridescente-griseo, inferne argenteo; iride flavescente; lateribus vulgo guttulis vel maculis oblongis irregularibus fuscescente-griseis in series 8 ad 12 transversas dispositis; pinnis flavescentibus vel flavescente-hyalinis, dorsali et anali vulgo fusco arenatis.

B. 6. D. 9/10 vel 9/11. P. 1/15 vel 1/16. V. 1/5. A. 3/7 vel 3/8. C. 1/15/1 et lat. brev.

Syn. *Woodawahah* Russ., Fish. Corom. I p. 52 fig. 67.

Gerres filamentosus CV., Poiss. VI p. 363; Blkr, Verh. Bat Gen. XXXIII Maen. p. 10; Günth., Catal. Fish. I p. 345, IV p. 261; Kner, Zoöl. Reis Novar. Fisch. p. 56; Day, Fish. Malab. p. 159; Fish India I p. 98 tab. 25 fig. 3.

Gerres punctatus Blkr, Topogr. Batav., Nat. Gen. Arch. N. Ind. II p. 521; Day, Fish. Malab. p. 359 (nec CV.).

Catochaenum filamentosum Cant., Cat. Mal. Fish. p. 56.

Kapas-kapas Mal.

Hab. Sumatra (Benculen, Trussan, Padang, Priaman); Pinang; Singapura; Bangka (Muntok); Java (Batavia, Anjer, Djungkulon, Cheribon, Samarang, Surabaya, Pasuruan, Prigi); Madura (Bangkallang, Kammal, Tandjong, Sumanap); Bawean; Bali (Boleling, Djembrana); Celebes (Macassar, Bulucomba, Badjoa); Sangi; Halmahera (Sindangole); Ternata; Batjan (Labuha); Obi-major; Sumbawa (Bima); Amboina; Timor (Atapupu); Waigiu; Ins. Philipp. (Catbalogan, Samar); Nova-Guinea; in mari.
Longitudo 24 speciminum 80‴ ad 235‴.

Rem. Le Diapterus filamentosus est une des espèces du genre les plus nettement caractérisées par le prolongement extraordinaire de la seconde épine dorsale. Il est le plus voisin, par ce rapport, du Diapterus macracanthus, mais il s'en distingue par son corps plus trapu, par le profil maxillo-gulaire fort concave et par les nombreuses taches rondes et oblongues du corps, qui sont assez nettement dessinées même dans les individus adultes. C'est l'espèce de l'Insulinde qui, après les Diapterus abbreviatus et acinaces, atteint les plus grandes dimensions. Elle est en même temps une des plus communes et s'étend, hors l'Inde archipélagique, jusqu'aux côtes de Malabar et de la Nouvelle-Hollande septentrionale.

Diapterus macracanthus Blkr, Révis. espèc. Diapter. Versl. Kon. Ak. Wet. 2ᵉ Rks, VII pag. 239. — Atl. Tab. 362, Perc. tab. 78 fig. 1.

Diapt. corpore oblongo compresso, altitudine $2\frac{1}{4}$ ad $2\frac{3}{5}$ in ejus longitudine absque-, 3 ad $3\frac{2}{5}$ in ejus longitudine cum pinna caudali; latitudine corporis $2\frac{1}{3}$ ad $2\frac{1}{2}$ in ejus altitudine; capite acuto 3 ad $3\frac{2}{5}$ in longitudine corporis absque-, 4 ad $4\frac{1}{4}$ in longitudine corporis cum pinna caudali; altitudine capitis 1 circ., latitudine capitis 2 circ. in ejus longitudine; oculis diametro $2\frac{2}{3}$ ad 3 in longitudine capitis, diametro $\frac{4}{5}$ ad 1 distantibus; fronte linea mediana alepidota, fossa processus intermaxillaris usque supra oculi partem anteriorem adscendente; linea rostro-nuchali ante oculos concaviuscula vel rectiuscula; linea maxillo-gulari vix vel non concava; rostro acuto oculo breviore; osse suborbitali inferne edentulo; praeoperculo margine libero laevi vel angulum versus tantum scabriusculo; dentibus pharyngealibus superioribus parvis ex parte conicis acutis ex parte graniformibus, molaribus majoribus nullis; osse pharyngeali inferiore triangulari margine posteriore concavo, sutura mediana mobili bipartito, dentibus parvis antice et utroque latere serie externa conicis acutiusculis, ceteris omnibus graniformibus, molaribus majoribus nullis; squamis genis in series 3 obliquas transversas dispositis, corpore deciduis 42 circ. in linea laterali angulum aperturae branchialis superiorem inter et basin pinnae caudalis, 16 circ. in serie transversa anum inter et pinnam dorsalem quarum 5 lineam lateralem inter et spinas dorsales medias (absque vagina dorsali squamosa); cauda parte libera non vel vix longiore quam postice alta; pinnis dorsali et anali basi vagina squamosa mediocri; dorsali spinis compressis 2ª 3ª et 4ª ceteris longioribus, 2ª corpore multo ad sat multo altiore in setam producta, 9ª radio 1º breviore; pectoralibus analem attingentibus, capite longioribus analem attingentibus; ventralibus acutis margine inferiore rectiusculis, capite absque rostro non longioribus; anali spinis 2ª et 3ª subaequilongis oculo paulo ad non longioribus; caudali lobis acutis capite non ad vix longioribus; colore corpore superne dilute griseoviridescente vel coerulescente, inferne argenteo; iride flavescente; corpore interdum fasciis 5 transversis griseo-fuscis diffusis quasi subcutaneis; pinnis flavescentibus vel flavescente-hyalinis, dorsali spinosa superne, caudali postice fusco marginatis.
B. 6. D. 9/10 vel 9/11. P. 1/5. A. 3/7 vel 3/8. C. 1/15/1 et lat brev.
Syn. *Gerres macracanthus* Blkr, Spec. pisc. batav. nov., Nat. T. Ned. Ind. VI p. 195; Günth., Cat. Fish. IV p. 261.
Gerres punctatus Kner, Zool. Novara, Fisch. p. 57 (nec CV.).
Kapas-kapas Mal. Batav.
Hab. Nias; Bangka (Muntok); Java (Batavia); in mari.
Longitudo 12 speciminum 88‴ ad 166‴.

Rem. Les bandes transversales du corps ne sont que très-diffuses et disparaissent ordinairement entièrement par une conservation prolongée dans la liqueur. — L'espèce ne parait habiter que les mers de la Sonde et n'a été trouvée jusqu'ici ni dans la mer des Moluques ni hors l'Insulinde

Diapterus punctatus Blkr, Rév. esp. Diapt. Versl. Kon. Ak. Wet 2ᵉ Rks VII p. 241.

Descriptio Güntheriana sequens.

»The height of the body is $3\frac{1}{2}$ in the total length. The second dorsal spine prolonged into a short filament and sometimes as long as three-quarters of the height of the body. Silvery; dorsal with a narrow black margin, each ray with a brown point at the base. Young individuals with indistinct cross-bands. D. 9/10. A. 3/8."
Syn. *Woodan* Russ., Fish. Corom. I p. 53 fig. 68 ?
Gerres punctatus CV., Poiss. VI p. 361; Günth., Cat. Fish. I p. 346, IV p. 260 (nec Day, Fish. Malab. p. 359).
Hab. »Philippine Islands, China, Coast of Pondicherry" Günth.

Rem. La description de Cuvier constate en outre qu'il n'y a point de dentelure au préopercule ni au sousorbitaire. L'espèce est voisine du Diapterus macracanthus mais se distingue par la seconde épine dorsale, laquelle, bien que prolongée en petit filet, reste notablement plus courte que la hauteur du corps. Il n'est rien dit au reste, dans les descriptions, ni de la formule des écailles ni de la force et de la longueur relative des épines de l'anale.

Diapterus philippinus Blkr, Rév. esp. Diapt. Versl. Kon. Ak. Wet. 2ᵉ Rks VII p. 242.

Descriptio Güntheriana sequens.

»The height of the body is contained twice and two-fifths in the total length (without caudal), the length of the head twice and a fourth; the length of the caudal is two-ninths of the total. The diameter of the eye is one-third of the length of the head, equal to the width of the interorbital space, and more than the extent of the snout. The groove for the processes of the intermaxillaries is rounded behind, naked, and extends beyond the vertical from the anterior margin of the eye. The free portion of the tail is longer than high. The scaly sheeth of the dorsal is very high. The second dorsal spine elongate, its length being two thirds of the height of the body. The second anal spine is much stronger but scarcely shorter than the third, and not quite half as long as the head; the scaly sheath covers the posterior anal rays entirely. Pectoral very long, extending to the second anal spine. Silvery; each dorsal ray and the posterior spines with a blackish dot near the base. D. 9/10. A 3/7. Lin. lat. 48. Lin. transv. 6/12."

Syn. *Gerres philippinus* Günth., Catal. Fish. IV p. 258.

Hab. Insul. Philippin.

Longit. »three and a half inches."

Diapterus acinaces Blkr, Révis. espèc. Diapter., Versl. Kon. Ak. Wet. 2e Rks VII p. 242. — Atl. Tab. 361, Perc. tab. 77 fig. 2.

Diapt. corpore oblongo compresso, altitudine $2^2/_3$ fere in ejus longitudine absque-, $3^3/_4$ fere in ejus longitudine cum pinna caudali; latitudine corporis $2^1/_3$ ad $2^1/_4$ in ejus altitudine; capite acuto $3^2/_5$ circ. in longitudine corporis absque-, $4^3/_5$ ad $4^3/_4$ in longitudine corporis cum pinna caudali; altitudine capitis 1 circ., latitudine capitis $1^3/_4$ circ. in ejus longitudine; oculis diametro $3^1/_2$ fere in longitudine capitis, diametro 1 circ. distantibus; fronte linea mediana alepidota; fossa processus intermaxillaris usque supra oculi partem anteriorem adscendente; linea rostro-nuchali ante oculos concava; rostro acuto oculo non longiore; osse suborbitali inferne edentulo; praeoperculo margine libero laevi vel angulum versus tantum scabriusculo; dentibus pharyngealibus superioribus ex parte setaceis ex parte conicis obtusis, molaribus majoribus nullis; osse pharyngeali inferiore triangulari margine posteriore concavo, sutura mediana sat mobili bipartito, dentibus peripheria conicis obtusis mediocribus, suturam mediam versus parvis planiusculis sed molaribus majoribus nullis; squamis genis in series 3 obliquas transversas dispositis, trunco 43 circ. in linea laterali angulum aperturae branchialis superiorem inter et basin pinnae caudalis, 17 circ. in serie transversa anum inter et pinnam dorsalem quarum 5 lineam lateralem inter et spinas dorsales medias (absque vagina dorsalis squamosa); cauda parte libera paulo longiore quam postice alta; pinnis dorsali et anali basi vagina squamosa elevata; dorsali spinis compressis 2a 3a et 4a ceteris longioribus, 2a $1^3/_5$ circ. in altitudine corporis et fere aeque longa ac dorsali spinosa, 9a radio 1° breviore; pectoralibus capite longioribus analem attingentibus; ventralibus acutis margine inferiore concavis capite absque rostro paulo brevioribus; anali spina 2a ceteris longiore capitis parte postoculari non vel vix longiore et spina dorsali 2a multo minus duplo breviore; caudali lobis valde acutis capite conspicue longioribus; colore corpore superne coerulescente-argenteo, inferne argenteo; iride flava; pinnis flavescentibus vel flavescente-hyalinis.

B. 6. D. 9/10 vel 9/11. P. 1/16. V. 1/5. A. 3/7 vel 3/8. C. 1/15/1 et lat. brev.

Syn. *Gerres acinaces* Blkr, Spec. pisc. batav. nov., Nat. T. Ned. Ind. VI p. 194; Günth., Catal Fish. I p. 351, IV p. 262; Fish. Zanzib. p. 110 tab. 16 fig. 1.

Kapas-kapas Mal. Bat.

Hab. Java (Batavia); Cocos (Nova-selma); Celebes (Badjoa); in mari.

Longitudo 2 speciminum 250''' et 292'''.

Rem. Cette espèce habite aussi les côtes d'Aden et de Zanzibar.

Diapterus macrosoma Blkr, Onz. notic. ichth. Ternate, Ned. T. Dierk. I p. 231; Versl. Kon. Ak. Wet. 2e Rks VII p. 244 (nec Kner). — Atl. Tab. 362, Perc. tab. 78 fig. 5.

Diapt. corpore oblongo compresso, altitudine 3 circ. in ejus longitudine absque-, 4 circ. in ejus longitudine cum pinna caudali; latitudine corporis 2 circ. in ejus altitudine; capite acuto 3 ad $3^1/_2$ in longitudine corporis absque-, 4 ad $4^3/_5$ in longitudine corporis cum pinna caudali; altitudine capitis 1 et paulo, latitudine capitis 2 circ. in ejus longitudine; oculis diametro $2^2/_3$ ad 3 in longitudine capitis, diametro 1 fere ad 1 distantibus; fronte linea mediana alepidota; fossa processus intermaxillaris usque supra oculi partem anteriorem adscendente; linea rostro-nuchali ante oculos concava; rostro acuto oculo sat multo ad vix breviore; osse suborbitali inferne edentulo; praeoperculo margine libero laevi vel angulum versus tantum scabriusculo; dentibus maxillis pluriseriatis parvis aequalibus; dentibus pharyngealibus superioribus parvis acutis vel acutiusculis, molaribus majoribus vel minoribus nullis; osse pharyngeali inferiore triangulari margine posteriore concavo, sutura mediana mobili bipartito, dentibus conicis parvis peripheria acutis suturam mediam versus obtusiusculis, molaribus majoribus vel minoribus nullis; squamis genis in series 3 obliquas transversas dispositis, corpore valde deciduis 43 circ. in linea laterali angulum aperturae branchialis superiorem inter basin pinnae caudalis, 15 vel 16 in serie transversa anum inter et pinnam dorsalem quarum 5 lineam lateralem inter et spinas dorsales medias (absque vagina dorsalis squamosa); cauda parte libera longiore quam postice alta; pinnis dorsali et anali basi vagina squamosa sat humili; dorsali spinis 2a 3a et 4a ceteris longioribus, 2a corpore minus duplo humiliore dorsali spinosa conspicue breviore, 9a radio 1° breviore; pectoralibus capite non ad paulo longioribus analem non attingentibus; ventralibus acutis margine inferiore concavis vel rectiusculis capite absque rostro brevioribus; anali spinis 2a et 3a subaequilongis capitis parte postoculari non longioribus spina dorsali 2a minus duplo brevioribus; caudali lobis valde acutis capite non ad paulo longioribus; colore corpore superne coerulescente-griseo, inferne argenteo; iride flavescente; pinnis flavescente-hyalinis, dorsali spinosa superne et caudali postice vulgo fusco marginatis.

B. 6. D. 9/10 vel 9/11. P. 1/16. V. 1/5. A. 3/7 vel 3/8. C. 1/15/1 et lat. brev.

Syn. *Gerres macrosoma* Blkr, Bijdr. ichth. Halmaheira, Nat. T. Ned. Ind. VI p. 56; Günth., Cat. Fish. I p. 353, IV p. 263.

Kapas-kapas Mal.

Hab. Singapura; Java (Batavia); Bali (Boleling); Timor (Kupang); Ternata; Halmahera (Sindangole); Obi-major; Amboina; Saparua; Waigiu; in mari.

Longitudo 11 speciminum 92''' ad 198'''.

Rem. Le Diapterus actuel est fort voisin du Diapterus acinaces mais il a le corps plus allongé, et la seconde épine dorsale et les pectorales relativement plus courtes. Il est moins rare que l'acinaces, mais n'a pas été trouvé jusqu'ici, hors l'insulinde. D'après M. Günther l'individu de Savay, décrit par Kner sous le nom de Gerres macrosoma Blkr, est de l'espèce du Gerres gigas Günth.

Diapterus argyreus Blkr, Révis. esp. Diapter. Versl. Kon. Ak. Wet. 2e Rks VII p. 245.

Descriptio Güntheriana sequens.

»The height of the body is scarcely more than the length of the head, and one-third of the total (without caudal fin); the diameter of the eye is one-third of the length of the head, and rather longer than the snout, the extent of which equals the distance between the eye. The groove for the processes of the intermaxillary bones is entirely scaleless, and does not extend to the vertical from the centre of the eye. The spines of the fins are slender; the second of the dorsal is one-half of the height of the body, and more than twice the length of the second anal spine, which is rather stronger but not longer than the third. Silvery; top of the dorsal blackish. D. 9/10. A. 3/7. Lin. lat. 45."

Syn. *Sciaena argyrea* Forster, *Cichla argyrea* Bl. Schn., Syst. p. 344.
Gerres waigiensis QG., Zoöl. Voy. Freycin. p. 292.
Gerres argyreus CV., Poiss. VI p. 360; Günth., Cat. Fish. I p. 353, IV p. 263.
Hab. Waigiu; in mari.

Rem. Cette espèce habite aussi la Mer rouge, les mers des îles Strong et Tana, et la côte orientale de la Nouvelle-Hollande (Port Jackson).

Diapterus kapas Blkr, Septièm. mém. ichth. Timor, Ned. T. Dierk. I p. 269; Révis. esp. Diapt. Versl. Kon. Ak. Wet. 2e Rks VII p. 246. — Atl. Tab. 391, Perc. tab. 77 fig. 3.

Diapt. corpore oblongo compresso, altitudine $2^1/_4$ ad $2^1/_3$ in ejus longitudine absque-, 3 fere ad 3 in ejus longitudine cum pinna caudali; latitudine corporis $2^1/_3$ ad $2^1/_2$ in ejus altitudine; capite acuto 3 ad 3 et paulo in longitudine corporis absque-, 4 ad 4 et paulo in longitudine corporis cum pinna caudali; altitudine capitis 1 fere ad 1, latitudine capitis 2 circ. in ejus longitudine; oculis diametro $2^3/_4$ ad 3 in longitudine capitis, diametro $^3/_4$ ad 1 fere distantibus; fronte linea mediana alepidota; fossa processus intermaxillaris usque supra oculi marginem anteriorem adscendente; linea rostro-nuchali ante oculos concava vel concaviuscula; rostro acuto oculo multo breviore; osse suborbitali inferne edentulo; praeoperculo margine libero laevi vel angulum versus tantum scabriusculo; dentibus pharyngealibus superioribus ex parte conicis acutiusculis ex parte molaribus planis minoribus et majoribus; osse pharyngeali inferiore triangulari margine posteriore medio convexo, sutura media conspicua nulla, dentibus periphericis ex parte conicis obtusiusculis, ceteris molaribus subplanis centralibus ceteris paulo majoribus irregulariter dispositis; squamis genis in series 3 obliquas transversas dispositis, corpore valde deciduis 40 circ. in linea laterali angulum aperturae branchialis superiorem inter et basin pinnae caudalis, 15 circ. in serie transversa anum inter et pinnam dorsalem quarum 4 lineam lateralem inter et spinas dorsales medias (absque vagina dorsali squamosa); cauda parte libera vix longiore quam postice alta; pinnis dorsali et anali basi vagina squamosa mediocri; dorsali spinis gracilibus compressis 2a 3a et 4a ceteris longioribus, 2a $1^1/_2$ ad 2 in altitudine corporis, 9a radio 1° breviore; pectoralibus capite paulo longioribus analem attingentibus vel subattingentibus; ventralibus acutis margine inferiore rectiusculis capite absque rostro brevioribus; anali spina 2a spina 3a paulo fortiore sed paulo breviore oculo non ad paulo et spina dorsali 2a duplo fere breviore; caudali lobis acutis capite non ad paulo longioribus; colore corpore superne coerulescente- vel viridescente-griseo, inferne argenteo; iride flavescente; pinnis flavescentibus, dorsali spinosa nigricante marginata.

B. 6. D. 9/10 vel 9/11. P. 1/14 vel 1/15. V. 1/5. A. 3/7 vel 3/8. C. 1/15/1 et lat. brev.

Syn. *Gerres kapas* Blkr, Bijdr. ichth. Riouw, Nat. T. Ned. Ind. II p. 482; Günth., Catal. Fish. I p. 352, IV p. 259.
Gerres singapurensis Steind., Bericht Fisch. Singap. Sitz. ber. k. Akad. Wiss. 1870 Bd. LX p. 568.
Kapas-kapas Blkr.
Hab. Sumatra (Benculen, Trussan, Priaman); Batu, Nias; Singapura; Bintang (Rio); Bangka (Muntok, Gussong-assem, Tandjong-berikat, Blinju); Java (Batavia); Celebes (Macassar, Bonthain); Timor (Kupang); Amboina; in mari.
Longitudo 10 speciminum 62''' ad 120'''.

Rem. Le Gerres singapurensis Steind. paraît ne pas se distinguer du kapas. Les dentelures du préopercule dont parle M. Steindachner, se retrouvent dans la plupart des espèces insulindiennes, mais elles sont extrêmement fines et plus palpables que visibles à l'oeil non armé. Encore ne se trouvent-elles que sur le bord inférieur ou tout près de l'angle. — Le kapas est la seule espèce insulindienne connue à 40 écailles dans la ligne latérale.

Diapterus abbreviatus Blkr, Enum. poiss. Amboin., Ned. T. Dierk. II p. 275; Révis. esp. Diapter. Versl. Kon. Ak. Wet. 2e Rks VII p. 248. — Atl. Tab. 362, Perc. tab. 78 fig. 4.

Diapt. corpore oblongo compresso, altitudine 2 circ. in ejus longitudine absque-, $2^2/_5$ ad $2^3/_4$ in ejus longitudine cum pinna caudali; latitudine corporis $2^1/_2$ ad 3 in ejus altitudine; capite acuto $3^1/_4$ ad $3^1/_2$ in longitudine corporis absque-, $4^1/_4$ ad $4^3/_4$ in longitudine corporis cum pinna caudali, altiore quam longo; latitudine capitis $1^3/_4$ ad 2 in ejus longitudine; oculis diametro $2^1/_3$ ad $2^3/_4$ in longitudine capitis, diametro 1 fere ad 1 distantibus; fronte linea mediana alepidota; fossa processus intermaxillaris usque supra oculi marginem anteriorem adscendente; linea rostro-nuchali ante oculos rectiuscula vel concaviuscula; rostro acuto oculo multo breviore; osse suborbitali inferne edentulo; praeoperculo margine libero laevi; dentibus pharyngealibus superioribus periphericis ex parte conicis acutis, ceteris molaribus majoribus et minoribus facie masticatoria planis, posterioribus ceteris majoribus; osse pharyngeali inferiore triangulari margine posteriore medio convexo, sutura mediana nulla, dentibus periphericis lateralibus conicis acutiusculis, ceteris molaribus facie planis iis lineae medianae approximatis valde magnis ceteris multo majoribus biseriatis postrorsum magnitudine accrescentibus; squamis genis in series 3 obliquas transversas dispositis, corpore parum deciduis 35 circ. in linea laterali angulum aperturae branchialis superiorem inter et basin pinnae caudalis, 15 in serie transversa anum inter et pinnam dorsalem quarum 4 lineam lateralem inter et spinas dorsales medias (absque vagina dorsali squamosa); cauda parte libera breviore quam postice alta; pinnis dorsali et anali basi vagina squamosa elevata; dorsali spinis mediocribus compressis, 2a 3a et 4a ceteris longioribus, 2a $1^2/_3$ ad 2 in altitudine corporis, 9a radio 1o breviore; pectoralibus capite longioribus analem attingentibus; ventralibus acutis margine inferiore rectiusculo, capite absque rostro non ad vix brevioribus; anali spina 2a spina 3a fortiore sed non longiore, capitis parte postoculari longiore et spina dorsali 2a multo minus duplo breviore; caudali lobis acutis capite paulo longioribus; colore corpore superne viridescente- vel coerulescente-griseo, inferne argenteo; iride flavescente-margaritacea; pinnis flavescentibus vel flavescente-hyalinis, dorsali fuscescente marginata; corpore junioribus vulgo vittis diffusis 6 vel 7 transversis obliquis postrorsum descendentibus fuscis quasi subcutaneis.

B. 6. D. 9/10 vel 9/11. P. 1/14 vel 1/15. V. 1/5. A. 3/7 vel 3/8. C. 1/15/1 et lat. brev.

Syn. *Sparus erythrourus* Bl., Ausl. Fisch. V p. 26 tab. 261?

Cichla erythrura Bl Schn., Syst. p. 336?

Gerres abbreviatus Blkr, Verh. Bat. Gen. XXIII Maen. p. 11; Faun. ichth. Jav. gen. et spec. nov. Nat. T. Ned. Ind. I p. 103; Günth., Catal. Fish. I p. 345, IV p. 257; Kner, Flossenbau Fische p. 51 fig. 55; Zool. Reis. Novara Fisch. p. 56 et tab. 3 fig. 3a (dentes pharyngeales); Day, Fish. India I p. 99 tab. 25 fig. 6.

Kapas-kapas Mal.

Hab. Sumatra (Telokbetong, Benculen, Padang); Singapura; Bintang (Rio); Bangka (Muntok, Gussong-assam, Blinju); Biliton (Tjirutjup); Java (Batavia); Celebes (Macassar, Badjoa); Ceram (Wahai); Amboina; Waigiu; in mari.

Longitudo 23 speciminum 80''' ad 230'''.

Rem. Cette belle espèce est remarquable par les os pharyngiens inférieurs qui sont intimement soudés ensemble sans suture médiane. Je ne retrouve cette particularité que dans le Diapterus kapas et le Diapterus japonicus (Gerres japonicus Blkr). Les grandes dents molaires aplaties de ces os ne se retrouvent non plus dans aucune des espèces que j'ai pu examiner et pas même dans le kapas ni dans le japonicus, où celles du milieu de l'os sont beaucoup plus petites et irrégulièrement disposées et, bien qu'un peu aplaties, ressemblent plus aux dents des autres espèces insulindiennes et des espèces de la côte de Guinée (Diapterus melanopterus Blkr et Diapterus octactis Blkr).

Le Diapterus abbreviatus habite aussi les côtes de l'Inde continentale.

Diapterus limbatus Blkr, Révis. espèc. Diapter. Versl. Kon. Ak. Wet. 2e Rks VII p. 249.

Descriptio Güntheriana sequens.

»The height of the body is two-fifths of the total length (without caudal). Praeorbital and praeoperculum entire. The snout is rather longer than the eye, the diameter of which equals the width of the interorbital space and is two-sevenths of the length of the head. The groove for the processus of the intermaxillaries is entirely scaleles, and extends beyond the front margin of the eye. The second dorsal spine is considerably longer than the third, its length in adult specimens being more than one half of the height of the body; in half-grown specimens it is scarcely longer than the third and half as high as the body. The scaly sheath of the dorsal fin is moderately developped. The second anal spine is stronger and a little longer than the third, its length being more than one-half of the length of the second dorsal spine. There are four series of scales between the highest point of the lateral line and the dorsal fin. Silvery; caudal with a broadish blackish margin; the spinous dorsal with a narrow black-edge. D. 9/10 A. 3/7. Lin. lat. 37. Lin. transv. 5/10."

Syn. *Gerres limbatus* CV., Poiss. VI p. 358; Günth, Catal. Fish. IV p. 259; Day, Fish. Malab. p. 160; Fish. India I p. 100.

Catochaenum limbatum Cant., Catal. Mal. Fish. p. 55.

Hab. Pinang. — Or. Corom. and Madras.

Longit. »three and a half and seven inches."

Diapterus poeti Blkr, Deux. notic. ichth. Saparoua, Versl. Kon. Akad. Wet. XVI p. 360; Révis. esp. Diapter. Ib. 2e Rks VII p. 550. — Atl. Tab. 361, Perc. tab. 77 fig. 1.

Diapt. corpore oblongo compresso, altitudine $2^2/_5$ ad $2^1/_2$ in ejus longitudine absque-, 3 ad 3 et paulo in ejus longitudine cum pinna caudali; latitudine corporis $2^1/_3$ circ. in ejus altitudine; capite acuto $3^2/_5$ ad $3^1/_2$ in longitudine corporis absque-, $4^1/_5$ ad $4^2/_5$ in longitudine corporis cum pinna caudali; altitudine capitis 1 circ., latitudine capitis $1^3/_4$ circ. in ejus longitudine; oculis diametro $2^1/_4$ ad $2^2/_5$ in longitudine capitis, diametro 1 fere ad 1 distantibus; fronte linea mediana alepidota; fossa processus intermaxillaris usque supra oculi marginem anteriorem adscendente; linea rostro-nuchali ante oculos rectiuscula vel concaviuscula; rostro acuto oculo multo breviore; osse suborbitali inferne edentulo; praeoperculo margine libero laevi vel angulum versus tantum scabriusculo; dentibus pharyngealibus superioribus parvis, ex parte conicis acutis ex parte conico-graniformibus, molaribus majoribus nullis; osse pharyngeali inferiore triangulari margine posteriore concavo, sutura mediana mobili bipartito, dentibus parvis periphericis ex parte conicis acutiusculis mediis omnibus conico-graniformibus, molaribus majoribus nullis; squamis genis in series 3 obliquas transversas dispositis, corpore sat deciduis 35 circ. in linea laterali angulum aperturae branchialis superiorem inter et basin pinnae caudalis, 14 in serie transversa anum inter et basin pinnae caudalis, 14 in serie transversa anum inter et pinnam dorsalem quarum 3 vel $3^1/_2$ lineam lateralem inter et spinas dorsales medias (absque vagina dorsalis squamosa); cauda parte libera aeque longa circ. ac postice alta; pinnis dorsali et anali basi vagina squamosa sat elevata; dorsali spinis 2a 3a et 4a ceteris longioribus, 2a et 3a subaequilongis corpore duplo ad duplo fere humilioribus non setigeris, 9a radio 1o breviore; pectoralibus capite non ad vix longioribus analem non attingentibus; ventralibus acutis margine inferiore rectiusculis capite absque rostro non vel vix brevioribus; anali spina 2a spina 3a multo fortiore sed vix longiore capitis parte postoculari

multo longiore spina dorsali 2ª non vel vix breviore; caudali lobis acutis capite non longioribus; colore corpore superne viridescente- vel coerulescente-griseo, inferne argenteo; iride flavescente; pinnis flavescentibus vel flavescente-hyalinis.
B. 6. D. 9/10 vel 9/11. P. 1/13 vel 1/14. V. 1/5. A. 3/7 vel 3/8. C. 1/15/1 et lat. brev.
Syn. *Mata bezaar* Valent., Amb. fig. 354.
Ican poetie Ren., Poiss. Mol. I tab. 2 fig. 9.
Gerres poetie CV., Poiss. VI p. 352; Blkr, Verh. Bat. Gen. XXIII Maen. p. 11; Günth., Catal. Fish. I p. 341, IV p. 256; Kner, Zool. Reis. Novar. Fisch. p. 55 (nec fig. dentium tab. 3 fig. 3ª); Day, Fish. India I p. 100 tab. 26 fig. 1.
Kapas-kapas, Hajam Mal.; *Bekutulan* Jav; *Koppeh, Kumpar* Madur.
Hab. Bintang (Rio); Bangka (Muntok); Java (Batavia, Surabaya, Pasuruan); Madura (Kammal); Amboina; Saparua; in mari.
Longitudo 25 speciminum 88‴ ad 151‴.

Rem. La dentition pharyngienne publiée par Kner comme celle du Diapterus poetie CV. (Reise Novara, Fische tab. 3 fig. 3ª) est celle du Diapterus abbreviatus en non du poetie. Dans le poetie les os pharyngiens inférieurs réunis (à suture mobile) forment un triangle plus allongé et à bord postérieur concave et ils ne sont armés au milieu que de petites dents molaires arrondies et irrégulièrement disposées.

Le poeti est voisin, par la formule des écailles tant de l'abbreviatus que du limbatus et de l'oyena et s'approche le plus du limbatus, mais il est fort bien reconnaissable par la seconde épine anale, qui est beaucoup plus forte que la troisième et égale presque en longueur la seconde épine dorsale.

Il est connu habiter les côtes de l'Inde, les côtes orientales de l'Afrique et la Mer rouge.

Diapterus oyena Blkr, Onz. notic. ichth. Ternate, Ned. T. Dierk. I p. 232; Révis. esp. Diapter. Versl. Kon. Ak. Wet. 2ᵉ Rks VII p. 252. — Atl. Tab. 361, Perc. tab. 77 fig. 5.

Diapt. corpore oblongo compresso, altitudine $2^2/_3$ ad 3 fere in ejus longitudine absque-, $3^2/_5$ ad 4 fere in ejus longitudine cum pinna caudali; latitudine corporis 2 ad $2^1/_3$ in ejus altitudine; capite acuto 3 ad $3^1/_2$ in longitudine corporis absque-, 4 ad $4^3/_4$ in longitudine corporis cum pinna caudali; altitudine capitis 1 circ.-, latitudine capitis 2 circ. in ejus longitudine; oculis diametro $2^1/_3$ ad 3 in longitudine capitis, diametro 1 fere ad 1 distantibus; fronte linea mediana alepidota; fossa processus intermaxillaris usque supra oculi marginem anteriorem adscendente; linea rostro-nuchali ante oculos rectiuscula vel concaviuscula; rostro acuto oculo sat multo ad vix breviore; osse suborbitali inferne edentulo; praeoperculo margine libero laevi; dentibus pharyngealibus superioribus parvis ex parte conicis acutiusculis ex parte conico-graniformibus, molaribus majoribus nullis; osse pharyngeali inferiore triangulari margine posteriore concavo, sutura mediana mobili bipartito, dentibus parvis periphericis conicis ex parte acutiusculis lineam medianam versus conico-graniformibus, molaribus majoribus nullis; squamis genis in series 3 obliquas transversas dispositis, corpore valde deciduis 35 circ in linea laterali angulum aperturae branchialis superiorem inter et basin pinnae caudalis, 16 in serie transversa anum inter et pinnam dorsalem quarum 4 lineam lateralem inter et spinas dorsales medias (absque vagina dorsalis squamosa); cauda parte libera aeque longa circ. ac postice alta; pinnis dorsali et anali basi vagina squamosa sat elevata; dorsali spinis tenuibus gracilibus 2ª 3ª et 4ª ceteris longioribus, 2ª et 3ª subaequilongis $1^2/_3$ ad 2 in altitudine corporis non setigeris, 9ª radio 1° breviore; pectoralibus analem attingentibus capite non ad paulo longioribus analem non ad vix attingentibus; ventralibus acutis margine inferiore rectiusculo capite absque rostro brevioribus; anali spinis 2ª et 3ª subaequilongis gracilibus oculo non longioribus spina dorsali 2ª plus duplo brevioribus; caudali lobis acutis capite non ad paulo longioribus; colore corpore superne coerulescente-griseo, inferne argenteo; iride flavescente; pinnis flavescentibus, dorsali spinosa superne nigricante arenata.
B. 6. D. 9/10 vel 9/11. P. 1/15. V. 1/5. A. 3/7 vel 3/8. C. 1/15/1 et lat. brev.
Syn. *Labrus oyena* Forsk., Descr. anim. p. 35; Bl. Schn., Syst. p. 245; Lac., Poiss. III p. 463.
Labrus longirostris Lac., Poiss III p. 467 tab. 19 fig. 1.
Sparus brittannus Lac., Poiss. IV p 132, 134.
Smaris oyena Rüpp., Atl. Reis. Fisch. p. 11 tab. 3 fig. 2.
Gerres oyena CV, Poiss. VI p. 355; Jen., Zool. Beagle, Fish. p. 59; Blkr, Verh. Bat. Gen. XXIII Maen. p. 12; Günth., Cat. Fish. IV p. 261; Day, Fish. India I p. 99 tab. 25 fig. 4.
Gerres oblongus Blkr, Topogr. Batav., Nat. Gen. Arch. N. Ind. II p. 521 (nec CV).
Gerres equula Schl., Faun. Jap. Poiss. p. 76 tab. 40 fig. 1; Blkr, Verh. Bat. Gen. XXVI Nalez. ichth. Jap. p. 92.
Kapas-kapas Mal; *Terontang, Singran, Gelomo*, *Dodok* Jav.
Hab. Sumatra (Trussan); Nias; Singapura: Java (Batavia, Samarang, Tjilatjap, Patjitjan, Surabaya, Pasuruan); Cocos (Nova-selma); Madura (Kammal); Bali (Boleling); Celebes (Macassar); Timor (Kupang); Ternata; Buro (Kajeli); Amboina; Banda; in mari.
Longitudo 26 speciminum 90‴ ad 182‴.

Rem. Le Diapterus oyena est une des espèces les plus repandues et les plus communes de l'Inde archipélagique et s'étend, au nord jusq'au Japon et à l'ouest jusqu'aux côtes de l'Inde, de Zanzibar, d'Aden et dans la Mer rouge.

PENTAPRION Blkr = Clara Gill.

Dentes maxillis et pharyngeales pluriseriati acuti parvi. Squamae trunco 40 circ. in serie longitudinali. Pinna dorsalis spinis 10 vel 11 et radiis 14 vel 15, parte spinosa parte radiosa breviore. Pinnae ventrales sub basi pectoralium insertae. Pinna analis spinis 5 et radiis 13 vel 14. Pseudobranchiae. Ossa pharyngealia inferiora gracilia libera non coalita.

Rem Le genre Pentaprion est une indication de plus du peu de valeur qu'on ait à attacher, dans certains groupes de poissons, à la réunion plus ou moins intime des os pharyngiens inférieurs. Le type du genre est si voisin des espèces de Diapterus qu'on ne saurait point douter de leur affinité, les Pentaprions n'étant pour ainsi dire que les Diapterus à cinq épines anales et à quelques rayons de plus à la dorsale et à l'anale.

Pentaprion longimanus Blkr, Day, Fish. India I p. 101 tab. 52 fig. 6. — Atl. Tab. 362, Perc. tab. fig. 2.

Pentap. corpore oblongo compresso, altitudine $2^1/_4$ ad $2^3/_5$ in ejus longitudine absque-, 3 et paulo ad $3^1/_2$ in ejus longitudine cum pinna caudali; latitudine corporis $2^1/_2$ ad 3 in ejus altitudine; capite acuto 3 ad paulo ad $3^1/_4$ in longitudine corporis absque-, 4 et paulo ad $4^1/_3$ in longitudine corporis cum pinna caudali; altitudine capitis 1 circ.-, latitudine capitis 2 circ. in ejus longitudine; oculis diametro $2^1/_3$ ad $2^1/_4$ in longitudine capitis, diametro 1 circ. distantibus; linea rostro-nuchali ante oculos concaviuscula; rostro acutiusculo convexo oculo breviore; maxillis valde deorsum protractilibus; dentibus maxillis pluriseriatis parvis aequalibus; dentibus pharyngealibus omnibus gracilibus conicis acutis; praeoperculo angulo rotundato, margine posteriore edentulo, margine inferiore leviter denticulato; squamis valde deciduis, 40 circ. in linea laterali angulum aperturae branchialis superiorem inter et basin pinnae caudalis; pinna dorsali spinis gracillimis, 1ª et 2ª parvis, 3ª et 4ª ceteris longioribus corpore duplo ad minus duplo humilioribus, spina posteriore radio 1º breviore; pectoralibus acutis capite longioribus initium analis superantibus; ventralibus acutis oculo non vel vix longioribus; anali spinis gracilibus 2ª et 3ª ceteris longioribus spinis dorsalibus longissimis non multo brevioribus; caudali lobis acutis capite paulo ad non longioribus; colore corpore superne viridescente-griseo, inferne margaritaceo; iride flavescente; vitta oculo-caudali gracili argentea quasi subcutanea; pinnis flavescentibus vel flavescente-hyalinis.

B. 6. D. 10/14 vel 10/15 vel 11/14. P. 1/14. V. 1/5. A. 5/13 vel 5/14. C. 1/15/1 et lat. brev.

Syn. *Equula longimana* Cant., Catal Mal. Fish. p. 152.
Pentaprion gerreoides Blkr, Verh. Bat. Gen. XXIII Maen. p. 13; Faun. ichth. Jav. spec. nov. Nat T. Ned. Ind. I p. 104; Révis. esp. Diapter. Versl Kon Ak. Wet. 2 Rks VII p. 254; Günth., Catal. Fish. I p. 396.
Equula longimanus Günth., Cat. Fish. II p. 505.
Clara longimana Gill, Proc. Ac. nat sc. Philad. 1862 p. 127.
Ikan Hajam Mal.

Hab. Sumatra (Priaman); Java (Batavia, Anjer); Celebes (Macassar, Badjoa); in mari.

Longitudo 21 speciminum 65‴ ad 98‴.

Rem. Je ne connais cette espèce que des mers de Sumatra, de Java et de Célèbes. Cantor la trouva à Pinang et la décrivit le premier, mais comme une espèce d'Equula et comme n'ayant que 4 épines anales. M. Day la retrouva à Madras et constata le nombre de 5 épines anales sur l'individu type de l'espèce de Cantor.

FAMILIA BOGODOIDEI.

Percae corpore oblongo vel oblongo-ovali squamis cycloideis vestito; capite minus duplo longiore quam alto, ore antico vix protractili; dentibus maxillis acutis; dentibus vomerinis et palatinis; apertura branchiali sub gula continua; ventre non sulcato; inguinibus squama elongata nulla; linea laterali conspicua; pinna dorsali unica profunde incisa basi vagina squamosa propria libera, spinis 7 osseis compressis transversim striatis, antice spina procumbente, parte radiosa spina unica et radiis 8 ad 17; pectoralibus radiis inferioribus fissis; ventralibus sub basi vel vix ante basin pectoralium insertis radiis fissis 5; anali spinis 3 et radiis 8 ad 18; caudali radiis fissis 15; pseudobranchiis; ossibus pharyngealibus inferioribus non coalitis. B. 6.

La petite Famille des Bogodoïdes est nettement marquée, dans la division des Perches, par la combinaison des caractères d'écailles cycloïdes et d'une épine couchée en avant de la dorsale. La diagnose est facilitée par la gaîne squammeuse dorsale libre, par l'absence d'écailles inguinales allongées, par la nature et le nombre des épines dorsales, par l'absence de sillon abdominal médian et par les quinze rayons divisés de la caudale.

Les espèces connues sont au nombre d'environ trente et appartiennent aux genres Ambassis CV., Pseudambassis Blkr, Parambassis Blkr et Hamiltonia Swns. (Bogoda Blkr). Les Hamiltonia et les Pseudambassis sont propres aux fleuves de l'Inde continentale. Les Parambassis connus n'habitent que les fleuves de Sumatra et de Bornéo. Les Ambassis s'étendent depuis la côte orientale de l'Afrique jusque fort en avant dans le bassin Pacifique et habitent la mer des côtes et les embouchures des fleuves.

Les espèces insulindiennes connues sont au nombre de onze, sav.

1. Ambassis Wolffi Blkr.
2. » Kopsi Blkr.
3. » urotaenia Blkr.
4. » nalua CV.
5. » Commersoni CV.
6. » interrupta Blkr.
7. Ambassis buroënsis Blkr.
8. » gymnocephalus Blkr.
9. » batjanensis Blkr.
10. Parambassis apogonides Blkr.
11. » microlepis Blkr.

L'exposé suivant résume les connaissances actuelles par rapport à la distribution de ces espèces dans l'Insulinde.

Sumatra, 7 espèces.

Ambassis Wolffi, A. urotaenia, A. nalua, A. Commersoni, A. buroënsis, A. gymnocephalus, Parambassis apogonoides.

Nias, 2 espèces.

Ambassis urotaenia, A. Commersoni.

Pinang, *Madoura*, 2 espèces.

Ambassis nalua, A. gymnocephalus.

Singapore, 7 espèces.

Ambassis Kopsi, A. urotaenia, A. nalua, A. Commersoni, A. interrupta, A. gymnocephalus, A. batjanensis.

Bintang, *Timor*, 1 espèce.

Ambassis gymnocephalus.

Bangka, 4 espèces.

Ambassis Kopsi, A. urotaenia, A. nalua, A. gymnocephalus.

Java, 5 espèces.

Ambassis nalua, A. Commersoni, A. interrupta, A. gymnocephalus, A batjanensis.

Bali, 3 espèces.

Ambassis buroënsis, A. gymnocephalus, A. batjanensis.

Bornéo, 5 espèces.

Ambassis Wolffi, A. nalua, A. interrupta, Parambassis apogonides, P. microlepis.

Célèbes, 6 ou 7 espèces.

Ambassis Wolffi ? ?, A. urotaenia, A. nalua, A. Commersoni, A. interrupta, A. gymnocephalus, A. batjanensis.

Sangi, *Ternate*, 1 espèce.

Ambassis urotaenia.

Sumbawa, 2 espèces.

Ambassis nalua, A. batjanensis.

Halmahéra, 1 espèce.

Ambassis nalua.

Batjan, 5 espèces.

Ambassis urotaenia, A. nalua, A. interrupta, A. gymnocephalus, A. batjanensis.

Bouro, 5 espèces.

Ambassis urotaenia, A. interrupta, A. buroensis, A. gymnocephalus, A. batjanensis

Céram, 2 espèces.

Ambassis urotaenia, A. interrupta.

Amboine, 6 espèces.

Ambassis urotaenia, A. nalua, A Commersoni, A interrupta, A. gymnocephalus, A. batjanensis.

Rotti, 1 espèce

Ambassis batjanensis.

Philippines, 2 espèces.

Ambassis Commersoni, A. interrupta.

AMBASSIS CV. = Ambassus Swns.

Caput vertice, genis et ossibus opercularibus tantum squamatum. Rictus mediocris. Dentes maxillis acuti pluriseriati parvi, canini vel caninoidei nulli; vomerini in vittam ∧ formem, palatini in vittam gracilem dispositi. Os suborbitale serratum. Praeoperculum crista intramarginali elevata libera et margine libero denticulatum. Squamae trunco 25 ad 40 in serie longitudinali. Pinna, dorsalis valde profunde incisa, parte spinosa spinis 7, parte radiosa spina unica et radiis 8 ad 11. Pectorales acute rotundatae. Analis spinis 3 et radiis 8 ad 11. Caudalis furcata.

Rem. Les espèces de ce genre se ressemblent beaucoup par la physionomie et par les couleurs. On arrive cependant à les bien distinguer par les caractères qui se trouvent dans la hauteur relative du corps, dans le profil et la longueur de la mâchoire supérieure, dans la formule des écailles et des nageoires, dans la longueur et la force relatives des épines de la dorsale et de l'anale, dans la courbure et la continuité ou non-continuité de la ligne latérale, dans quelques détails de la coloration, etc..

Le tableau suivant expose les principaux caractères des espèces insulindiennes. Je note, que l'expression »écailles au-dessus de la ligne latérale" signifie : rangées longitudinales d'écailles entre la ligne latérale et la gaîne squameuse de la nageoire au milieu de la base de la dorsale épineuse, et que le nombre des écailles dans la ligne latérale est toujours pris depuis l'angle supérieur de l'orifice branchial et la base de la caudale.

I. Partie épineuse de la dorsale beaucoup plus haute que la partie molle. Caudale profondément échancrée.

1. Environ 40 écailles dans la ligne latérale; 5 ou 6 écailles au-dessus de la ligne latérale. Joues à 7 ou 8 rangées longitudinales d'écailles. Ligne latérale continue. Langue sans dents. Seconde épine dorsale et seconde épine anale très-longues et très-larges, la seconde de l'anale beaucoup plus longue et beaucoup plus large que la troisième. D. 7—1/10 ou 7-1/11. A. 3/9 ou 3/10.

1. *Ambassis Wolffi* Blkr.

2. 26 à 30 écailles dans la ligne latérale; 2 ou 3 au-dessus de la ligne latérale. Joues à 2 rangées longitudinales d'écailles. Corps à bande longitudinale argentée. Seconde et troisième épines de l'anale de longueur presque égale.

A. 7 à 9 écailles sur une rangée longitudinale entre le front et la dorsale. Ligne latérale continue. Diamètre de l'oeil moins de 3 fois dans la longueur de la tête. 2 écailles au-dessus de la ligne latérale.

a. Hauteur du corps 3 à $3^1/_4$ fois dans la longueur totale. Interopercule dentelé. Dents linguales. Seconde épine dorsale plus courte que la tête sans le museau. Lobes de la caudale sans bande. D. 7—1/10 ou 7—1/11. A. 3/8 ou 3/9.

2. *Ambassis Kopsi* Blkr.

b. Hauteur du corps $3^1/_2$ à $3^3/_4$ fois dans la longueur totale. Interopercule et langue lisses. 2e épine dorsale de la longueur de la tête sans le museau. Lobes de la caudale à bande longitudinale foncée. D. 7—1/9 ou 7—1/10. A. 3/9 ou 3/10.

3. *Ambassis urotaenia* Blkr.

B. 11 à 14 écailles sur une rangée longitudinale entre le front et la dorsale. A. 3/9 ou 3/10 ou 3/11. Lobes de la caudale sans bande foncée.

a. Ligne latérale continue. 3 écailles au-dessus de la ligne latérale. Tête aussi haute que longue. Interopercule lisse ou à une seule dent simple ou double.

aa. Hauteur du corps $2^3/_4$ à 3 fois dans la longueur totale. Yeux $2^1/_2$ à $2^3/_4$ fois dans la longueur de la tête. Langue sans dents. 2e épine dorsale plus courte que la tête. D. 7—1/10 ou 7—1/11.

4. *Ambassis nalua* CV.

bb. Hauteur du corps 3 à $3^1/_4$ fois dans la longueur totale. Yeux 3 à $3^1/_4$ fois dans la longueur de la tête. Dents linguales. 2e épine dorsale de la longueur de la tête ou plus longue que la tête D. 7—1/9 ou 7—1/10.

5. *Ambassis Commersoni* CV.

b. Ligne latérale interrompue. Mâchoire supérieure s'arrêtant sous le bord antérieur de l'oeil. Yeux moins de 3 fois dans la longueur de la tête. Dents linguales.

aa. Hauteur du corps 3 fois dans la longueur totale. Tête aussi haute que longue. Interopercule dentelé. Seconde épine dorsale de la longueur de la tête ou plus longue que la tête. D. 7—1/9 ou 7—1/10. — 3($2^1/_2$) écailles au-dessus de la ligne latérale.

6. *Ambassis interrupta* Blkr.

bb. Hauteur du corps $3^1/_4$ à $3^2/_5$ fois dans la longueur totale. Tête presque pas plus longue que haute. Interopercule non dentelé ou à une seule dent angulaire. Seconde épine dorsale de la longueur ou de presque la longueur de la tête. D. 7—1/8 ou 7—1/9. — 3($2^1/_2$) écailles au-dessus de la ligne latérale.

7. *Ambassis buroënsis* Blkr.

cc. Hauteur $3^3/_4$ à 4 fois dans la longueur totale. Tête plus longue que haute. Interopercule non dentelé. Seconde épine dorsale plus courte que la tête. D. 7—1/9 ou 7—1/10. — 2 ($1^1/_2$) écailles au-dessus de la ligne latérale.

8. *Ambassis gymnocephalus* Blkr.

C. 17 écailles sur une rangée longitudinale entre le front et la dorsale. Ligne latérale continue. 2 ($1^1/_2$) écailles au-dessus de la ligne latérale. Interopercule à une seule dent.

aa. Hauteur du corps $3^1/_2$ à $3^3/_5$ fois dans la longueur totale. Tête presque pas plus longue que haute. Dents linguales. Seconde épine dorsale plus courte que la tête. D. 7—1/9 ou 7—1/10. A. 3/9 ou 3/10.

9. *Ambassis batjanensis* Blkr.

Ambassis Wolffi Blkr, Bijdr. ichth. Borneo, Nat. Tijdschr. Ned. Ind. I p. 9; Nat. Verh. Holl. Wet. 3e Verz. II, Révis. Ambass. p. 7; Günth., Cat. Fish. I p. 226. — Atl. Tab. 325, Perc. tab. 47 fig. 2.

Amb. corpore oblongo compresso, altitudine $2^3/_4$ ad 3 in ejus longitudine, latitudine $2^1/_3$ ad 3 in ejus altitudine; capite $3^1/_2$ ad

4 in longitudine corporis, aeque alto circ. ac longo; oculis diametro $2^1/_3$ ad 3 in longitudine capitis, diametro $^2/_3$ ad $^3/_5$ distantibus; linea rostro-frontali juvenilibus rectiuscula, aetate provectis concava; orbita postice superne et inferne leviter denticulata; rostro oculo duplo vel duplo fere breviore, apice ante medium oculum sito, spina nulla; osse suborbitali inferne denticulis bene conspicuis; maxilla superiore maxilla inferiore breviore, sub medio oculo vel vix post medium oculum desinente, 2 circ. in longitudine capitis; dentibus maxillis parvis serie externa maxilla superiore antice praesertim ceteris paulo majoribus; lingua edentula; praeoperculo subrectangulo angulo rotundato margine posteriore superne edentulo margine inferiore anguloque denticulato dentibus angularibus ceteris majoribus, crista intramarginali inferne tantum denticulata angulo spina conspicua armata; suboperculo edentulo; interoperculo denticulato; squamis praeoperculo in series 7 vel 8 obliquas longitudinales dispositis, corpore 40 ad 46 in linea laterali, 23 circ. in serie transversa quarum 5 vel 6 lineam lateralem inter et vaginam dorsalis squamosam sub spinis mediis, 20 circ. in serie longitudinali frontem inter et pinnam dorsalem; linea laterali continua valde curvata singulis squamis tubulo simplice notata; dorso valde elevato; cauda parte libera paulo ad sat multo longiore quam medio alta; pinna dorsali parte spinosa et parte radiosa alte unitis; dorsali spinosa dorsali radiosa multo altiore, spina procumbente acuta mediocri, spinis erectis validis crassis 2ª ceteris longiore et crassiore capite absque rostro longiore et spina 7ª plus duplo sed minus triplo longiore; dorsali radiosa convexa vel convexiuscula, spina oculo paulo ad multo longiore et radio 1° breviore; pectoralibus obtusiuscule rotundatis $3^2/_3$ ad $4^1/_3$, ventralibus acutis radio 1° vulgo paulo producto $4^1/_3$ ad $4^1/_2$, caudali profunde incisa lobis acutis vel acutiusculis $3^1/_2$ ad 4 in longitudine corporis; anali convexa vel margine inferiore rectiuscula spina 2ª spina 3ª multo longiore et multo crassiore oculo duplo ad plus duplo longiore capite vulgo paulo tantum breviore (specimine unico longit. 115‴ spina dorsali 2ª et spina anali 2ª capite sat multo longioribus); corpore flavescente-hyalino vel viridi-hyalino frequenter fusco arenato; iride flava vel aurea superne vulgo violascente; vitta cephalo-caudali argentea conspicua nulla; pinnis flavescentibus, fusco plus minusve arenatis, ventralibus frequenter totis fere fuscis.

B. 6. D. 1 + 7—1/10 vel 7—1/11. P. 2/14 vel 2/15 V. 1/5. A. 3/9 vel 3/10. C. 1/15/1 et lat. brev.

Syn. *Ambassis robustus* Schl., Mus. Lugd. Bat.; Günth., Cat. Fish. I p. 222; Steind., Ueber eine seltene Ambassis-Art, Arch. zool. anat. fisiol. III p. 196 tab. 4 fig. 1.

Hab. Sumatra (Palembang); Borneo (Bandjermasin, Kahajan, Pontianak); Celebes?; in fluviis.

Longitudo 44 speciminum 66‴ ad 203‴.

Rem. Cette espèce, la plus grande connue du genre, est assez commune dans les fleuves de Bornéo et de Sumatra et habite aussi ceux de Siam. M. Steindachner dit que les trois individus qu'il a eus sous les yeux avaient été envoyés de Célèbes, mais, n'ayant jamais reçu le Wolffi de cette île, je doute si les individus envoyés de Célèbes y avaient aussi été trouvés.

Le Wolffi est éminemment caractérisé parmi ses congénères par la forme élevée du corps, par la formule des écailles et par la longueur et la largeur extraordinaires de la seconde épine dorsale et surtout de la seconde épine anale.

Ambassis Kopsi Blkr, Tweede bijdr. vischf. Singapore, Nat. T. Ned. Ind. XV p. 258; Nat. Verh. Holl. M. Wet. 3e Verz. II, Révis. Ambass. p. 9; Günth., Cat. Fish. I p. 224. — Atl. Tab. 344, Perc. tab. 66 fig. 1.

Amb. corpore oblongo compresso, altitudine 3 ad $3^1/_4$ in ejus longitudine, latitudine 2 et paulo ad $2^1/_3$ in ejus altitudine; capite $3^2/_3$ ad 4 in longitudine corporis, vix longiore quam alto; oculis diametro $2^1/_3$ ad $2^2/_5$ in longitudine capitis, diametro $^3/_5$ ad $^2/_3$ distantibus; linea rostro-frontali concaviuscula; orbita inferne denticulata superne postice spinula vel spinulis postrorsum spectantibus; rostro oculo plus duplo breviore, spinulis nullis, apice ante medium oculum sito; dentibus suborbitalibus mediocribus ad parum conspicuis; maxilla superiore maxilla inferiore breviore, sub oculi dimidio anteriore desinente, 2 ad 2 et paulo in longitudine capitis; dentibus parvis, maxillis serie externa seriebus internis vix majoribus; lingua edentula; praeoperculo subrectangulo angulo rotundato margine posteriore inferne, angulo et margine inferiore ubique denticulato; crista praeoperculi intramarginali inferne tantum denticulata angulo spinula armata; suboperculo edentulo; interoperculo serrato; squamis praeoperculo in series 2 longitudinales dispositis, corpore 27 vel 28 in linea laterali, 10 in serie transversa quarum 2 ($1^1/_2$) lineam lateralem inter et vaginam squamosam dorsalis spinosae, 8 vel 9 in serie longitudinali frontem inter et dorsalem spinosam; linea laterali continua, valde curvata, singulis squamis tubulo simplice notata; dorso sat elevato; cauda parte libera aeque longa circ. ac postice alta; pinna dorsali parte spinosa et parte radiosa sat alte unitis; dorsali spinosa dorsali radiosa multo altiore, spina procumbente acuta brevi, spinis erectis mediocribus 2ª ceteris longiore et crassiore parum curvata capite absque rostro breviore spina 7ª minus triplo longiore; dorsali radiosa non vel leviter tantum emarginata spina oculo non ad vix longiore et radio 1° non breviore; pectoralibus acutiuscule rotundatis $4^1/_4$ ad $4^2/_5$, ventralibus acutis 5 ad $5^1/_2$, caudali profunde incisa lobis acutis 4 circ. in longitudine corporis; anali non ad vix emarginata, spinis 2ª et 3ª subaequilongis oculo sat multo sed multo minus duplo longioribus; colore corpore flavescente-hyalino; iride flava superne antice fuscescente; maxillis antice fuscis; vitta cephalo-caudali argentea subcutanea diffusa parum conspicua; pinnis flavescentibus, dorsali spinosa superne macula nigra vel late nigro marginata; caudali vittis nullis.

B. 6. D. 1 + 7—1/10 vel 7—1/11. P. 2/12. V. 1/5. A. 3/8 vel 3/9. C. 1/15/1 et lat. brev.

Hab. Singapura; Bangka (Muntok); in aquis fluvio-marinis.

Longitudo 9 speciminum 80‴ ad 102‴.

Rem. Toutes les espèces archipélagiques, excepté l'Ambassis Wolffi, n'ont qu'une trentaine ou moins d'une trentaine d'écailles dans la ligne latérale, et deux rangées longitudinales d'écailles sousoculaires. Parmi ces espèces le Kopsi se distingue par la formule des écailles nuchales, par les dentelures de l'interopercule, par la présence de dents linguales, etc. Le Kopsi est fort voisin de l'Ambassis urotaenia, mais dans celui-ci le corps est moins trapu, la seconde épine dorsale plus longue, la langue lisse et l'interopercule sans dentelure, et on le reconnaît aisément au premier aspect par la bande longitudinale foncée sur chaque lobe de la caudale.

Le Kopsi n'est pas connu de localités extra-insulindiennes.

Ambassis urotaenia Blkr, Bijdr. ichth. Mol. Vissch. Amb. Céram, Nat. T. Ned. Ind. III p. 257; Nat. Verh. Holl. Ak. Wet. 3e Verz. II, Révis. Ambass. p. 10; Günth., Cat. Fish. I p. 224; Day, Fish. India I p. 55 tab. 15 fig. 8 (nec Klunz.) — Atl. Tab. 344, Perc. tab. 66 fig. 2; Tab. 351, Perc. tab. 73 fig. 1.

Amb. corpore oblongo compresso, altitudine 3½ ad 3¾ in ejus longitudine, latitudine 2⅓ circ. in ejus altitudine; capite 4 circ. in longitudine corporis, vix longiore quam alto; oculis diametro 2 et paulo ad 2½ in longitudine capitis, diametro ⅗ ad ⅔ distantibus; linea rostro-frontali rectiuscula vel concaviuscula; orbita superne postice spinula parva, inferne scabriuscula vel laevi; rostro oculo duplo circ. breviore, apice ante pupillam sito, spinula conspicua nulla; osse suborbitali inferne denticulis bene conspicuis; maxilla superiore maxilla inferiore breviore, sub oculi limbo anteriore desinente, 2½ ad 2⅗ in longitudine capitis; dentibus, maxillis parvis serie externa ceteris vix majoribus, lingua linea media in vittam longitudinalem dispositis; praeoperculo subrectangulo angulo rotundato, margine posteriore toto fere edentulo, angulo et margine inferiore denticulato dentibus angularibus ceteris majoribus, crista intramarginali inferne tantum denticulata angulo spina armata; suboperculo edentulo; interoperculo laevi denticulo unico vel duplice tantum; squamis praeoperculo in series 2 longitudinales dispositis, corpore 27 vel 28 in linea laterali, 11 circ. in transversa quarum 2 lineam lateralem inter et vaginam dorsalis squamosam sub spinis mediis, 7 vel 8 in serie transversa frontem inter et pinnam dorsalem; linea laterali mediocriter curvata singulis squamis tubulo simplice notata, sub dorsali radiosa curvatura angulata descendente vel plus minusve interrupta; dorso parum elevato; cauda parte libera non ad vix longiore quam postice alta; pinna dorsali parte spinosa et parte radiosa basi tantum unitis; dorsali spinosa dorsali radiosa multo altiore, spina procumbente acuta mediocri, spinis erectis mediocribus 2a ceteris longiore et crassiore capite breviore sed capite absque rostro non ad paulo tantum breviore spina 7a plus triplo longiore; dorsali radiosa leviter emarginata, spina oculo non ad paulo longiore et radio 1o vix breviore; pectoralibus acutiuscule rotundatis 5 circ., ventralibus acutis 5½ ad 6, caudali profunde incisa lobis acutis 3½ ad 3¾ in longitudine corporis; anali leviter emarginata spina 3a 2a paulo longiore sed graciliore, oculo vix ad paulo longiore; colore corpore flavescente-hyalino; iride flavescente; vitta cephalo-caudali argentea bene conspicua; pinnis flavescentibus, dorsali spinosa spinam 2m inter et 3m nigricante, caudali utroque lobo fascia longitudinali nigricante-violacea.

B. 6. D. 1 + 7—1/9 vel 7—1/10. P. 2/12. V. 1/5. A. 3/9 vel 3/10. C. 1/15/1 et lat. brev.

Hab. Sumatra (Benculen, Priaman, Padang, Trussan, Siboga); Nias; Singapura; Bangka (Tandjong-berikat, Marawang); Celebes (Manado); Sangir; Ternata; Buro (Kajeli); Batjan (Labuha); Ceram (Wahai); Amboina; in mari et aquis fluvio-marinis.

Longitudo 30 speciminum 70‴ ad 90‴.

Rem. Cette espèce mérite d'être comparée à l'Ambassis thermalis CV. des eaux douces et thermales de Ceylan. Tout ce qui est dit par rapport à cette espèce s'accorde parfaitement avec mes individus de l'urotaenia, mais la description de Cuvier-Valenciennes est trop superficielle pour qu'on puisse juger des différences possibles. Le thermalis habitant des eaux thermales de 37° Réaumur, il n'est pas probable qu'on ait affaire ici à une même espèce que l'urotaenia; bien qu'il mérite d'être noté que cette dernière espèce ait aussi été trouvée aux îles Andaman, aux Nicobares et aux Seychelles. Je lui laisse le nom sous lequel je l'ai décrite, jusqu'à ce que l'examen plus détaillé des types du thermalis permette de juger avec plus de précision de sa valeur.

M. Klunzinger rapporte encore à l'urotaenia l'Ambassis Agassizi Steind. de la Nouvelle-Hollande orientale, ainsi qu'un Ambassis de la Nouvelle-Hollande méridionale sur lequel il n'entre que dans peu de détails. Je ne puis pas partager l'opinion de M. Klunzinger, l'espèce qu'il croit l'urotaenia ayant le corps moins trapu (hauteur 4½ fois dans la longueur totale) et un rayon de moins tant à la dorsale qu'à l'anale.

Ambassis nalua CV., Poiss II p. 135; Blkr, Verh. Bat. Gen. XXII, Perc. p. 29; Diagn. vischs. Batav. Nat. T. Ind. IV p. 453 (nec syn. part.); Nat. V. Holl. Ak. Wet. 3e Verz. II, Révis. Ambass. p. 12; Günth., Cat. Fish. I p. 225; Day, Fish. India I p., 53 tab. 15 fig. 4 (nec Fish. Cochin, Proc. Zool. Soc. 1865 p. 12 et Fish. Malab. p. 15). — Atl. Tab. 354, Perc. tab. 76 fig. 6.

Amb. corpore oblongo compresso, altitudine 2¾ ad 3 in ejus longitudine, latitudine 2¾ circ. in ejus altitudine; capite 4 fere ad 4 in longitudine corporis, aeque alto circ. ac longo; oculis diametro 2½ ad 2¾ in longitudine capitis, diametro ⅔ ad ¾ distantibus; linea rostro-frontali concava; orbita superne postice spina simplice vel duplice postrorsum spectante, inferne antice leviter denticulata; rostro oculo duplo vel duplo fere breviore, apice ante mediam oculum sito, spinula nulla; osse suborbitali inferne dentibus bene conspicuis; maxilla superiore maxilla inferiore breviore, sub oculi dimidio anteriore desinente, 2 ad 2 et paulo in longitudine capitis; dentibus maxillis parvis serie externa ceteris vix majoribus; lingua edentula; praeoperculo rectangulo angulo rotundato, margine posteriore edentulo, margine inferiore anguloque denticulato dentibus angularibus ceteris majoribus, crista intramarginali inferne tantum denticulata angulo spinula armata; suboperculo interoperculoque edentulis; squamis praeoperculo in series 2 longitudinales dispositis, corpore 28 vel 29 in linea laterali, 12 in serie transversa quarum 3 (vel 2½) lineam lateralem inter et vaginam dorsalis squamosam sub spinis mediis, 12 circ. in serie longitudinali frontem inter et pinnam dorsalem; linea laterali continua, regulariter valde curvata, singulis squamis tubulo simplice notata; dorso elevato; cauda parte libera aeque longa circ. ac postice alta; pinna dorsali parte spinosa et parte radiosa sat alte unitis; dorsali spinosa dorsali radiosa multo altiore, spina procumbente acuta brevi vulgo subcutanea, spinis erectis sat validis 2a ceteris longiore et crassiore capitis parte postoculari vix ad non multo longiore toto capite breviore spina 7a minus triplo ad paulo plus triplo longiore; dorsali radiosa margine superiore rectiuscula vel concaviuscula spina oculo sat multo longiore radio 1° paulo breviore; pectoralibus acutiuscule rotundatis $4^1/_3$ ad $4^1/_2$, ventralibus acutis $5^2/_3$ ad 6 et paulo, caudali profunde incisa lobis acutis 4 circ. in longitudine corporis; anali margine inferiore rectiuscula vel concaviuscula, spinis validis 2a et 3a subaequilongis sed 2a 3a crassiore oculo sat multo sed minus duplo longiore; colore corpore flavescente-hyalino; iride flavescente vel argentea; vitta cephalo-caudali diffusa argentea; pinnis flavescentibus, dorsali spinosa spinam 2m inter et 3m fusca vel nigricante.

B. 6. D. 1 + 7—1/10 vel 7—1/11. P. 2/14 vel 2/15. V. 1/5. A. 3/9 vel 3/10. C. 1/15/1 et lat. brev.

Syn. *Chanda nalua* Ham. Buch., Fish. Gang. p. 107 tab. 6 fig. 36; Cant., Cat. Mal. Fish. p. 6.
Ambassis Commersonii Kner, Zool. Reis. Novara, Fisch. p. 41.
Siriding Mal. Batav.; *Tonkai* Javan. Pasur.

Hab. Sumatra (Padang, Palembang); Pinang; Singapura; Bangka (Muntok, Toboali); Java (Batavia, Bantam, Panimbang, Samarang, Surabaya, Pasuruan); Madura (Kammal); Borneo (Sinkawang, Sampit); Celebes (Macassar, Badjoa); Sumbawa (Bima); Halmahera (Sindangole); Batjan (Labuha); Amboina; Insul. Philippin.; in mari et aquis fluvio-marinis.

Longitudo 54 speciminum 77''' ad 125'''.

Rem. A Batavia, le nalua est fort commun. C'est, dans l'Insulinde, la seule espèce d'Ambassis qui y soit de quelque importance économique, mais il n'est mangé que par les indigènes et par les Chinois. Hors l'Insulinde on le connaît du Bengale, de Malabar et des îles Andaman.

Ambassis Commersoni CV, Poiss. II p. 130 tab. 25; Rüpp., N. Wirb. F. R. M. p. 89); Blkr, Verh. Bat. Gen. XXII Perc. p. 30; Diagn. vischs. Batav., Nat. T. Ned. Ind. IV p. 455; Nat. V. Holl. M. Wet. 3e Verz. II, Révis. Ambass. p. 13; Günth., Cat. Fish. I p. 223; Day, Fish. Malab. p. 15; Fish. Ind. I p. 52 tab. 15 fig. 3. (nec Klunz.) — Atl. Tab. 352, Perc. tab. 74 fig. 5.

Ambass. corpore oblongo compresso, altitudine 3 ad $3^1/_4$ in ejus longitudine, latitudine $2^2/_3$ ad 3 in ejus altitudine; capite 4 circ. in longitudine corporis, aeque alto circ. ac longo; oculis diametro 3 ad $3^1/_3$ in longitudine capitis, diametro $^1/_2$ ad $^2/_3$ distantibus; linea rostro-frontali concava; orbita superne edentula postice tantum spinula postrorsum spectante, inferne antice vulgo denticulis scabra; rostro oculo duplo circ. breviore, apice ante medium oculum vel ante pupillae partem superiorem sito, spina nulla armato; osse suborbitali inferne dentibus valde conspicuis; maxilla superiore maxilla inferiore breviore, sub oculi dimidio anteriore desinente 2 ad 2 et paulo in longitudine capitis; dentibus maxillis parvis serie externa ceteris paulo majoribus; lingua linea media vittula dentium longitudinali; praeoperculo rectangulo angulo rotundato, margine posteriore edentulo, margine inferiore anguloque denticulato denticulis angularibus ceteris majoribus, crista intramarginali inferne tantum denticulata angulo spinula armata; suboperculo edentulo; interoperculo laevi vel dente unico vel duplice tantum; squamis praeoperculo in series 2 longitudinales dispositis, corpore 28 vel 29 in linea laterali, 12 in serie transversa quarum 3 ($2^1/_2$) lineam lateralem inter et vaginam dorsalis squamosam sub spinis mediis, 13 circ. in serie longitudinali frontem inter et pinnam dorsalem; linea laterali continua, mediocriter et regulariter curvata, singulis squamis tubulo simplice notata; dorso elevato; cauda parte libera paulo longiore quam postice alta; pinna dorsali partem spinosam inter et radiosam usque ad basin fere incisa; dorsali spinosa dorsali radiosa valde multo altiore, spina procumbente acuta brevi, spinis erectis validis 2a ceteris longiore et crassiore capite vix breviore ad paulo longiore spina 7a plus quadruplo ad plus quintuplo longiore; dorsali radiosa leviter emarginata, spina oculo sat multo longiore radio 1° vix breviore; pectoralibus acutiuscule rotundatis 4 et paulo, ventralibus acutis 5 ad 6, caudali profunde incisa lobis acutis $3^3/_4$ circ. in longitudine corporis; anali emarginata spinis validis 3a 2a paulo longiore sed graciliore oculo sat multo minus duplo longiore; colore corpore flavescente-hyalino; iride flava vel aurea; vitta cephalo-caudali diffusa argentea; pinnis flavescentibus, dorsali spinosa spinam 2m inter et 3m nigricante.

B. 6. D. 1 + 7—1/9 vel 7—1/10. P. 2/12. V. 1/5. A. 3/9 vel 3/10 vel 3/11. C. 1/15/1 et lat. brev.

Syn. *Sciaena safgha* Forsk., Descript. anim. p. 53; L. Gm., Syst. nat. ed. XIIIa p. 1305?
Perca safgha Bl. Schn., Syst. p. 86.
Centropomus ambassis Lac., Poiss. IV p. 273.
Ambassis macracanthus Blkr, Verh. Bat. Gen. XXII, Perc. p. 30; Diagn. vischs. Batav. Nat. T. Ned. Ind. IV p. 455; Günth., Cat. Fish. I p. 227; Day, Andam. Fish. Proc. Zool. Soc. 1870 p. 681.
Siriding Mal. Batav.

Hab. Sumatra (Benculen, Priaman); Nias; Singapura; Java (Batavia); Celebes (Macassar); Amboina; Ins. Philipp.; in mari et aquis fluvio-marinis.

Longitudo 8 speciminum 86''' ad 142'''.

Rem. Il n'est pas probable que le Sciaena safgha Forsk., qu'on croit identique avec le Commersoni, soit en effet de la même espèce. Le peu ce que Forskoal en dit ne suffit point pour reconnaître quelle espèce d'Ambassis il a eue sous les yeux. M. Klunzinger, qui a examiné deux espèces d'Ambassis, rapportées par Rüppell de la Mer Rouge, croit l'une l'Ambassis Commersoni et l'autre inédite (Ambassis denticulata Klunz.). Or l'Ambassis Commersoni de M. Klunzinger ne peut pas être l'Ambassis Commersoni de Cuvier-Valenciennes, ayant le corps plus allongé et les épines anales plus fortes. C'est peut-être le safgha de Forskoal. Quant à l'Ambassis denticulata, c'est une espèce à ligne latérale plus ou moins interrompue et à seconde épine dorsale relativement faible, très-courte et mesurant $1^3/_4$ fois dans la hauteur du corps.

Le Commersoni habite, hors l'Insulinde, la Mer rouge, l'île Maurice, les côtes de l'Inde, des îles Andaman et celles de la Nouvelle-Hollande septentrionale (Port Essington.)

Ambassis interrupta Blkr, Nieuwe bijdr. ichth. Ceram, Nat. T. Ned. Ind. III p. 696; Nat. V. Holl. M. Wet. 3e Verz. II, Révis. Ambass. p. 15; Günth., Cat. Fish. I p. 226; Day, Fish. India I p. 53 tab. 15 fig. 5. — Atl. Tab. 348, Perc. tab. 70 fig. 5.

Amb. corpore oblongo compresso, altitudine 3 circ. in ejus longitudine, latitudine 3 circ. in ejus altitudine; capite 4 circ. in longitudine corporis, aeque alto circ. ac longo; oculis diametro $2^1/_2$ ad $2^3/_4$ in longitudine capitis, diametro $^4/_5$ ad $^3/_4$ distantibus; linea rostro-frontali concava; orbita superne spinula simplice vel duplice postrorsum spectante, inferne antice denticulata; rostro oculo duplo vel plus duplo breviore, apice ante medium oculum sito, utroque latere spinula postrorsum spectante; osse suborbitali inferne dentibus valde conspicuis; maxilla superiore maxilla inferiore breviore, sub oculi margine anteriore desinente, 2 et paulo in longitudine capitis; dentibus, maxillis parvis serie externa ceteris vix majoribus, lingua linea mediana in vittam longitudinalem dispositis; praeoperculo subrectangulo, margine posteriore edentulo, margine inferiore anguloque denticulato dentibus angularibus ceteris majoribus, crista intramarginali inferne tantum denticulata angulo spinula postrorsum spectante; suboperculo edentulo; interoperculo denticulato; squamis, praeoperculo in series 2 longitudinales dispositis, corpore 28 circ. in linea laterali, 11 vel 12 in serie transversa quarum 3 ($2^1/_2$) lineam lateralem inter et vaginam dorsalis squamosam sub spinis mediis, 14 circ. in serie longitudinali frontem inter et pinnam dorsalem; linea laterali singulis squamis tubulo simplice notata, vix ante initium dorsalis interrupta, parte anteriore mediocriter curvata; dorso elevato; cauda parte libera non ad vix longiore quam postice alta; pinna dorsali partem spinosam inter et radiosam usque ad basin fere incisa; dorsali spinosa dorsali radiosa valde multo altiore, spina procumbente acuta mediocri, spinis erectis validis 2a ceteris longiore et crassiore capite non vel vix breviore ad sat multo longiore spina 7a plus triplo ad plus quadruplo longiore; dorsali radiosa leviter emarginata, spina oculo multo ad duplo fere longiore et radio 1° non vel vix breviore; pectoralibus acutiuscule rotundatis 4 ad $4^1/_3$, ventralibus acutis $5^3/_4$ ad $6^1/_4$, caudali profunde incisa lobis acutis gracilibus $3^1/_2$ ad $3^2/_3$ in longitudine corporis; anali margine inferiore rectiuscula vel concaviuscula, spinis validis 3a 2a paulo longiore sed graciliore oculo multo ad duplo fere longiore; colore corpore flavescente-hyalino; iride flavescente; vitta cephalo-caudali diffusa argentea; pinnis flavis, dorsali spinam 2m inter et 3m fusca vel nigricante.

B. 6. D. 1 + 7—1/9 vel 7—1/10. P. 2/13. V. 1/5. A. 3/9 vel 3/10. C. 1/15/1 et lat. brev.

Syn. *Ambassis macracanthus* Day, Fish. Andaman, Proc. Zool. Soc. 1870 p. 681.

Siriding Mal. Bat.

Hab. Singapura; Java (Batavia); Borneo (Bandjermasin, Pontianak); Celebes (Manado, Gorontalo); Batjan (Labuha); Buro (Kajeli); Ceram (Wahai); Amboina; Luzon, Samar; in mari et in fluviis.

Longitudo 24 speciminum 62''' ad 120'''.

Rem. Trois des espèces insulindiennes d'Ambassis sont remarquables par la ligne latérale interrompue. Ce sont les Ambassis interrupta, buroënsis et gymnocephalus. Toutes les trois ont des dents linguales, la mâchoire supérieure courte et s'arrêtant sous le bord antérieur de l'oeil, et de 11 à 14 écailles nuchales, mais elles présentent encore d'excellents caractères pour les bien distinguer les unes des autres. L'interrupta a le corps plus trapu et la tête plus haute, et se fait reconnaître aussi par son interopercule dentelée et par la longueur de la seconde épine dorsale, qui égale ou surpasse la longueur de la tête. Il n'a pas été trouvée jusqu'ici, hors l'Insulinde, qu'aux îles Andaman.

Ambassis buroënsis Blkr, Bijdr. ichth. Boero, Nat. T. Ned. Ind. XI p. 396; Nat. V. Holl. M. Wet. 3e Verz. II, Révis. Ambass. p. 16; Günth., Cat. Fish. I p. 226. — Atl. Tab. 353, Perc. tab. 75 fig. 5.

Amb. corpore oblongo compresso, altitudine $3^1/_4$ ad $3^2/_5$ in ejus longitudine, latitudine $2^1/_2$ circ. in ejus altitudine; capite $4^1/_3$ ad $4^2/_5$ in longitudine corporis, vix longiore quam alto; oculis diametro $2^1/_2$ ad $2^2/_3$ in longitudine capitis, diametro $^2/_3$ ad $^3/_4$ distantibus; linea rostro-frontali concava; orbita inferne non denticulata superne postice spinula postrorsum spectante; rostro oculo duplo circ. breviore, apice ante medium oculum sito, utroque latere spinula postrorsum spectante non semper conspicua; osse suborbitali inferne denticulis conspicuis; maxilla superiore maxilla inferiore breviore, sub oculi margine anteriore desinente, $2^1/_2$ circ. in longitudine capitis; dentibus parvis, maxillis serie externa ceteris vix majoribus, lingualibus linea linguae mediana in vittam longitudinalem gracilem dispositis; praeoperculo subrectangulo, margine posteriore toto fere edentulo, angulo et margine inferiore totis denticulatis, crista intramarginali inferne tantum denticulata angulo spinula armata; suboperculo edentulo; interoperculo laevi angulo tantum spinula armato; squamis, praeoperculo in series 2 longitudinales dispositis, corpore 26 ad 28 in linea laterali, 11 ad 13 in serie transversa quarum 2 vel 3 lineam lateralem inter et vaginam dorsalis squamosam sub spinis mediis et 3 vel 4 lineam lateralem inter et spinam dorsi anteriorem; squamis 12 vel 13 in serie longitudinali frontem inter et dorsalem spinosam; linea laterali singulis squamis tubulo simplice notata, sub initio dorsalis radiosae interrupta, parte anteriore postice quam antice lineae dorsali multo propiore; dorso sat elevato; cauda parte libera non multo longiore quam postice alta; pinna dorsali parte spinosa et parte radiosa basi tantum unitis; dorsali spinosa dorsali radiosa multo altiore, spina procumbente acuta brevi, spinis erectis validis 2a ceteris longiore et crassiore toto capite vix ad non breviore spina 7a plus triplo longiore; dorsali radiosa leviter emarginata, spina oculo sat multo longiore et radio 1° vix breviore; pectoralibus acute rotundatis $4^1/_2$ circ., ventralibus acutis 6 circ., caudali profunde incisa lobis acutis $3^1/_3$ ad $3^2/_3$ in longitudine corporis; anali leviter emarginata spina 3a spina 2a vix longiore oculo multo sed minus duplo longiore, 2 circ. in longitudine capitis; colore corpore flavescente-hyalino; vitta cephalo-caudali diffusa argentea; pinnis flavescentibus, dorsali spinosa spinam 2m inter 3m nigricante-fusca.

B. 6. D. 1 + 7—1/8 vel 7—1/9 vel 7—1/10. P. 2/12. V. 1/5. A. 3/9 vel 3/10. C. 1/15/1 et lat. brev.
Hab. Sumatra (Trussan); Bali (Boleling); Buro (Kajeli); in aquis fluvio-marinis.
Longitudo 11 speciminum 33''' ad 82'''.

Rem. L'Ambassis buroënsis, bien que fort voisin de l'interrupta, se fait aisément distinguer par son corps moins trapu, par l'interopercule non dentelé et par un rayon de moins à la dorsale. C'est une espèce qui, par ses affinités, tient le milieu entre l'interrupta et le gymnocephalus.

Ambassis gymnocephalus Blkr, Nat. V. Holl. M. Wet. 3e Verz. II, Révis. Ambass. p. 17; Day, Fish. India I p. 54 tab. 15 fig. 6. — Atl. Tab. 352, Perc. tab. 74 fig. 3.

Amb. corpore oblongo compresso, altitudine 3³/₄ ad 4 in ejus longitudine, latitudine 2¹/₄ ad 2¹/₂ in ejus altitudine; capite 4 ad 4¹/₄ in longitudine corporis, longiore quam alto; oculis diametro 2¹/₃ ad 2²/₃ in longitudine capitis, diametro ²/₃ circ. distantibus; linea rostro-frontali rectiuscula vel convexiuscula; orbita superne spinulis 2 ad 5 postrorsum spectantibus, inferne antice denticulata; rostro oculo duplo circ. breviore, apice ante medium oculum sito, utroque latere spinula armato; osse suborbitali inferne denticulis bene conspicuis; maxilla superiore maxilla inferiore breviore, sub oculi margine anteriore desinente, 2¹/₃ circ. in longitudine capitis; dentibus maxillis parvis serie externa ceteris vix majoribus; dentibus lingua linea media in vittam longitudinalem dispositis; praeoperculo subrectangulo angulo rotundato, margine posteriore ex parte, margine inferiore anguloque ubique denticulato dentibus angularibus ceteris majoribus, crista intramarginali inferne tantum denticulata angulo spinula armata; suboperculo interoperculoque edentulis; squamis praeoperculo in series 2 longitudinales dispositis, corpore 28 circ. in linea laterali, 12 in serie transversa quarum 2 lineam lateralem inter et vaginam dorsalis squamosam sub spinis mediis, 14 circ. in serie longitudinali frontem inter et pinnam dorsalem; linea laterali singulis squamis tubulo simplice notata, sub dorsali spinosa interrupta et sub dorsali radiosa reincipiente, parte anteriore parum curvata; dorso humili; cauda parte libera paulo longiore quam postice alta; pinna dorsali partem spinosam inter et radiosam usque ad basin fere incisa; dorsali spinosa dorsali radiosa multo altiore, spina procumbente acuta parva, spinis erectis sat gracilibus 2a ceteris longiore et crassiore capite absque rostro non ad vix breviore spina 7a plus triplo ad plus quadruplo longiore; dorsali radiosa emarginata, spina oculo paulo longiore, radio 1° paulo breviore; pectoralibus acutiuscule rotundatis 4¹/₂ ad 4²/₃, ventralibus acutis 6 circ., caudali profunde incisa lobis acutis 3³/₄ ad 4 in longitudine corporis; anali emarginata spinis validis 3a 2a longiore sed graciliore oculo non multo longiore; colore corpore flavescente-hyalino; iride flavescente vel argentea; vitta cephalo-caudali diffusa argentea; pinnis hyalinis vel flavis, dorsali spinam 2m inter et 3m nigricante.
B. 6. D. 1 + 7—1/9 vel 7—1/10. P. 2/12. V. 1/5. A. 3/9 vel 3/10. C. 1/15/1 et lat. brev.
Syn. *Lutjanus gymnocephalus* Lac., Poiss. III tab. 23 fig. 3; IV p. 216.
Priopis argyrozona K.V.H., Icon ined.
Priopsis argyrozona (K.V.H.) CV., Poiss. VI p. 378.
Ambassis Dussumieri CV, Poiss. II p. 134; Blkr, Verh. Bat. Gen. XXII Perc. p. 30; QG., Zool. Voy. Astrol. Poiss. tab. 1 fig. 3; Günth., Cat. Fish. I p. 225; Kner, Zool. Novar. Fisch. p. 41; Day, Fish. Malab. p. 16.
Chanda Dussumieri Cant., Cat. Mal. Fish. p. 6.
Ambassis Vachelli Peters, Ueber in d. O. Ind. Arch. ges. Fische, Monatsber. k. pr. Ak. Wiss. 1868 p. 255. (nec Rich.).
Siriding Mal. Bat.; *Sorgan* et *Pangkah* Jav. et Madur.
Hab. Sumatra (Trussan, Padang); Pinang; Singapura; Bintang (Rio); Bangka (Muntok, Blinju); Java (Batavia, Bantam, Tegal, Samarang, Patjitan, Rembang, Surabaya, Pasuruan); Madura (Bangcallang, Sumanap); Bali (Boleling); Celebes (Bulucomba, Manado); Timor (Kupang); Batjan (Labuha); Buro (Kajeli); Amboina; in mari et in ostiis fluviorum.
Longitudo 64 speciminum 45''' ad 72'''.

Rem. Le Priopsis argyrozona K.V.H., dont je possède le dessin original laissé par Kuhl et Van Hasselt, n'est autre que l'Ambassis gymnocephalus, mais pris sur un individu à profil plus convexe qu'il n'est communément dans cette espèce. L'espèce étant fort commune à Singapore, je pense que c'est elle que M. Peters a prise pour l'Ambassis Vachelli Rich., espèce de Chine à large bande dorso-latérale brune, dont il ne se trouve aucun vestige dans le gymnocephalus. On reconnaît aisément l'espèce dans la figure du Lutjan gymnocéphale de Lacepède, nom spécifique qui a droit de priorité sur celui de Dussumieri et d'argyrozona.

Le gymnocephalus, de toutes les espèces insulindiennes, a le corps le moins trapu, et il est en outre bien caractérisé par la ligne latérale interrompue, par la faiblesse relative des épines dorsales, par l'absence de bande dorso-latérale brune, etc. Assez commun dans l'Insulinde, il n'est pas rare non plus dans d'autres contrées, et a été trouvé à l'île Maurice, aux Seychelles, et sur les côtes de Zanzibar, de Malabar, des îles Andaman et de Chine.

Ambassis batjanensis Blkr, Tweede bijdr. ichth. Batjan, Nat. T. Ned. Ind. IX p. 196; Nat. V. Holl. M. Wet. 3e Verz. II, Révis. Ambass. p. 19; Günth., Cat. Fish. I p. 225. — Atl. Tab. 354, Perc. tab. 76 fig. 4.

Amb. corpore oblongo compresso, altitudine 3¹/₂ ad 3³/₅ in ejus longitudine, latitudine 2¹/₃ circ. in ejus altitudine; capite 4¹/₄ ad 4¹/₃ in longitudine corporis, vix longiore quam alto; oculis diametro 2¹/₂ ad 2³/₅ in longitudine capitis; linea rostro-frontali concava; orbita inferne non denticulata superne postice spinula postrorsum spectante; osse suborbitali inferne denticulis conspicuis; rostro oculo duplo fere breviore, apice ante medium oculum sito, spinulis nullis; maxilla superiore maxilla inferiore breviore, sub oculi dimidio anteriore desinente, 2 circ. in longitudine capitis; dentibus parvis, maxillis serie externa ceteris conspicue majoribus, lingua linea mediana in vittam longitudinalem gracilem dispositis; praeoperculo subrectangulo, margine posteriore toto fere edentulo, angulo et margine inferiore totis denticulatis dentibus angularibus ceteris majoribus, crista intramarginali inferne tantum denticulata angulo spinula armata; suboperculo edentulo; interoperculo laevi angulo spina armato; squamis, praeoperculo in series 2 longitudinales dispositis, corpore 28 circ. in linea laterali, 9 vel 10 in serie transversa quarum 2 ($1^1/_2$) lineam lateralem inter et vaginam dorsalis squamosam, 17 circ. in serie longitudinali frontem inter et pinnam dorsalem; linea laterali continua mediocriter curvata singulis squamis tubulo simplice notata; dorso sat elevato; cauda parte libera non multo longiore quam postice alta; pinna dorsali parte spinosa et parte radiosa basi tantum unitis; dorsali spinosa dorsali radiosa multo altiore, spina procumbente acuta brevi, spinis erectis mediocribus 2ª ceteris longiore et crassiore capite absque rostro non longiore spina 7ª triplo circ. longiore; dorsali radiosa leviter emarginata, spina oculo non multo longiore et radio 1° vix vel non breviore; pectoralibus acutiuscule rotundatis $4^1/_3$ ad $4^1/_2$, ventralibus acutis $6^1/_2$ ad 7 fere, caudali profunde incisa lobis acutis $3^2/_5$ ad $3^3/_4$ in longitudine corporis; anali leviter emarginata, spina 3ª spina 2ª longiore oculo multo sed minus duplo longiore 2 fere in longitudine capitis; colore corpore flavescente-hyalino; vitta cephalo-caudali diffusa argentea stria coerulea percursa; pinnis flavescentibus, dorsali spinam 2m inter et 3m nigricante; caudali basi plus minusve violascente.

B. 6. D. 1 + 7—1/9 vel 7—1/10. P. 2/11. V. 1/5. A. 3/9 vel 3/10. C. 1/15/1 et lat. brev.

Hab. Singapura; Java (Karangbollong); Bali (Djembrana); Celebes (Badjoa, Lagusi, Manado); Sumbawa (Bima); Rotti; Batjan (Labuha); Buro (Kajeli); Amboina; in mari et aquis fluvio-marinis.

Longitudo 2 speciminum 73''' et 79'''.

Rem. L'espèce actuelle est la seule, de toutes les espèces insulindiennes, où le nombre des écailles sur une ligne longitudinale entre le front et la nageoire dorsale monte à environ 17, et ce seul caractère suffirait déjà à la faire reconnaître. C'est au reste une espèce à ligne latérale continue et assez voisine de l'urotaenia.

PARAMBASSIS Blkr.

Caput vertice, genis et ossibus opercularibus tantum squamatum. Rictus mediocris. Dentes, maxillis acuti pluriseriati serie externa ceteris multo longiores ex parte canini, vomerini in vittam ∧ formem, palatini utroque latere in vittam gracilem dispositi. Os suborbitale serratum. Praeoperculum crista intramarginali elevata libera et margine libero denticulatum. Squamae trunco 40 ad 70 in serie longitudinali. Pinnae; dorsalis valde profunde incisa, parte spinosa spinis 7, parte radiosa spina unica et radiis 10 vel 11; pectorales rotundatae; analis spinis 3 et radiis 9 ad 11; caudalis furcata. B. 6.

Rem. Je ne connais que deux espèces de Parambassis, dont l'une habite les grands fleuves de Bornéo et de Sumatra, et dont l'autre n'a été trouvée jusqu'ici que dans la partie occidentale de Bornéo. Les espèces sont encore fort distinctes l'une de l'autre, sav.

1. Environ 40 écailles dans la ligne latérale, 3 au-dessus de la ligne latérale. Joues à 5 rangées longitudinales d'écailles. Mâchoire supérieure s'arrêtant sous le milieu de l'oeil, 2 fois et quelque chose dans la longueur de la tête. A. 3/9 ou 3/10. Une bandelette céphalo-caudale nacrée. Dents linguales.

1. *Parambassis apogonides* Blkr.

2. Environ 70 écailles dans la ligne latérale, 5 au-dessus de la ligne latérale. Joues à 7 rangées longitudinales d'écailles. Mâchoire supérieure s'arrêtant sous le bord antérieur de l'oeil, $2^1/_2$ fois dans la longueur de la tête. A. 3/10 ou 3/11. Point de bandelette argentée. Langue sans dents.

2. *Parambassis microlepis* Blkr.

Parambassis apogonides Blkr, Nat. Verh. Holl. M. Wet 3e Verz. II, Révis. Ambass. p. 21. — Atl. Tab. 338, Perc. tab. 60 fig. 1.

Parambassis corpore oblongo compresso, altitudine 3 ad $3^1/_3$ in ejus longitudine, latitudine $2^1/_2$ ad $2^2/_3$ in ejus altitudine; capite $3^1/_2$ ad $3^3/_5$ in longitudine corporis; altitudine capitis $1^1/_4$ ad $1^1/_3$ in ejus longitudine; oculis diametro $2^3/_4$ ad 3 et paulo in longitudine capitis, diametro $^3/_4$ circ. distantibus; linea rostro-frontali fronte valde concava rostro convexa; orbita vulgo postice superne et inferne scabriuscula denticulis autem minimis tactu tantum conspicuis; rostro oculo minus duplo breviore, convexo, apice infra medium oculum sito; osse suborbitali inferne denticulis conspicuis; maxilla superiore maxilla inferiore paulo breviore, sub medio oculo vel paulo ante medium oculum desinente, 2 et paulo in longitudine capitis; dentibus, maxillis serie externa ceteris multo majoribus curvatis distantibus, intermaxillaribus anticis ceteris longioribus caninis vel caninoideis; dentibus linea linguae mediana in vittam longitudinalem dispositis; praeoperculo subrectangulo, marginibus posteriore et inferiore denticulato denticulis angularibus ceteris majoribus, crista intramarginali inferne tantum denticulata angulo spinula postrorsum spectante; suboperculo edentulo, interoperculo denticulato; squamis, genis in series 5 longitudinales dispositis, trunco 38 ad 40 in linea laterali, 18 vel 19 in serie transversa quarum 3 vel 4 lineam lateralem inter et vaginam dorsalis squamosam sub spinis mediis, 17 circ. in serie longitudinali frontem inter et pinnam dorsalem spinosam; linea laterali continua, valde curvata, singulis squamis tubulo simplice notata; dorso elevato; cauda parte libera paulo tantum ad non longiore quam postice alta; pinna dorsali parte spinosa et parte radiosa sat alte unitis; dorsali spinosa dorsali radiosa multo altiore, spina procumbente acuta brevi, spinis erectis validis 2ª ceteris longiore et crassiore capite absque rostro sat multo breviore spina 7ª duplo vel vix plus duplo longiore; dorsali radiosa non emarginata margine superiore rectiuscula, spina oculo paulo longiore et radio 1° vix breviore; pectoralibus acute rotundatis $4^1/_2$ ad $4^3/_4$, ventralibus acutis 5 et paulo ad $5^1/_2$, caudali profunde incisa lobis acutis 4 circ. in longitudine corporis; anali non emarginata spinis 2ª et 3ª validis subaequilongis 2 circ. in longitudine capitis; colore corpore flavescente-hyalino; vitta cephalo-caudali diffusa argentea; pinnis flavescentibus, dorsali spinosa superne fusco plus minusve arenata.

B. 6. D. 1 + 7—1/10 vel 7—1/11. P. 2/14. V. 1/5. A. 3/9 vel 3/10. C. 1/15/1 et lat. brev.

Syn. *Ambassis apogonides* Blkr, Vierde bijdr. ichth. Borneo, Nat. T. Ned. Ind. II p. 200; Günth., Cat. Fish. I p. 224.

Gaba-gaba Incol. Bandjermasin.

Hab. Sumatra (Moara-kompeh); Borneo (Bandjermasin, Kahajan); in fluviis.

Longitudo 4 specimianum 52‴ ad 90‴.

Rem. J'ai rapporté autrefois cette espèce aux Ambassis, mais par sa dentition elle est un vrai Parambassis. Par sa physionomie elle rappelle quelques espèces d'Amia, ce qui pourrait se dire aussi du Parambassis microlepis, qui se distingue de l'apogonides principalement par des écailles beaucoup plus petites.

Parambassis microlepis Blkr, Nat. Verh. Holl. M. Wet. 3ᵉ Verz. II, Révis. Ambass p. 22. — Atl. Tab. 338, Perc. tab. 60 fig. 2.

Paramb. corpore oblongo compresso, altitudine $3^2/_5$ ad $3^1/_2$ in ejus longitudine, latitudine $2^1/_2$ ad $2^2/_3$ in ejus altitudine; capite 4 fere in longitudine corporis, longiore quam alto; oculis diametro 3 et paulo in longitudine capitis, diametro 1 fere distantibus; linea rostro-frontali concava; orbita laevi superne postice tantum spinula postrorsum spectante; rostro oculo paulo breviore, apice ante pupillae partem superiorem sito; osse suborbitali inferne denticulis bene conspicuis; maxilla superiore maxilla inferiore vix vel non breviore, sub oculi limbo anteriore desinente, $2^1/_2$ circ. in longitudine capitis; dentibus utraque maxilla valde conspicuis conicis, externis, anticis praesertim, ex parte curvatis apice antrorsum spectantibus; lingua edentula; praeoperculo rectangulo angulo rotundato, margine libero postice et inferne denticulato dentibus angularibus ceteris conspicue majoribus, crista intramarginali inferne tantum denticulata angulo dentibus 2 majoribus; suboperculo interoperculoque edentulis; squamis, genis in series 7 longitudinales dispositis, trunco 70 circ. in linea laterali, 28 circ. in serie transversa quarum 5 circ. lineam lateralem inter et vaginam dorsalis squamosam sub spinis mediis; linea laterali continua valde curvata singulis squamis tubulo simplice notata; dorso elevato; cauda parte libera longiore quam postice alta; pinna dorsali partem spinosam inter et radiosam usque ad basin fere incisa; dorsali spinosa dorsali radiosa paulo tantum altiore, spina procumbente acuta mediocri, spinis erectis mediocribus 2ª ceteris longiore et crassiore capite absque rostro sat multo breviore spina 7ª non multo plus duplo longiore; dorsali radiosa vix emarginata spina oculo multo longiore; pectoralibus acute rotundatis $4^1/_2$ circ., ventralibus acutis radio 1° paulo producto $5^3/_4$ circ., caudali profunde incisa lobis acutis $4^2/_5$ ad $4^1/_2$ in longitudine corporis; anali leviter emarginata spinis validis 2ª 3ª longiore et crassiore spina dorsi 2ª non breviore; colore corpore pinnisque flavescente-hyalino; iride flavescente; vitta cephalo-caudali argentea nulla; dorsali spinosa superne macula magna nigra.

B. 6. D. 1 + 7—1/10 vel 7—1/11. P. 2/12. V. 1/5. A. 3/10 vel 3/11. C. 1/15/1 et lat. brev.

Syn. *Bogoda macrolepis* Blkr, Act. Soc. Sc. Ind. Neerl. II, Tiende bijdr. vischf. Borneo p. 13.

Ambassis macrolepis Günth., Cat. Fish. I p. 227.

Ambassis (*Bogoda*) *microlepis* Von Martens, Ostasiat. Süsswass. thier. Arch. Naturg. XXXIV 1868 p. 9.

Hab. Borneo (Pontianak), in flumine Kapuas.

Longitudo speciminis unici 82‴.

Rem. Lorsque je décrivis cette espèce pour la première fois, en la plaçant dans le genre Bogoda, je la nommai macrolepis, nom qui aurait pu être conservé, comme caractéristique, si l'espece était restée parmi les Hamiltonia (Bogoda). Placée cependant dans le genre Parambassis, ce nom spécifique induirait en erreur, puisque dans l'autre espèce du genre, l'apogonides, les écailles sont beaucoup plus grandes que dans l'espèce actuelle. J'ai donc dû changer le nom, et j'ai adopté celui de microlepis, qui exprime son principal caractère distinctif d'avec l'apogonides. — Je ne connais le microlepis que des fleuves de la partie occidentale de Bornéo.

FAMILIA CIRRHITEOIDEI.

Percae corpore oblongo vel subelongato squamis cycloideis vestito; capite squamato; dentibus maxillis acutis; apertura branchiali sub gula continua; membrana interbranchiali parum emarginata; linea laterali continua; pinnis, dorsali continua spinis osseis, parte spinosa parte radiosa vix breviore ad multo longiore; pectoralibus radiis inferioribus simplicibus vulgo incrassatis digitatis vel subdigitatis; ventralibus sat longe post basin pectoralium insertis radiis 5; anali dorsali radiosa breviore spinis 3; ossibus pharyngealibus inferioribus non coalitis.

Les espèces de cette Famille, au nombre d'environ quarante, sont toutes marines et dispersées depuis la pointe méridionale de l'Afrique jusqu'aux côtes occidentales de l'Amérique. Rares encore dans le bassin Indien elles deviennent plus nombreuses dans le bassin Pacifique. On ne connaît actuellement que neuf espèces de cette famille de l'Inde archipélagique, dont une seulement des mers de la Sonde. Encore toutes les espèces insulindiennes n'appartiennent qu'à la sousfamille des Cirrhiteiformes et dans cette sousfamille au groupe des Cirrhiteini.

1. Cirrhites marmoratus Gill = Cirrhites maculatus Lac. = Cirrhitichthys marmoratus Blkr = Cirrhitichthys maculatus Günth.
2. Paracirrhites Forsteri Blkr = Cirrhites pantherinus CV. = Cirrhites Forsteri Günth. = Amblycirrhites Forsteri Blkr.
3. » arcatus Blkr = Cirrhites arcatus CV. = Amblycirrhites arcatus Blkr.
4. » amblycephalus Blkr = Cirrhites et Amblycirrhites amblycephalus Blkr.
5. Cirrhitichthys aprinus Blkr = Cirrhites aprinus CV. = Cirrhites et Cirrhitichthys graphidopterus Blkr.
6. » oxyrhynchus Blkr.
7. » oxycephalus Blkr = Cirrhites oxycephalus Blkr.
8. » polyactis Blkr.
9. Oxycirrhites typus Blkr.

Ce qu'on sait par rapport à la distribution de ces espèces dans l'Insulinde se résume en peu de lignes.

Sumatra, 1 espèce.
Cirrhites marmoratus.

Flores, *Timor*, *Céram*, 1 espèce.
Cirrhitichthys aprinus.

Célèbes, 3 espèces.
Paracirrhites Forsteri, P. arcatus, Cirrhitichthys graphidopterus.

Sangi, 2 espèces.
Paracirrhites Forsteri, P. amblycephalus.

Bouro, 2 espèces.
Cirrhitichthys aprinus, C. oxycephalus.

Ternate, 2 espèces.
Paracirrhites Forsteri, P. arcatus.

Amboine, 6 espèces.
Cirrhites marmoratus, Paracirrhites Forsteri, Cirrhitichthys aprinus, C. oxycephalus, C. polyactis, Oxycirrhites typus.

Goram, 2 espèces.
Cirrhitichthys oxyrhynchus, C. oxycephalus.

Banda, *Waigiou*, 1 espèce.
Paracirrhites Forsteri.

Subfamilia CIRRHITEIFORMES.

Cirrhiteoidei dentibus maxillis simplicibus non incisivis; pinna caudali radiis fissis 13.

Phalanx *Cirrhiteini.*

Cirrhiteiformes capite superne et genis squamato; dentibus vomerinis; praeoperculo serrato; pinna dorsali spinis 10 et radiis 11 ad 17; parte spinosa parte radiosa non ad non multo longiore; anali radiis 6 ad 8.

Subphalanx *Cirrhitei.*

Cirrhiteini ossibus intermaxillaribus non productis; corpore oblongo, capite obtuso vel acutiusculo.

CIRRHITES Comm. Lac = Cirrhitus Gill.

Dentes maxillis ex parte canini vel caninoidei. Dentes vomerini et palatini, vel vomerini tantum. Nares anteriores cirratae. Squamae, genis parvae multiseriatae, trunco 40 circ. in serie longitudinali. Pinnae, dorsalis radiosa non setigera radiis 11 vel 12, caudalis integra.

Rem. Le genre Cirrhites se fait aisément reconnaître, dans le groupe des Cirrhiteini, par les petites écailles des joues et par les mâchoires à dents canines, combination de caractères qu'on ne retrouve dans aucun des autres genres. La diagnose de la seule espèce insulindienne connue peut se formuler comme suit.

† Dents palatines. Profil obtus et convexe. Crête occipitale médiane fort obtuse. Pectorales n'atteignant pas l'anale. Corps varié de grandes taches rondes blanchâtres ou jaunâtres et de taches irrégulières brunes.

Cirrhites marmoratus Gill.

Cirrhites marmoratus Gill, Synops. Cirrhit. Proc. Acad. nat. scienc. Philad. 1862 p. 106; Blkr, Not. Cirrhit. punctat. Ned. Tijdschr. Dierk. III p. 175, Nat. V. Kon. Akad. Wet. XV, Cirrhit. p. 3. — Atl. Tab. 344, Perc. tab. 66 fig. 5.

Cirrh. corpore oblongo compresso; altitudine $3^2/_5$ ad $3^1/_2$ in ejus longitudine, latitudine $1^1/_2$ ad $1^3/_4$ in ejus altitudine; capite obtuso $3^1/_2$ ad $3^2/_5$ in longitudine corporis; altitudine capitis $1^1/_6$ ad $1^1/_4$,- latitudine capitis $1^1/_2$ ad $1^3/_5$ in ejus longitudine; oculis diametro $3^1/_2$ ad 4 in longitudine capitis, multo minus diametro 1 distantibus; linea rostro-frontali convexa; linea interoculari concava; vertice medio crista longitudinali elevata nuda obtusa; capite genis operculisque tantum squamato, squamis, genis postice, praeoperculo interoperculoque minimis, operculo magnis antice et lobo angulari membranaceo tantum minoribus; rostro obtuso oculo non longiore; naribus rotundis non tubulatis, anterioribus valvula multifimbriata munitis; osse praeorbitali oculi diametro duplo ad non multo humiliore, alepidoto; maxillis aequalibus, superiore sub oculi dimidio posteriore desinente; labiis latis carnosis; dentibus intermaxillaribus lateralibus pluriseriatis, anterioribus multiseriatis, serie externa ceteris multo majoribus, symphysialibus 6 ad 8 caninoideis; dentibus mandibularibus anterioribus multiseriatis, serie externa ceteris multo majoribus, lateralibus uniseriatis quorum 2 vel 3 anterioribus caninis curvatis, ceteris parvis subaequilongis; dentibus vomerinis parvis in vittam $\wedge$ formem,- palatinis parvis utroque latere in vittulam brevem gracilem dispositis; praeoperculo valde obtuse rotundato margine posteriore superne denticulis numerosis serrato; operculo postice spina brevi plana; membrana branchiali inferne et membrana postoperculari squamatis; linea dorsali elevata convexa; linea laterali curvata, tubulis simplicibus obliquis sursum spectantibus notata; squamis corpore 41 vel 42 in serie longitudinali angulum aperturae branchialis superiorem inter et basin pinnae caudalis, 14 vel 15 in serie transversa quarum 4 vel 5 lineam lateralem inter et dorsalem spinosam mediam; pinna dorsali profunde emarginata; dorsali parte spinosa parte radiosa sat multo humiliore, spinis validis mediis ceteris longioribus corpore minus triplo humilioribus, membrana interspinali profunde incisa superne lobata penicilligera; dorsali radiosa basi squamosa, angulata, antice quam postice altiore corpore minus duplo humiliore, radio 1° non vel vix producto; pinnis pectoralibus obtusis convexis radiis simplicibus radiis fissis longioribus analem non attingentibus 4 ad $4^3/_5$,- ventralibus obtusiusculis convexis et caudali obtusa extensa postice convexa $5^1/_2$ ad 6 in longitudine corporis; anali angulata antice quam postice altiore dorsali radiosa non humiliore spinis validis media valde crassa ceteris longiore sed parte radiosa humiliore; colore corpore superne profunde olivaceo, inferne dilutiore vel margaritaceo; capite maculis rotundis et oblongis nigricante-fuscis et maculis parcioribus albidis vel luteis ornato; mento maculis 3 violaceo-nigris in trigonum dispositis macula anteriore symphysiali: dorso lateribusque nebulis violascentibus et maculis rotundiusculis nigricante-fuscis minoribus et albidis vel luteis majoribus; pinnis, dorsali spinosa aurantiaco-rosea, ceteris radiis roseis membrana coerulescente-hyalinis, imparibus guttis nigricantibus ex parte coalescentibus, valde juvenilibus parcioribus vel subnullis.

B. 6. D. 10/11 vel 10/12 vel 9/12 vel 9/13. P. 1 simpl. + 6 fiss. + 7 simpl. incrass. V. 1/5. A. 3/6 vel 3/7. C. 1/13/1 et lat. brev.

Syn. *Labrus marmoratus* Lac., Poiss. III p. 438, 492 tab. 5 fig. 3.

Cirrhites maculatus Lac., Poiss. V p. 2; CV., Poiss. III p. 51; Rüpp. N. Wirb. Fisch. p. 95; Günth., Fisch. Südsee I p. 71 tab. 51 fig. A.

Aspro fuscus maculis utroque latere sparsis majoribus albis minoribus nigris plurimis Comm. ap. Lac., Poiss. III p. 51.

Cirrhitus maculosus Rüpp., Atl. Reis. Fisch. R. Meer. p. 13 tab. 4 fig. 1.

Cirrhitichthys marmoratus Blkr, Act. Soc. Scient. Ind. Neerl. II Achtste bijdr. vischf. Sumatra p. 76; Day, Fish. India I p. 146.

Cirrhitichthys maculatus Günth., Catal. Fish. II p. 75; Klunz., Syn. Fisch. R. M., Verh. zool. bot. Ges. Wien. XX p. 798.

Cirrhitus alternatus Gill, Proc. Acad. nat. Philad. 1862 p. 122.

Hab. Sumatra (Priaman); Amboina; in mari.

Longitudo 3 speciminum 67''' ad 158'''.

Rem. Le nombre de neuf épines dorsales, dans un de mes trois individus, n'est probablement qu'exceptionnel, la dixième épine s'étant développée en rayon mou et la dorsale molle y comptant un rayon de plus que dans les autres individus. L'espèce est voisine du punctatus, dont elle se distingue cependant, outre les couleurs, par la tête qui est beaucoup plus obtuse et convexe et par les pectorales qui sont plus courtes.

Le Cirrhitichthys marmoratus habite, hors l'Insulinde, la Mer rouge, la côte orientale d'Afrique, l'île Maurice, les côtes de l'Inde continentale, des îles Cook, de la Société et Sandwich.

PARACIRRHITES Blkr.

Dentes maxillis ex parte canini vel caninoidei. Dentes vomerini; palatini nulli. Squamae, genis magnae squamulatae pauciseriatae, trunco 50 circ. in serie longitudinali. Pinna dorsalis radiis 11 vel 12, membrana interspinali non penicilligera.

Rem. Je possède trois espèces de Paracirrhites, le Forsteri, l'arcatus et l'amblycephalus, et il me semble que le Cirrhites cinctus Günth. (Cirrhites fasciatus Benn. nec CV.) doit être rapporté au même genre. Les espèces insulindiennes sont aisément à reconnaître par les caractères suivants.

I. Rayons simples de la pectorale n'atteignant pas l'anale. Dorsale à 11 ou 12 rayons mous. Corps sans bandes transversales.

A. Vertex sans crête médiane.

a. Joues à cinq rangées obliques d'écailles. Tête à gouttelettes éparses brunes. Une large bande longitudinale jaunâtre au-dessous de la ligne latérale, accompagnée en-dessus d'une large bande noirâtre. Région postoculaire sans tache cerclée.

1. *Paracirrhites Forsteri* Blkr.

b. Joues à six ou sept rangées obliques d'écailles. Tête sans gouttelettes brunes. Région postoculaire à double anneau pourpre et bleu et à centre doré. Une large bande longitudinale rose au-dessus de la ligne latérale.

2. *Paracirrhites arcatus* Blkr.

B. Vertex à crête médiane grêle. Joues à six rangées obliques d'écailles. Corps et tête sans gouttelettes ni larges bandes. Région postoculaire à tache brune cerclée de doré. Corps à 16 jusqu'à 18 bandelettes brunâtres grêles, une sur chaque rangée longitudinale d'écailles.

3. *Paracirrhites amblycephalus* Blkr.

Paracirrhites Forsteri Blkr, Nat. Verh. Kon. Ak. Wet. XV, Cirrhit. p. 6. — Atl. Tab. 349, Perc. tab. 71 fig. 5.

Paracirrh. corpore oblongo compresso, altitudine $3^1/_4$ ad $3^2/_3$ in ejus longitudine, latitudine $2^1/_3$ ad $2^1/_2$ in ejus altitudine; capite obtuso $3^1/_2$ ad 4 in longitudine corporis, paulo longiore quam alto ad aeque alto ac longo; oculis diametro 4 ad 5 in longitudine capitis, minus diametro 1 vel diametro 1 distantibus; linea rostro-frontali rectiuscula vel concaviuscula; linea interoculari concava; vertice crista mediana nulla; naribus anterioribus tubulo fimbriato munitis; rostro obtuso oculo paulo ad non breviore; osse praeorbitali sub oculo oculi diametro multo ad non humiliore; maxillis aequalibus, superiore sub oculi margine posteriore vel vix post oculum desinente 2 circ. in longitudine capitis; dentibus maxillis pluriseriatis serie externa conicis ceteris majoribus, maxilla superiore antice utroque latere canino unico, maxilla inferiore utroque latere ramo medio caninis vel caninoideis inaequalibus 2 ad 4; dentibus vomerinis parvis in vittam Λformem dispositis; praeoperculo rotundato margine posteriore denticulis numerosis parum conspicuis; operculo postice spina plana obtusa; squamis, praeoperculo squamulatis in series 5 obliquas transversas dispositis, corpore non squamulatis 48 ad 50 in serie longitudinali angulum aperturae branchialis superiorem inter et basin pinnae caudalis, 18 circ. in serie transversa quarum 5 lineam lateralem inter et dorsalem spinosam mediam; linea laterali parum curvata tubulis simplicibus brevibus obliquis notata; pinna dorsali profunde incisa; dorsali spinosa dorsali radiosa multo humiliore spinis validis mediis ceteris longioribus corpore triplo circ. humilioribus postica radio 1° multo breviore, membrana inter singulas spinas mediocriter incisa nec lobata nec penicilligera; dorsali radiosa basi squamosa, angulata, non convexa, antice quam postice altiore, radio 1° ceteris longiore; pectoralibus subrhomboideis obtusis 5 ad 6 fere,- ventralibus sat longe post basin ventralium insertis acutis vel obtusiusculis 6 ad 6 et paulo-, caudali truncatiuscula vel convexa angulis non rotundata $5^3/_4$ ad 6 in longitudine corporis; anali oblique rotundata, spinis validis media ceteris longiore parte radiosa humiliore; colore corpore superne rufescente vel rubro, inferne roseo vel ex griseo roseo; genis operculisque guttulis sparsis fuscis vel nigricantibus; lateribus superne postice caudaque dimidio superiore fuscis vel nigricantibus vel maculis magnis ejusdem coloris plus minusve coalescentibus et in fasciam longitudinalem unitis; lateribus infra lineam lateralem insuper fascia lata axillo-caudali flava vel lutea non semper bene distincta; pinnis radiis roseis vel aurantiacis, membrana coerulescente-hyalinis, dorsali radiosa supra basin squamatam frequenter vitta longitudinali fusca.

B. 6. D. 10/11 vel 10/12. P. 1 vel 2 simpl. + 5 vel 6 fiss. + 7 simpl. V. 1/5. A. 3/6 vel 3/7. C. 1/13/1 et lat. brev.

Syn. *Cabbellaau de l'île Maurice* Ren., Poiss. Mol. I tab. 9 fig. 61.

Perca maxillis aequalibus capite maculoso cauda aequali Seb., Thes. III. p. 77 tab. 27 fig. 12.

Grammistes Forsteri Bl. Schn., Syst. p. 191.

Sparus pantherinus Lac., Poiss. IV p. 160 tab. 6 fig. 1.

Cirrhites pantherinus CV., Poiss. III p. 52; Less., Zool. Voy. Coquille Poiss. p. 225 tab. 22 fig. 1; Blkr, Bijdr. ichth. Banda, Nat. Tijdschr. Ned. Ind. II p. 232.

Gerranus Tankervillae Benn., Ceyl. Fish. p. 27 tab. 27.

Perca taeniata J. R. Forster, Descr. anim. ed. Licht. p. 224.

Cirrhites Forsteri Günth., Cat. Fish. II p. 71; Fisch. Südsee I p. 69 tab. 49 fig. A.; Gill, Syn. Cirrh., Proc. Ac. nat. scienc. Phil. 1862 p. 112; Klunz., Syn. Fisch. R. M. Verh. zool. bot. Ges. Wien. XX p. 797; Day, Fish. India I p. 144 tab. 35 fig. 4.

Amblycirrhites Forsteri Blkr, Not. Cirrh. punct. Ned. T. Dierk. III p. 175.

Hab. Celebes (Manado); Sangir; Amboina; Banda (Neira); Ternata; Waigiu; in mari

Longitudo 6 speciminum 76''' ad 150'''.

Rem. Bien que les espèces de Paracirrhites soient éminemment caractérisées par le système de coloration, elles sont extrêmement voisines les unes des autres par tous les autres rapports. Le Forsteri se fait distinguer à première vue par la bande latérale longitudinale noirâtre, par la position de la bande longitudinale jaunâtre au-dessous de la ligne latérale et par les gouttelettes éparses et brunes de la tête. J'y compte aussi une ou deux rangées d'écailles préoperculaires de moins que dans l'arcatus et que dans l'amblycephalus

L'espèce habite, outre l'Insulinde, les côtes de Ceylon, de l'ile Maurice, de l'Afrique orientale, de la Mer rouge et des iles Andaman et Sandwich.

Paracirrhites arcatus Blkr, Nat. Verh. Kon. Ak. Wet. XV, Cirrhit. p. 8. — Atl. Tab. 303, Perc. tab. 25 fig. 3.

Paracirrh. corpore oblongo compresso, altitudine 3 et paulo in ejus longitudine, latitudine $2^1/_2$ circ. in ejus altitudine; capite obtuso 4 fere in longitudine corporis, aeque alto circ. ac longo; oculis diametro $3^2/_3$ ad $3^3/_4$ in longitudine capitis, diametro $^2/_3$ circ. distantibus; linea rostro-frontali rectiuscula; linea interoculari concava; vertice crista mediana nulla; naribus anterioribus tubulo fimbriato munitis; rostro obtuso oculo breviore; osse praeorbitali sub oculo oculi diametro multo humiliore; maxillis aequalibus, superiore sub oculi margine posteriore vel vix post oculum desinente, 2 circ. in longitudine capitis; dentibus maxillis pluriseriatis serie externa conicis ceteris majoribus, maxilla superiore antice utroque latere canino unico, maxilla inferiore utroque ramo medio caninis 2; dentibus vomerinis parvis in vittam Λformem dispositis; praeoperculo rotundato margine posteriore denticulis parvis numerosis serrulato; operculo postice spina plana obtusa; dorso valdo convexo; squamis, praeoperculo squamulatis in series 6 vel 7 obliquas transversas dispositis, trunco 48 ad 50 in serie longitudinali angulum aperturae branchialis superiorem inter et basin pinnae caudalis, 18 circ. in serie transversa quarum 5 vel 6 lineam lateralem inter et dorsalem spinosam mediam; linea laterali parum curvata tubulis simplicibus superne ramulum obliquum postrorsum adscendentem edentibus notata; pinna dorsali sat profunde incisa, parte spinosa parte radiosa multo humiliore spinis validis mediis ceteris longioribus corpore triplo circ. humilioribus postica radio 1° multo breviore, membrana inter singulas spinas mediocriter incisa non lobata; dorsali radiosa basi squamata, angulata, non convexa, antice quam postice altiore; pinnis pectoralibus obtusis convexis $5^2/_3$,- ventralibus sat longe post basin pectoralium insertis acutis $6^1/_4$ circ.,- caudali convexa angulis acuta $5^1/_2$ circ. in longitudine corporis; anali oblique rotundata postice angulata, spinis validis media ceteris longiore parte radiosa humiliore; colore corpore superne olivascente-roseo, inferne flavescente-roseo; fascia pleuro-caudali lata laete rosea supra medias pinnas pectorales incipiente mediaque pinna caudali desinente inferne tota longitudine a linea laterali percursa; regione postoculari macula annuliformi triplice aurea, purpurea et coerulea orbitam amplectente; interoperculo vittis 3 aureis et coeruleis alternantibus; pinna dorsali spinosa tota rubra vel rosea; dorsali radiosa radiis et parte squamata dilute rubra, membrana coerulescente-hyalina maculis aliquot diffusis violaceis in seriem longitudinalem dispositis; pinnis ceteris radiis aurantiaco-roseis membrana coerulescente-hyalinis.

B. 6. D. 10/11 vel 10/12. P. 2 simpl. + 5 fiss. + 7 simpl. V. 1/5. A. 3/6 vel 3/7. C. 1/13/1 et lat. brev.

Syn. *Imperator* Ren., Poiss. Mol. I tab. 18 fig. 102.
Knorrepot Valent., Amb. fig. 470.
Perca arcata Parkins. ap. CV., Poiss. III p. 55.
Cirrhites arcatus CV., Poiss. III p. 55; Règn. an. éd. lux. Atl. Poiss. tab. 10 fig. 2; Less., Zool. Voy. Coquille II p. 227; Rich., Voy. Samar. Fish. p. 26 tab. 5 fig. 3—5; Blkr, Act. Soc. Scient. Ind. Neerl. I Vischs. Manado p. 41; Günth., Cat. Fish. II p. 72; Fisch. Südsee I p. 70 tab. 49 fig. B. C.; Gill, Syn. Cirrh. Proc. Ac. nat. sc. Philad. 1862 p. 112.
Cirrhites vittatus Val., Règn. anim. éd. illustr. Poiss. p. 39.
Amblycirrhites arcatus Blkr, Not. Cirrh. punct. Ned. T. Dierk. III p. 175; Atl. Ichth. Tab. 303, Perc. tab. 25 fig. 3.
Hab. Celebes (Manado); Ternata; in mari.
Longitudo speciminis unici 85‴.

Rem. Le Paracirrhites arcatus est marqué, comme le Forsteri, d'une bande longitudinale rose ou jaunâtre, mais cette bande se trouve au-dessus et non au-dessous de la ligne latérale. Aussi n'y voit-on ni bande longitudinale noire ni gouttelettes brunes, mais par contre un double anneau postoculaire pourpre et bleu à centre doré. Les écailles préoperculaires, squammuleuses comme dans le Forsteri, sont plus petites et disposées sur une ou deux rangées de plus.
L'espèce s'étend à l'ouest jusque dans la Mer rouge et à l'est jusqu'aux îles Sandwich.

Paracirrhites amblycephalus Blkr, Nat. Verh. Kon. Ak. Wet. XV p. 9. — Atl. Tab. 350, Perc. tab. 72 fig. 1.

Paracirrh. corpore oblongo compresso, altitudine $3^1/_4$ circ. in ejus longitudine, latitudine 3 fere in ejus altitudine; capite obtuso 4 et paulo in longitudine corporis, paulo altiore quam longo; oculis diametro $3^1/_2$ circ. in longitudine capitis, diametro $^2/_3$ circ. distantibus; linea rostro-frontali convexa; linea interoculari concava; vertice medio crista longitudinali gracili nuda; naribus anterioribus fimbriatis; rostro obtuso oculo breviore; osse praeorbitali sub oculo oculi diametro multo humiliore; maxillis aequalibus, superiore sub oculi margine posteriore desinente 2 fere in longitudine capitis; dentibus maxillis pluriseriatis serie externa conicis seriebus internis majoribus, maxilla superiore antice utroque latere et maxilla inferiore utroque ramo medio circ. canino unico; praeoperculo rotundato margine posteriore denticulis parvis numerosis serrulato; operculo postice spina obtusa plana; dorso valde convexo; squamis, praeoperculo squamulatis in series 6 circ. obliquas transversas dispositis, 48 ad 50 in serie longitudinali angulum aperturae branchialis superiorem inter et basin pinnae caudalis, 18 circ. in serie transversa quarum 5 lineam lateralem inter et dorsalem spinosam mediam; linea laterali parum curvata, tubulis simplicibus postice superne ramulum obliquum postrorsum adscendentem edentibus notata; pinna dorsali sat profunde emarginata parte spinosa parte radiosa humiliore, spinis mediocribus mediis ceteris longioribus corpore triplo circiter humilioribus, spina postica radio 1° multo breviore, membrana inter singulas spinas mediocriter incisa non lobata penicilligera; dorsali radiosa angulata antice acutiuscula corpore minus duplo humiliore; pinnis pectoralibus subrhomboideis 5 et paulo,- ventralibus sub mediis pectoralibus insertis $6^1/_3$ circ.,- caudali convexiuscula angulis non rotundata 5 fere in longitudine corporis; anali oblique rotundata, spinis validis media ceteris longiore parte radiosa humiliore; colore corpore aurantiaco-rubro; macula postoculari fusca annulo aureo cincta; corpore vittis 16 ad 18 longitudinalibus fuscescentibus; pinnis aurantiaco-roseis?
B. 6. D. 10/11 vel 10/12. P. 2 simpl. + 5 fiss. + 7 simpl. V. 1/5. A. 3/6 vel 3/7. C. 1/13/1 et lat brev.
Syn *Cirrhites amblycephalus* Blkr, Bijdr. ichth. Sangi, Nat. T. Ned. Ind. XIII p. 378; Günth., Cat. Fish. II p. 73; Gill, Syn. Cirrh. Proc. Ac. nat. sc. Philad. 1862 p. 106.
Amblycirrhites amblycephalus Blkr, Not. Cirrhit. punctat. Ned. T. Dierk. III p. 175.
Hab. Sangir, in mari.
Longitudo speciminis unici 99‴.

Rem. L'espèce actuelle se distingue, outre les couleurs, par la crête médiane et longitudinale du vertex. Elle présente un anneau postoculaire comme l'arcatus, mais simple et à centre brun, et on n'y voit pas de large bande longitudinale rose ou jaunâtre comme dans le Forsteri et l'arcatus. Je ne connais de l'espèce que le seul individu décrit.

CIRRHITICHTHYS Blkr = Cirrhitopsis Gill.

Dentes maxillis ex parte canini vel caninoidei. Dentes vomerini et palatini. Nares anteriores cirratae. Squamae, genis magnae pauciseriatae non squamulatae, trunco 40 circ. in serie longitudinali. Pinna dorsalis radiis 12 ad 17.

Rem. Le genre Cirrhitichthys comprend les espèces des Cirrhiteini à tête ou museau plus ou moins pointu, à canines mandibulaires, à dents palatines, à écailles du corps et du préopercule grandes (celles du préopercule ne formant que de trois à cinq rangées obliques) et à bord libre du préopercule fortement dentelé. Les quatre espèces insulindiennes sont diversifiées par les caractères suivants.

I. Dorsale à 12 ou 13 rayons mous. Seconde épine anale beaucoup plus longue que la troisième. Caudale tronquée. Corps à grandes taches brunes réunies plus ou moins en bandes transversales.
A. Hauteur du corps environ 3 fois dans la longueur totale. Tête aussi haute que longue. Os préorbitaire dentelé en arrière. Six ou sept rayons simples à la pectorale.

1. *Cirrhitichthys aprinus* Blkr.

B. Hauteur du corps presque 4 fois dans la longueur totale. Hauteur de la tête 1½ fois dans sa longueur. Os préorbitaire sans dentelure. Cinq rayons simples à la pectorale.

2. *Cirrhitichthys oxyrhynchus* Blkr.

C. Hauteur du corps 4⅖ fois dans la longueur totale. Hauteur de la tête 1¼ à 1⅕ fois dans sa longueur. Os préorbitaire sans dentelure. Six rayons simples à la pectorale.

3. *Cirrhitichthys oxycephalus* Blkr.

II. Dorsale à 16 ou 17 rayons mous. Les deux épines anales postérieures d'égale longueur. Caudale échancrée à lobes prolongés en filet
A. Hauteur du corps 3¾ fois dans la longueur totale sans le filet caudal. Tête aussi haute que longue. Six rayons simples à la pectorale.

4. *Cirrhitichthys polyactis* Blkr.

Cirrhitichthys aprinus Blkr, Nat. Verh. Kon. Ak. Wet. XV, Cirrhit. p 12. — Atl. Tab. 303, Perc. tab. 25 fig. 1.

Cirrhit. corpore oblongo compresso, altitudine 3 fere ad 3¼ in ejus longitudine, latitudine 2 et paulo ad 2½ in ejus altitudine; capite acutiusculo 4 ad 4 et paulo in longitudine corporis, aeque alto circ. ac longo; oculis diametro 3½ ad 4 in longitudine capitis, diametro ⅗ ad ¾ distantibus; linea rostro-frontali rectiuscula supra oculos concava; linea interoculari concava; naribus anterioribus cirro fimbriato; rostro oculo breviore; osse praeorbitali sub oculo oculi diametro humiliore margine posteriore plus minusve dentato; maxillis aequalibus, superiore sub oculi parte anteriore desinente; dentibus maxillis pluriseriatis serie externa maxilla superiore antice praesertim ceteris majoribus; maxilla superiore caninis nullis; maxilla inferiore utroque ramo caninis 2 vel 3 inaequalibus; dentibus vomero-palatinis pluriseriatis parvis; praeoperculo rotundato dentibus valde conspicuis serrato; operculo angulo spina plana obtusa; squamis, praeoperculo in series 4 obliquas transversas dispositis, corpore 40 ad 42 in serie longitudinali angulum aperturae branchialis superiorem inter et basin pinnae caudalis, 16 in serie transversa quarum 4 lineam lateralem inter et dorsalem spinosam mediam; linea laterali vix curvata tubulis brevibus simplicibus obliquis sursum spectantibus notata; pinnis, ventralibus exceptis, basi squamatis; dorsali parte spinosa parte radiosa humiliore spinis validis mediis ceteris longioribus corpore minus duplo ad plus duplo humilioribus postica radio 1° multo breviore, membrana inter singulas spinas valde incisa lobata penicilligera; dorsali radiosa radio 1° plus minusve in setam producto, radiis ceteris sensim decrescentibus posterioribus ceteris brevioribus; pectoralibus irregulariter rhomboideis radiis indivisis crassioribus superioribus quam ceteris et quam radiis divisis multo longioribus analem attingentibus vel subattingentibus; ventralibus acutis 5 ad 6,- caudali extensa truncata vel vix emarginata angulis acuta 5 ad 5⅓ in longitudine corporis; anali oblique rotundata, spinis validis 2ª ceteris crassiore et multo longiore parte radiosa non humiliore; colore corpore pinnisque roseo; capite vittis 3 transversis fuscis, anteriore oculo-maxillari, media oculo-interoperculari, posteriore nucho-operculari; corpore fasciis transversis fuscis irregularibus approximatis 6 ad 8 vulgo e maculis magnis irregularibus compositis et pinnam dorsalem plus minusve intrantibus; dorsali radiosa guttis fuscis coerulescente annulatis.
B. 6. D. 10/12 vel 10/13. P. 1 simpl. + 7 fiss + 6 simpl. vel 1/6/7. V. 1/5. A. 3/6 vel 3/7. C. 1/13/1 et lat. brev.
Syn *Cirrhites aprinus* CV., Poiss. III p. 56; Günth., Cat. Fish. II p. 73; Gill, Syn. Cirrhit. Proc. Ac. nat. sc. Phil. 1862 p. 107.
Cirrhites graphidopterus Blkr, Derde bijdr. ichth. Amb., Nat. T. Ned. Ind. IV p. 106.
Cirrhitichthys graphidopterus Blkr, Ind. specier. pisc., Nat. T. Ned. Ind. X p. 474; Günth., Cat. Fish. II p. 74; Gill, Syn. Cirrhit. Proc Ac. nat. sc. Philad. 1862 p. 108.
Hab. Celebes (Manado); Flores (Larantuca); Timor; Buro (Kajeli); Ceram (Amahai, Wahai); Amboina; in mari.
Longitudo 13 speciminum 56‴ ad 92‴.

Rem. L'aprinus est remarquable par les dentelures du bord postérieur du préorbitaire. Il a le corps notablement plus trapu et la tête plus haute et plus obtuse que les autres espèces de Cirrhitichthys à bandes du corps transversales.

Cirrhitichthys oxyrhynchus Blkr, Bijdr. vischfauna Goram, Nat. T. Ned. Ind. XV p. 205; Nat. Verh. Kon. Ak. Wet. XV, Cirrhit. p. 13; Günth, Catal. Fish. II p. 74; Gill, Syn. Cirrhit. Proc. Ac. nat. sc. Philad. 1862 p. 108. — Atl. Tab. 303, Perc. tab. 25 fig. 4.

Cirrhit. corpore oblongo compresso, altitudine 4 fere in ejus longitudine, latitudine 2 circ. in ejus altitudine; capite valde acuto 3⅖ circ. in longitudine corporis; altitudine capitis 1½ circ. in ejus longitudine; oculis diametro 3½ circ. in longitudine capitis, diametro ½ circ. distantibus; linea rostro-frontali concaviuscula; linea interoculari concava; naribus anterioribus cirro

gracili; rostro acuto cum maxilla superiore oculo paulo longiore; osse praeorbitali sub oculo oculi diametro duplo humiliore edentulo; maxillis aequalibus, superiore sub oculi margine anteriore desinente; dentibus maxillis acutis pluriseriatis serie externa conicis ceteris majoribus; maxilla superiore caninis vel caninoideis nullis; maxilla inferiore utroque ramo medio caninoideis 4 ad 6 inaequalibus; dentibus vomerinis et palatinis parvis, vomerinis in vittam Λformem,- palatinis utroque latere in vittam gracilem rectam dispositis; praeoperculo rotundato denticulis parvis sed conspicuis serrato; operculo angulo spina plana obtusa; squamis, praeoperculo in series 3 vel 4 obliquas transversas dispositis, corpore 40 circ. in serie longitudinali angulum aperturae branchialis superiorem inter et basin pinnae caudalis, 13 vel 14 in serie transversa quarum 3 lineam lateralem inter et dorsalem spinosam mediam; linea laterali vix curvata tubulis simplicibus obliquis sursum spectantibus notata; pinna dorsali parte spinosa parte radiosa humiliore; dorsali spinosa spinis mediocribus mediis ceteris longioribus corpore duplo humilioribus postica radio 1° multo breviore, membrana inter singulas spinas valde incisa lobata penicilligera; dorsali radiosa radio 1° ceteris longiore, sequentibus sensim decrescentibus posterioribus ceteris brevioribus; pectoralibus oblique rhomboideis radiis indivisis 5 superioribus ceteris longioribus analem attingentibus; ventralibus acutis et caudali extensa truncata angulis acuta 5 circ. in longitudine corporis; anali oblique rotundata, spinis validis 2ª ceteris longiore et crassiore parte radiosa altiore; colore corpore pinnisque roseo; capite vittis 3 fuscis; corpore fasciis 9 vel 10 transversis fuscis irregularibus; dorso sub dimidio dorsalis radiosae posteriore macula rotunda profunda fusca basin pinnae intrante; dorsali spinosa analique fusco maculatis.
B. 6. D. 10/12 vel 10/13. P. 1 simpl. + 8 fiss. + 5 simpl. V. 1/5. A. 3/6 vel 3/7. C. 1/13/1 et lat. brev.
Hab. Goram, in mari.

Rem. Le Cirrhitichthys actuel, bien que voisin de l'aprinus, est encore fort distinct par la forme plus allongée du corps et de la tête, par le profil plus pointu, par l'absence de dentelure préorbitaire et par la présence de seulement cinq rayons simples et épaissis à la pectorale. Le premier rayon de la dorsale molle n'est point prolongé, mais mon unique individu appartenant manifestement au jeune âge, il se pourrait bien que ce rayon se prolonge dans les individus adultes.

Cirrhitichthys oxycephalus Blkr, Ind. spec. pisc. Nat. T. Ned. Ind. X p. 474; Nat. Verh. K. Ak. Wet. XV, Cirrhit. p. 15; Günth., Cat. Fish. II p. 75; Gill, Syn. Cirrhit. Proc. Ac. nat. sc. Philad. 1862 p 108 — Atl. Tab. 353, Perc. tab. 75 fig. 1.

Cirrhit. corpore oblongo compresso, altitudine $4^2/_5$ circ. in ejus longitudine, latitudine 2 circ. in ejus altitudine; capite acuto 4 circ. in longitudine corporis; altitudine capitis $1^1/_4$ ad $1^1/_5$ in ejus longitudine; oculis diametro 3 et paulo in longitudine capitis, diametro $^4/_5$ circ. distantibus; linea rostro-frontali rectiuscula vel concaviuscula; linea interoculari concava; naribus anterioribus cirro gracili; rostro acuto oculo paulo breviore; osse praeorbitali sub oculo oculi diametro minus duplo humiliore edentulo; maxillis aequalibus, superiore sub oculi margine anteriore desinente; dentibus maxillis pluriseriatis acutis serie externa conicis ceteris majoribus; maxilla superiore caninis vel caninoideis nullis; maxilla inferiore utroque ramo medio caninoideis 4 vel 5 inaequalibus; dentibus vomerinis in vittam Λformem,- palatinis utroque latere in vittam gracilem rectam dispositis; praeoperculo rotundato dentibus valde conspicuis serrato; operculo angulo spina plana obtusa; squamis praeoperculo in series 4? obliquas transversas dispositis; squamis corpore 40 circ. in serie longitudinali angulum aperturae branchialis superiorem inter et basin pinnae caudalis, 14 vel 15 in serie transversa quarum 4 lineam lateralem inter et dorsalem spinosam mediam; linea laterali vix curvata tubulis simplicibus obliquis sursum spectantibus notata; pinna dorsali parte spinosa parte radiosa absque filo radii anterioris non humiliore spinis validis 4ª et 5ª ceteris longioribus $1^1/_3$ ad $1^1/_2$ in altitudine corporis, spina postica spina penultima conspicue longiore radio 1° multo breviore; dorsali radiosa radio 1° in filum producto, radiis sequentibus sensim decrescentibus posterioribus ceteris brevioribus; pectoralibus radiis indivisis 6 superioribus ceteris longioribus analem attingentibus; ventralibus acutis $5^1/_2$ ad $5^3/_4$,- caudali extensa truncata angulis acuta 5 circ in longitudine corporis; anali oblique rotundata spinis validis 2ª ceteris longiore et crassiore parte radiosa non humiliore; colore corpore pinnisque roseo; corpore fasciis 5 transversis obliquis latis subinterruptis fuscis, 1ª scapulari, 5ª caudali, spatiis interfascialibus singulis maculis 2 ad 4 fuscis transversim seriatis; capite vittis 2 transversis fuscis, anteriore suboculari posteriore operculari.
B. 6. D. 10/12 vel 10/13. P. 1 simpl. + 7 divis. + 6 simpl. V. 1/5. A. 3/6 vel 3/7. C. 1/13/1 et lat. brev.
Syn. *Cirrhites oxycephalus* Blkr, Zesde bijdr. ichth. Amb. Nat. T. Ned. Ind. VIII p. 408; Günth., Cat. Fish. II p. 75; Fisch. Südsee I p. 71.
Hab. Buro (Kajeli); Amboina; Goram; in mari.
Longitudo 3 speciminum 45''' ad 75'''.

Rem. L'oxycephalus est fort voisin de l'oxyrhynchus et ne s'en distingue, à en juger d'après les individus de mon cabinet, que par son corps plus trapu, sa tête plus obtuse et plus haute et par un rayon simple épaissi de plus à la pectorale.
L'espèce a été trouvée aussi dans les mers de l'ile de la Réunion, de Port Natal et de l'ile Bonham.

Cirrhitichthys polyactis Blkr, Nat. Verh. Kon. Ak. Wet. XV, Cirrhit. p. 16. — Atl. Tab. 354, Perc. tab. 76 fig. 1.

Cirrhit. corpore oblongo compresso altitudine $3^3/_4$ circ. in ejus longitudine absque filo caudali; capite obtuso 5 fere in longitudine corporis absque filo caudali, aeque alto circ. ac longo; oculis diametro $3^1/_3$ circ. in longitudine capitis, diametro 1 fere distantibus; linea rostro-frontali convexiuscula; linea interoculari concava; rostro obtuso oculo breviore; osse praeorbitali sub oculo oculi diametro plus duplo humiliore; maxillis aequalibus, superiore sub medio oculo desinente; dentibus maxillis pluriseriatis acutis serie externa conicis ceteris majoribus; maxilla superiore caninis vel caninoideis nullis; maxilla inferiore utroque ramo caninis vel caninoideis 2 vel 3 inaequalibus; dentibus vomerinis in vittam Λ formem,- palatinis utroque latere in vittam brevem dispositis; praeoperculo rotundato dentibus valde conspicuis serrato; operculo angulo spina plana obtusa; squamis...? linea laterali...?; pinna dorsali spinosa dorsali radiosa humiliore, spinis sat validis posterioribus 9 subaequilongis corpore plus duplo humilioribus; dorsali radiosa radio 1° filigero, ceteris postrorsum longitudine sensim decrescentibus; pectoralibus radiis incrassatis simplicibus superioribus ceteris longioribus analem attingentibus; ventralibus sat longe post basin pectoralium insertis acutis 6 circit. in longitudine corporis absque filo caudali; caudali emarginata angulis in filum producta cum filo 3 ad $3^1/_3$ in longitudine totius corporis; anali oblique rotundata, spinis 2ª et 3ª subaequilongis parte radiosa multo humilioribus; colore corpore pinnisque roseo? vel aureo? immaculato?

B. 6. D. 10/16 vel 10/17. P. 1 simpl. + 7 divis. + 6 simpl. V. 1/5. A. 3/6 vel 3/7. C. 1/13/1 et lat. brev.

Hab. Amboina, in mari.

Longitudo 2 speciminum 121''' et 125'''.

Rem. Je ne possède de cette espèce que deux individus d'une conservation très imparfaite, mais qui ont permis de constater suffisamment qu'elle est distincte de toutes les autres espèces connues. Les caractères principaux sont les 16 ou 17 rayons divisés à la dorsale, l'égale longueur des deux épines anales postérieures et le prolongement en filet des angles de la caudale. Les deux individus ont perdu les écailles et les couleurs.

Subphalanx *Oxycirrhitei.*

Cirrhiteiformes ossibus intermaxillaribus valde productis ramo adscendente et descendente denticulatis; corpore subelongato; capite valde acuto.

OXYCIRRHITES Blkr.

Dentes maxillis omnes parvi. Dentes vomerini; palatini nulli. Nares anteriores cirratae. Squamae, genis pauciseriatae non squamulatae, trunco 50 circ. in serie longitudinali. Pinnae, dorsalis radiis 13 vel 14, analis radiis 7 vel 8.

Oxycirrhites typus Blkr, Act. Soc. Scient. Ind. Neerl. II, Achtste bijdr. vischf. Amboina p. 39; Nat. Verh. Kon. Ak. Wet. XV, Cirrhit. p. 17; Günth., Catal. Fish. II p. 76; Gill, Syn. Cirrhit. Proc. Ac. nat. sc. Philad. 1862 p. 110. — Atl. Tab. 351, Perc. tab. 73 fig. 2.

Oxycirrh. corpore elongato compresso, altitudine 5 circ. in ejus longitudine, latitudine 2 et paulo in ejus altitudine; capite valde acuto, 3 in longitudine corporis, plus duplo longiore quam alto; oculis diametro 3 et paulo in longitudine capitis, diametro $^2/_3$ circ. distantibus; linea rostro-frontali concava; rostro valde acuto, alepidoto, absque maxillis oculo longiore; naribus anterioribus cirro gracili diviso; maxillis aequalibus, elongatis, superiore parte praerostrali rostro ipso longiore, longe ante oculum desinente, $2^1/_2$ circ. in longitudine capitis; dentibus maxillis pluriseriatis serie externa ceteris longioribus aequalibus, denticulis ramo ossis intermaxillaris adscendente minimis; dentibus vomerinis pluriseriatis minimis in vittam brevem semilunarem dispositis; praeoperculo obtusangulo rotundato margine libero dentibus valde conspicuis serrato; operculo angulo spina darva plana obtusa; squamis, praeoperculo in series 4 obliquas transversas dispositis, corpore 50 circ. in serie longitudinali angulum aperturae branchialis superiorem inter et basin pinnae caudalis, 15 vel 16 in serie transversa quarum 4 lineam lateralem inter et dorsalem spinosam mediam; linea laterali vix curvata tubulis simplicibus notata; pinna dorsali parte spinosa parte radiosa vix humiliore, spinis validis 3ª 4ª et 5ª ceteris longioribus corpore minus duplo humilioribus, 1ª et penultima ceteris brevioribus, membrana inter singulas spinas profunde incisa; dorsali radiosa antice acuta corpore non multo humiliore, radio 1° ceteris longiore, radiis sequentibus longitudine sensim decrescentibus; pectoralibus irregulariter rhomboideis radiis simplicibus superioribus radiis fissis inferioribus longioribus 5 et paulo,- ventralibus acute rotundatis 8 fere,- caudali emarginata angulis acuta $5^3/_4$ circ. in longitudine corporis; anali oblique rotundata spinis crassis medio ceteris fortiore et multo longiore et radio longissimo longiore; colore corpore viridi-roseo, pinnis flavo-aurantiaco; capite vittis 3 longitudinalibus fuscis, superiore rostro-oculari, media maxillo-suboperculari, inferiore mento-interoperculari; corpore vittis 8 vel 9 transversis obliquis fuscis postrorsum descendentibus vittis 4 longitudinalibus cephalo-caudalibus fuscis cruciatis; pinna dorsali spinosa vittis 2 latis undulatis longitudinalibus fusco-violaceis; dorsali radiosa fusco-violaceo vittato-reticulata.

B. 6. D. 10/13 vel 10/14. P. 2 simpl. + 6 fiss. + 5 simpl. V. 1/5. A. 3/7 vel 3/8. C. 1/13/1 et lat. brev.

Hab. Amboina; in mari.

Longitudo speciminis unici 101'''.

Rem. Je n'ai jamais vu de l'espèce que le seul individu de mon cabinet. On sait que l'espèce habite aussi les mers de l'ile Maurice.

TABLE DES MATIÈRES.

TABLE DES PLANCHES.

*) Les Planches CCCLV—CCCLX, contenant les Trachichthes, appartiennent au Tome IX.

ESPÈCES DE PERCOÏDES, BOGODOÏDES ET CIRRHITÉOÏDES FIGURÉES DANS LES TOMES VII ET VIII.

Percoïdes	Tom.	Perc.	Fig.
Priacanthus tayenus Rich. . . .	VIII	71	4
,, carolinus CV. . . .	VIII	73	5
,, hamrur CV	VIII	75	3
Pseudopriacanthus niphonius Blkr.	VIII	72, 76	5, 3
Dactylanthias aplodactylus Blkr .	VII	4	3
Pseudanthias pleurotaenia Blkr. .	VII	9	1
,, Huchtii Blkr . . .	VII	12	1
,, chirospilus Blkr . .	VII	10	1
,, lepidolepis Blkr . .	VII	10	4
,, manadensis Blkr . .	VII	10	5
,, cichlops Blkr . . .	VII	11	1
Paraserranus Hasseltii Blkr. . .	VIII	53	1
Variola flavimarginata Blkr = Var. melanotaenia Blkr. . .	VII	11	4
,, louti Blkr.	VII	70	3
Paracanthistius leopardinus Blkr .	VII	18	3
,, maculatus Blkr. .	VII	13	3
,, oligacanthus Blkr .	VII	1	2
Anyperodon leucogrammicus Günth.	VII	1	1
,, urophthalmus Blkr. .	VII	12	3
Cromileptes altivelis Swns. . . .	VIII	44	3
Epinephelus nigripinnis Blkr . .	VII	6	2
,, janthinopterus Blkr .	VIII	54	5
,, aurantius Blkr . . .	VII	20	3
,, miltostigma Blkr . .	VIII	52	5
,, analis Blkr	VIII	51	5
,, microprion Blkr . .	VII	2	1
,, boelang Blkr . . .	VIII	68	5
,, urodelus Blkr . . .	VIII	43	2
,, miniatus Blkr . . .	VII	5	3
,, cyanostigma Blkr = Epin. argus fig . .	VII	42	3
,, argus Bl. Schn . . .	VIII	64	3
,, formosus Blkr . . .	VIII	62	3
,, leopardus Blkr . . .	VII	10	2
,, Hoedti Blkr	VII	5	2
,, undulosus Blkr. . .	VII	10	3
,, amblycephalus Blkr .	VII	2	3
,, Waandersii Blkr . .	VII	3	1
,, angularis Blkr . . .	VII	11	3
,, variolosus Blkr. . .	VII	22	3
,, lanceolatus Blkr . .	VIII	54	3
,, maculatus Blkr. . .	VIII	7, 8, 11, 26	1, 3, 2, 2
,, pantherinus Blkr . .	VII	8	1
,, Janseni Blkr. . . .	VII	11	5
,, macrospilus Blkr . .	VII	12	2
,, corallicola Blkr. . .	VII	30	1
,, bontoides Blkr. . .	VII	9	2
,, stellans Blkr . . .	VIII	54	4
,, merra Blkr	VII	23	2
,, Gilberti Blkr . . .	VIII	53	3
,, fuscoguttatus Blkr. .	VII	29	3
,, microdon Blkr . . .	VII	3	3
,, polyphekadion Blkr .	VII	9	3
,, Goldmani Blkr . . .	VII	2	2
,, polypodophilus Blkr .	VII	5	1
,, sexfasciatus Blkr . .	VII	3	2
,, summana Blkr. . .	VII	7	4
,, rhyncholepis Blkr. .	VII	8	2
,, coeruleopunctatus Blkr	VII	6	1
,, Hoevenii Blkr . . .	VII	4, 8, 12	1, 4, 4
Epinephelus ongus Blkr = Epin. bataviensis Blkr. .	VII	4	2
,, dictyophorus Blkr. .	VII	6	3
,, nebulosus Blkr. . .	VIII	61	3
,, fasciatus Blkr . . .	VIII	48	3
Centrogenys waigiensis Blkr . . .	VII	19	1
Grammistes punctatus CV. . . .	VIII	59	4
,, orientalis Bl. Schn. .	VIII	59	5
Diploprion bifasciatum K. V. H . .	VIII	68	3
Amia Noordzieki Blkr	VIII	74	1
,, kallosoma Blkr	VIII	58	2
,, Godini Blkr.	VII	42	1
,, nematopterus Blkr	VII	35	1
,, orbicularis Blkr	VIII	61	1
,, rhodopterus Blkr.	VII	34	1
,, koilomatodon Blkr	VII	29	1
,, Cantori Blkr	VII	32	1
,, timorensis Blkr	VIII	57	2
,, bandanensis Blkr.	VIII	67	2
,, multilineata = multitaeniata Blkr	VII	41	1
,, chrysotaenia Blkr.	VII	28	1
,, endekataenia Blkr	VII	32	2
,, cyanotaenia Blkr	VII	42	2
,, chrysopomus Blkr	VIII	71	1
,, Hartzfeldi Blkr	VIII	69	2
,, fasciata Gill	VIII	48	4
,, cyanosoma Blkr	VIII	76	2
,, Wassinki Blkr.	VIII	72	3
,, quadrifasciata Blkr	VIII	57	1
,, kallopterus Blkr	VIII	59	2
,, frenata Blkr	VIII	64	2
,, melanorhynchus Blkr . . .	VIII	65	1
,, amboinensis Blkr.	VIII	68	1
,, ceramensis Blkr . , . . .	VIII	58	1
,, margaritophorus Blkr . . .	VII	23	4
,, aurea Blkr	VIII	59	1
,, Hoevenii Blkr	VIII	44	1
,, moluccensis Blkr	VIII	49	1
,, urostigma Blkr	VIII	69	5
,, melas Blkr	VIII	70	1
,, hypselonotus Blkr	VIII	75	4
,, sangiensis Blkr	VII	41	4
,, hyalosoma Blkr	VII	31	1
,, apogonides Blkr	VIII	63	2
,, leptacanthus Blkr.	VIII	71	3
,, Novae-Guineae Blkr	VII	41	5
,, modesta Blkr	VIII	44	5
,, truncata Blkr	VII	41	2
,, perdix Blkr.	VIII	44	2
,, glaga Blkr	VII	33	1
,, polystigma Blkr	VIII	44	4
,, amblyuropterus Blkr . . .	VII	26	3
,, gracilis Blkr	VIII	65	2
,, buroënsis Blkr.	VIII	75	2
,, zosterophora Blkr	VII	35	2
,, macropterus Blkr.	VIII	68	2
Paramia macrodon Blkr	VII	27	2
,, quinquelineata Blkr . . .	VIII	48	2
,, singapurensis Blkr . . .	VII	35	4
Pseudamia polystigma Blkr. . . .	VIII	70	2

	Tom.	Perc.	Fig.
Lethrinus miniatus K. V. H. . .	VII	31	3
Diapterus filamentosus Blkr. . .	VIII	78	3
„ macracanthus Blkr . .	VIII	78	1
„ acinaces Blkr	VIII	77	2
„ macrosoma Blkr . . .	VIII	78	5
„ kapas Blkr	VIII	77	3
„ abbreviatus Blkr . . .	VIII	78	4
„ poetie Blkr.	VIII	77	1
„ oyena Blkr.	VIII	77	5
Pentaprion longimanus Blkr. . .	VIII	78	2
Bogodoïdes			
Ambassis Wolffi Blkr.	VIII	47	2
„ Kopsi Blkr	VIII	66	1
„ urotaenia Blkr	VIII	66, 73	2, 1
„ nalua Blkr	VIII	76	6
„ Commersoni Blkr . . .	VIII	74	5
„ interrupta Blkr. . . .	VIII	70	5
„ buroënsis Blkr. . . .	VIII	75	5

	Tom.	Perc.	Fig.
Ambassis gymnocephalus Blkr . .	VIII	74	3
„ batjanensis Günth. . . .	VIII	76	4
Parambassis apogonides Blkr. . .	VIII	60	1
„ microlepis Blkr . .	VIII	60	2
Cirrhitéoïdes			
Cirrhites marmoratus Gill	VIII	66	5
Paracirrhites Forsteri Blkr . . .	VIII	71	5
„ arcatus Blkr	VII	25	3
„ amblycephalus Blkr .	VIII	72	1
Cirrhitichthys aprinus Blkr . . .	VII	25	1
„ oxyrhynchus Blkr. .	VII	25	4
„ oxycephalus Blkr . .	VIII	75	1
„ polyactis Blkr . . .	VIII	76	1
Oxycirrhites typus Blkr.	VIII	73	2

	Tom.	Perc.	Fig.
Proteracanthiformes (vide Vol. IX.)			
Proteracanthus sarissophorus Günth.	VIII	41	3

PERC XLIII. Tab CCCXXI.

Fig 1.

Fig 2.

Fig 3.

P.Bleeker. dir. L. Speigler. del. Chromolith. P.W.M.Trap.

Fig 1. Therapon theraps C.V. Fig 2. Epinephelus urodelus. Blkr. Fig 3. Lutjanus fuscescens Blkr.

PERC. XLIV

Tab. CCCXXII

P. Bleeker. dir.

L. Speigler. del.

Chromolith. P. W. M. Trap

Fig. 1. Amia Hoevenu Fig. 2. Apogonichthys perdix Blkr. Fig. 3. Cromileptes altivelis Swns.
Fig. 4. Apogonichthys polystigma Blkr. Fig. 5. Amia modesta Blkr.

PERC. XLV

Tab CCCXXIII

Fig. 1.

Fig 2

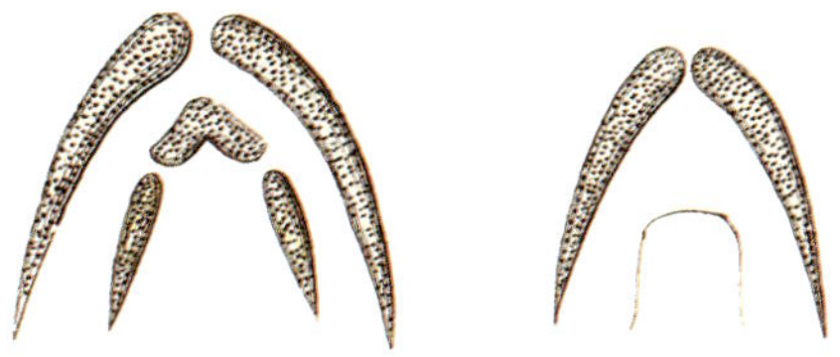

Fig 3.

P. Bleeker. dir.

L. Speigler. del.

Chromolith. P. W. Trap.

Fig. 1. Pristipoma guaraca CV. Fig. 2. Scolopsides bilineatus CV. Fig. 3 Plectropoma calcarifer Cuv.

PERC. XLVI. Tab. CCCXXIV.

P.Bleeker. dir. L. Speigler. del. Chromolith. P.W.M.Trap.

Fig. 1. Pentapus setosus C.V. Fig. 2. Moronopsis ciliatus Blkr. Fig. 3. Lutjanus argentimaculatus Blkr.

Fig. 1.

Fig. 2.

Fig. 3.

P. Bleeker dir. L. Speigler del. Lith. Faddegon & v Hogezand.

Fig. 1.

Fig. 2.

Fig. 3.

Fig. 4.

Fig. 5.

P. Bleeker dir. L. Speigler del. Lith. Faddegon & v. Hogezand.

L. Speigler del

P. Bleeker dir

Lith Faddegon & v Hogezand

Fig. 1 *Amia monochrous* Blkr. Fig. 2. *Dentex upeneoides* Blkr. Fig. 3 *Lethrinus harak* Rüpp.

Fig. 1. Fig. 2. Fig. 3. Fig. 4. Fig. 5.

P. Bleeker, dir. L. Speigler, del. Chromolith de Emrik & Binger.

Fig. 1. Dentex tambuloides Blkr. Fig. 2. Dentex sumbawensis Blkr. Fig. 3. Lethrinus variegatus Ehr. C. V.

P.Bleeker, dir. L. Speigler del. Chromolith de Emrik & Binger.

Fig. 1. Plectorhynchus chrysotaenia Blkr. Fig. 2. Plectorhynchus albovittatus Blkr. Fig. 3. Plectorhynchus celebicus Blkr.
Fig. 4. Plectorhynchus pictus Blkr. Fig. 5. Epinephelus analis Blkr.

P. Bleeker, dir. L. Speigler, del. Chromolith de Emrik & Binger.

Fig. 1. Lethrinus reticulatus C.V. Fig. 2. Lethrinus variegatus Ehr. Fig. 3. Lethrinus hypselopterus Blkr.

P. Bleeker, dir. L. Speigler, del. Chromolith de Emrik & Binger.

Fig 1. Paraserranus Hasseltii Blkr. Fig. 2. Scolopsis trilineatus Kner. Fig 3. Epinephelus Gilberti Blkr

P. Bleeker, dir. L. Speigler, del. Chromolith de Emrik & Binger.

Fig. 1 Gymnocranius lethrinoides Blkr; Fig. 2 Dentex celebicus Blkr; Fig. 3 Epinephelus lanceolatus Blkr;

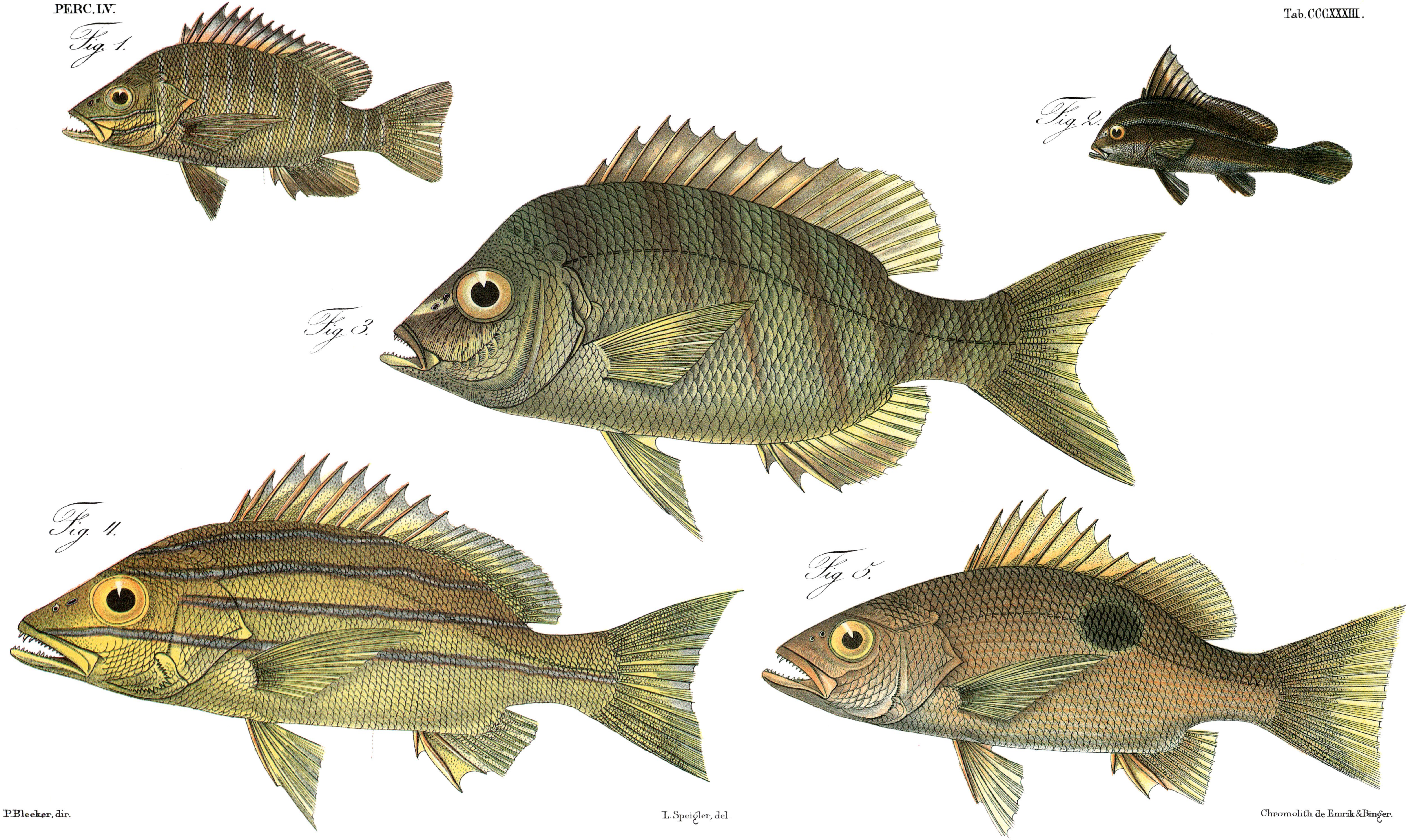

Fig. 1. Lutjanus argentimaculatus Blkr. Fig. 2. Plectorhynchus pictus Blkr. Fig. 3. Gymnocranius frenatus Blkr.
Fig. 4. Lutjanus bengalensis Blkr. Fig. 5. Lutjanus [illegible] Blkr.

P. Bleeker, dir. L. Speigler, del. Chromolith de Emrik & Binger.

Fig. 1.

Fig. 2.

Fig. 3.

Fig. 4.

Fig. 5.

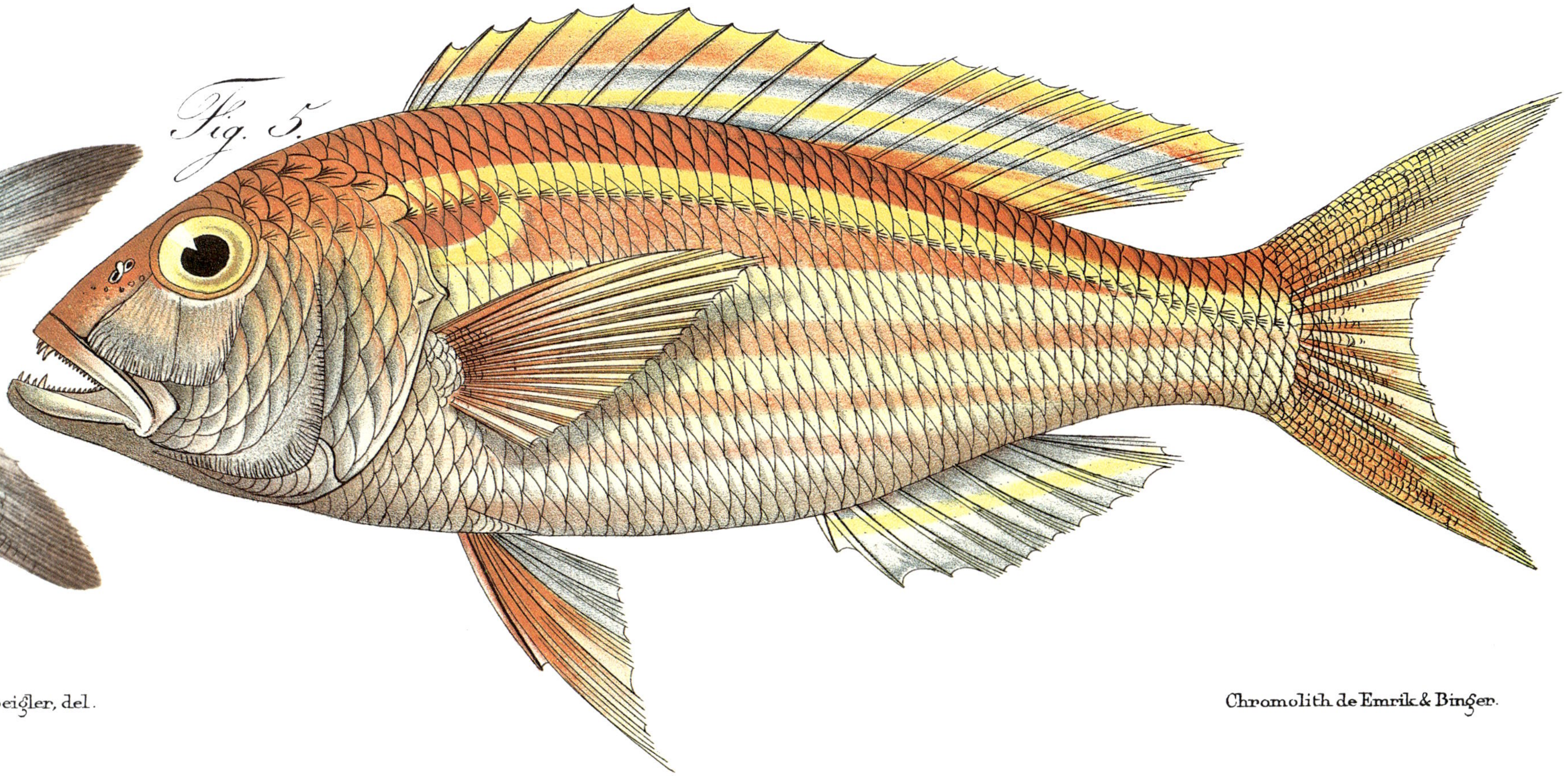

P. Bleeker, dir. L. Speigler, del. Chromolith. de Emrik & Binger.

Fig. 1. Caesio diagramma Blkr. Fig. 2. Caesio pisang Blkr. Fig. 3. Gymnocranius lethrinoides Blkr.

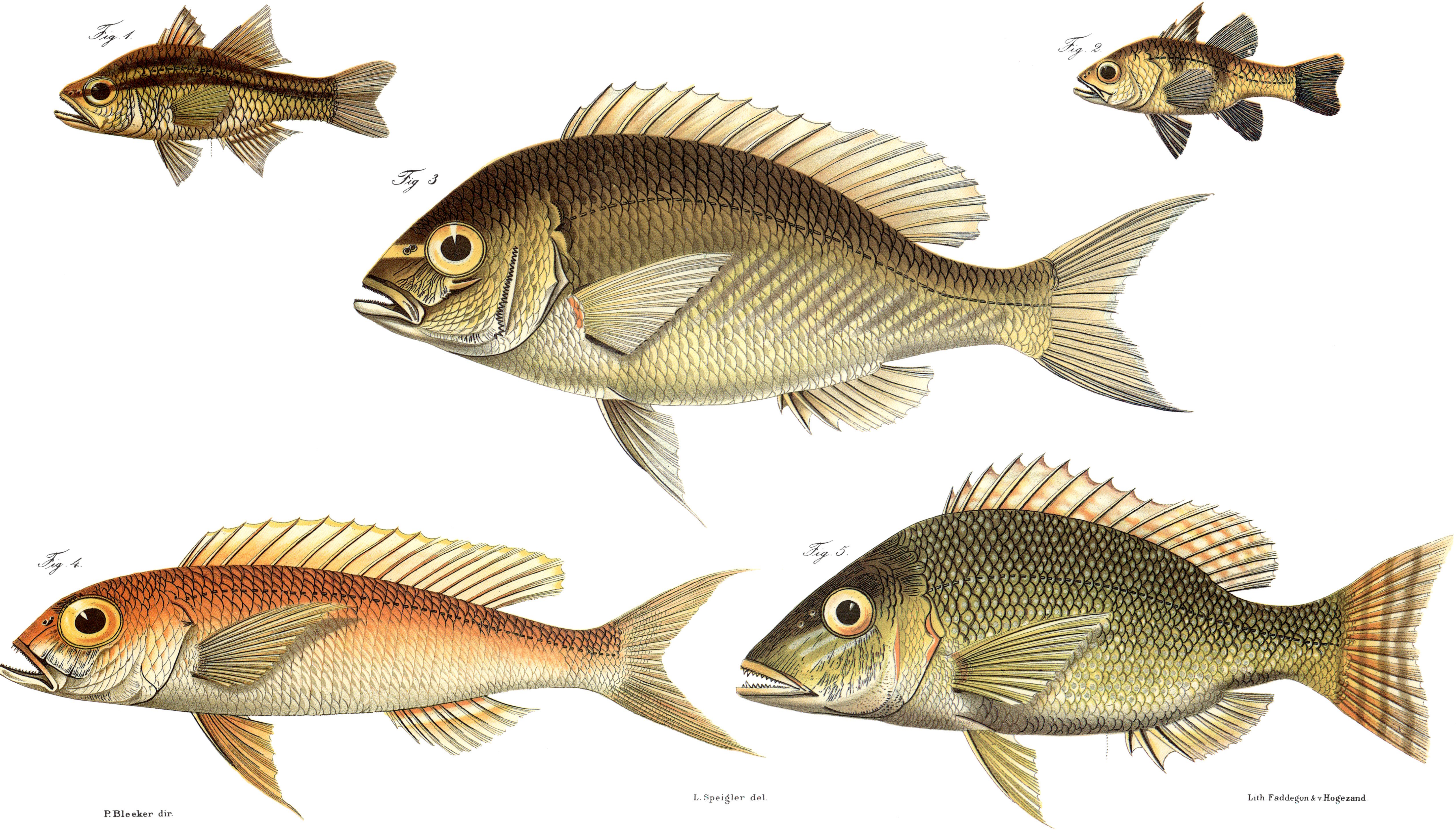

P. Bleeker dir. L. Speigler del. Lith. Faddegon & v. Hogezand.

Fig. 1. *Amia quadrifasciata* Blkr. Fig. 2. *Amia timorensis* Blkr. Fig. 3. *Scolopsis monogramma* K. v. H.
Fig. 4. *Dentex nemurus* Blkr. Fig. 5. *Lethrinus opercularis* CV.

Fig. 1

Fig. 2

Fig. 3

Fig. 4

Fig. 5

P. Bleeker dir.

L. Speigler del.

Lith. Faddegon & v Hogezand.

PERC LIX. Tab. CCCXXXVII.

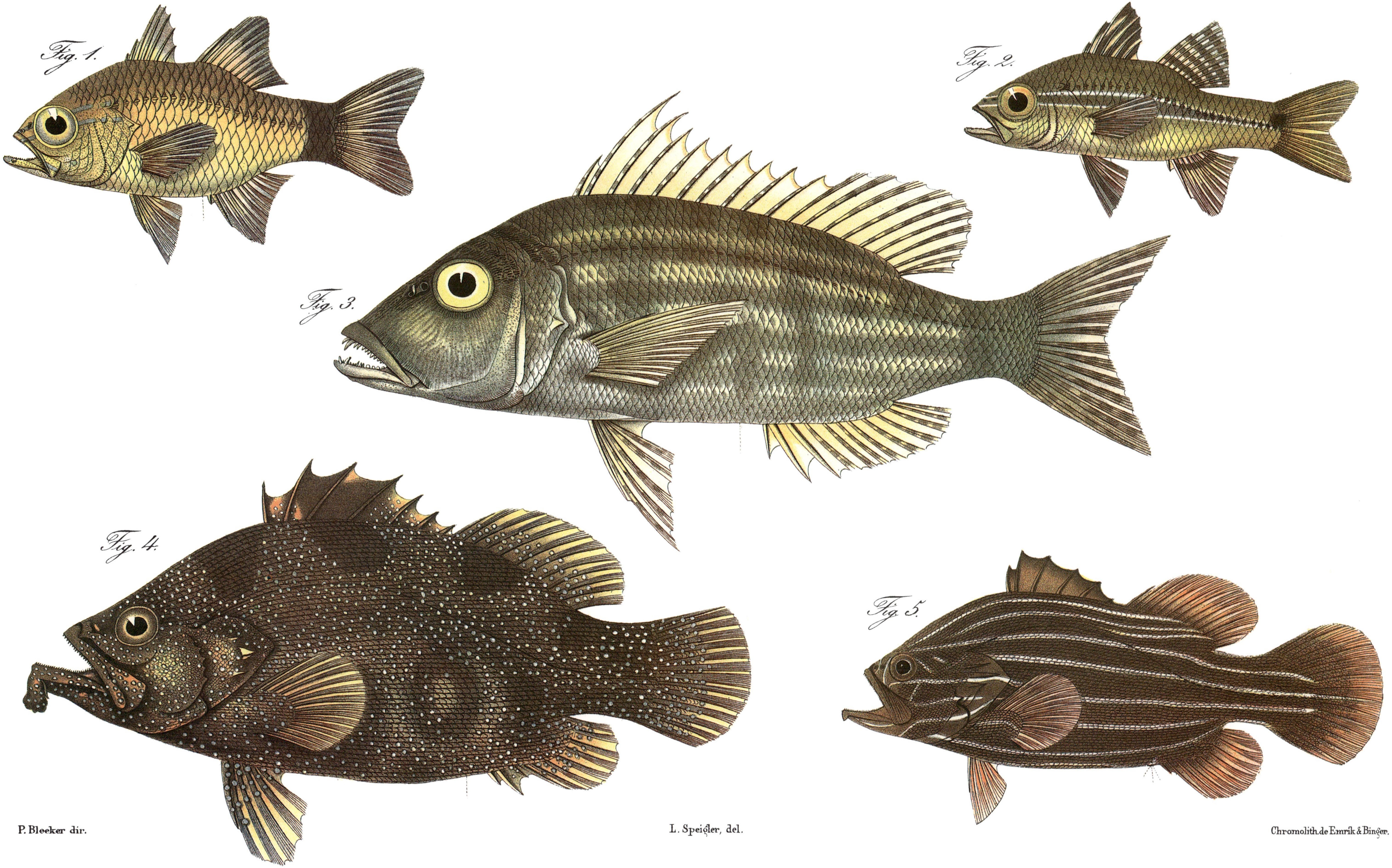

P. Bleeker dir. L. Speigler, del. Chromolith. de Emrik & Binger.

Fig. 1. Amia aurea Blkr. Fig. 2. Amia kallopterus Blkr. Fig. 3. Lethrinus nematacanthus Blkr.

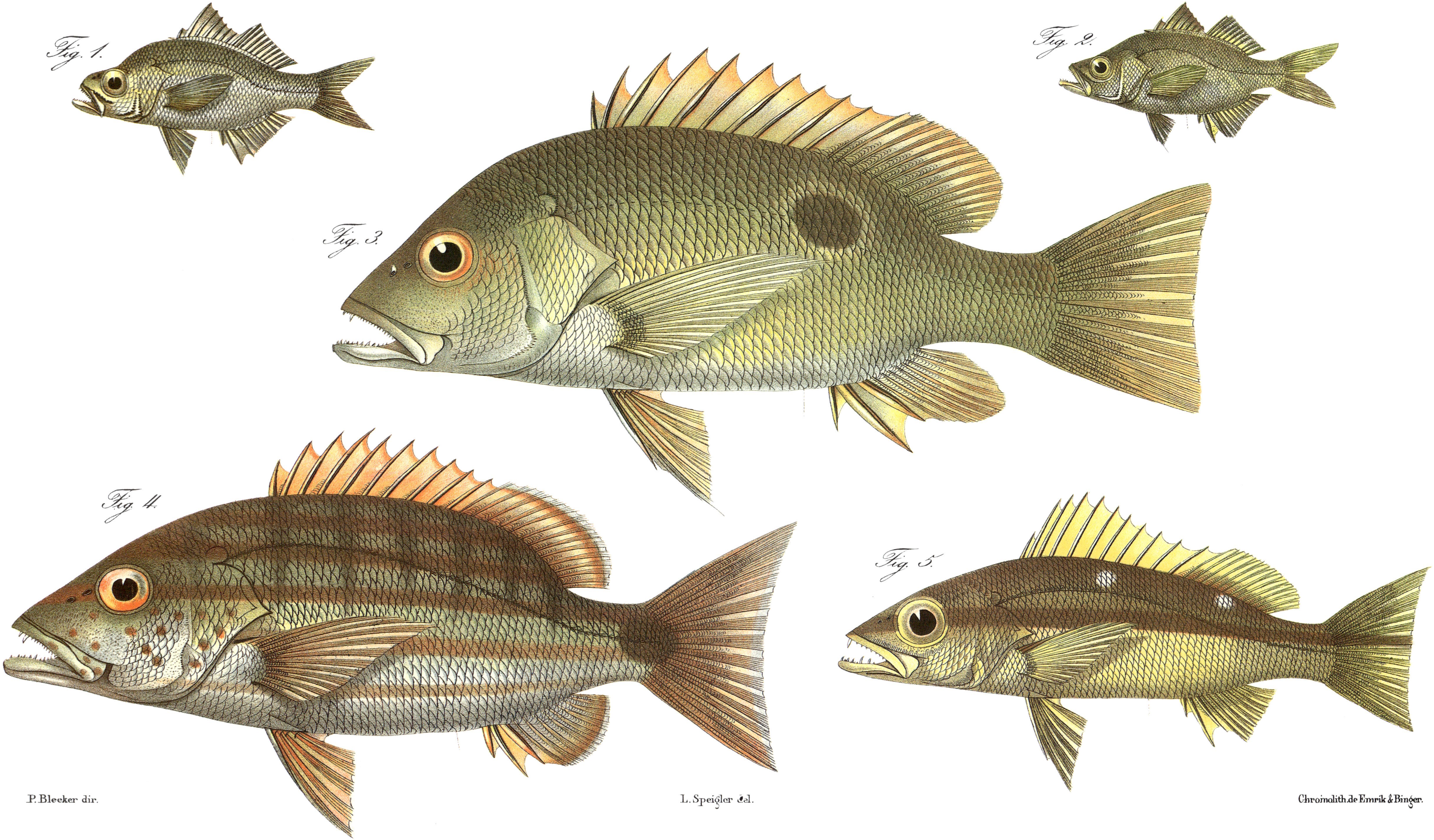

P. Bleeker dir. L. Speigler del. Chromolith. de Emrik & Binger.

P. Bleeker, dir. L. Speigler, del. Chromolith de Emrik & Binger.

Fig. 1. Amia orbicularis Blkr. Fig. 2. Moronopsis rupestris Gell. Fig. 3. Epinephelus nebulosus Blkr.
Fig. 4. Therapon (Datnia) argenteus Blkr. Fig. 5. Scolopsis Vosmaeri C.V.

Fig. 1.

Fig. 2.

Fig. 3.

Fig. 4.

Fig. 5.

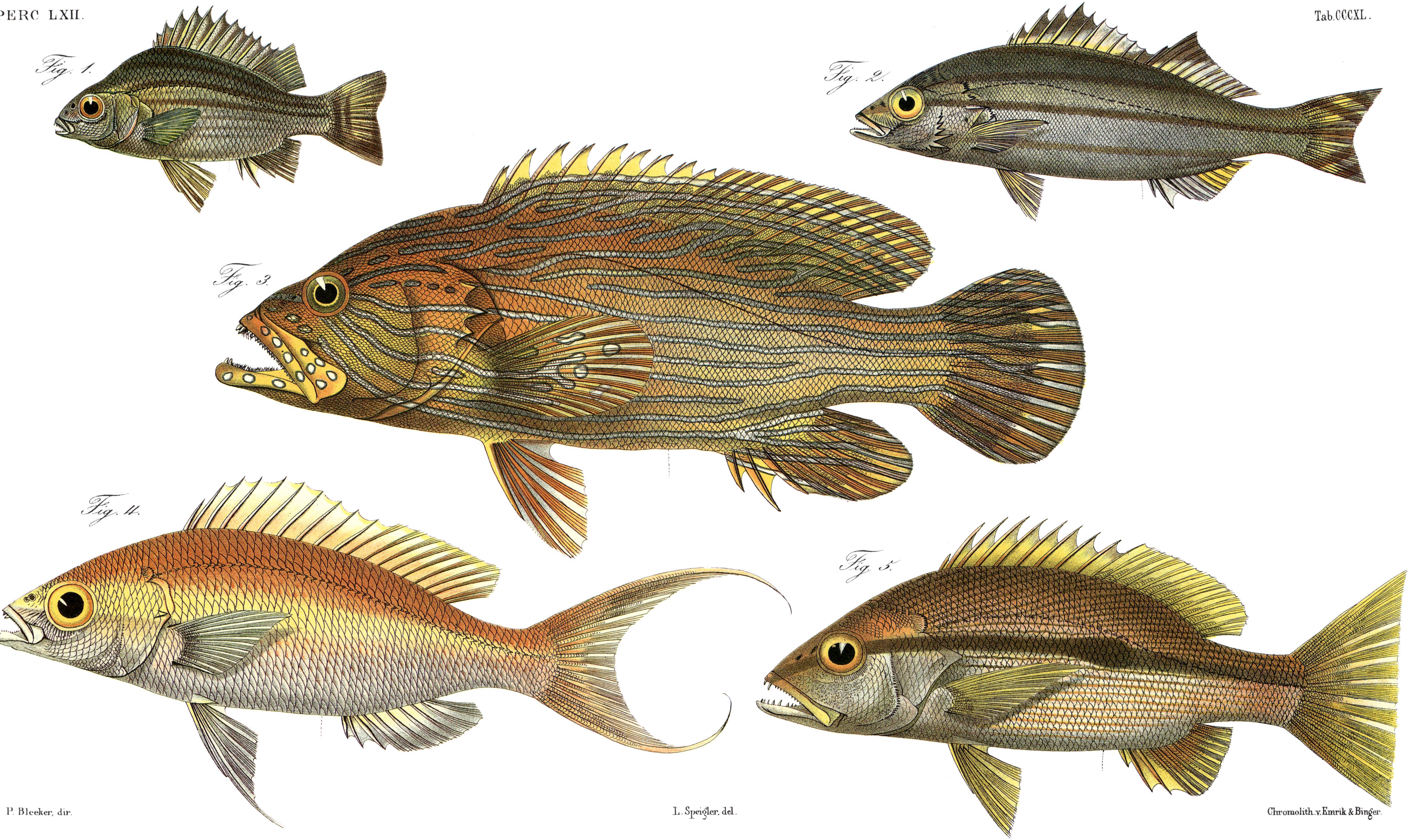

P. Bleeker, dir. L. Speigler, del. Chromolith. v. Emrik & Binger.

Fig. 1. Therapon (Datnia) micracanthus Blkr. Fig. 2. Therapon (Datnia) trivittatus Blkr. Fig. 3. Epinephelus formosus Blkr.

P. Bleeker, dir. L. Speigier, del. Chromolith de Emrik & Binger.

Fig. 1. Pristipoma therapon. Blkr. Fig. 2. Amia apogonides. Blkr. Fig. 3. Lutjanus semicinctus. Blkr. Fig. 4. Scolopsis personatus. C.V. Fig. 5. Scolopsis [illegible] Blkr.

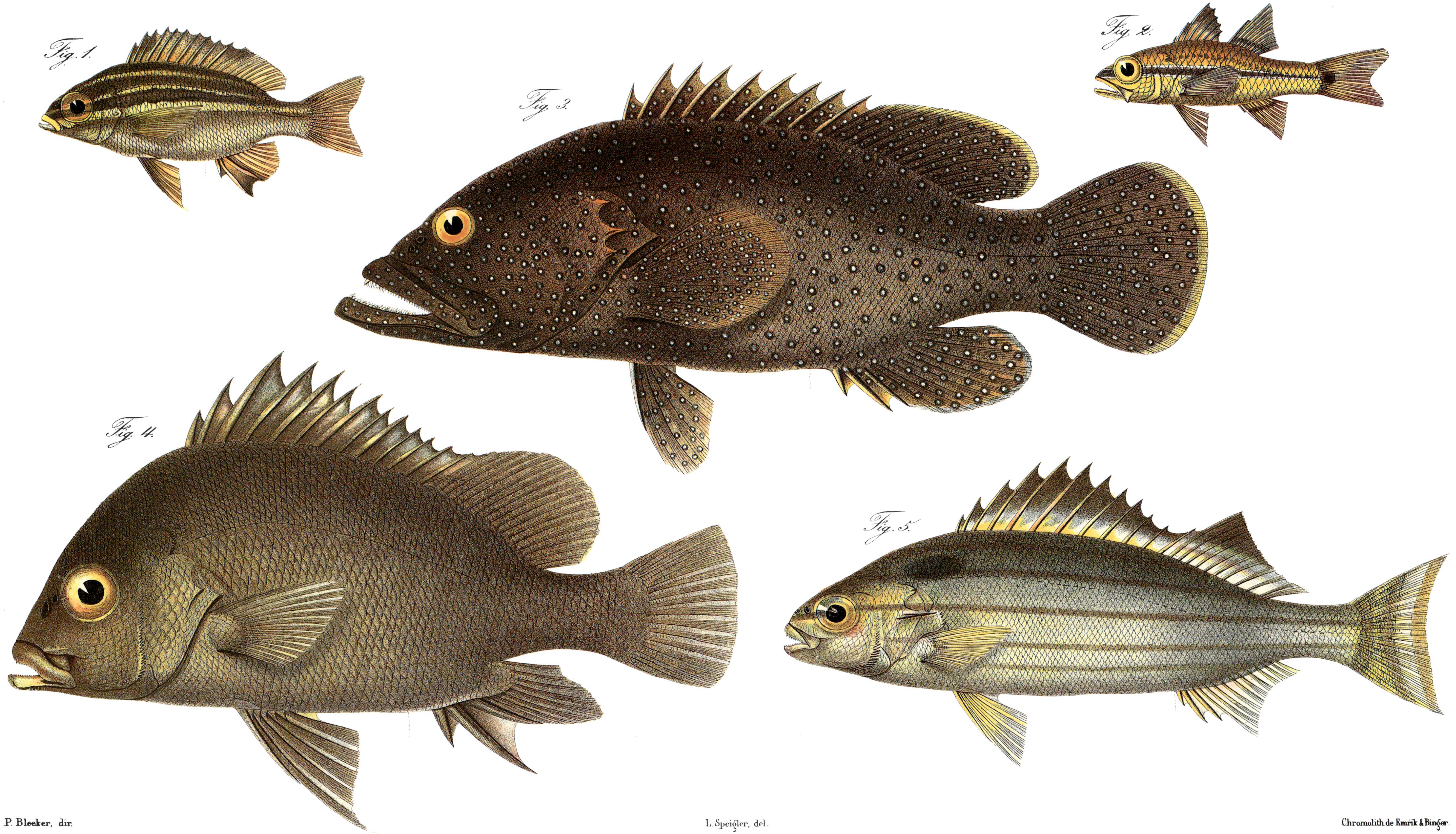

P. Bleeker, dir.

L. Speigler, del.

Chromolith de Emrik & Binger.

P. Bleeker, dir. L. Speigler, del. Chromolith. de Emrik & Binger.

Fig. 1. Amia melanorhynchus Blkr. Fig. 2. Amia gracilis Blkr. Fig. 3. Lutjanus macolor Blkr. Fig. 4. Lutjanus quinquelineatus Blkr.

Fig. 5.

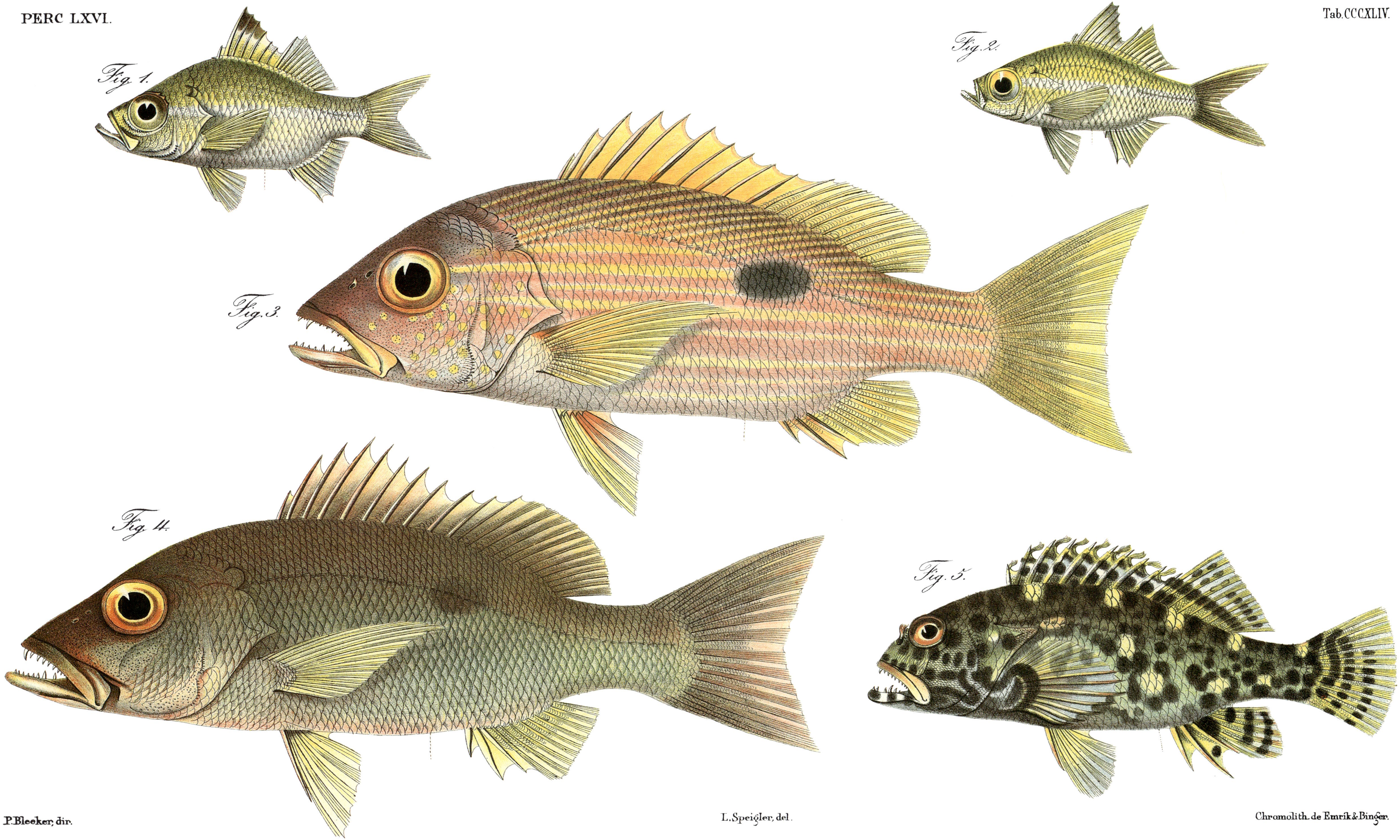

P.Bleeker, dir.   L.Speigler, del.   Chromolith. de Emrik & Binger.

Fig. 1. Ambassis Kopsii Blkr. Fig. 2. Ambassis urotaenia Blkr. Fig. 3. Lutianus fulviflamma Blkr.

P. Bleeker, dir.

L. Speigler, del.

Chromolith de Emrik & Binger.

Fig. 1 Pentapus Hellmuthi Blkr. Fig. 2 Amia bandanensis Blkr. Fig. 3 Sparus hasta Bl. Schn. Fig. 4 Dentex isacanthus Blkr.

P. Bleeker, dir.

L. Speigler, del.

Chromolith de Emrik & Binger.

Fig. 1. Amia amboinensis Blkr. …

PERC LXIX.

Tab. CCCXLVII.

Fig. 1.

Fig. 2.

Fig. 3.

Fig. 4.

Fig. 5.

P. Bleeker, dir. L. Speigler, del. Chromolith. de Emrik & Binger.

Fig. 1. Amia moluccensis Blkr. Fig. 2. Amia Hartzfeldi Blkr. Fig. 3. Lutjanus rivulatus Blkr.

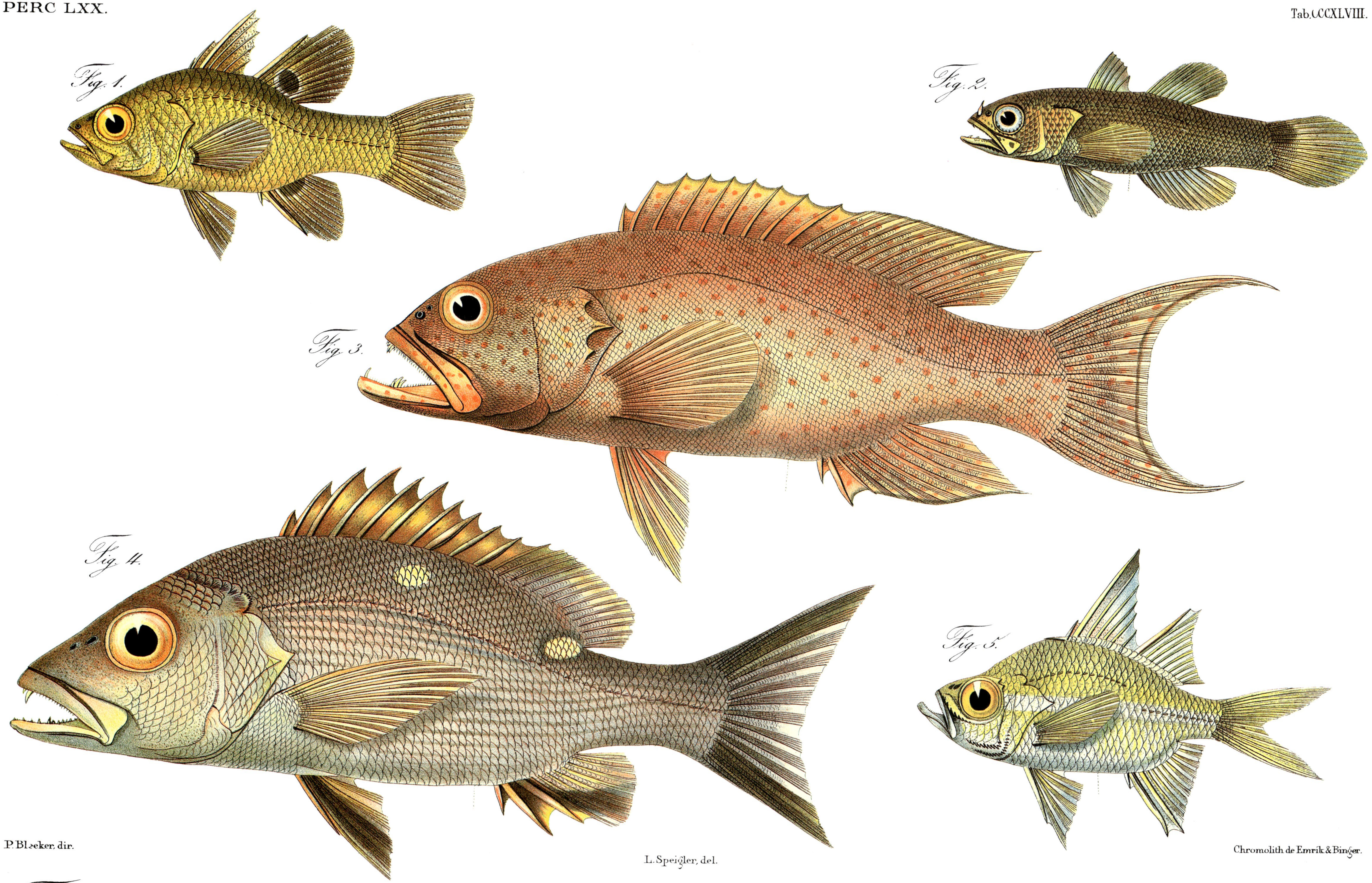

Fig. 1.

Fig. 2.

Fig. 3.

Fig. 4.

Fig. 5.

P. Bleeker, dir.

L. Speigler, del.

Chromolith de Emrik & Binger.

P. Bleeker, dir. L. Speigler, del. Chromolith de Emrik & Binger.

Fig. 1. *Amia chrysopomus* Blkr. Fig. 2. *Lutjanus marginatus* Blkr. Fig. 3. *Amia leptacanthus* Blkr.
Fig. 4. *Priacanthus tayenus* Rich. Fig. 5. *Paracirrhites Forsteri* Blkr.

P. Bleeker, dir.

L. Speigler, del.

Chromolith. de Emrik & Binger.

Fig. 1.

Fig. 2.

Fig. 3.

Fig. 4.

Fig. 5.

P. Bleeker, dir.

L. Speigler, del.

Chromolith de Emrik & Binger.

Fig. 1. Ambassis urotaenia Blkr. Fig. 2. Oxycirrhites typus Blkr. Fig. 3. Lethrinus kallopterus Blkr. Fig. 4. Pristipoma nageb Rüpp. Fig. 5. Priacanthus carolinus C.V.

PERC. LXXIV.

Tab. CCCLII.

P. Bleeker, dir.

L. Speigler, del.

Chromolith. de Emrik & Binger.

P. Bleeker, dir. L. Speigler, del. Chromolith. de Emrik & Binger.

Fig. 1. Cirrhitichthys oxycephalus Blkr. Fig. 2. Amia buroënsis Blkr. Fig. 3. Priacanthus hamrur C.V.
Fig. 4. Amia hypselonotus Blkr. Fig. 5. Ambassis buroënsis Blkr.

P. Bleeker, dir. L. Speigler, del. Chromolith. de Emrik & Binger.

P. Bleeker, dir. L. Speigler, del. Chromolith de Emrik & Binger.

Fig. 1. Diapterus poetie Blkr. Fig. 2. Diapterus acinaces Blkr. Fig. 3. Diapterus kapas Blkr. Fig. 4. Sparus datnia Blkr. Fig. 5. Diapterus oyena Blkr.

P. Bleeker, dir. L. Speigler, del. Chromolith de Emrik & Binger.